普通高等教育教材

实用AutoCAD绘图教程

钞振华　侯先栋　胡炜　刘波　车明亮　编

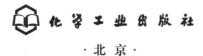

化学工业出版社
·北京·

内容简介

《实用 AutoCAD 绘图教程》根据教育部高等学校工程图学课程教学指导委员会制定的《普通高等学校工程图学课程教学基本要求》编写而成，遵循了地理信息科学及相近专业的培养目标，精心组织内容，在保持市面上已有 AutoCAD 教材的特色和结构体系基础上，又新增了 AutoCAD 在城市规划中的应用及与地理信息软件数据格式转换等相关内容，并以典型案例讲解相关图件的绘制方法与步骤。

《实用 AutoCAD 绘图教程》可作为本科院校地理信息科学、城市规划等专业及相关领域设计人员的教材和参考书，亦可作为高职类院校相关专业的教辅用书。

图书在版编目（CIP）数据

实用 AutoCAD 绘图教程 / 钞振华等编. -- 北京 : 化学工业出版社，2025. 9. --（普通高等教育教材）.
ISBN 978-7-122-48339-3

Ⅰ. TP391.72

中国国家版本馆 CIP 数据核字第 2025AY7094 号

责任编辑：尉迟梦迪
文字编辑：袁　宁
责任校对：李　爽
装帧设计：韩　飞

出版发行：化学工业出版社
（北京市东城区青年湖南街 13 号　邮政编码 100011）
印　　装：涿州市般润文化传播有限公司
787mm × 1092mm　1/16　印张 19¼　字数 501 千字
2025 年 10 月北京第 1 版第 1 次印刷

购书咨询：010-64518888
售后服务：010-64518899
网　　址：http://www.cip.com.cn
凡购买本书，如有缺损质量问题，本社销售中心负责调换。

定　　价：58.00 元　

前 言

AutoCAD 是美国 AutoDesk 公司开发的计算机绘图软件，在建筑、测绘、机械、电子、造船等不同行业领域得到了广泛的应用。AutoCAD 2023 与以前的软件版本相比，突出特点是其软件界面和计算机操作系统工作界面风格基本一致，方便用户使用，而且其设计、绘图和编辑等功能更丰富、更强大，操作更方便。本书是根据教育部高等学校工程图学课程教学指导委员会制定的《普通高等学校工程图学课程教学基本要求》编写而成的。

本书遵循了地理信息科学及相近专业的培养目标，精心组织内容，在保持市面上已有 AutoCAD 教材的特色和结构体系基础上，又新增了 AutoCAD 在城市规划中的应用及与地理信息软件数据格式转换等相关内容，并以典型案例讲解相关图件的绘制方法与步骤。

本书主要特点简述如下。

① 以工程设计工作对绘图软件功能的基本需求为主要线索，并针对 AutoCAD 在工程设计绘图中可能出现的实际应用问题而编写，力图从工程实际应用的角度出发，逐步引导读者去了解、学习直到最终掌握 AutoCAD。

② 在深入研究 CAD 工程图规则的基础上，将国家标准的相关规定融入教程，使读者在学习计算机绘图技能和技巧的同时，掌握计算机绘制工程图样标准的要求。

③ 单独设置 AutoCAD 绘图综合实例章节，以增加绘图教学的系统性和实用性。

④ 紧密结合教学、科研以及工程实际，力求用较为精练的语言、合理的结构、通俗易懂的方式介绍 AutoCAD。

⑤“AutoCAD 三维模型在 3D 打印中的应用”内容介绍了 3D 打印的基本过程，使读者能初步了解三维实体模型在产品设计和制造过程中的应用，同时加深读者对产品数据共享概念的理解。

⑥“城市规划图绘制”内容介绍了城市规划需注意的基本要素和相关事项，并详细介绍了 AutoCAD 在城市规划图绘制中的操作步骤。

⑦ 每章配备习题，有针对性地指导读者上机实践练习。

为便于阅读，本书做如下约定：

① AutoCAD 2023 的命令行输入使用大小写字母均可，为便于统一，本书均采用大写字母。

② 采用“↙”符号作为“回车（Enter 键）”符号。

③ 叙述中在需要指明次一级菜单时，使用“→”符号。

本书在编写过程中得到了学校和学院的支持，多人参与了本书的编写，其中南通大学钞振华负责本书的章节安排并参与了主要章节的编写，江苏诚泰测绘科技有限公司企业战略委员会主任侯先栋、南通大学刘波教授、上海华测导航技术股份有限公司副总裁胡炜及南通大学车明亮老师等对案例的设计和安排提出了建设性意见，庄子祎等同学在编写过程中做了大量的工作。

本书案例以图文并茂的形式展现给读者，本书可作为地理信息科学、城市规划等专业及相关领域设计人员的教材和参考书，亦可作为高职类院校相关专业的教辅用书。由于编者水平有限，书中难免存在不足之处，敬请广大读者批评指正。

编者

2025 年 2 月

目 录

第 1 章 AutoCAD 绘图基础 1

第 2 章 二维图形绘制 21

第1章

AutoCAD 绘图基础

作为工程与产品信息的载体，工程图样是工程技术人员表达和交流信息的重要工具。计算机绘图克服了手工绘图中存在的效率低、绘图精度差及劳动强度大等缺点，因此熟练应用计算机绘图软件绘制图样已成为工程技术人员应具备的基本素质之一。目前，在众多计算机绘图软件中，AutoCAD 是使用较为广泛的一种计算机绘图软件。

1.1 计算机绘图基本知识

所谓计算机绘图，是指把数字化的图样信息通过计算机存储、处理，并使用输出设备将图样显示或打印出来的过程。

与一般计算机应用系统一样，计算机绘图系统的运行也需要相应的软、硬件环境。有了相应的运行环境，设计人员就能够使用计算机来绘制、编辑和存储图形。在计算机绘图系统中，计算机绘图软件是系统的核心，而相应的系统硬件设备则为软件的正常运行提供保障。

1.1.1 计算机绘图系统的硬件组成

计算机绘图系统的硬件通常是指可以进行计算机绘图作业的独立硬件环境，它主要由计算机主机、输入设备（键盘、鼠标、扫描仪等）、输出设备（显示器、绘图仪、打印机等）、存储设备（主要指外存，如硬盘、光盘等）以及网络设备等组成。

1.1.2 计算机绘图系统的软件组成

在计算机绘图系统中，软件是计算机绘图系统的核心，它可分为 3 类：系统软件、支撑软件和应用软件。

（1）系统软件

系统软件主要用于计算机的管理、维护、控制、运行，以及计算机程序的编译、装载和运行。系统软件包括操作系统、网络管理系统、计算机语言编译系统等。

（2）支撑软件

支撑软件是为满足计算机绘图软件正常运行而开发出的一些底层、通用软件，主要包括基本图形资源软件、与设备无关的图形设备接口软件、计算机绘图平台等，其中大部分已标度化和商品化。它们的出现和使用，不但提高了计算机绘图软件的开发速度，降低了开发难度，而且初步实现了图形软件的设计与硬件无关。

（3）应用软件

应用软件是在系统软件和支撑软件的基础上，专门针对某一应用领域而开发的软件。应用软件的出现和使用，解决了用户的个性化需求问题。目前，各类计算机绘图软件都提供多种应用软件接口，便于用户根据绘图工作的需要自行研究开发应用软件。

1.2 AutoCAD 2023 概述

AutoCAD 2023 软件是由美国 Autodesk 公司出品的一款自动计算机辅助设计软件，用于二维图形、设计文档和三维图形设计，现已成为国际上广为流行的绘图工具。AutoCAD 具有良好的用户界面，可通过交互菜单或命令行方式进行各种操作。它的多文档设计环境，让非计算机专业人员也能很快熟练应用，已在规划设计、土木建筑、装饰装潢、电子工业、服装加工等多领域得到广泛应用。在 AutoCAD 中，图形文件的扩展名默认为.dwg。DWG 是本地图形文件格式，该格式用于存储使用基于 AutoCAD 的产品创建的块和二维/三维设计。DWG 格式每隔几年更新一次，DWG 文件名称（包括其路径）最多可包含 256 个字符。

1.2.1 AutoCAD 2023 的主要功能

（1）绘图功能

它是一种交互式的绘图软件，用户可以简单地使用键盘或鼠标操作来激活命令，然后就可以根据系统的提示在屏幕上绘制图形，使得计算机绘图变得易学、易用。它以多种形式（功能区面板、工具栏、菜单栏、命令行输入等）提供了丰富的绘图命令，使用这些命令可以绘制直线、构造线、多段线、圆、矩形、多边形、椭圆等二维基本图形，圆柱、球、长方体等三维基本实体以及三维网格、旋转网格等网格模型。

（2）二维图形绘制和编辑功能

提供丰富的二维图形绘制和编辑操作，可使用多种绘图方式绘制直线、圆、圆弧、椭圆、椭圆弧、矩形、正多边形、多段线、样条曲线等二维基本图形。

通过二维图形绘制和编辑功能，能对二维图形进行移动、复制、旋转、缩放、加长、剪切、延伸、打断、倒角、圆角、阵列等编辑修改操作；能创建文字、字段、表格等图形对象；能实现图形对象显示顺序的更改；能创建图块和属性，并在图块中直接修剪和延伸对象；能填充和修剪图案，并支持真彩色填充。

新增了参数化图形绘制功能，能为二维图形创建几何和标注约束关系，通过参数管理器创建、编辑、重命名、删除和过滤图形中的所有约束，缩短图形编辑修改时间。

（3）三维图形建模和修改功能

提供强大的三维图形建模和修改功能，可创建线框型、表面型和实体型三维图形。通过三维图形建模和修改功能，能使用多种建模方法创建球体、柱体、锥体、长方体、环体等三维几何体；能将二维图形通过拉伸、旋转、剖切、放样、扫掠等手段构建成三维实体；能对三维图形进行移动、旋转、对齐、阵列、镜像等编辑修改操作。

新增了自由形状设计工具，可设计、创建、平滑、优化、分割和锐化任何复杂三维图形。

(4) 文字注释和编辑功能

提供单行、多行文字注释和编辑功能，可轻松方便地处理各种文字。通过文字注释和编辑功能，能对文字进行快速搜索、查看、调整和定位，文字格式更加专业。

对多行文字编辑方式进行了改进。新增了文字编辑器，增强了制表功能，方便设置多种文字样式和文字格式；允许添加背景遮罩，设置段落分栏，输入特殊符号，插入字段对象，对文字实施段落对齐、拼写检查和查找替换，同时缩放多个文字串和修改文字插入点位置。

(5) 尺寸标注功能

提供强大的尺寸标注功能，可进行快速尺寸标注和关联尺寸标注，使标注尺寸与图形对象实现真正关联，所标注尺寸可随端点和边界的变化而变化。

通过尺寸标注功能，可为图形添加标注约束关系，实现参数化绘图；可进行线性标注、基线标注、连续标注、直径标注、半径标注、对齐标注、弧长标注、折弯标注等 11 种尺寸标注；可设置和修改尺寸标注样式，满足不同尺寸标注需求。

(6) 图形输出功能

增强了图形输出功能，可创建多种图纸布局和真彩色打印样式。能实现非矩形视口输出、着色打印和合并控制打印，使图形打印真正实现“所见即所得”。

新增了三维打印功能，可通过三维打印机或三维打印服务商打印三维图形，设计创意变为现实。

(7) 图层管理功能

改进了“图层特性管理器”，允许创建图层组和图层组过滤器；可方便设置图层状态和有关参数，实现对图层有效的组织和管理。

(8) 图案填充功能

提供图案填充和渐变色填充功能，可对封闭区域和非封闭区域实施真彩色填充、渐变色填充、图案修剪、图案间隙调整等操作，使图案填充更逼真、灵活和高效。允许指定图案填充或渐变色填充为注释性对象，根据视口和模型空间比例，自动调整填充对象尺寸。

(9) 图形显示功能

提供平行投影、透视投影、三维动态观察器、二维线框、三维线框、三维消隐、三维真实感、三维概念等多种图形显示方式。图形显示灵活多样，可从不同角度、不同视点、不同焦距显示和观察图形。

(10) 网络传输功能

具有网络传输功能。使用此功能，用户可以方便地浏览网站，获取有用的信息；可以下载需要的图形，也可以将自己绘制的图形通过网络传输出去，以实现多用户对图形资源的共享。

1.2.2 AutoCAD 2023 软件运行的软、硬件环境

AutoCAD 2023 对计算机软件运行环境的要求是：Windows 10、Windows 11 或更高版本

的操作系统。

AutoCAD 2023 对计算机硬件的要求是：对于处理器，基本要求是使用 2.5～2.9GHz 处理器（基础版），不支持 ARM 处理器，但建议使用 3+GHz（基础版）、4+GHz（Turbo 版）的处理器；内存基本要求为 8GB，建议 16GB 或更大；可用硬盘安装空间 10GB，建议使用固态硬盘（SSD）。

1.2.3 AutoCAD 2023 的启动及新功能

启动 AutoCAD 2023 软件后，首先显示的是如图 1-1 所示的“开始”界面，其中包含最近使用的项目和通告等。用户可以从默认样板或其他可用的样板中选择一种开始绘制新图。

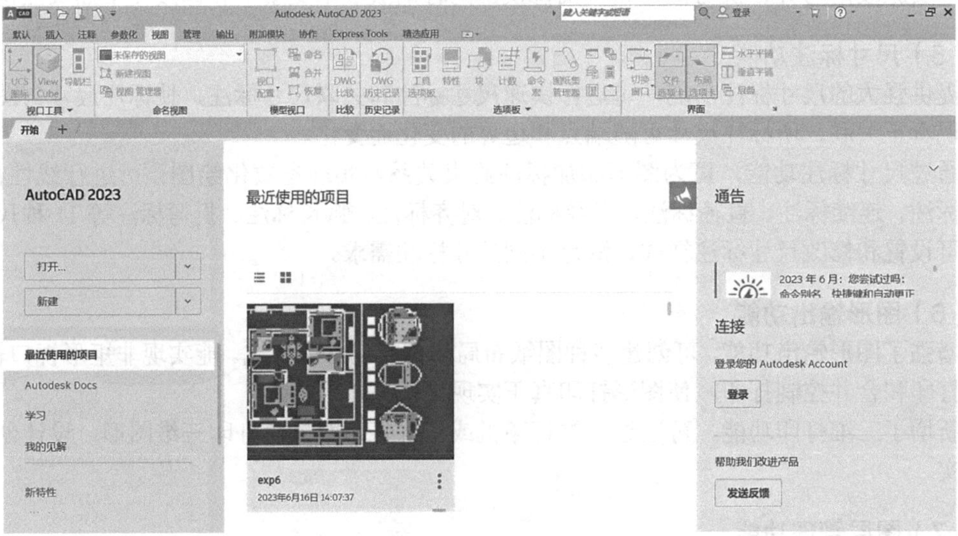

图 1-1 “开始”界面

单击【我的见解】→【新特性】，跳转至 AutoCAD 2023 帮助网页，如图 1-2 所示，其中包含视频、安全更新和联机资源等。用户可以通过新功能概述（视频）了解 AutoCAD 2023 的新增功能。

图 1-2 AutoCAD 2023 帮助网页

1.3 AutoCAD 2023 的工作空间

AutoCAD 2023 为用户提供了“草图与注释”“三维基础”“三维建模”工作空间模式。用户可以根据绘图需要选择切换相应的工作空间，还可以根据需要修改已经定义的工作空间，从而定制更加符合自身特点的工作界面。

1.3.1 选择工作空间

首次启动 AutoCAD 2023，选择新建图形后，系统进入默认的“草图与注释”工作空间界面，如图 1-3 所示。

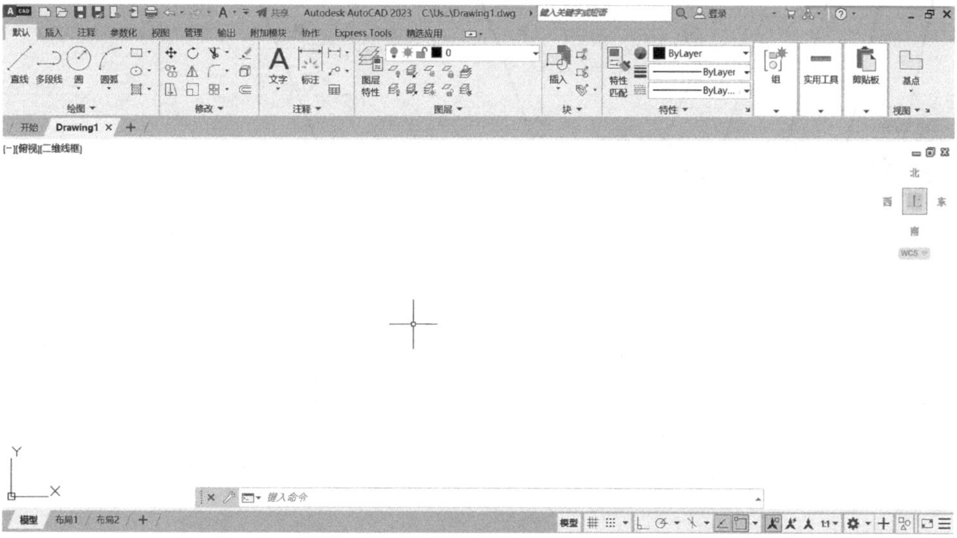

图 1-3 默认的“草图与注释”工作空间界面

如图 1-4 所示，选择工作空间的方法有以下 2 种。

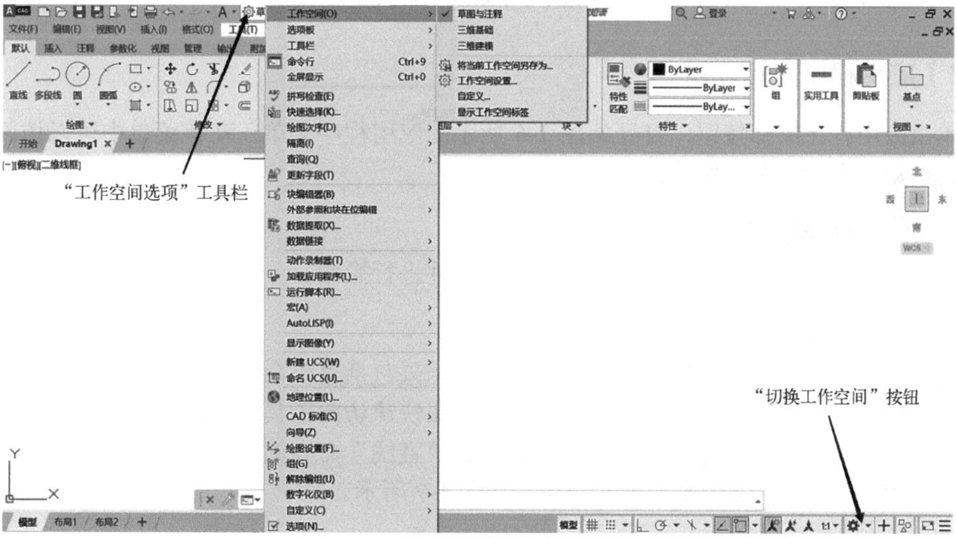

图 1-4 选择工作空间的方法

① 利用位于快速访问工具栏中的“自定义快速访问工具栏”按钮，打开下拉列表，选择“工作空间”菜单项可显示“工作空间选项”工具栏 草图与注释，单击该按钮打开下拉列表，即可选择切换工作空间。

② 单击工作界面右下方的“切换工作空间”按钮，即可选择切换工作空间。

1.3.2 “草图与注释”工作空间界面

启动 AutoCAD 2023 应用程序，启动后将进入“草图与注释”工作空间界面，如图 1-5 所示。

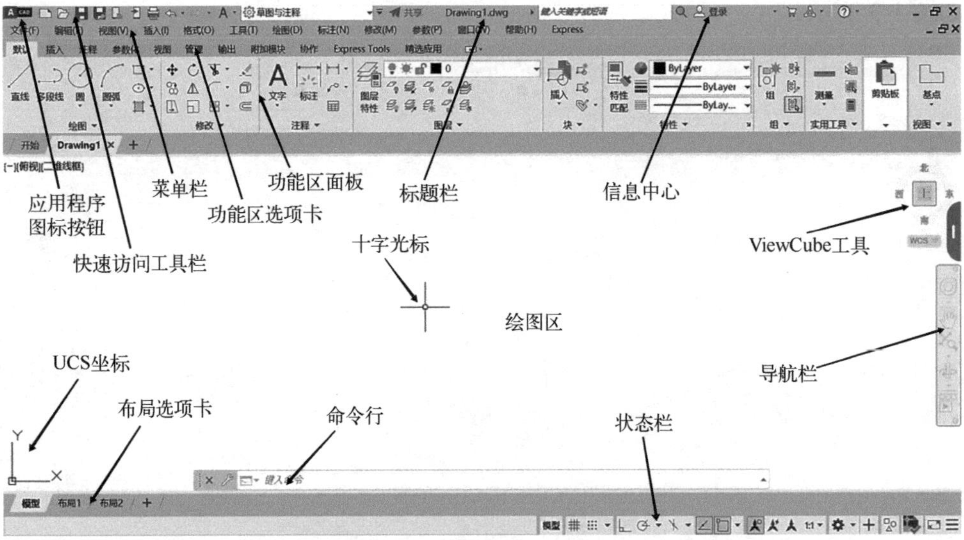

图 1-5 “草图与注释”工作空间界面

该界面主要由应用程序图标按钮、快速访问工具栏、标题栏、菜单栏、功能区、绘图区、“命令行”窗口、导航栏、状态栏等组成，下面分别介绍。

1）应用程序图标按钮

单击应用程序图标按钮，打开如图 1-6 所示的应用程序菜单，在该菜单中可以访问常用工具、搜索命令和浏览文件等。

（1）访问常用工具

用于访问应用程序菜单中的常用工具以对文件进行操作。

（2）搜索命令

搜索字段显示在应用程序菜单的顶部。搜索结果包括菜单命令、基本工具提示和命令提示文本字符串。可以输入任何语言的搜索术语，在快速访问工具栏、应用程序菜单和功能区选项卡中执行对命令的实时搜索。例如，要搜索“直线”命令的相关信息，在搜索文本框中输入“LINE”，则显示该命令的搜索结果，如图 1-7 所示。

图 1-6　应用程序菜单

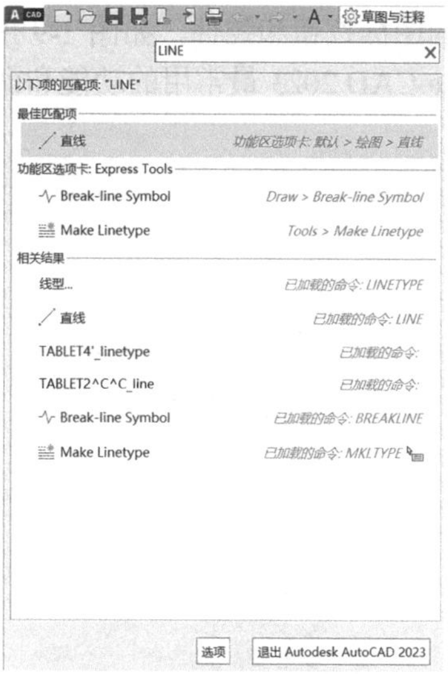

图 1-7　LINE 命令的搜索结果

（3）浏览文件

浏览文件用于查看、排序和访问最近打开的支持文件。

2）快速访问工具栏

快速访问工具栏用于快速方便地访问常用的工具。

3）标题栏

AutoCAD 应用程序窗口顶部区域为标题栏。标题栏中显示了在当前图形窗口中所显示的图形文件的名字。新建第一个 DWG 文档后，系统给出的默认文件名为 Drawing1.dwg，相应的标题栏的名称为“AutoCAD 2023-［Drawing1.dwg］”。

4）菜单栏

紧靠标题栏下方的区域称为菜单栏，也称下拉菜单。它将 AutoCAD 命令进行了分类，例如所有与文件相关的命令都列在“文件”菜单下面，而所有绘图命令则位于“绘图”菜单下。菜单栏包括以下菜单：文件、编辑、视图、插入、格式、工具、绘图、标注、修改、参数、窗口和帮助。

下拉菜单以一种非常易于理解的方式提供了对 AutoCAD 进行整体控制和设置的手段。通过这些菜单，可以找到 AutoCAD 的核心命令和功能。下拉菜单选项执行以下 4 种基本功能：①打开次一级菜单命令选项；②打开一个对话框，其中包含可改变的设置选项；③发出一条命令，创建或修改图形；④提供与绘图工具栏和修改工具栏相同的扩展工具栏集。如图 1-8 所示为 AutoCAD 2023 的几个常用菜单。

5）功能区

功能区是 AutoCAD 2010 版本以后出现的一种选项板，它集合了目前工作空间中与任务相关联的图标按钮和控件，如图 1-9 所示。功能区主要由选项卡、面板、面板标题组成，它包含 AutoCAD 2023 最常用的功能和命令。

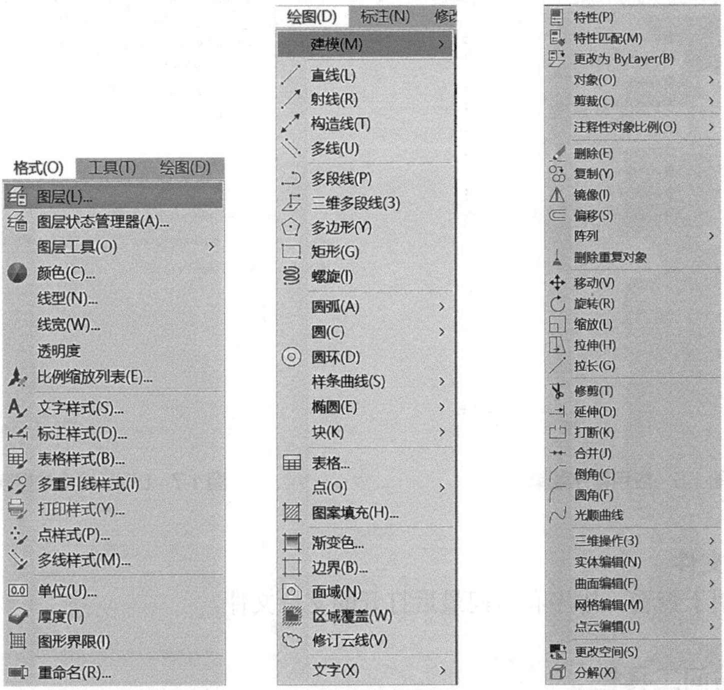

(a)【格式】主菜单　(b)【绘图】主菜单　(c)【修改】主菜单

图 1-8　AutoCAD 2023 的常用菜单

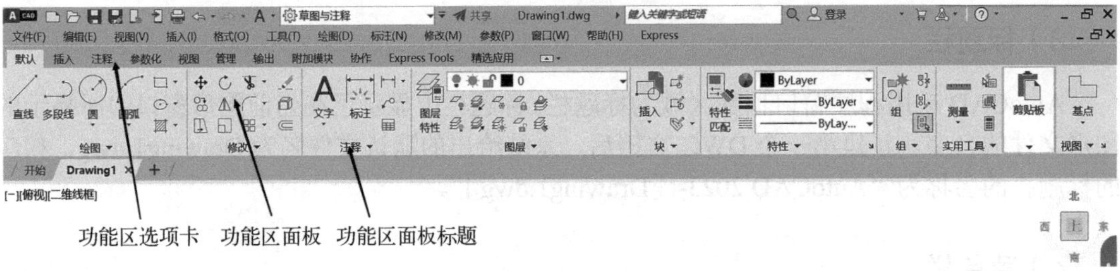

图 1-9　AutoCAD 2023 的功能区

(1) 浮动面板

用户可以通过单击功能区面板标题名称，并按住鼠标左键不放，将面板拖到任何位置，这时面板就成为浮动面板，如图 1-10 所示。把鼠标指针放在浮动面板上就会出现如图 1-10 所示的符号，再将鼠标指针放在 处，则出现提示“将面板返回到功能区”，单击提示，面板就可回到功能区原来的位置。

(2) 面板的展开

用户可以单击面板标题后的三角符号，或单击浮动面板右侧的三角符号，面板就会展开显示其他的工具图标按钮，如图 1-11、图 1-12 所示。

6) 绘图区

绘图区是用户绘图的工作区域。绘图区内有一个十字光标，随鼠标的移动而移动，它的功能是选择操作对象。光标十字线的长度可以通过执行【工具】→【选项】菜单命令进行调整。

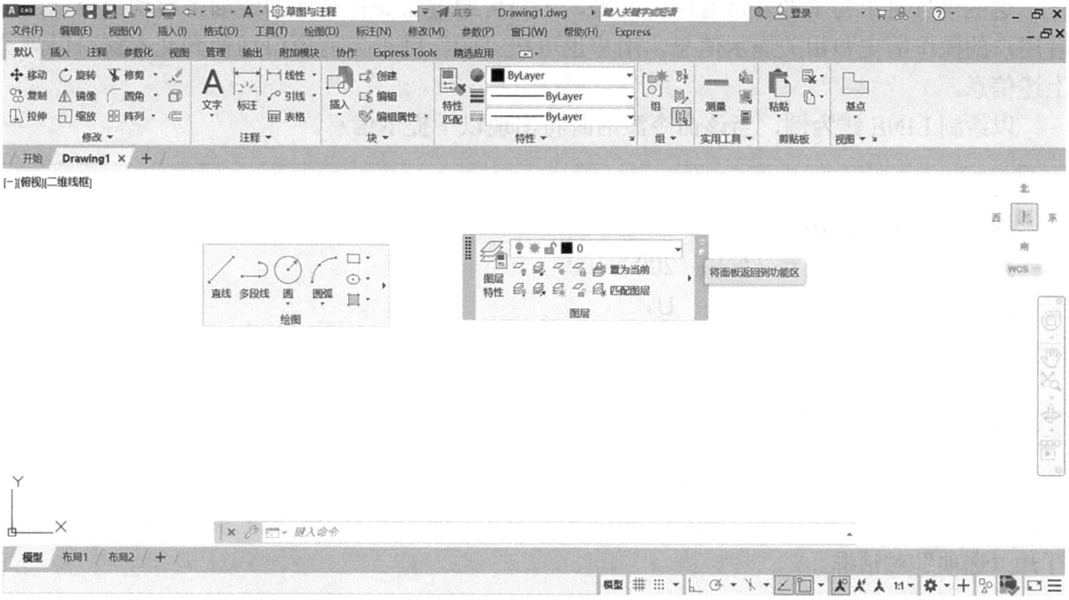

图 1-10 浮动面板

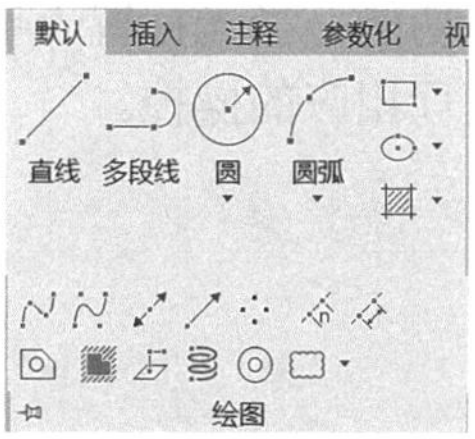

图 1-11 功能区中面板的展开

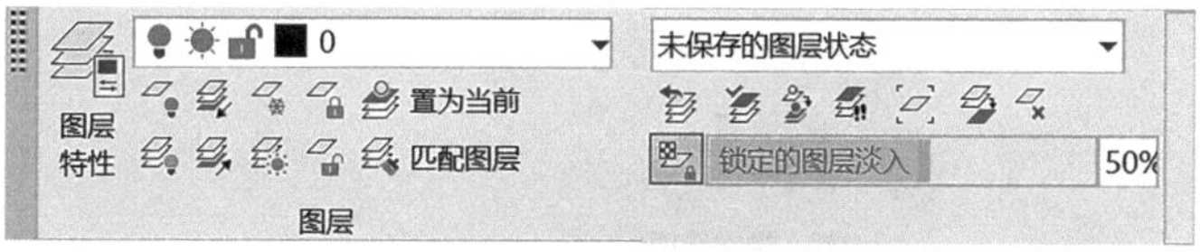

图 1-12 浮动面板的展开

在绘图过程中，精确定位图形时必须以特定坐标系为参照。进入 AutoCAD 界面时，绘图区的左下角有一个 L 形箭头，称为坐标系图标，系统默认的坐标系是世界坐标系，*X* 和 *Y* 分别指示绘图的 *X* 轴和 *Y* 轴正方向。箭头连接处的小方块表示用户正处于所谓的世界坐标系，如图 1-13 所示。

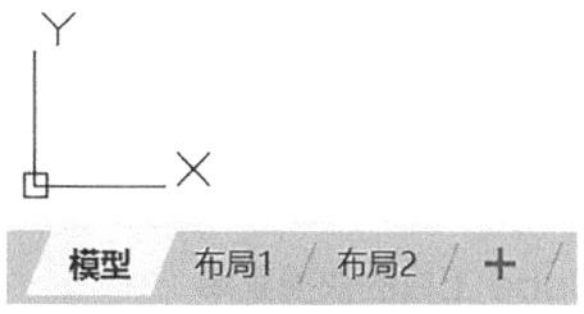

图 1-13 坐标系标志及模型、布局选项卡

当“模型”选项卡亮显时，表示当前视图窗口为模型窗口；若“布局 1”或“布局 2”选项卡亮显，表示当前视图窗口为布局窗口。

7）“命令行”窗口

绘图区的下方、状态栏的正上方，有一个小的水平方向的窗口，称为命令行。AutoCAD 在这个窗口对读者输入的命令作出响应。默认情况下，该窗口显示三行文本信息。

当调用一个命令时（如单击菜单栏中的工具按钮，或者选择菜单命令），AutoCAD 都会通过在命令行中显示信息或打开一个对话框来响应。对于第一种响应方式，命令行所显示的信息通常会告诉用户下一步需要进行什么操作，或者提供选项列表，这些选项列表通常用方括号括起来。一条单独的命令通常会提供好几条信息，要求用户响应信息以完成命令的执行。这些信息对于初学者非常有用。此外，用户可通过命令行右侧的滚动条滚动命令行，查看用户的操作历史和相关提示信息，用户也可按“F2”键将当前窗口切换到文本窗口以浏览上述信息。

以绘制 LINE 线为例，当该命令激活时将出现以下提示信息。

命令：LINE↙
指定第一个点：100，50
指定下一点或［放弃（U）］：200，100
指定下一点或［放弃（U）］：U↙
指定下一点或［放弃（U）］：200，100
指定下一点或［放弃（U）］：300，100
指定下一点或［闭合（C）/放弃（U）］：C↙

在“命令行”窗口中点击鼠标右键，AutoCAD 将显示一个快捷菜单，如图 1-14 所示。通过它可以选择最近使用的 6 个命令、复制选定的文字或全部命令历史记录、粘贴文字，以及打开“选项”对话框。

8）导航栏、ViewCube 工具

导航栏用来对视图进行控制操作，它包含平移、范围缩放等功能，当光标置于导航栏上时，它就变成活动状态，移动光标并单击某个按钮便可对视图进行相应的操控。

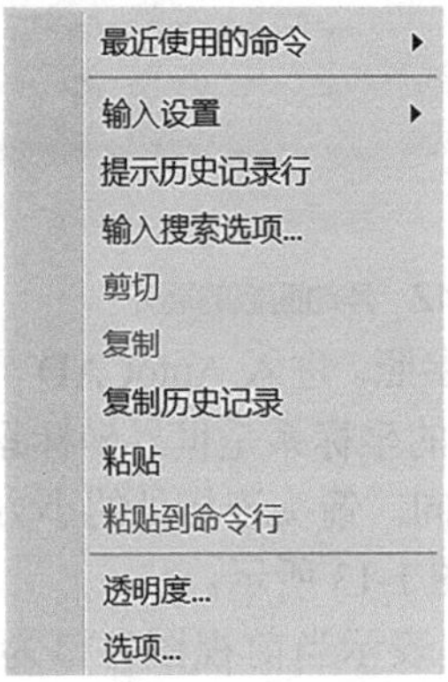

图 1-14　命令行快捷菜单

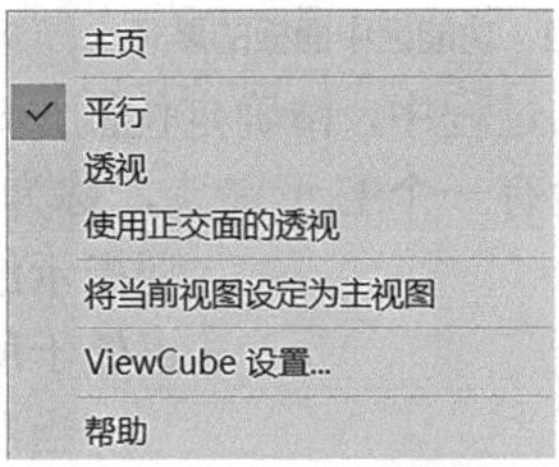

图 1-15　ViewCube 工具的快捷菜单

ViewCube 工具是导航控件，它提供了视口当前方向的视觉反馈。当光标置于 ViewCube 上时，它就变成活动状态，用户根据需要可以进行相应的操作并对 ViewCube 进行设置，其方法是将光标置于 ViewCube 图标上并点击鼠标右键，弹出快捷菜单，如图 1-15 所示，单击该菜单中的选项即可进行相应的操作。

9）状态栏

状态栏位于工作界面的最下方，用来显示 AutoCAD 当前的状态，如当前光标的坐标、绘图辅助工具及用于快速查看和注释缩放的工具等。单击这些图标按钮，可以实现这些功能的

开和关。在某种模式被打开时，该模式按钮处于按下的状态。如图 1-16 所示，对象追踪、对象捕捉和显示注释对象均处于打开的状态，其他模式则处于关闭状态。

图 1-16　状态栏中的模式指示器

10）工具栏

工具栏是 AutoCAD 2010 以前版本调用命令的一种主要方式，单击其上的命令按钮，即可执行相应的命令。在 AutoCAD 2023 中，系统提供了 50 多个已命名的工具栏。习惯于使用工具栏的用户可以打开工具栏，打开方法是选择下拉菜单中的【工具】→【工具栏】→【AutoCAD】命令，在其后的菜单中单击所需工具栏的名称即可调出工具栏，如图 1-17 所示。

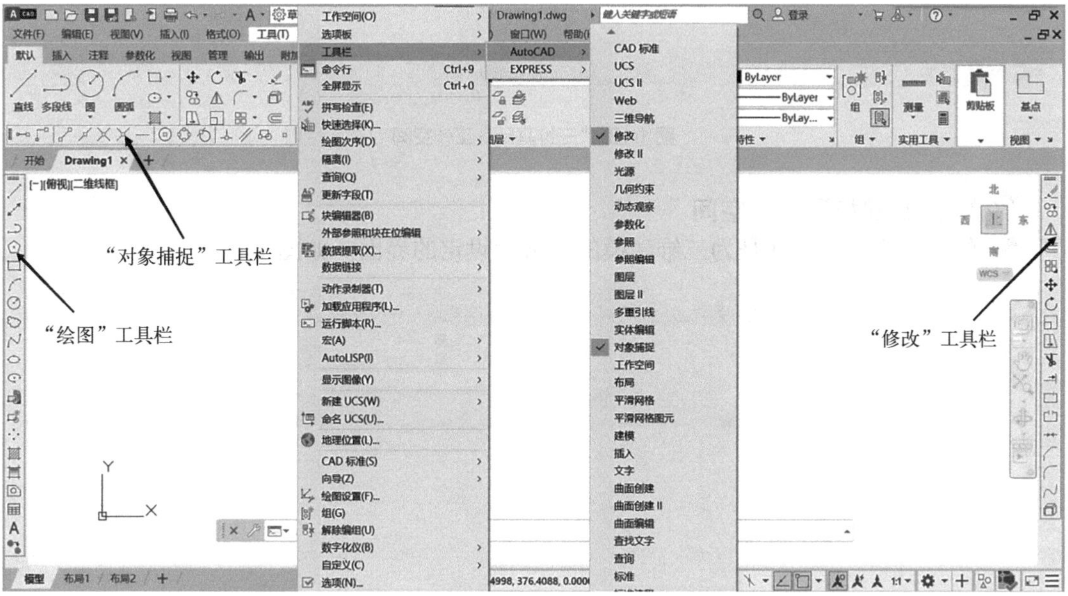

图 1-17　工具栏的调用

该图中显示了打开的“绘图”“修改”和“对象捕捉”工具栏。工具栏可以在绘图区固定或浮动显示，通过拖动可以改变工具栏的位置，将工具栏拖动到绘图区边界时可使其成为固定工具栏，将工具栏拖动到绘图区之中时其就成为浮动工具栏。对于浮动工具栏，用户可以单击工具栏右上方的关闭按钮关闭该工具栏。

1.3.3 “三维基础”和“三维建模”工作空间

（1）“三维基础”工作空间

“三维基础”工作空间与“草图与注释”工作空间的界面构成一样，不同的是其功能区选项卡和面板主要是针对三维基础建模的任务而设定的，如图 1-18 所示。

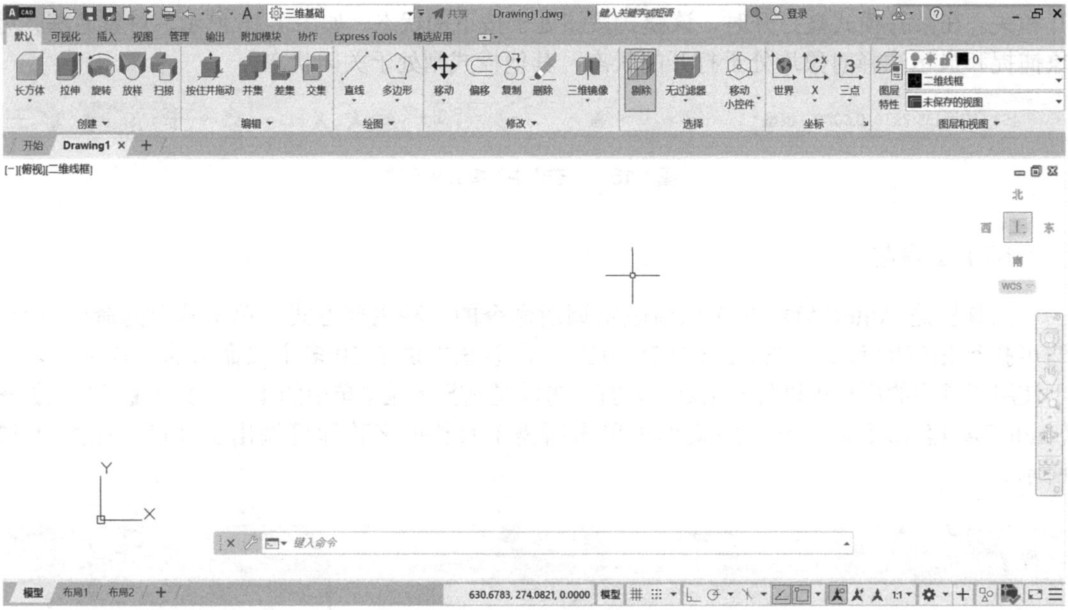

图 1-18 “三维基础”工作空间

（2）“三维建模”工作空间

“三维建模”工作空间是为三维建模的任务而设定的界面，如图 1-19 所示。

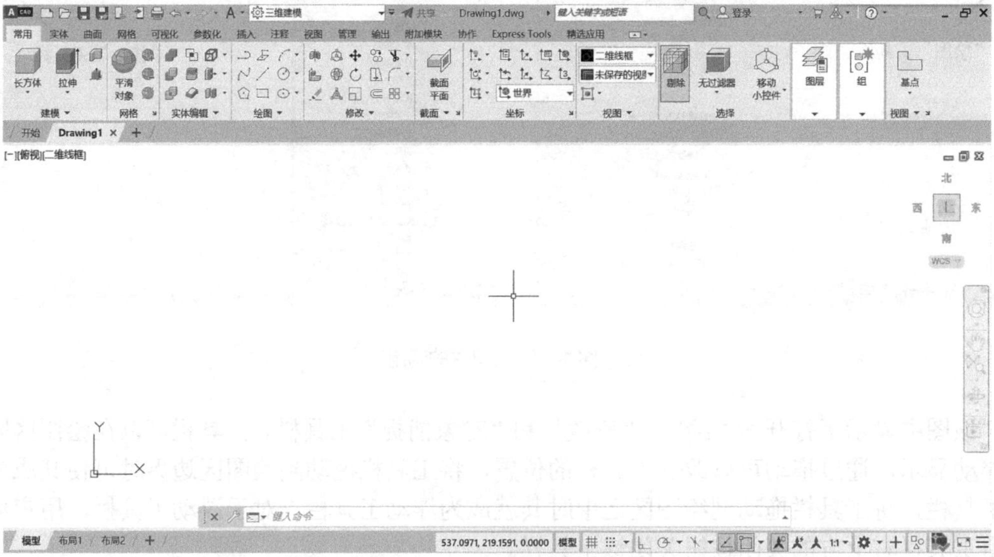

图 1-19 “三维建模”工作空间

1.4 图形文件管理

在 AutoCAD 2023 中，图形文件管理的内容主要包括新建图形文件、打开已有的图形文件、保存图形文件、加密保存图形文件等，下面分别介绍。

1.4.1 新建图形文件

打开 AutoCAD 2023 后，系统会自动新建一个名为“Drawing1.dwg”的图形文件。另外，用户可以根据需要选择是否用样板来创建文件。

1）命令激活方式

① 应用程序图标：→【新建】→【图形】。
② 快速访问工具栏：。
③ 命令行：**NEW**。
④ 菜单栏：【文件】→【新建】。

2）操作步骤

① 激活命令后弹出“选择样板”对话框，如图 1-20 所示。

② 在“选择样板”对话框中，用户可以在样板列表框中选择某一个样板文件，这时在右侧“预览”框中将显示出该样板的预览图像，单击“打开”按钮，可以将选中的样板文件作为群来创建新图形。

此处，样板是这样一类文件：它们存储有惯例和设置信息，包括单位类型和精度，标题栏，图层名，捕捉、栅格和正交设置，栅格界限，标注样式，文字样式和线型等。当需要创建使用相同惯例和默认设置的多个图形时，通过创建或自定义样板文件而不是每次启动时都指定惯例和默认设置可以节省很多时间。默认的图形样板文件为“acadiso.dwt”文件，若新建文件时不需要样板文件，则单击该对话框“打开”按钮旁的箭头，然后单击列表中的“无样板打开”选项即可。缺省情况下，图形样板文件存储在应用程序的“Template”文件夹中。

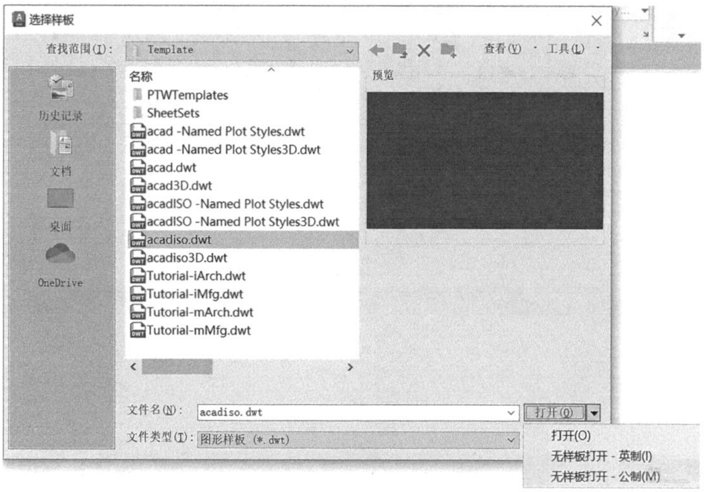

图 1-20 “选择样板”对话框

1.4.2 打开已有的图形文件

打开已经存在的图形文件，以便于继续绘图或进行其他操作。

在 AutoCAD 中，图形文件的打开与在 Office 软件如 Word 中打开文档的操作类似。通过使用菜单命令【文件】→【打开】以打开“选择文件”对话框，定位并选择需要打开的文件，单击“打开”按钮，图形文件便显示在图形窗口中。图 1-21 所示是执行打开文件操作后所打开的图形。

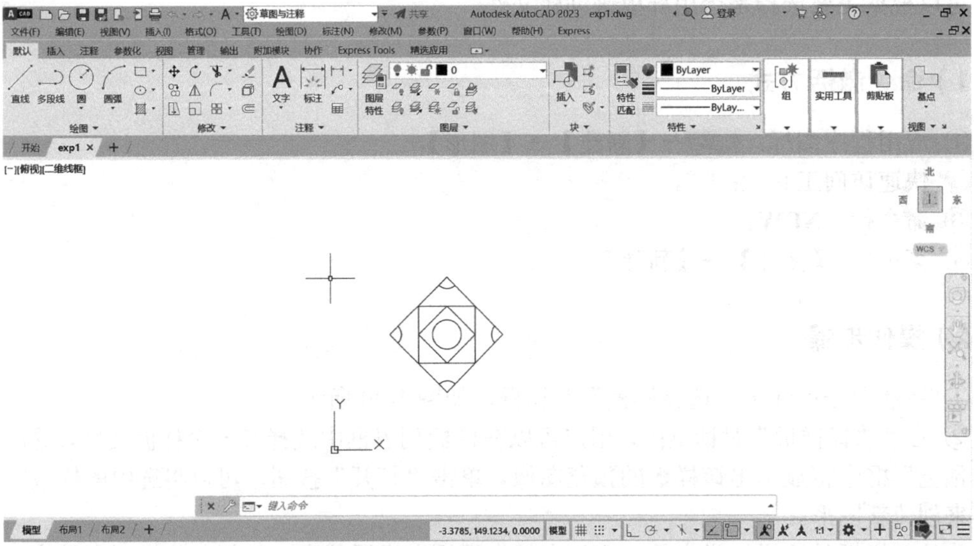

图 1-21　执行打开文件操作后所打开的图形

用户启动运行一次 AutoCAD 软件可以打开多个图形文件，以方便地在它们之间传输信息。这时可以通过层叠、水平平铺、垂直平铺的方式来排列图形窗口以便操作。图 1-22 所示为水平平铺的窗口。

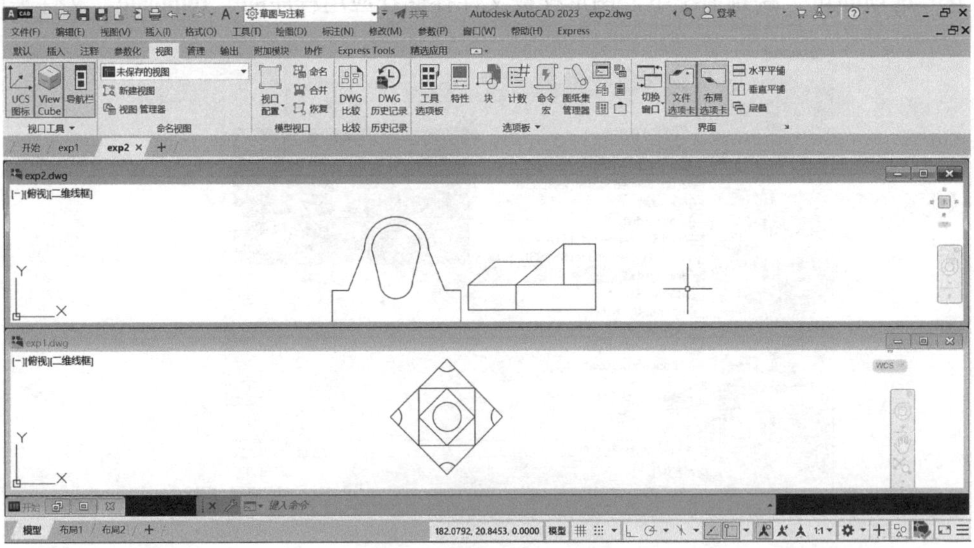

图 1-22　水平平铺的窗口

1.4.3　保存图形文件

图形文件可以以其初始名称保存（【文件】→【保存】），或者以另外的名称将其另存为一个新文件（【文件】→【另存为】）。执行保存文件后，若文件已命名，则系统自动保存文件；若文件没被命名即为默认的“Drawing1.dwg”，系统弹出如图 1-23 所示的“图形另存为”对话框。在该对话框中，可以选择保存路径、为图形文件命名。默认情况下，文件以“AutoCAD 2018 图形（*.dwg）”格式保存，也可以在“文件类型”下拉列表框中选择其他格式。

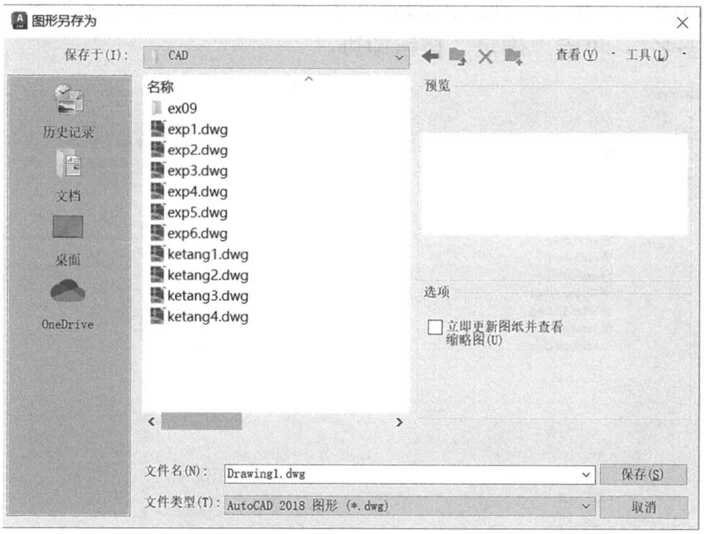

图 1-23 “图形另存为”对话框

默认情况下，AutoCAD 每隔 10 分钟自动存盘一次，自动存盘文件的默认扩展名为“ac$”。值得注意的是，当所操作的图形文件较大时，频繁地保存会带来一定的耗时，此时建议扩大自动保存的时间间隔。用户可使用“选项”对话框，重新设置自动保存的时间间隔，也可改变自动存盘的文件名称（见图 1-24）。另外，用户也可在命令行键入“savetime”以修改自动保存的时间间隔。

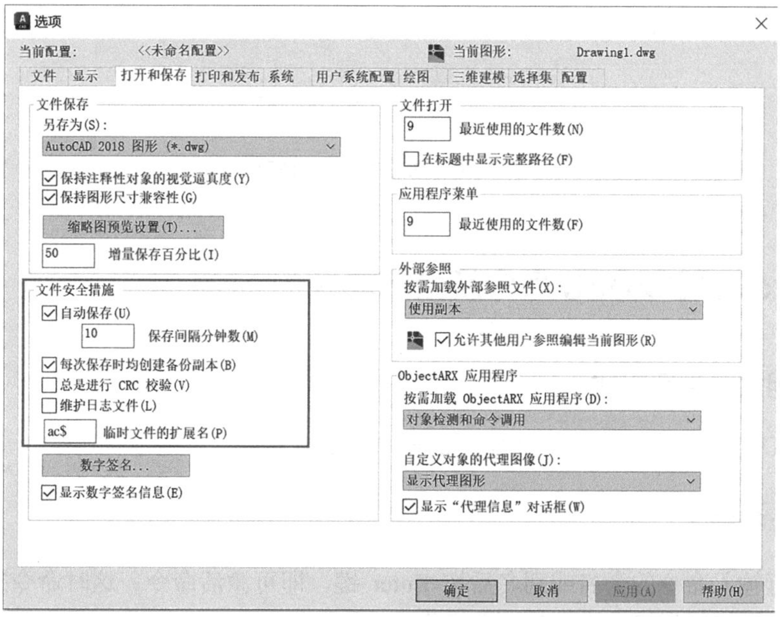

图 1-24 “选项”对话框

1.4.4 加密保存图形文件

对于重要的图形文件，用户可以对其进行加密保存，加密后需要密码才能打开图形文件。加密方法如下：在“图形另存为”对话框中，单击“工具”按钮，在下拉菜单中选择“数字签名”菜单项，如图 1-25 所示。在弹出的如图 1-26 所示的“数字签名”对话框中勾选“保存图形后附着数字签名”，单击“确定”按钮即可。

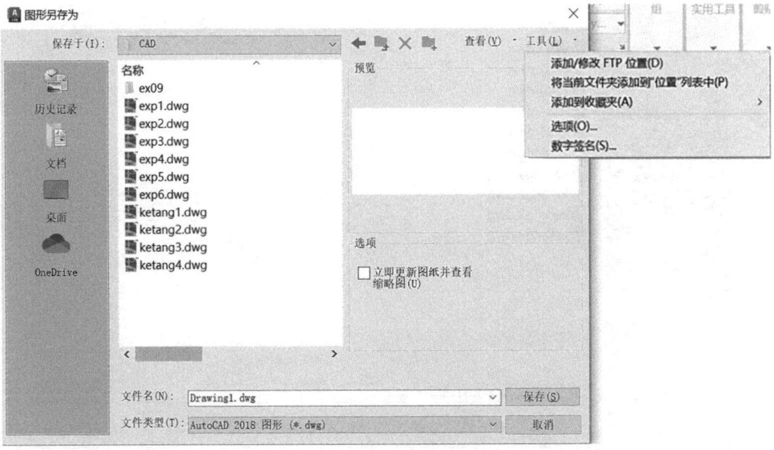

图 1-25 加密文件的“数字签名”命令

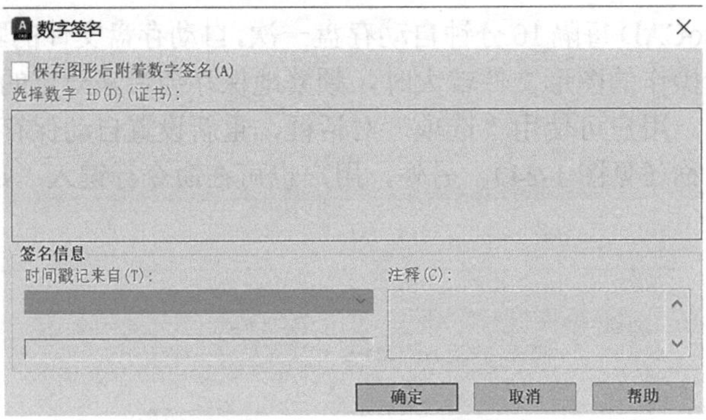

图 1-26 “数字签名”对话框

1.5 AutoCAD 2023 命令及坐标输入

1.5.1 常用命令激活方式

AutoCAD 2023 提供了如下 4 种常用的命令激活方式。

1）命令行输入

在命令行输入命令的全名或别名后按 Enter 键，即可激活命令。这时命令行将出现提示信息或指令，可以根据提示进行相应的操作。

在命令行输入命令是 AutoCAD 最基本的命令激活方式，所有的命令都可以通过命令行输入激活。几个常用的命令快捷键如表 1-1 所示。

表 1-1 常用命令快捷键

快捷键	命令全称	快捷键	命令全称
A	ARC	IM	IMAGE
AA	AREA	L	LINE
BR	BREAK	LA	LAYER
C	CIRCLE	M	MOVE
CP	COPY	O	OFFSET
I	INSERT	P	PAN

更多的命令快捷键请参阅本教材附表 1。

2）利用下拉菜单或快捷菜单

与用键盘输入命令一样，使用下拉菜单同样能激活 AutoCAD 命令。单击任意一个主菜单，屏幕上将会出现一个下拉菜单，用户根据需要选择特定的菜单项以激活相应的命令。如果拉下一个菜单而不想选择具体的菜单项，用户可再次点击主菜单以退出菜单。用户也可以通过快捷键激活下拉菜单。

例如，用户可通过以下方式激活绘制直线段命令：使用下拉菜单【绘图】→【直线】；或通过“Alt+D”键展开绘图下拉菜单，并键入“1”；或单击“绘图”工具栏 ／ 按钮。

3）利用功能区

通过单击功能区选项卡及面板中的按钮等操作来激活命令，它比菜单栏等输入方式更加便捷，如图 1-27 所示。

图 1-27 功能区选项卡

4）利用工具栏按钮

单击工具栏上的按钮来激活命令。

在实际绘图时，可以采用上述任意一种方式激活命令。但熟悉命令后，应尽可能采用方便快捷的方式激活命令，以提高绘图的效率。

1.5.2 重复和确定命令

1）重复命令

要重复执行上一个命令，可以按 Enter 键、空格键，或在绘图区中点击鼠标右键，从弹出的快捷菜单中选择“重复”菜单项，如图 1-28 所示。

图 1-28 “重复”菜单项

2）确定命令

可以使用 Enter 键、空格键或点击鼠标右键来确定命令。

注意：在命令执行过程中，可以随时按 Esc 键终止任何命令。

1.5.3 透明命令

所谓透明命令，是可以插入另一条命令执行期间来执行的命令。常使用的透明命令多为修改图形设置的命令和绘图辅助工具命令，例如视图的“平移”“缩放”“捕捉”“正交”等命令。透明命令执行完成后，将继续执行原命令。使用透明命令时需要注意，不能嵌套使用透明命令，且有的命令不能使用透明命令，如“打印”命令等。

1.5.4 坐标系与坐标输入

在二维图形绘制过程中，一般使用直角坐标系或极坐标系输入坐标值。对于这两种坐标系，都可以输入绝对坐标或相对坐标。

1）直角坐标系和极坐标系

直角坐标系也称笛卡儿坐标系，它有 *X*、*Y* 和 *Z* 轴，且任意两轴之间都是互相垂直相交的。

二维绘图就是在 *XY* 平面上绘图，*X* 轴为水平方向，*Y* 轴为竖直方向，两轴的交点为坐标原点。默认情况下，坐标原点位于绘图区的左下角，输入坐标值时，需要指定沿 *X*、*Y* 和 *Z* 轴相对于坐标原点（0, 0, 0）的距离（以单位表示）及其方向（正或负），如图 1-29 所示。

极坐标系（见图 1-30）使用距离和角度来定位点。极坐标的形式为（*X* < *Y*），其中 *X* 表示该点与原点的距离，*Y* 表示该点与原点的连线与坐标轴 *X* 轴正向的夹角。点（0 < 0）与直角坐标系中的点（0, 0）重合，极坐标系中的坐标轴与直角坐标系中的 *X* 轴正方向平行。

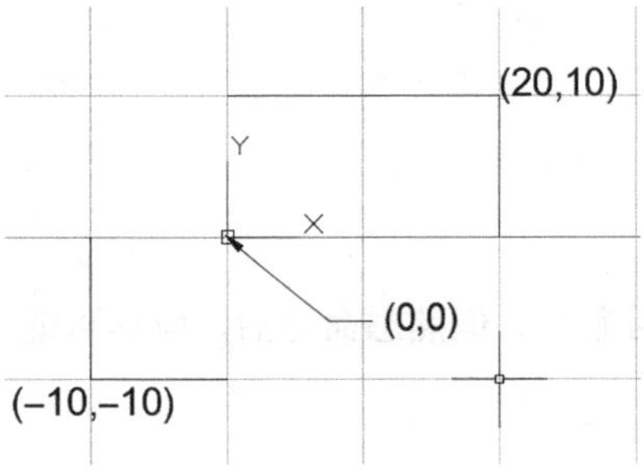

图 1-29 直角坐标系

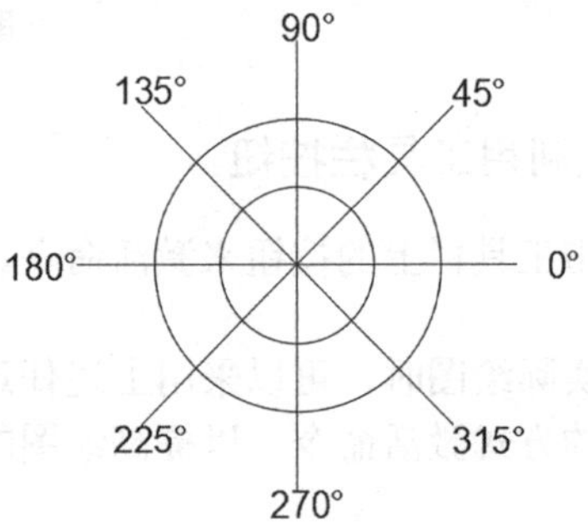

图 1-30 极坐标系

输入极坐标时，需要给出点相对于坐标原点或相对点的距离和该点与原点或相对点之间的连线与 *X* 轴正向之间的夹角。默认情况下，逆时针方向旋转为正，顺时针方向旋转为负。

若需要按顺时针方向绕原点移动输入点，可以输入负的角度值。例如，输入“1 < 315”与输入“1 < -45”效果相同。

2）直角坐标和极坐标

（1）直角坐标的输入

创建对象时，可以使用绝对或相对直角坐标定位点。

① 绝对直角坐标：绝对直角坐标是指从原点（0, 0）出发的位移，可以使用分数、小数或科学记数等形式表示点的 *X* 轴、*Y* 轴坐标值，坐标值间用英文逗号“,”分开，如点（3, 4）指在 *X* 轴正方向距离原点 3 个单位，在 *Y* 轴正方向距离原点 4 个单位。如图 1-31 所示，要在 AutoCAD 中用直角坐标系绘制一条起点为（-2, 1），端点为（3, 4）的直线段，可以在命令行中输入：

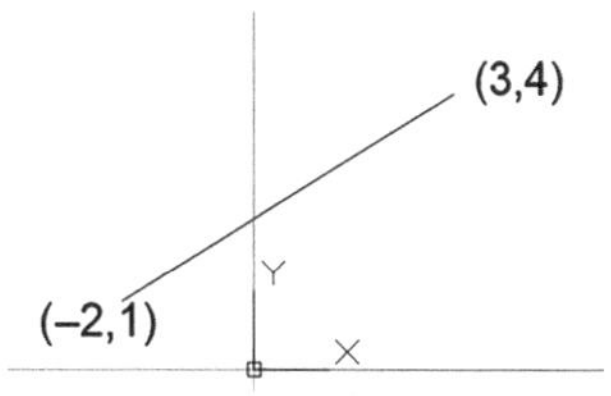

图 1-31　使用直角坐标绘制直线段

命令：LINE↙
指定第一个点：-2, 1↙
指定下一点或［放弃（U）］：3, 4↙

② 相对直角坐标：相对直角坐标是基于某一点的 *X* 轴和 *Y* 轴位移，在绝对直角坐标前加上“@”符号来表示。例如，对于直线始点（-2, 1）而言，末点在 *X* 轴正方向的增量是 5 个单位，在 *Y* 轴正方向的增量是 3 个单位，即末点的相对坐标是（@5，3），可以下面的方式创建：

命令：LINE↙
指定第一个点：-2, 1↙
指定下一点或［放弃（U）］：@5, 3↙

（2）极坐标的输入

① 绝对极坐标：绝对极坐标是指从原点（0，0）出发的极半径和极角，其中极半径是点与原点的连线长度，极角是点与原点的连线与 *X* 轴正向的夹角。极半径与极角之间用尖括号“ < ”隔开。例如，要指定相对于原点距离为 1 个单位，角度为 45° 的点，可键入“1<45”。

② 相对极坐标：相对极坐标是指相对于某一点的极半径和极角，在绝对极坐标前加上“@”符号来表示，如（@5 < 45）。

用极坐标绘制如图 1-32 所示的一条直线段，在命令行中输入：

命令：LINE↙
指定第一个点：0，0↙
指定下一点或［放弃（U）］：4<120↙
指定下一点或［放弃（U）］：@5<45↙
指定下一点或［放弃（U）］：@3<30↙

（3）直接距离输入

通过移动光标指定方向，然后直接输入距离的方法称为直接距离输入。直接距离输入法可用于指定下一个输入点。只有当极轴打开时，才可以使用直接距离输入。例如，在绘制一条线段并确定第一个点后，图形窗口出现如图 1-33 所示的情形，键入“100”，将从左边起始点开始沿极轴方向绘制长度为 100 的直线段。

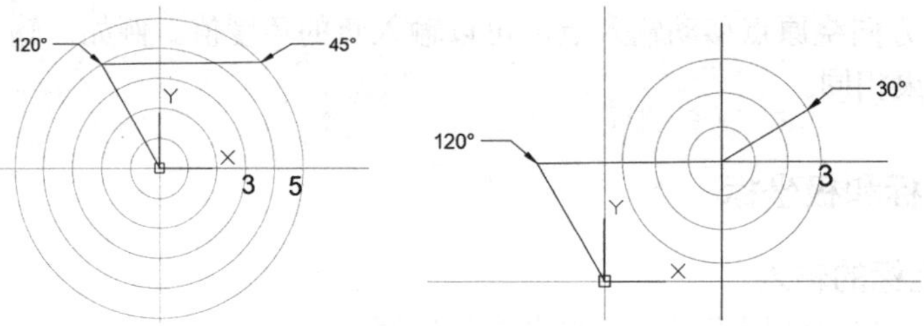

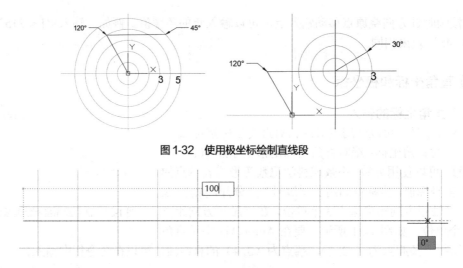

图 1-32　使用极坐标绘制直线段

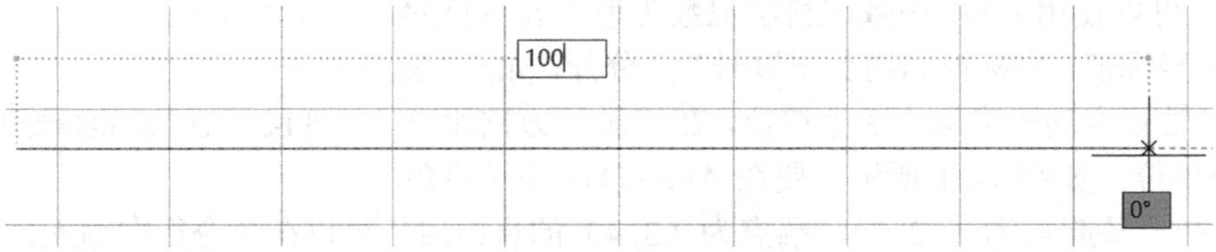

图 1-33　直接距离输入

（4）动态输入

在动态输入功能打开时（状态栏中的处于按下的状态），随着光标的移动，图形窗口中将出现提示信息和提示框，用户可直接在工具栏提示框中输入坐标值。在默认情况下，大多数命令输入的 X、Y 坐标值被解释为相对极坐标。要指示绝对极坐标，应在坐标前加上符号“#”。

当绘制直线时，在确定左下角第一点后继续拖动光标将出现提示框和提示信息，如图 1-34 所示，33°指示了当前点所在的方位，“79.3777”为光标所在位置到直线段左下角起始点的长度。

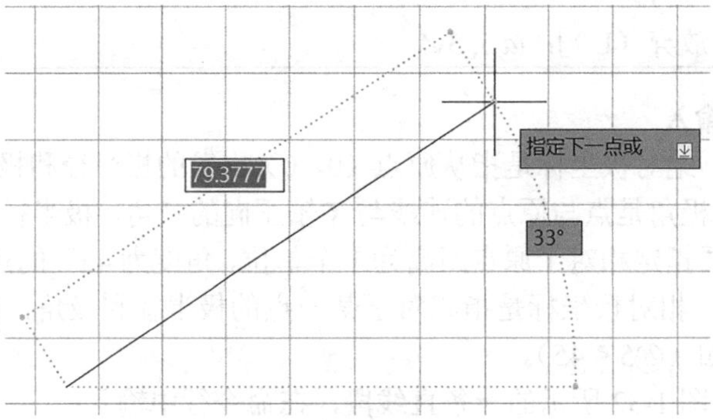

图 1-34　动态输入

习题

1. 计算机绘图系统的硬件组成和软件组成分别是什么？

2. AutoCAD 有几种工作空间？“草图与注释”工作空间包括哪些内容？其主要功能是什么？

3. 如何新建、打开、保存并加密图形文件？

4. 常用命令的激活方式有几种？请进行练习操作。

第 2 章

二维图形绘制

二维绘图是指在二维的平面内进行绘图。常用的二维绘图命令包括点（Point）、直线（Line）、圆（Circle）、圆弧（Arc）、椭圆（Ellipse）、矩形（Rectang）、正多边形（Polygon）、多段线（Pline）、多线（Mline）、样条曲线（Spline）等，绘图工具栏如图 2-1 所示。使用 AutoCAD 2023 中的相关命令，可以方便地绘制出这些基本图形。本章主要介绍 AutoCAD 2023 绘制二维图形的基本知识和绘图功能。

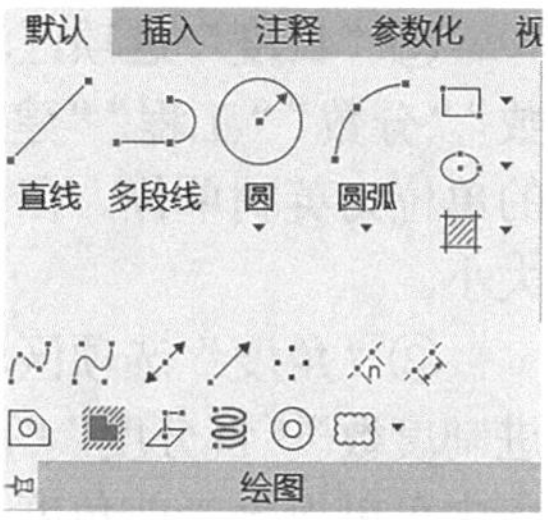

图 2-1　绘图工具栏

2.1　二维绘图的基本知识

2.1.1　设置绘图界限

设置一个矩形的绘图界限。使用该功能，可以控制在设定界限内进行绘图。

1）命令激活方式

① 命令行：**LIMITS**。
② 菜单栏：**【**格式**】**→**【**图形界限**】**。

2）操作步骤

激活命令后，在命令行中将显示如下提示：

命令：LIMITS↙
重新设置模型空间界限：
指定左下角点或［开（ON）/关（OFF）］<0.0000, 0.0000>：（输入左下角点的坐标）↙
指定右上角点<420.0000, 297.0000>：（输入右上角点的坐标）↙

执行结果：设置了一个以左下角点和右上角点为对角点的矩形绘图界限。默认时，设置的是 A3 图幅的绘图界限。

若选择“开（ON）”，则只能在设定的绘图界限内绘图；若选择“关（OFF）”，则绘图没有界限限制。默认状态下，为“关”状态。

2.1.2 设置绘图单位

设置绘图时所使用的长度单位、角度单位以及显示单位的格式和精度。

1）命令激活方式

① 命令行：**UNITS** 或 **UN**。
② 菜单栏：【格式】→【单位】。

2）操作步骤

激活命令后，弹出如图 2-2 所示的“图形单位”对话框。可对该对话框中相应的内容进行设置。

“图形单位”对话框中各选项说明如下。

①“长度”选项区域：可以设置绘图的长度单位和精度。在“类型”下拉列表中有“小数”“分数”“工程”“建筑”及“科学”5 种长度单位类型可供选择，其中“工程”和“建筑”的单位为英制单位。在“精度”下拉列表中可以设置长度值显示时所采用的小数位数或分数大小。

②“角度”选项区域：可以设置绘图的角度格式和精度。在“类型”下拉列表中有“十进制度数”“百分度”“度/分/秒”“弧度”“勘测单位”5 种格式可供选择。在“精度”下拉列表中可以设置当前角度显示的精度。

③“插入时的缩放单位”选项区域：用于设置插入当前图形中的内容的测量单位。

④“输出样例”选项区域：显示当前长度单位和角度单位的样例。

⑤“光源”选项区域：用于控制当前图形中光源强度的测量单位。

⑥“方向”复选框：可以设置角度增加的正方向。默认情况下，逆时针方向为角度增加的正方向，0°方向为正东。如图 2-3 所示的“方向控制”对话框，设置起始角度（0°）的方向。

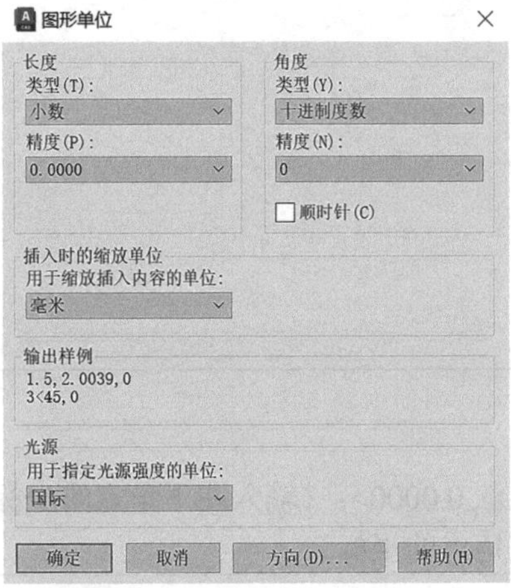

图 2-2 “图形单位”对话框

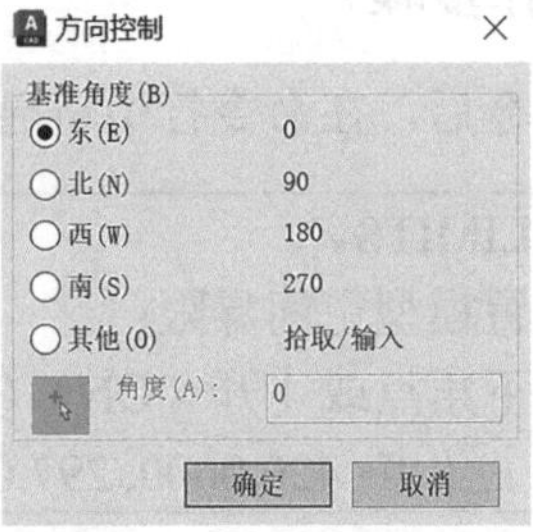

图 2-3 “方向控制”对话框

2.2 绘制点

在 AutoCAD 2023 中，可以通过“单点”“多点”“定数等分”“定距等分”4 种方法创建点对象。

2.2.1 设置点的显示样式

1）命令激活方式

① 命令行：**DDPTYPE**。
② 功能区：【默认】→【实用工具】→。
③ 菜单栏：【格式】→【点样式】。

2）操作步骤

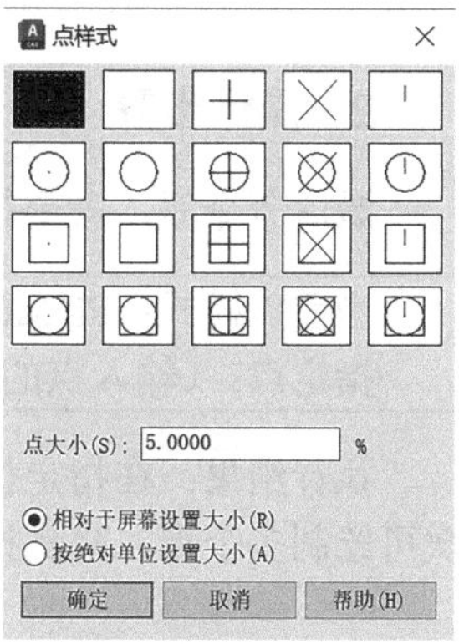

图 2-4 “点样式”对话框

激活命令后，弹出如图 2-4 所示的“点样式”对话框。一般在绘制点对象前，需根据需要设置点的大小和形状参数。缺省情况下，点对象大小为屏幕相对尺寸的 5%，形状为一个像素点。用户可方便地设置和改变点对象的大小和形状。点的样式共有 20 种，可以任选一种。默认情况下，是小圆点样式。

“相对于屏幕设置大小”指文本框中的值代表的是当前状态下点的尺寸相对于绘图区高度的百分比；“按绝对单位设置大小”指文本框中的值表示的是当前状态下点的绝对大小。

2.2.2 绘制单点

执行一次绘制单点命令，只能绘制一个点。

1）命令激活方式

① 命令行：**POINT** 或 **PO**。
② 菜单栏：【绘图】→【点】→【单点】。
③ 工具栏：【绘图工具栏】→【点】→【单点】。

2）操作步骤

激活命令后，命令行提示：

当前点模式：PDMODE=0 PDSIZE=5.0000
指定点：（输入点的坐标）↙

执行结果：在指定位置绘制了一个点，此时命令行将回到原始状态。

在绘制点时，命令行提示的“PDMODE”和“PDSIZE”两个系统变量显示了当前状态下点的样式和大小。其中系统变量 PDSIZE 的值与图 2-4 中“点大小”文本框中的值对应。

2.2.3 绘制多点

执行一次绘制多点命令，可以连续绘制点。

1）命令激活方式

① 功能区：【默认】→【绘图】→∴。
② 菜单栏：【绘图】→【点】→【多点】。
③ 工具栏：【绘图工具栏】→【点】→【多点】。

2）操作步骤

激活命令后，命令行提示：

当前点模式：PDMODE=0 PDSIZE=5.0000
指定点：（输入点的坐标）↙

执行结果：在指定位置绘制了一个点，此后命令行状态保持不变，可以继续绘制点。一次可绘制多个点，直到按 Esc 键结束命令。

2.2.4 定数等分对象

在指定的对象上按照指定数目绘制等分点或者在等分点处插入块。

1）命令激活方式

① 命令行：**DIVIDE** 或 **DIV**。
② 功能区：【默认】→【绘图】→ 。
③ 菜单栏：【绘图】→【点】→【定数等分】。

2）操作步骤

激活命令后，命令行提示：

选择要定数等分的对象：（选择要等分的对象）
输入线段数目或［块（B）］：（输入从 2 到 32767 的值，或输入选项）↙

各选项说明如下。
①“线段数目”：沿选定对象等间距放置点对象，如图 2-5 所示。
②“块（B）”；沿选定对象以相等间距放置图块。
如果在等分点上放置图块，输入“B↙”，命令行提示：

输入要插入的块名：（输入图形中当前定义的块名）↙
是否对齐块和对象？［是（Y）/否（N）］<Y>：（输入“Y”或“N”）↙
输入线段数目：（输入从 2 到 2767 的值）↙

各选项说明如下。
①“是（Y）”：指定插入块的 X 轴方向与定数等分对象在定数等分点相切或对齐。
②“否（N）”：插入块时保持原来的方向。
如图 2-6 所示，一条圆弧被一个块定数等分为五段，此块是由一个垂直的椭圆组成的。

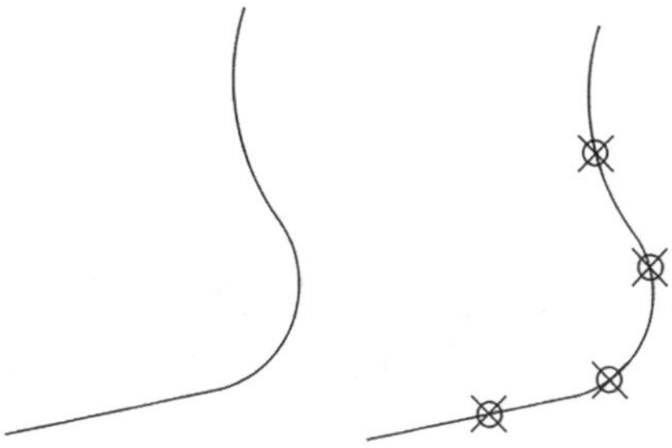

图 2-5 用点定数等分对象

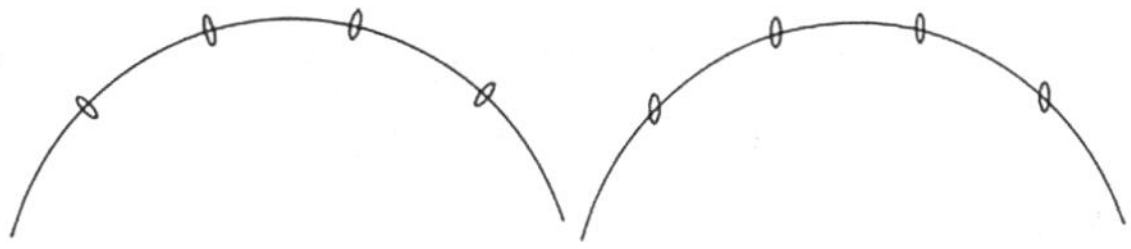

图 2-6 用块定数等分对象

在使用该命令时应注意以下两点：

① 因为输入的是等分数，而不是放置点的个数，所以如果将所选对象分成 *N* 份，则实际上只生成 *N*-1 个点。

② 每次只能对一个对象操作，而不能对一组对象操作。

2.2.5 定距等分对象

在指定的对象上按照指定长度绘制等分点或者在等分点处插入块。

1）命令激活方式

① 命令行：**MEASURE** 或 **ME**。

② 功能区：【默认】→【绘图】→ 。

③ 菜单栏：【绘图】→【点】→【定距等分】。

2）操作步骤

激活命令后，命令行提示：

选择要定距等分的对象：

指定线段长度或［块（B）］：（输入长度值或指定一段距离或输入“B”）↙

“块（B）”选项与 DIVIDE 命令中的功能相同。

如图 2-7 所示，一条多段线被定距等分。

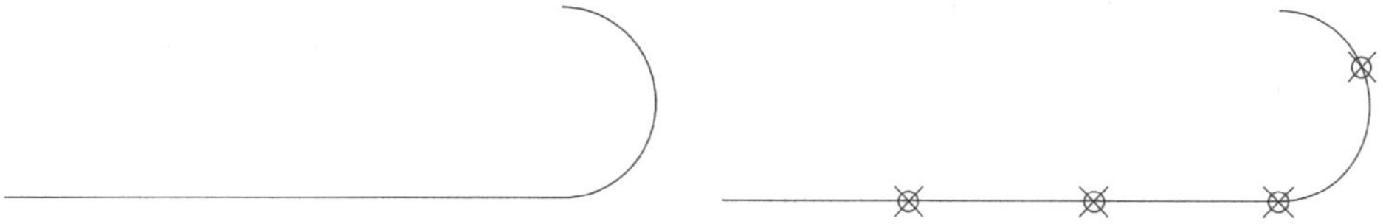

图 2-7 定距等分对象

在使用该命令时应注意以下两点。

① 定距等分点的起始位置为对象上离选取点较近的端点。

② 如果对象总长不能被所选长度整除，则最后放置点到对象端点的距离将不等于所选长度。

2.3 绘制直线段、射线和构造线

2.3.1 绘制直线段

直线是各种图形中最基本、最简单和最常用的图形对象，用直线可构造出各种复杂二维、三维图形。直线段由两个端点决定，用户可使用 LINE 命令在绘图区域内绘制出单条或连续多条直线（折线）段。

1）命令激活方式

① 命令行：**LINE** 或 **L**。
② 功能区：【默认】→【绘图】→。
③ 菜单栏：【绘图】→【直线】。
④ 工具栏：【绘图工具栏】→【直线】。

2）操作步骤

激活命令后，命令行提示：

命令：LINE↙
指定第一点：（输入起始点）↙
指定下一点或［放弃（U）］：（输入下一端点或 U）↙
指定下一点或［放弃（U）］：（输入下一端点或 U）↙
指定下一点或［闭合（C）/放弃（U）］：（输入下一端点、C 或 U）↙

执行结果：绘制了连续的直线段。确定直线段起点，可使用定点设备，也可以在命令行上输入坐标值。若输入“C”，则下一点自动回到起始点，形成封闭图形；若输入“U”，则取消上一步操作。

在使用该命令时应注意以下两点。

① 只有在绘制了两条以上的线段之后，才能使用“闭合（C）”选项。

② 一次输入“U”将放弃直线序列中最后绘制的线段，多次输入“U”将按绘制次序的逆序逐个放弃线段。

3）绘制实例（结果见图 2–8）

命令：LINE↙
指定第一点：10，30↙
指定下一点或［放弃（U）］：30，30↙
指定下一点或［放弃（U）］：30，20↙
指定下一点或［闭合（C）/放弃（U）］：@10<135↙
指定下一点或［闭合（C）/放弃（U）］：U↙
指定下一点或［闭合（C）/放弃（U）］：@10<225↙
指定下一点或［闭合（C）/放弃（U）］：C↙

2.3.2 绘制射线

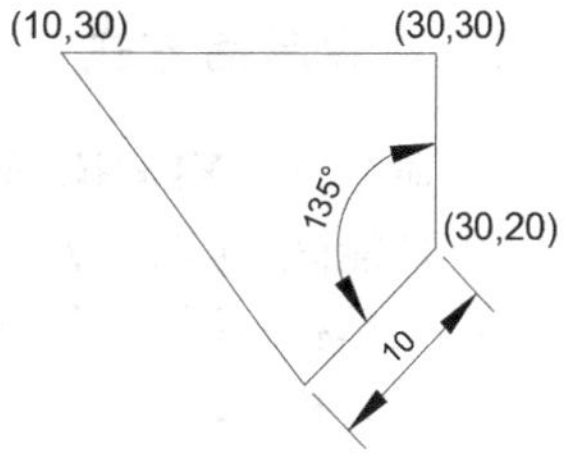

图 2-8 绘制直线段

射线也称单向构造线，它是只有一个起点，并延伸到无穷远的直线。射线由 2 点（起点和另一点）确定。射线不能作为图形输出，一般用作辅助线，或经修剪后方可作为图形输出。用户可使用 RAY 命令绘制射线对象。

1）命令激活方式

① 命令行：**RAY**。
② 功能区：【默认】→【绘图】→ ⟋。
③ 菜单栏：【绘图工具栏】→【射线】。

2）操作步骤

激活命令后，命令行提示：

命令：RAY↙
指定起点：（输入起点）↙
指定通过点：（输入射线经过的任意点）↙
指定通过点：（输入射线经过的任意点）↙
指定通过点：↙

激活命令后，按照命令行提示依次指定射线的起点和通过点即可绘制一条射线。在指定射线的起点后，可指定多个通过点，绘制以起点为端点的多条射线，直到按 Esc 键或 Enter 键退出为止。

3）绘制实例（结果见图 2–9）

命令：RAY↙
指定起点：100，80↙
指定通过点：140，120↙
指定通过点：120，120↙
指定通过点：100，120↙
指定通过点：80，120↙
指定通过点：60，120↙
指定通过点：↙

2.3.3 绘制构造线

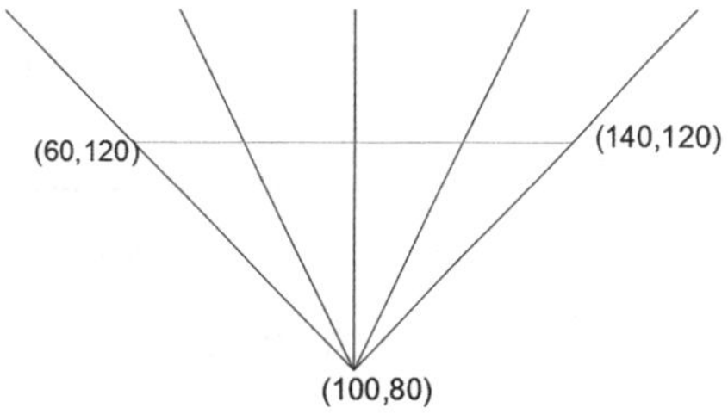

图 2-9 绘制射线

构造线也称双向构造线，它是没有端点且向两方向无限延伸的直线，构造线由一个点确定，用户可使用 XLINE 命令绘制构造线对象。双向构造线不能作为图形输出，通常用作辅助线，或经修剪后方可作为图形输出。用构造线画平行线非常方便。

1）命令激活方式

① 命令行：**XLINE** 或 **XL**。
② 功能区：【默认】→【绘图】→ 。
③ 菜单栏：【绘图】→【构造线】。
④ 工具栏：【绘图工具栏】→【构造线】。

2）操作步骤

激活命令后，命令行提示：

命令：XLINE↙
指定点或［水平（H）/垂直（V）/角度（A）/二等分（B）/偏移（O）］：（输入点、H、V、A、B、O）

各选项说明如下。
① 点：绘制通过两个点的构造线。
② 水平（H）：绘制通过选定点的水平方向构造线。
③ 垂直（V）：绘制通过选定点的垂直方向构造线。
④ 角度（A）：绘制和水平方向成一定角度的构造线。
⑤ 二等分（B）：绘制一个角的角平分线。
⑥ 偏移（O）：绘制平行于另一个直线对象的构造线。

2.4 绘制矩形和正多边形

2.4.1 绘制矩形

矩形实际上是一个由 4 条直线段组成的封闭多段线对象，矩形的两组边分别与 *X* 和 *Y* 轴平行。使用绘制矩形命令可绘出形状多样的矩形，如图 2-10 所示。

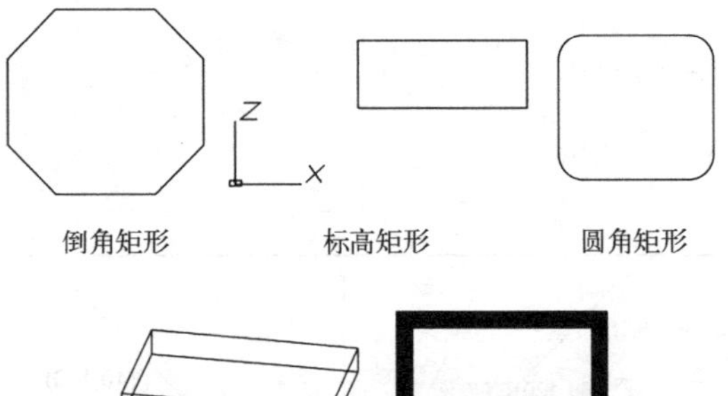

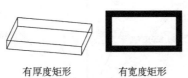

图 2-10 矩形的各种样式

1）命令激活方式

① 命令行：**RECTANG** 或 **REC**。
② 功能区：【默认】→【绘图】→ 。
③ 菜单栏：【绘图】→【矩形】。
④ 工具栏：【绘图工具栏】→【矩形】。

2）操作步骤

激活命令后，命令行提示：

命令：RECTANG↙
指定第一个角点或［倒角（C）/标高（E）/圆角（F）/厚度（T）/宽度（W）］：（输入第

一个角点）↙
指定另一个角点或［面积（A）/尺寸（D）/旋转（R）］：

默认情况下，指定两个点决定矩形对角点的位置，它的边平行于当前坐标系的 *X* 轴和 *Y* 轴，也可以选择“面积（A）”选项，通过指定矩形的面积和长度（或宽度）绘制矩形；也可以选择“尺寸（D）”选项，通过指定矩形的长度、宽度和矩形另一角点的方向绘制矩形；也可以选择“旋转（R）”选项，通过指定旋转的角度和拾取两个参考点绘制矩形。该命令提示中各选项说明如下。

① 倒角（C）：绘制一个带倒角的矩形，此时需要指定矩形的两个倒角距离。

② 标高（E）：指定矩形所在的平面高度。默认情况下，矩形在 *XY* 平面内。该选项一般用于三维绘图。

③ 圆角（F）：绘制一个带圆角的矩形，此时需要指定矩形的圆角半径。

④ 厚度（T）：按已设定的厚度绘制矩形，该选项一般用于三维绘图。

⑤ 宽度（W）：按已设定的线宽绘制矩形，此时需要指定矩形的线宽。

⑥ 旋转（R）：系统在生成矩形多段线时，矩形长边的默认角度为极坐标系中的 0°，“旋转（R）”选项可以改变该默认角度。

⑦ 面积（A）：通过指定第一个角点、矩形面积以及矩形的其中一条边长三个要素确定矩形多段线。

⑧ 尺寸（D）：通过指定第一个角点、矩形两条边长以及另外一个角点的方向确定矩形多段线。

3）绘制实例（结果见图 2-10）

//倒角矩形：
命令：REC↙
指定第一个角点或［倒角（C）/标高（E）/圆角（F）/厚度（T）/宽度（W）］：C↙
指定矩形的第一个倒角距离<0.0000>：8↙
指定矩形的另一个倒角距离<8.0000>：8↙
指定第一个角点或［倒角（C）/标高（E）/圆角（F）/厚度（T）/宽度（W）］：↙
指定另一个角点或［面积（A）/尺寸（D）/旋转（R）］：↙

//标高矩形：
命令：REC↙
指定第一个角点或［倒角（C）/标高（E）/圆角（F）/厚度（T）/宽度（W）］：E↙
指定矩形的标高<0.0000>：10↙
指定第一个角点或［倒角（C）/标高（E）/圆角（F）/厚度（T）/宽度（W）］：↙
指定另一个角点或［面积（A）/尺寸（D）/旋转（R）］：↙

//圆角矩形：
命令：REC↙
指定第一个角点或［倒角（C）/标高（E）/圆角（F）/厚度（T）/宽度（W）］：F↙
指定矩形的圆角半径<0.0000>：5↙
指定第一个角点或［倒角（C）/标高（E）/圆角（F）/厚度（T）/宽度（W）］：↙

指定另一个角点或［面积（A）/尺寸（D）/旋转（R）]：↙

//有厚度矩形：
命令：REC↙
指定第一个角点或［倒角（C）/标高（E）/圆角（F）/厚度（T）/宽度（W）]：T↙
指定矩形的厚度<0.0000>：5↙
指定第一个角点或［倒角（C）/标高（E）/圆角（F）/厚度（T）/宽度（W）]：↙
指定另一个角点或［面积（A）/尺寸（D）/旋转（R）]：↙

//有宽度矩形：
命令：REC↙
指定第一个角点或［倒角（C）/标高（E）/圆角（F）/厚度（T）/宽度（W）]：W↙
指定矩形的线宽<0.0000>：5↙
指定第一个角点或［倒角（C）/标高（E）/圆角（F）/厚度（T）/宽度（W）]：↙
指定另一个角点或［面积（A）/尺寸（D）/旋转（R）]：↙

2.4.2 绘制正多边形

AutoCAD 2023 提供绘制边数从 3 到 1024 的等边多边形功能。等边多边形是一条特殊的封闭多段线，其线宽为 0。若改变线宽，可用 PEDIT 命令修改。等边多边形由边长和边数确定，也可由内切圆或外接圆的半径确定。

1）命令激活方式

① 命令行：**POLYGON** 或 **POL**。
② 功能区：【默认】→【绘图】→【 下拉按钮】→ 。
③ 菜单栏：【绘图】→【多边形】。
④ 工具栏：【绘图工具栏】→【多边形】。

2）操作步骤

激活命令后，命令行提示：

命令：POLYGON↙
输入侧面数<当前值>：（输入一个 3 到 1024 之间的数值）↙
指定正多边形的中心点或［边（E）]：（输入中心点或 E）↙
输入选项［内接于圆（I）/外切于圆（C）］<I>：（输入 I 或 C）↙
指定圆的半径：（输入半径）↙

默认情况下，定义正多边形中心点后，可以使用正多边形的外接圆或内切圆来绘制正多边形。使用内接于圆要指定外接圆的半径，正多边形的所有顶点都在圆周上。使用外切于圆要指定正多边形中心点到各边中点的距离。

如果在命令行的提示下选择“边（E）”选项，可以以指定的两个点作为正多边形一条边的两个端点来绘制多边形。AutoCAD 2023 总是从第 1 个端点到第 2 个端点，沿这两点确定的方向绘制出正多边形。

3）绘制实例（结果见图 2-11）

已知中心点坐标为（50，50），半径为 40，用内接于圆方法绘制三角形，用外切于圆方法绘制六边形。

命令：CIRCLE↙
指定圆的圆心或［三点（3P）/两点（2P）/切点、切点、半径（T）］：50，50↙
指定圆的半径或［直径（D）］：40↙

命令：POL↙
POLYGON 输入侧面数<3>：3↙
指定正多边形的中心点或［边（E）］：50，50↙
输入选项［内接于圆（I）/外切于圆（C）］<C>：I↙
指定圆的半径：40↙

命令：POL↙
POLYGON 输入侧面数<3>：6↙
指定正多边形的中心点或［边（E）］：50，50↙
输入选项［内接于圆（I）/外切于圆（C）］<I>：C↙
指定圆的半径：40↙

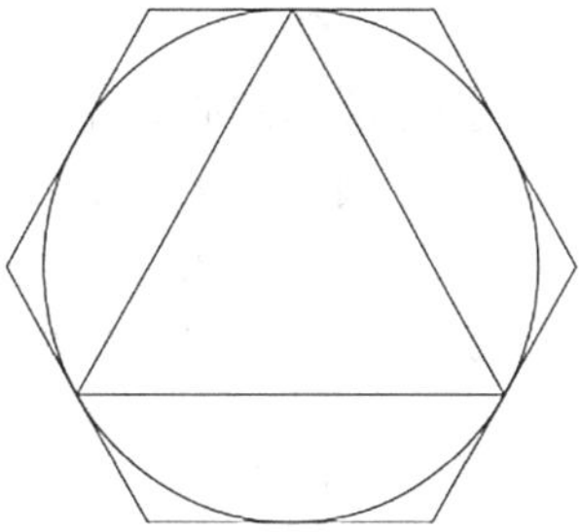

图 2-11 绘制正多边形

2.5 绘制圆、圆弧、椭圆和椭圆弧

2.5.1 绘制圆

圆也是非常基本和常用的图形对象，许多图形都包含有圆，圆由圆心和半径或直径确定。用户可用 CIRCLE 命令绘制出各种尺寸的圆。可用 6 种方法绘制圆。

1）命令激活方式

① 命令行：**CIRCLE** 或 **C**。
② 功能区：【默认】→【绘图】→◷。
③ 菜单栏：【绘图】→【圆】。
④ 工具栏：【绘图工具栏】→【圆】。

2）操作步骤

激活命令后，命令行提示：

命令：CIRCLE↙
指定圆的圆心或［三点（3P）/两点（2P）/切点、切点、半径（T）]：（输入圆心坐标、3P、2P 或 T）

6 种绘制圆的方法如下所示。

① 圆心、半径法：输入圆心坐标、半径，绘制圆。

② 圆心、直径法：输入圆心坐标、直径，绘制圆。

③ 三点法：输入 3P，输入任意三点，绘制圆。

④ 两点法：输入 2P，输入任意两点，绘制圆。

⑤ 切点、切点、半径法：输入 T，绘制与两对象相切且指定半径的圆。

⑥ 切点、切点、切点法：通过菜单选项或功能区面板按钮操作，用鼠标拾取三个相切对象绘制圆。

3）绘制实例（结果见图 2-12）

命令：C↙
指定圆的圆心或［三点（3P）/两点（2P）/切点、切点、半径（T）]：50，50↙
指定圆的半径或［直径（D）]：40↙

命令：C↙
指定圆的圆心或［三点（3P）/两点（2P）/切点、切点、半径（T）]：150，50↙
指定圆的半径或［直径（D）] <40.0000>：D↙
指定圆的直径<80.0000>：40↙

命令：C↙
指定圆的圆心或［三点（3P）/两点（2P）/切点、切点、半径（T）]　：3P↙
指定圆上的第一个点：220，70↙
指定圆上的第二个点：240，50↙
指定圆上的第三个点：260，51↙

命令：C↙
指定圆的圆心或［三点（3P）/两点（2P）/切点、切点、半径（T）]：2P↙
指定圆直径的第一个端点：100，100↙
指定圆直径的第二个端点：100，150↙

命令：C↙
指定圆的圆心或［三点（3P）/两点（2P）/切点、切点、半径（T）]：T↙
指定对象与圆的第一个切点：（拾取点 p1）
指定对象与圆的第二个切点：（拾取点 p2）
指定圆的半径<25.0000>：↙

2.5.2 绘制圆弧

AutoCAD 提供多种绘制圆弧的方法，圆弧通常由圆心、起点、端点、长度（弦长）、方向、角度、半径中的三个参数确定，可使用 ARC 命令绘制各种圆弧。

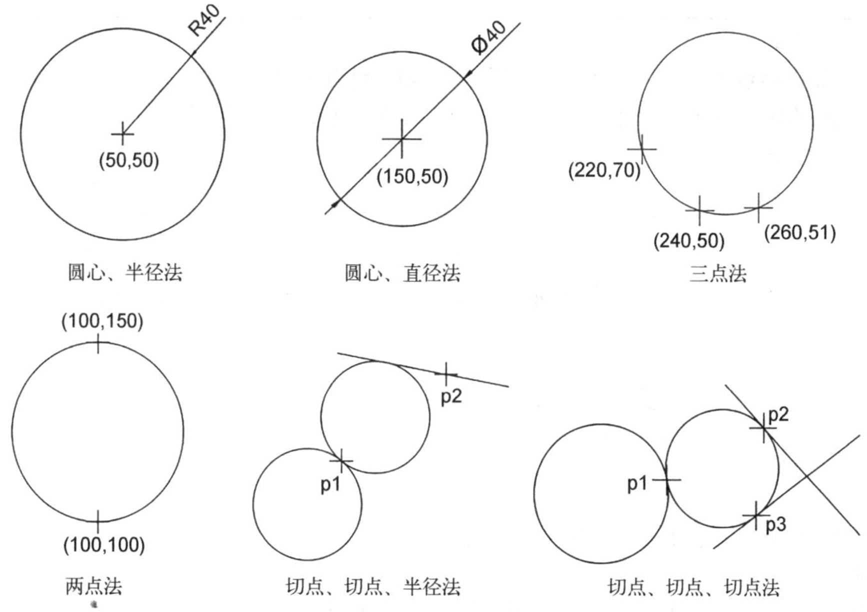

图 2-12 用 6 种方法创建圆

1）命令激活方式

① 命令行：**ARC** 或 **A**。
② 功能区：【默认】→【绘图】→ 。
③ 菜单栏：【绘图】→【圆弧】。
④ 工具栏：【绘图工具栏】→【圆弧】。

2）操作步骤

激活命令后，命令行提示：

命令：ARC↙
指定圆弧的起点或［圆心（C）］：（输入圆弧起点位置、C 或按 Enter 键）↙

绘制圆弧的方法如下，部分绘制圆弧的执行结果如图 2-13 所示。

（1）三点（P）法：通过指定圆弧的三点绘制圆弧

激活命令后，命令行提示：

命令：ARC↙
指定圆弧的起点或［圆心（C）］：（指定圆弧的起点）↙
指定圆弧的第二个点或［圆心（C）/端点（E）］：（指定圆弧的第二个点）↙
指定圆弧的端点：（指定圆弧的端点）

绘图结果见图 2-13（a）。

注意：如果未指定点就按 Enter 键，AutoCAD 2023 将把最后绘制的直线或圆弧的端点作为起点，并立即提示指定新圆弧的端点。这将创建一条与最后绘制的直线或圆弧相切的圆弧。

（2）起点、圆心、端点（S）法

命令：ARC↙
指定圆弧的起点或［圆心（C）］：（指定圆弧的起点）↙
指定圆弧的第二个点或［圆心（C）/端点（E）］：C↙
指定圆弧的圆心：
指定圆弧的端点（按住 Ctrl 键以切换方向）或［角度（A）/弦长（L）］：（指定圆弧的端点）

"圆弧的端点"：已知圆心，从起点向端点逆时针绘制圆弧。按住 Ctrl 键，则从起点向端点顺时针绘制圆弧。该端点将落在从圆心到结束点的一条假想辐射线上，如图 2-13（b）所示。圆弧并不一定经过端点。

（3）起点、圆心、角度（T）法

命令：ARC↙
指定圆弧的起点或［圆心（C）］：（指定圆弧的起点）↙
指定圆弧的第二个点或［圆心（C）/端点（E）］：C↙
指定圆弧的圆心：
指定圆弧的端点（按住 Ctrl 键以切换方向）或［角度（A）/弦长（L）］：A↙
指定夹角（按住 Ctrl 键以切换方向）：130↙

"角度（A）"：指定一个角度值。使用圆心，从起点按指定包含角度逆时针绘制圆弧，如图 2-13（c）所示。按住 Ctrl 键，则从起点按指定包含角度顺时针绘制圆弧。如果弧度为负，则将顺时针绘制圆弧。

（4）起点、圆心、长度（A）法

命令：ARC↙
指定圆弧的起点或［圆心（C）］：（指定圆弧的起点）↙
指定圆弧的第二个点或［圆心（C）/端点（E）］：C↙
指定圆弧的圆心：
指定圆弧的端点（按住 Ctrl 键以切换方向）或［角度（A）/弦长（L）］：L↙
指定弦长（按住 Ctrl 键以切换方向）：100↙

"弦长（L）"：指定一个长度值。如果弦长为正，将使用圆心和弦长计算端点角度，并从起点开始逆时针绘制一条劣弧，如图 2-13（d）所示。按住 Ctrl 键，则从起点向端点顺时针绘制一条优弧。如果弦长为负，将逆时针绘制一条优弧。

（5）起点、端点、角度（N）法

命令：ARC↙
指定圆弧的起点或［圆心（C）］：（指定圆弧的起点）↙
指定圆弧的第二个点或［圆心（C）/端点（E）］：E↙
指定圆弧的端点：
指定圆弧的中心点（按住 Ctrl 键以切换方向）或［角度（A）/方向（D）/半径（R）］：A↙
指定夹角（按住 Ctrl 键以切换方向）：130↙

"角度（A）"：按指定包含角度从起点向端点逆时针绘制圆弧，如图 2-13（e）所示。按住 Ctrl 键，则按指定包含角度从起点向端点顺时针绘制圆弧。如果弧度为负，将顺时针绘制圆弧（顺弧）。

（6）起点、端点、方向（D）法

命令：ARC↙
指定圆弧的起点或［圆心（C）］：（指定圆弧的起点）↙
指定圆弧的第二个点或［圆心（C）/端点（E）］：E↙
指定圆弧的端点：
指定圆弧的中心点（按住 Ctrl 键以切换方向）或［角度（A）/方向（D）/半径（R）］：D↙
指定圆弧起点的相切方向（按住 Ctrl 键以切换方向）：

"方向（D）"：绘制圆弧在起点处与指定方向相切，如图 2-13（f）所示。将绘制任何从起点开始到端点结束的圆弧，而不考虑是劣弧、优弧还是顺弧、逆弧。

（7）起点、端点、半径（R）法

命令：ARC↙
指定圆弧的起点或［圆心（C）］：（指定圆弧的起点）↙
指定圆弧的第二个点或［圆心（C）/端点（E）］：E↙
指定圆弧的端点：
指定圆弧的中心点（按住 Ctrl 键以切换方向）或［角度（A）/方向（D）/半径（R）］：R↙
指定圆弧的半径（按住 Ctrl 键以切换方向）：50

"半径（R）"：从起点向端点逆时针绘制一条劣弧，如图 2-13（g）所示。按住 Ctrl 键，则从起点向端点顺时针绘制一条优弧。如果半径为负，将绘制一条优弧。

（8）圆心、起点、端点（C）法

命令：ARC↙
指定圆弧的起点或［圆心（C）］：C
指定圆弧的圆心：（指定圆弧的圆心）↙
指定圆弧的起点：（指定圆弧的起点）↙
指定圆弧的端点（按住 Ctrl 键以切换方向）或［角度（A）/弦长（L）］：（指定圆弧的端点）↙

"圆弧的端点"：已知圆心，从起点向端点逆时针绘制圆弧，如图 2-13（h）所示。其中的端点将落在从圆心到结束点的一条假想辐射线上。按住 Ctrl 键，则从起点向端点顺时针绘制圆弧。

（9）圆心、起点、角度（E）法

命令：ARC↙
指定圆弧的起点或［圆心（C）］：C
指定圆弧的圆心：（指定圆弧的圆心）↙
指定圆弧的起点：（指定圆弧的起点）↙

指定圆弧的端点（按住 Ctrl 键以切换方向）或［角度（A）/弦长（L）］：A↙
指定夹角（按住 Ctrl 键以切换方向）：130↙

“角度（A）”：已知圆心，从起点按指定包含角度逆时针绘制圆弧，如图 2-13（i）所示。如果弧度为负，将顺时针绘制圆弧。按住 Ctrl 键，则从起点按指定包含角度顺时针绘制圆弧。

（10）圆心、起点、长度（L）法

命令：ARC↙
指定圆弧的起点或［圆心（C）］：C
指定圆弧的圆心：（指定圆弧的圆心）↙
指定圆弧的起点：（指定圆弧的起点）↙
指定圆弧的端点（按住 Ctrl 键以切换方向）或［角度（A）/弦长（L）］：L↙
指定弦长（按住 Ctrl 键以切换方向）：110↙

“弦长（L）”：如果弦长为正，AutoCAD 2023 将使用圆心和弦长计算端点角度，并从起点起逆时针绘制一条劣弧，如图 2-13（j）所示。按住 Ctrl 键，则从起点向端点顺时针绘制一条优弧。如果弦长为负，将逆时针绘制一条优弧。

（11）继续（连续，O）

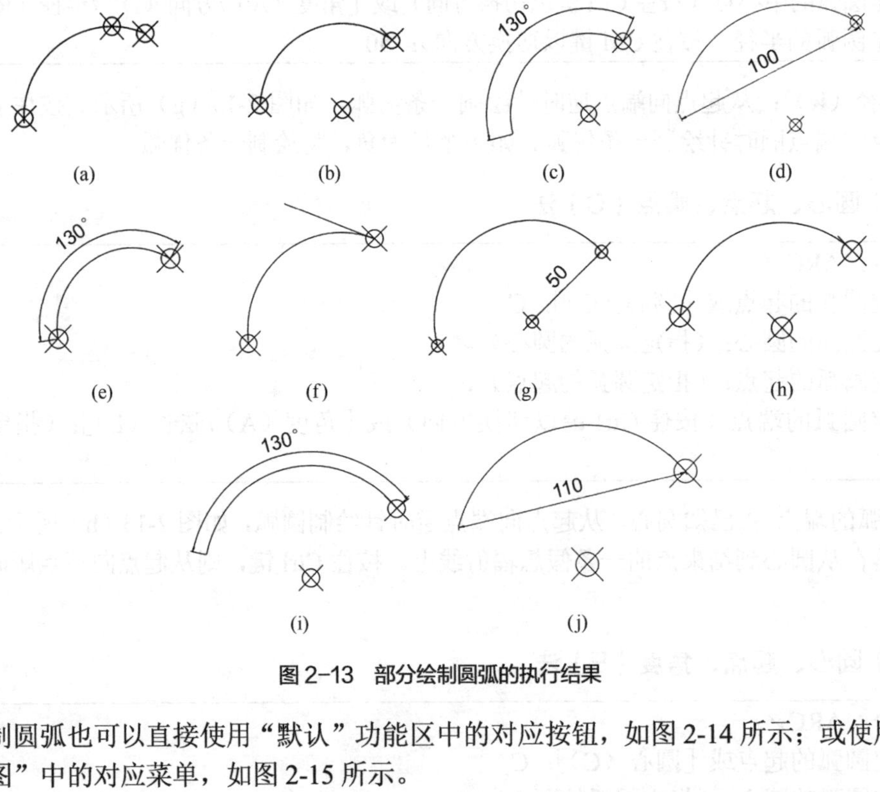

图 2–13　部分绘制圆弧的执行结果

绘制圆弧也可以直接使用“默认”功能区中的对应按钮，如图 2-14 所示；或使用下拉菜单“绘图”中的对应菜单，如图 2-15 所示。

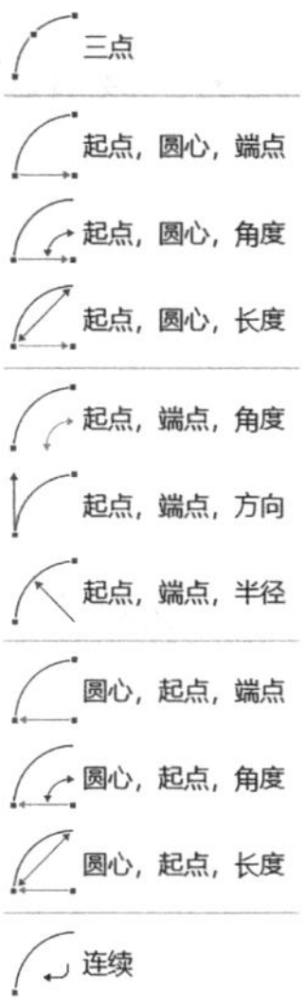

图 2-14　功能区绘制圆弧的图标按钮

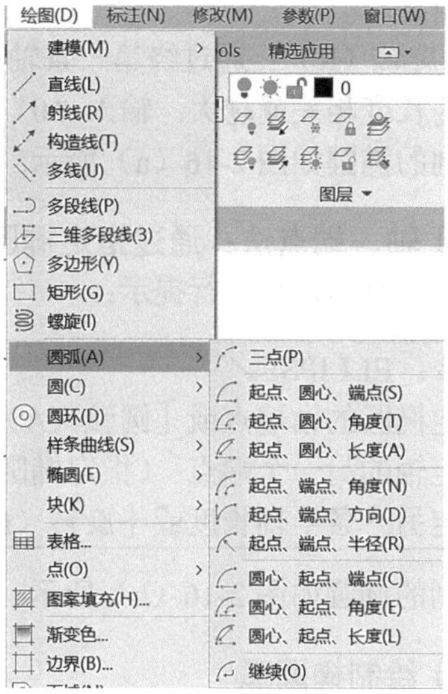

图 2-15　“绘图”菜单中“圆弧”子菜单

2.5.3　绘制椭圆和椭圆弧

AutoCAD 提供绘制椭圆功能，椭圆有 2 种类型：数学椭圆和多段线椭圆。其类型由系统变量 PELLIPSE 决定：PELLIPSE=0（默认值）为数学椭圆，数学椭圆不具有厚度和多段线特性；PELLIPSE=1 为多段线椭圆，多段线椭圆可用 PEDIT 命令修改。

1）命令激活方式

① 命令行：**ELLIPSE** 或 **EL**。
② 功能区：【默认】→【绘图】→。
③ 菜单栏：【绘图】→【椭圆】。
④ 工具栏：【绘图工具栏】→【椭圆】。

2）操作步骤

AutoCAD 2023 提供了以椭圆（弧）轴的端点、中心点绘制椭圆（弧）的多种方法。

（1）圆心法：通过指定椭圆的中心点绘制椭圆
激活命令后，命令行提示：

命令：ELLIPSE↙
指定椭圆的轴端点或［圆弧（A）/中心点（C）］：C↙
指定椭圆的中心点：（指定椭圆的中心点）
指定轴的端点：（指定轴的端点）
指定另一条半轴长度或［旋转（R）］：20↙

各选项说明如下。
a.“另一条半轴长度”：用来定义第二条轴，即从椭圆中心点（即第一条轴的中点）到指

定点的距离。

b.“旋转（R）”：通过绕第一条轴旋转定义椭圆的长、短轴比例。该值越大，短轴的长度与长轴的长度相差就越大。输入“0”则定义了一个圆。

绘制的椭圆如图 2-16（a）所示。

（2）轴、端点法：通过指定椭圆的端点绘制椭圆

激活命令后，命令行提示：

命令：ELLIPSE↙

指定椭圆的轴端点或［圆弧（A）/中心点（C）］：（指定椭圆轴的端点）↙

指定轴的另一个端点：（指定椭圆轴的另一个端点）

指定另一条半轴长度或［旋转（R）］：20↙

绘制的椭圆如图 2-16（b）所示。

（3）绘制椭圆弧

激活命令后，命令行提示：

命令：ELLIPSE↙

指定椭圆的轴端点或［圆弧（A）/中心点（C）］：A↙（输入 A，创建椭圆弧）

指定椭圆弧的轴端点或［中心点（C）］：

---

① 若直接输入椭圆弧的轴端点，则命令行提示：

指定轴的另一个端点：（指定轴的另一个端点）↙

指定另一条半轴长度或［旋转（R）］：（指定另一条半轴长度）↙

指定起点角度或［参数（P）］：

指定端点角度或［参数（P）/夹角（I）］：

---

② 若选择了“中心点（C）”选项，则命令行提示：

指定椭圆弧的中心点：（指定椭圆弧的中心点）↙

指定轴的端点：（指定轴的端点）↙

指定另一条半轴长度或［旋转（R）］：（指定另一条半轴长度）↙

指定起点角度或［参数（P）］：

指定端点角度或［参数（P）/夹角（I）］：

绘制的椭圆弧如图 2-16（c）所示。

各选项说明如下。

a.“端点角度”：指定椭圆弧的终止角度。

b.“参数（P）”：指定椭圆弧的终止参数。

c.“夹角（I）”：指定椭圆弧的起始角与终止角之间所夹的角度。

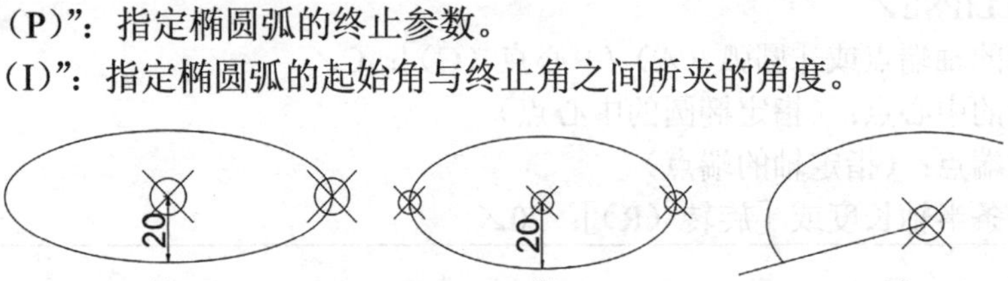

(a) (b) (c)

图 2-16 绘制椭圆与椭圆弧的情况

绘制椭圆和椭圆弧也可以直接调用“默认”功能区中的对应按钮，如图 2-17 所示；或使用下拉菜单“绘图”中的对应菜单，如图 2-18 所示。

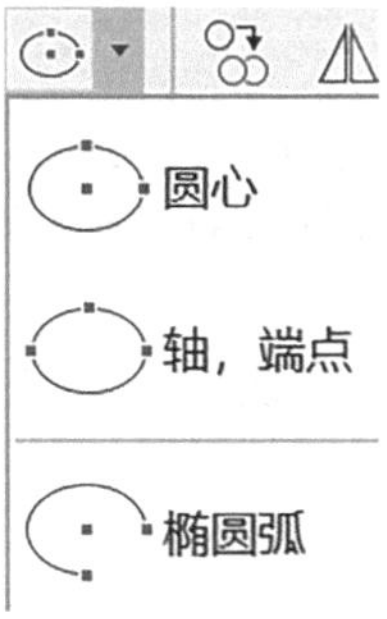

图 2-17　功能区绘制椭圆弧的图标按钮

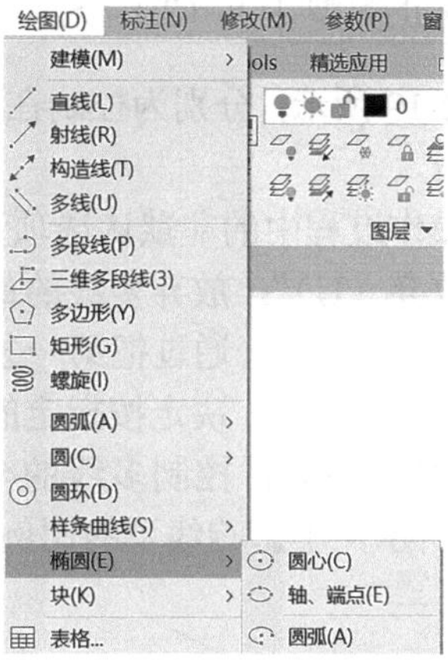

图 2-18　“绘图”菜单中“椭圆”子菜单

2.6　绘制多线、多段线、样条曲线

2.6.1　绘制多线

多线，也称复合线，该命令可为用户提供绘制双线、三线、四线及多线的功能。复合线由多条平行线组成，组成复合线的平行线可具有不同的颜色和线型属性，缺省的复合线样式为双线，用户可定义新的复合线样式，并对复合线进行编辑，以满足实际需要。在建筑设计中，可用复合线功能快速、方便地绘出墙体结构。

1）命令激活方式

① 命令行：**MLINE** 或 **ML**。
② 菜单栏：【绘图】→【多线】。
③ 工具栏：【绘图工具栏】→【多线】。

2）操作步骤

激活命令后，命令行提示：

命令：MLINE↙
当前设置：对正=当前对正类型，比例=当前比例值，样式=当前样式
指定起点或［对正（J）/比例（S）/样式（ST）]：（指定起点）↙
指定下一点：（指定下一点）↙
指定下一点或［放弃（U）]：（指定下一点）↙
指定下一点或［闭合（C）/放弃（U）]：

如需设置多线对正类型，可在激活命令后，进行如下操作：

当前设置：对正=当前对正类型，比例=当前比例值，样式=当前样式
指定起点或［对正（J）/比例（S）/样式（ST）］：J↙
输入对正类型［上（T）/无（Z）/下（B）］<当前>：

如图 2-19 所示，分别为控制在光标下方绘制多线、将光标作为原点绘制多线和在光标上方绘制多线。

上述操作过程中的非默认选项说明如下。

①“放弃（U）”：放弃多线的最后一个顶点，然后重新显示上一个提示。

②“闭合（C）”：通过把第一条线段的起点与最后一条线段的端点连起来而闭合多线。

③“对正（J）”：决定按指定的对正类型绘制多线。

④“比例（S）”：控制多线的全局宽度。这个比例基于在多线样式定义中确定的宽度，如图 2-20 所示，不影响线型的比例。

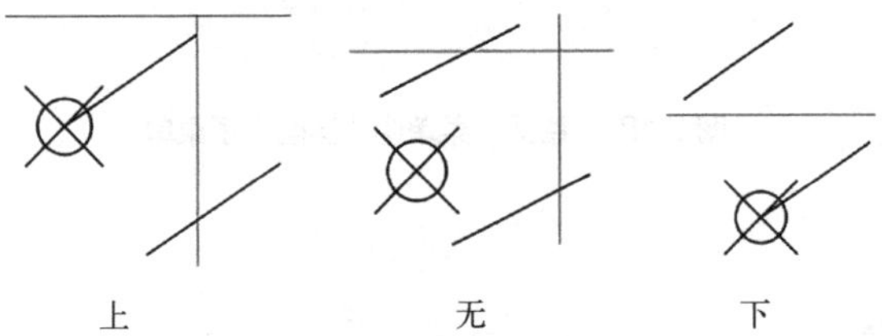

图 2-19　多线的对正类型

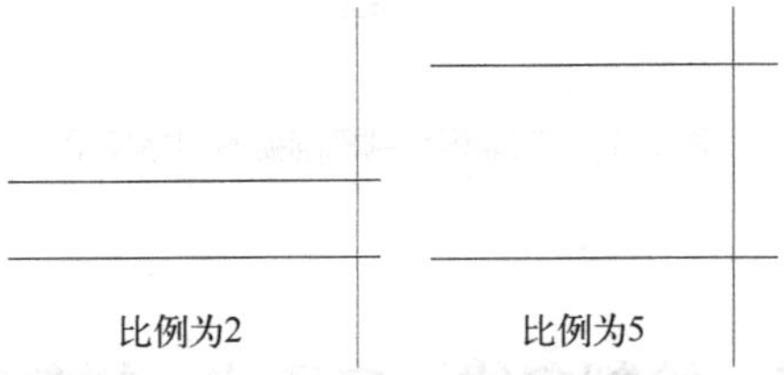

图 2-20　多线的比例说明

⑤“样式（ST）”：指定多线的样式。MLSTYLE 可创建、加载和设置多线的样式。命令激活后，打开如图 2-21 所示的“多线样式”对话框，可以根据需要创建多线样式，设置其线条数目和线的拐角方式。

图 2-21　“多线样式”对话框

“多线样式”对话框的各选项说明如下。

①“样式”列表框：显示已加载的多线样式。

② “置为当前”按钮：在“样式”列表框中选择需要使用的多线样式后，单击该按钮，可以将其设置为当前样式。

③ “新建”按钮：单击该按钮，打开如图 2-22 所示的“创建新的多线样式”对话框，可以创建新的多线样式。

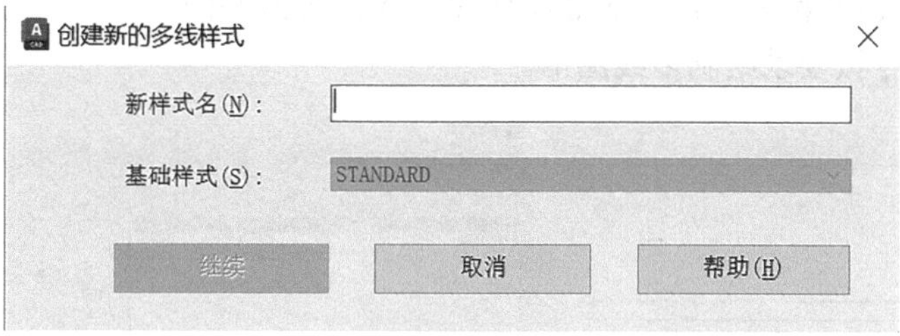

图 2-22 “创建新的多线样式”对话框

④ “修改”按钮：单击该按钮，打开如图 2-23 所示的“修改多线样式”对话框，可以修改创建的多线样式。

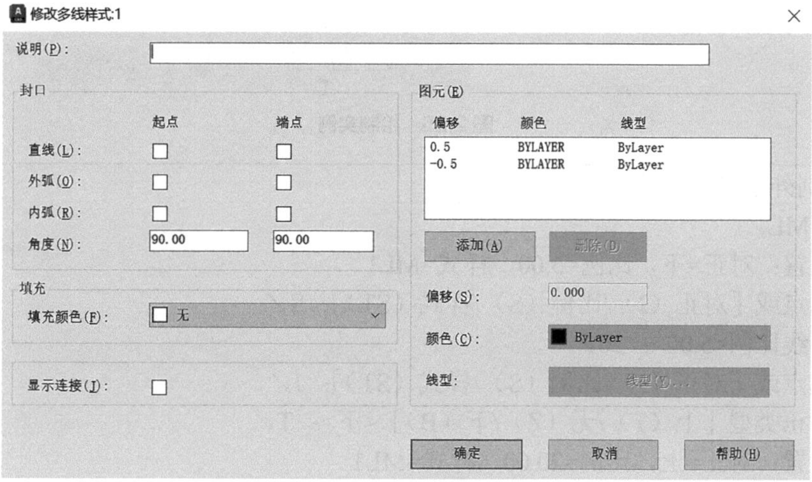

图 2-23 “修改多线样式”对话框

⑤“重命名”按钮：重命名“样式”列表框中选中的多线样式名称，但不能重命名标准（STANDARD）样式。

⑥“删除”按钮：删除“样式”列表框中选中的多线样式。

⑦“加载”按钮：单击该按钮，打开如图 2-24 所示的“加载多线样式”对话框。可以从中选取多线样式并将其加载到当前图形中；也可以单击“文件”按钮，打开“从文件加载多线样式”对话框，选择多线样式文件。默认情况下，AutoCAD 2023 提供的多线样式文件为 acad.mln。

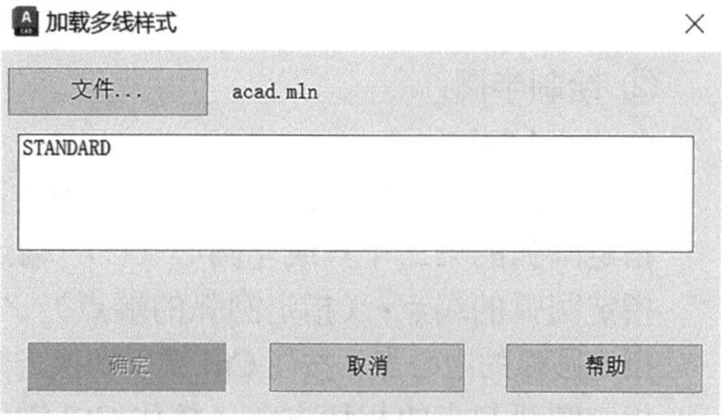

图 2-24 “加载多线样式”对话框

⑧“保存”按钮：打开“保存多线样式”对话框，可以将当前的多线样式保存为一个多线文件（*.mln）。

3）绘制实例（结果见图 2-25）

绘制图 2-25 所示多线，起点直线和外弧封口，且角度为 90°，终点直线封口，且角度为 45°，连接打开。

用 MLSTYLE 命令按要求定义新多线样式，样式名为 ML1。

用 MLINE 命令按要求绘制多线图形。

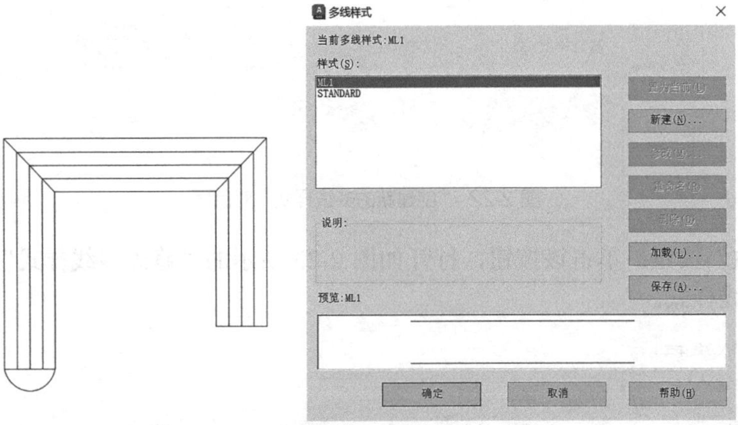

图 2-25　绘制实例

① 绘制外部多线：
命令：ML↙
当前设置：对正=下，比例=5.00，样式=ML1
指定起点或［对正（J）/比例（S）/样式（ST）］：S↙
输入多线比例<5.00>：20↙
指定起点或［对正（J）/比例（S）/样式（ST）］：J↙
输入对正类型［上（T）/无（Z）/下（B）］<下>：T↙
当前设置：对正=上，比例=20.00，样式=ML1
指定起点或［对正（J）/比例（S）/样式（ST）］：（指定起点）
指定下一点：（指定第二个点）↙
指定下一点或［放弃（U）］：（指定第三个点）↙
指定下一点或［闭合（C）/放弃（U）］：（指定第四个点）↙

② 绘制半圆：
命令：ARC↙
指定圆弧的起点或［圆心（C）］：（指定圆弧的起点）↙
指定圆弧的第二个点或［圆心（C）/端点（E）］：E↙
指定圆弧的端点：（指定圆弧的端点）↙
指定圆弧的中心点（按住 Ctrl 键以切换方向）或［角度（A）/方向（D）/半径（R）］：D↙
指定圆弧起点的相切方向（按住 Ctrl 键以切换方向）：↙

③ 绘制内部多线：
命令：ML↙

当前设置：对正=上，比例=20.00，样式=ML1
指定起点或［对正（J）/比例（S）/样式（ST）］：S
输入多线比例<20.00>：5
当前设置：对正=上，比例=5.00，样式=ML1
指定起点或［对正（J）/比例（S）/样式（ST）］：（指定起点）↙
指定下一点：（指定第二个点）↙
指定下一点或［放弃（U）］：（指定第三个点）↙
指定下一点或［闭合（C）/放弃（U）］：（指定第四个点）↙

2.6.2 绘制多段线

多段线也称多义线，二维多义线是由不同宽度的直线和圆弧组成的连续线段。它有实线和点画线两种线型。多义线可看成一个单独对象，对其可进行编辑、修改、删除。多义线可用各种拟合形式变为光滑曲线。

1）命令激活方式

① 命令行：**PLINE** 或 **PL**。
② 功能区：【默认】→【绘图】→。
③ 菜单栏：【绘图】→【多段线】。
④ 工具栏：【绘图工具栏】→【多段线】。

2）操作步骤

激活命令后，命令行提示：

命令：PLINE↙
指定起点：（指定点）↙
当前线宽为<当前值>
指定下一个点或［圆弧（A）/半宽（H）/长度（L）/放弃（U）/宽度（W）］：（指定第二个点）↙
指定下一个点或［圆弧（A）/闭合（C）/半宽（H）/长度（L）/放弃（U）/宽度（W）］：

各选项说明如下。
①“下一个点”：输入下一点，绘制直线段。
②“圆弧（A）”：输入 A，绘制圆弧段，类似绘制圆弧。
③“闭合（C）”：输入 C，绘制到起点的封闭直线段。
④“半宽（H）”：输入 H，设置半宽度。
⑤“长度（L）”：输入 L，绘制给定长度的直线或切线。
⑥“放弃（U）”：输入 U，删除前一次绘制的线段。
⑦“宽度（W）”：输入 W，设置线段宽度（起始宽度、终止宽度）。
若选择了“圆弧（A）”选项，则命令行将提示：

指定圆弧的端点（按住 Ctrl 键以切换方向）或［角度（A）/圆心（CE）/闭合（CL）/方向（D）/半宽（H）/直线（L）/半径（R）/第二个点（S）/放弃（U）/宽度（W）]：

各选项说明如下。

①“圆弧的端点”：绘制弧线段。弧线段从多段线上一段端点的切线方向开始。

②“角度（A）”：选择“角度（A）”选项后，系统将继续提示：

指定夹角：(指定从起点开始的弧线段的包含角）↙
指定圆弧的端点或［圆心（CE）/半径（R）]：

③“圆心（CE）”：选择“圆心（CE）”选项后，系统将继续提示：

指定圆弧的圆心：
指定圆弧的端点（按住 Ctrl 键以切换方向）或［角度（A）/长度（L）]：

各子选项说明如下。

a.“圆弧的端点”：指定端点并绘制弧线段。

b.“角度（A）”：指定从起点开始的弧线段的包含角度。

c.“长度（L）”：指定弧线段的弦长。如果前一段是圆弧，将绘制一条新的弧线段与前一条弧线段相切。

④“闭合（CL）”：使一条带弧线段的多段线闭合。

⑤“方向（D）”：指定弧线段的起点方向。

⑥“半宽（H）”：指定多段线线段的半宽度。

⑦“直线（L）”：退出“圆弧”选项并返回 PLINE 命令的初始提示。

⑧“半径（R）”：指定弧线段的半径。

⑨“第二个点（S）”：指定三点圆弧的第二个点和端点。

⑩“放弃（U）”：删除最近一次添加到多段线上的弧线段。

⑪“宽度（W）”：指定下一线段的宽度。

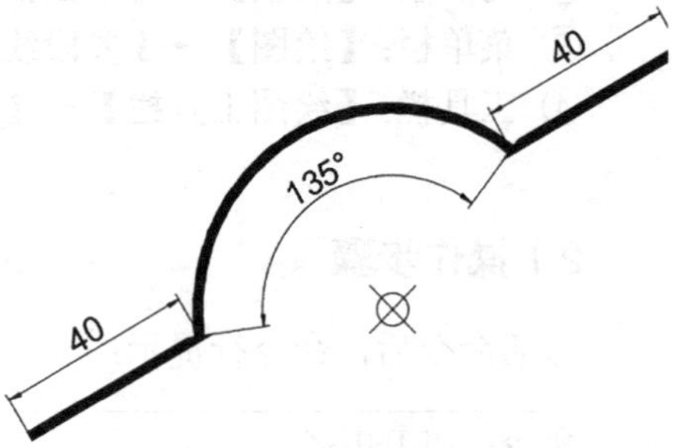

图 2-26 绘制多段线

3）绘制实例（结果见图 2-26）

命令：PLINE↙
指定起点：30，30↙
当前线宽为 0.0000
指定下一个点或［圆弧（A）/半宽（H）/长度（L）/放弃（U）/宽度（W）]：W↙
指定起点宽度<0.0000>：2↙
指定端点宽度<2.0000>：↙
指定下一个点或［圆弧（A）/半宽（H）/长度（L）/放弃（U）/宽度（W）]：@40<30↙
指定下一个点或［圆弧（A）/半宽（H）/长度（L）/放弃（U）/宽度（W）]：A↙
指定圆弧的端点或［角度（A）/…/半径（R）/…/宽度（W）]：R↙
指定圆弧的半径：40↙

指定圆弧的端点或［角度（A）］：A↙
输入包含角：-225↙
指定圆弧的弦方向<30>：↙
指定圆弧的端点或［角度（A）/…/直线（L）/…/宽度（W）］：L↙
指定下一个点或［圆弧（A）/半宽（H）/长度（L）/放弃（U）/宽度（W）］：@40<30↙
指定下一个点或［圆弧（A）/半宽（H）/长度（L）/放弃（U）/宽度（W）］：↙

2.6.3 绘制样条曲线

样条曲线是常用的曲线对象，在工程设计绘图中得到广泛应用，如用于道路、建筑、机械等工程设计中。所谓样条就是拟合离散数据点而得到的光滑曲线。根据拟合方法不同，有多种样条曲线。

AutoCAD 采用 B 样条作为样条曲线拟合方法，也称 NURBS 曲线。样条曲线与拟合曲线相比，精度更高，更光滑，占用空间少。光滑曲线建议用样条曲线绘制。

样条曲线有 2 个重要概念：拟合数据点和控制点（图 2-27）。拟合数据点为样条曲线经过的若干关键点，由用户绘制时输入；控制点为决定样条曲线弯曲形状的若干关键点，由 AutoCAD 系统根据拟合数据点生成。拟合数据点决定样条曲线的基本形状，控制点决定样条曲线的弯曲程度。

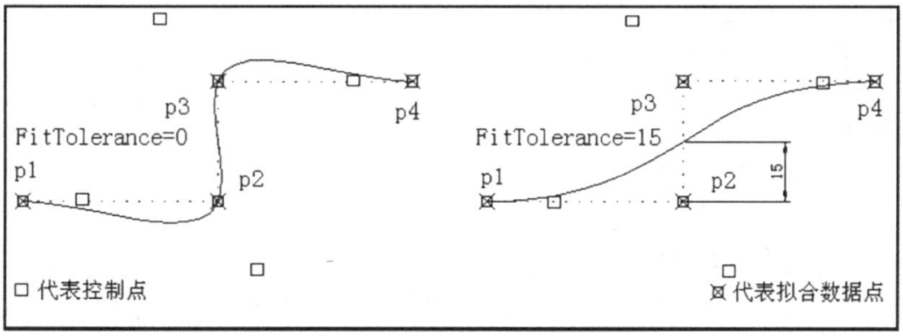

图 2-27 绘制样条曲线对象

1）命令激活方式

① 命令行：**SPLINE** 或 **SPL**。
② 功能区：【默认】→【绘图】→。
③ 菜单栏：【绘图】→【样条曲线】。
④ 工具栏：【绘图工具栏】→【样条曲线】。

2）操作步骤

① 如果利用拟合数据点创建样条曲线，执行命令后，命令行提示及操作如下：

命令：SPLINE↙
指定第一个点或［方式（M）/节点（K）/对象（O）］：（指定第一个点）↙
输入下一个点或［起点切向（T）/公差（L）］：（指定第二个点）↙
输入下一个点或［端点相切（T）/公差（L）/放弃（U）］：（指定下一个点）↙
输入下一个点或［端点相切（T）/公差（L）/放弃（U）/闭合（C）］：（指定下一个点，

重复操作，直至输入样条曲线的终点）↙

各选项说明如下。

a.“方式（M）”：确定是使用拟合数据点还是使用控制点来创建样条曲线。拟合数据点是通过指定样条曲线必须经过的拟合数据点来创建 3 阶（三次）样条曲线。控制点是通过指定控制点来创建样条曲线。通过移动控制点调整样条曲线的形状通常可以提供比移动拟合数据点更好的效果。

b.“节点（K）”：指定节点参数化。它是一种计算方法，用来确定样条曲线中连续拟合数据点之间的零部件曲线如何过渡。

c.“对象（O）”：把二维或三维的二次或三次样条拟合多段线转换成等价的样条曲线并删除多段线。

d.“起点切向（T）”：指定在样条曲线起点的相切条件。

e.“端点相切（T）”：指定在样条曲线终点的相切条件。

f.“公差（L）”：指定样条曲线可以偏离指定拟合数据点的距离。公差值 0（零）要求生成的样条曲线直接通过拟合数据点。公差值适用于所有拟合数据点（拟合数据点的起点和终点除外），始终具有为 0（零）的公差。

g.“放弃（U）”：删除最近一次添加到样条曲线上的点。

h.“闭合（C）”：系统把最后一点定义为与第一个点一致，并且使它在连接处相切，可以使样条曲线闭合。

② 如果利用控制点创建样条曲线，执行命令后，命令行提示及操作如下：

命令：SPLINE↙
指定第一个点或［方式（M）/阶数（D）/对象（O）］：（指定第一个点）↙
输入下一个点：（指定第二个点）↙
输入下一个点或［放弃（U）］：（指定下一个点）↙
输入下一个点或［放弃（U）/闭合（C）］：（指定下一个点，重复操作，直至输入样条曲线的终点）↙

“阶数（D）”选项的含义：设置生成的样条曲线的多项式阶数。使用此选项可以创建 1 阶（线性）、2 阶（二次）、3 阶（三次）直到最高 10 阶的样条曲线。

3）绘制实例（结果见图 2-28）

用样条曲线绘制图 2-28 所示整数 234。

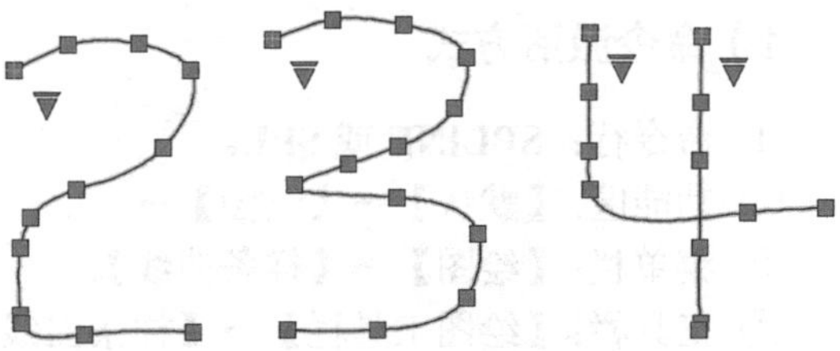

图 2-28　绘制样条曲线 234

命令：SPLINE↙
指定第一个点或［方式（M）/阶数（D）/对象（O）］：（指定第一个点）↙
输入下一个点：（指定第二个点）↙
输入下一个点或［放弃（U）］：（指定第三个点）↙
输入下一个点或［放弃（U）/闭合（C）］：（指定下一个点，重复操作，直至输入样条曲线的终点）↙

2.7 绘图实例

绘制如图 2-29 所示的篮球场（此处不要求线型）。

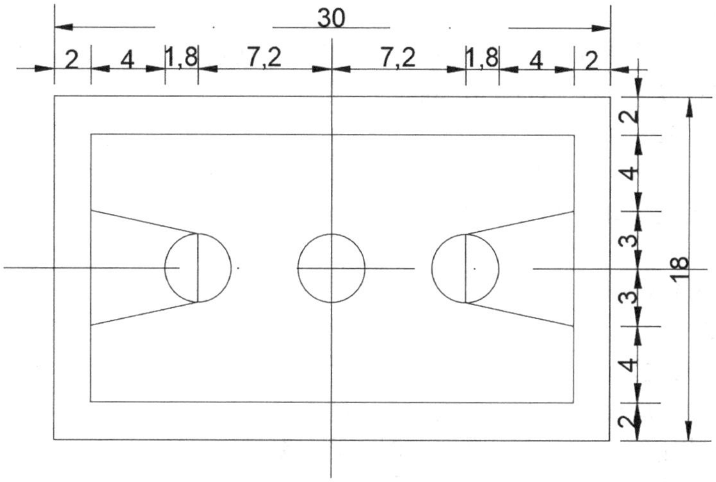

图 2-29 绘制篮球场

① 绘制篮球场的中心线和内外轮廓
命令：LINE↙
指定第一个点：15，-5↙
指定下一点或［放弃（U）］：15，25↙
命令：LINE↙
指定第一个点：-5，9↙
指定下一点或［放弃（U）］：35，9↙

命令：LINE↙
指定第一个点：0，0↙
指定下一点或［放弃（U）］：30，0↙
指定下一点或［放弃（U）］：30，18↙
指定下一点或［闭合（C）/放弃（U）］：0，18↙
指定下一点或［闭合（C）/放弃（U）］：0，0↙
命令：LINE↙
指定第一个点：2，2↙
指定下一点或［放弃（U）］：28，2↙
指定下一点或［放弃（U）］：28，16↙
指定下一点或［闭合（C）/放弃（U）］：2，16↙
指定下一点或［闭合（C）/放弃（U）］：2，2↙
命令：LINE↙
指定第一个点：15，2↙
指定下一点或［放弃（U）］：15，16↙

② 绘制篮球场的圆
命令：CIRCLE↙
指定圆的圆心或［三点（3P）/两点（2P）/切点、切点、半径（T）]：15，9↙
指定圆的半径或［直径（D)]：1.8↙
命令：CIRCLE↙
指定圆的圆心或［三点（3P）/两点（2P）/切点、切点、半径（T）]：7.8，9↙
指定圆的半径或［直径（D)] <1.8000>：1.8↙
命令：CIRCLE↙
指定圆的圆心或［三点（3P）/两点（2P）/切点、切点、半径（T）]：22.2，9↙
指定圆的半径或［直径（D)] <1.8000>：1.8↙

③ 绘制篮球场的梯形
命令：LINE↙
指定第一个点：2，6↙
指定下一点或［放弃（U)]：(勾选左侧圆的下端点）↙
指定下一点或［放弃（U)]：(勾选左侧圆的上端点）↙
指定下一点或［闭合（C）/放弃（U)]：2，12↙
命令：LINE↙
指定第一个点：28，6↙
指定下一点或［放弃（U)]：(勾选右侧圆的下端点）↙
指定下一点或［放弃（U)]：(勾选右侧圆的上端点）↙
指定下一点或［闭合（C）/放弃（U)]：28，12↙

习题

1. AutoCAD 提供几种点样式？如何设置点样式？
2. 用 LINE 命令绘制的折线与用 PLINE 命令绘制的折线的主要区别是什么？
3. 绘制圆有几种方法？采用椭圆命令能否绘制圆？怎样绘制？
4. 绘制圆弧有几种方法？绘制圆弧时，角度或弦长输入正值或负值有何区别？
5. 用二维绘图命令绘制附图 2-1 所示平面图形。

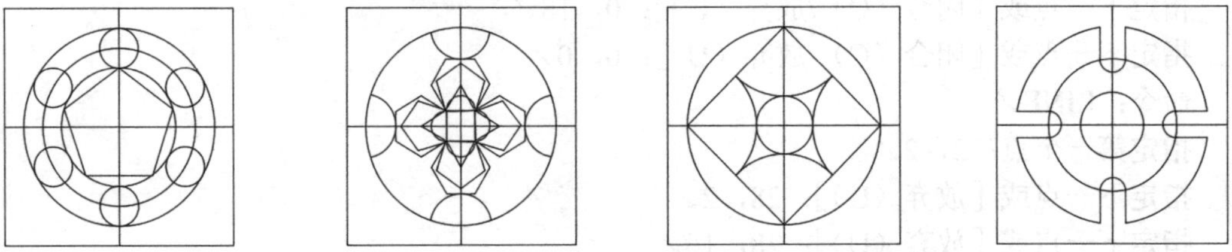

附图 2-1

第3章

快速精确绘图

在绘图时，可以用鼠标在屏幕上随意拾取点，但要想精确绘制图样，还要掌握有关的精确绘图方法，才能提高绘图的精确性和效率。灵活运用系统所提供的对象捕捉、对象追踪等功能，可快速精确地绘制图形。

进行快速精确绘图时，常常需要反复使用状态栏上的辅助工具和“草图设置”对话框。

状态栏上的辅助工具如图 3-1 所示，单击其中的图标按钮可以打开相应的功能，再次单击该图标按钮则关闭该功能。

图 3-1 状态栏上的辅助工具

“草图设置”对话框的打开方法有以下几种。

① 单击状态栏上的按钮或或后面的三角符号，在弹出的下拉列表中选择“捕捉设置”或“正在追踪设置”或“对象捕捉设置”选项，即可打开如图 3-2 所示的“草图设置”对话框。

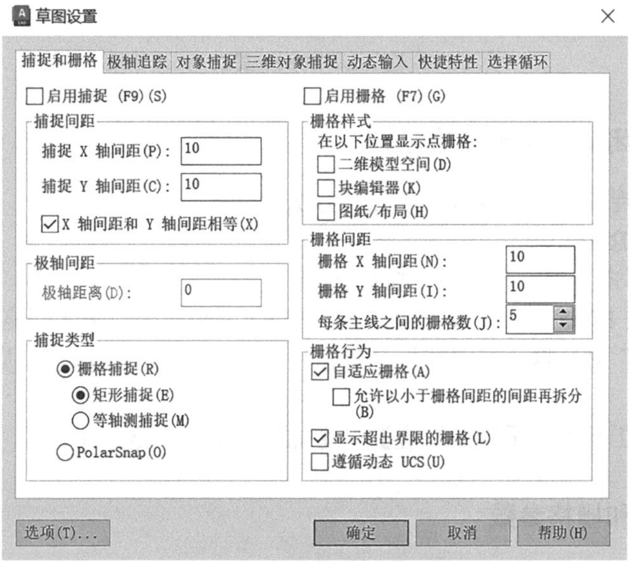

图 3-2 “草图设置”对话框

② 利用下拉菜单，选择【工具】→【绘图设置】菜单命令，打开“草图设置”对话框。

③ 绘图过程中，当要求指定点时，按下 Shift 键或 Ctrl 键，再在绘图区中点击鼠标右键，在弹出的对象捕捉快捷菜单中选择“对象捕捉设置”选项即可打开“草图设置”对话框。

3.1 使用捕捉、栅格和正交功能

3.1.1 设置栅格和捕捉

“栅格”是由许多点组成的矩形图案，其作用类似于在图形下方放置了一张坐标纸，可以提供直观的距离和位置参照，如图 3-3 所示。栅格点仅仅是一种视觉辅助工具，并不是图形的一部分，所以在图形输出时并不输出栅格点。“捕捉”用于控制光标按照用户定义的间距移动，有助于使用鼠标来精确定位点。

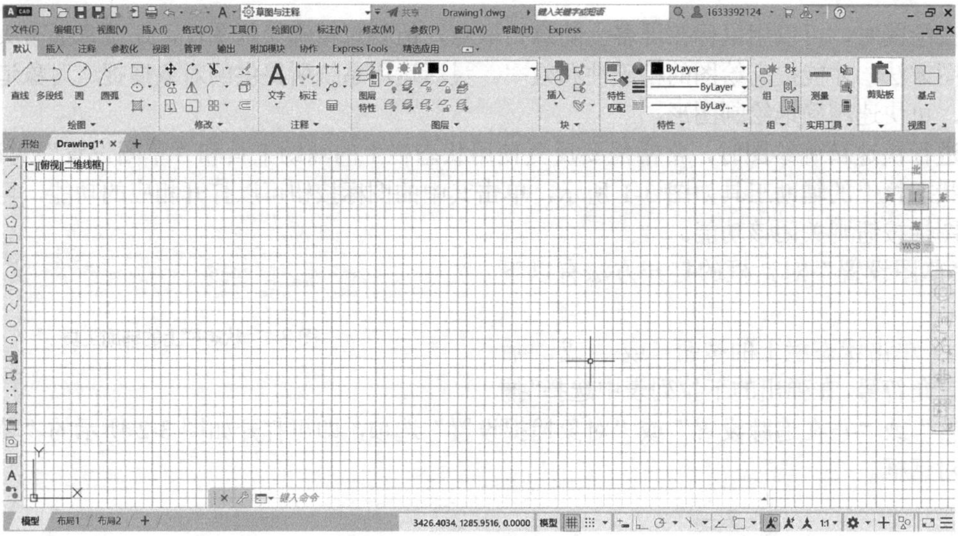

图 3-3 显示栅格图

1）打开或关闭捕捉和栅格功能

打开或关闭捕捉和栅格功能有以下几种方法。

① 命令行：**GRID**。

② 状态栏：单击捕捉∷∷和栅格#图标按钮。

③ 功能键：按 F9 键来启用或关闭捕捉，按 F7 键来启用或关闭栅格。

④“草图设置”对话框：在“捕捉和栅格”选项卡中选中或取消“启用捕捉”和“启用栅格”复选框。

⑤ 菜单栏：【工具】→【绘图设置】→【捕捉和栅格】选项卡。

2）设置捕捉和栅格参数

利用“草图设置”对话框中的“捕捉和栅格”选项卡，可以设置“捕捉”和“栅格”的相关参数，各选项说明如下。

①“启用捕捉”复选框：打开或关闭捕捉方式。选中该复选框，可以启用捕捉。

②“捕捉间距”选项区域：可设置*X*、*Y*方向的捕捉间距，间距值必须为正数。

③“捕捉类型”选项区域：可以设置捕捉类型和样式，包括栅格捕捉和极轴捕捉（PolarSnap）两种。

a.“栅格捕捉”：用于设置栅格捕捉类型。当选中“矩形捕捉”单选项时，可将捕捉样式设置为标准矩形捕捉模式；当选中“等轴测捕捉”单选项时，可将捕捉样式设置为等轴测捕捉模式；在“捕捉间距”和“栅格间距”选项区域中可以设置相关参数。

b.“极轴捕捉”：选中该单选项，可以设置捕捉样式为极轴捕捉模式。此时，在启用了极轴追踪或对象捕捉追踪的情况下指定点，光标将沿极轴角度或对象捕捉追踪角度进行捕捉，这些角度是相对于最后指定的点或最后获取的对象捕捉点计算的，并且在“极轴间距”选项区域中的“极轴距离”文本框中可设置极轴捕捉间距。

④“启用栅格”复选框：打开或关闭栅格的显示。选中该复选框，可以启用栅格。

⑤“栅格样式”选项区域：用于设置栅格显示为方格还是点。

a.“二维模型空间”复选框：将二维模型空间的栅格样式设置为点栅格。

b.“块编辑器”复选框：将块编辑器的栅格样式设置为点栅格。

c.“图纸/布局”复选框：将图纸/布局的栅格样式设置为点栅格。

⑥“栅格间距”选项区域：设置栅格间距。如果栅格的*X*轴和*Y*轴间距值为0，则栅格采用“捕捉*X*轴间距”和“捕捉*Y*轴间距”的值。

⑦“栅格行为”选项区域：设置视觉样式下栅格线的显示样式（三维线框除外）。

a.“自适应栅格”复选框：缩小时，限制栅格的密度。

b.“允许以小于栅格间距的间距再拆分”复选框：确定是否允许以小于栅格间距的间距来拆分栅格。

c.“显示超出界限的栅格”复选框：确定是否显示图形界限之外的栅格。

d.“遵循动态UCS”复选框：跟随动态UCS的*XY*平面而改变栅格平面。

3.1.2 使用GRID和SNAP命令

栅格和捕捉参数不仅可以通过“草图设置”对话框来设置，还可以通过GRID与SNAP命令来设置。

1）使用GRID命令

在命令行输入“GRID”，激活命令后，命令行显示如下提示信息：

命令：GRID

指定栅格间距（X）或［开（ON）/关（OFF）/捕捉（S）/主（M）/自适应（D）/界限（L）/跟随（F）/纵横向间距（A）］<10.0000>：

默认情况下，需要设置栅格间距值。该间距不能设置太小，否则将导致图形模糊及屏幕重画太慢，甚至无法显示栅格。该命令提示中各选项说明如下。

①“开（ON）”/“关（OFF）”：打开或关闭当前栅格。

②“捕捉（S）”：将栅格间距设置为由SNAP命令指定的捕捉间距。

③“主（M）”：设置每个主栅格线的栅格分块数。

④“自适应（D）”：设置是否允许以小于栅格间距的间距拆分栅格。

⑤“界限（L）”：设置是否显示超出界限的栅格。

⑥“跟随（F）”：设置是否跟随动态（UCS）。

⑦“纵横向间距（A）”：设置栅格的 *X* 轴和 *Y* 轴间距值。

2）使用 SNAP 命令

在命令行输入“SNAP”，激活命令后，命令行显示如下提示信息：

命令：SNAP

指定捕捉间距或［开（ON）/关（OFF）/纵横向间距（A）/传统（L）/样式（S）/类型（T）］<10.0000>：

默认情况下，需要指定捕捉间距，并使用“开（ON）”选项，以当前栅格的分辨率、旋转角度和样式激活捕捉模式；使用“关（OFF）”选项，关闭捕捉模式，但保留当前设置。该命令提示中各选项说明如下。

①“指定捕捉间距”：输入 *X*、*Y* 方向捕捉间距，设置捕捉间距。

②“开（ON）”：输入 ON，打开网格捕捉功能。

③“关（OFF）”：输入 OFF，关闭网格捕捉功能。

④“纵横向间距（A）”：在 *X* 和 *Y* 方向上指定不同的间距。如果当前捕捉模式为等轴测，则不能使用该选项。提示：

指定水平间距（X）<10.0>：（输入水平间距）

指定垂直间距（Y）<10.0>：（输入垂直间距）

---

⑤“传统（L）”：选择此选项后，将提示“保持始终捕捉到栅格的传统行为吗？［是（Y）/否（N）］”。指定“是”将导致旧行为，光标将始终捕捉到栅格。指定“否”将导致新行为，光标仅在需要指定点操作时捕捉到栅格。

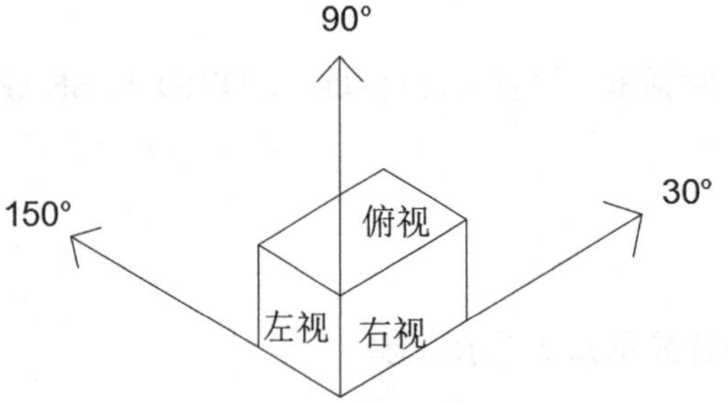

图 3-4　等轴测模式

⑥“样式（S）”：设置捕捉栅格的样式为“标准”或“等轴测”。“标准”样式显示与当前 UCS 的 *XY* 平面平行的矩形栅格，*X* 间距与 *Y* 间距可能不同；“等轴测”样式显示等轴测栅格，栅格点初始化为 30° 和 150° 角。等轴测捕捉可以旋转，但不能有不同的纵横向间距值。等轴测包括上等轴测平面（30° 和 150° 角）、左等轴测平面（90° 和 150° 角）和右等轴测平面（30° 和 90° 角），如图 3-4 所示。

⑦“类型（T）”：指定捕捉类型为极轴或栅格。提示：

输入捕捉类型［极轴（P）/栅格（G）］<栅格>：（输入 P 或 G）

极轴捕捉（P）：输入 P，设置极轴类型，沿极轴方向捕捉。

栅格捕捉（G）：输入 G，设置栅格类型，沿栅格方向捕捉。

3.1.3 使用正交模式

实际绘图时，有时需要在相互垂直的方向上画线。这时，使用正交模式则比较方便，它可以有效地提高绘图速度。在正交模式下，不管光标移到什么位置，在屏幕上都只能绘出平行于 X 轴或平行于 Y 轴的直线。

在启用正交模式后，当光标在线段的终点方向时，只需键入线段的长度即可精确绘图。

1）打开或关闭正交模式的方法

① 命令行：**ORTHO**。
② 状态栏：单击“正交”图标按钮。
③ 功能键：按 F8 或 Ctrl+L 键打开或关闭正交模式。

2）使用 ORTHO 命令

在命令行输入“ORTHO”，激活命令后，命令行显示如下提示信息：

命令：ORTHO
输入模式［开（ON）/关（OFF）］<开>：（输入 ON 或 OFF）

各选项说明如下。
①“开（ON）”：输入 ON，打开正交功能。
②“关（OFF）”：输入 OFF，关闭正交功能。
提示：如果网格旋转或处于轴测样式，正交方式所绘直线以同样角度倾斜。

3.2 对象捕捉

在绘图过程中，经常需要精确指定点的位置。每个图形对象都有一些重要的几何特征点，如端点、中点、圆心和交点等，对象捕捉能帮助用户自动捕捉和确定这些点的精确位置。

对象捕捉是通过鼠标来自动识别和捕捉特征点的。使用对象捕捉功能可快速、精确、灵活地确定特征点的位置。进入对象捕捉状态后，将十字光标移到目标对象上的特征点附近，将立即显示其特征点，单击鼠标左键，即可按某种捕捉模式自动确定和输入所需点的坐标。

3.2.1 打开或关闭对象捕捉模式

打开对象捕捉模式后就可以使用对象捕捉功能了。打开或关闭对象捕捉模式的方法如下。
① 命令行：**OSNAP、DDOSNAP**。
② 状态栏：单击“对象捕捉”图标按钮。
③ 功能键：按 F3 或 Ctrl+F 键打开或关闭对象捕捉模式。
④ 工具栏：【对象捕捉工具栏】→【对象捕捉设置】。
⑤ 菜单栏：【工具】→【绘图设置】→【对象捕捉】选项卡。

3.2.2 对象捕捉的方法

打开对象捕捉模式后就可以在需要的时候进行对象捕捉了，其方法如下。

1）利用“对象捕捉”工具栏

在绘图过程中，当要求指定点时，单击“对象捕捉”工具栏中相应的特征点按钮，再把光标移动到要捕捉对象上的特征点附近，即可捕捉到相应的对象特征点。图 3-5 所示为“对象捕捉”工具栏。

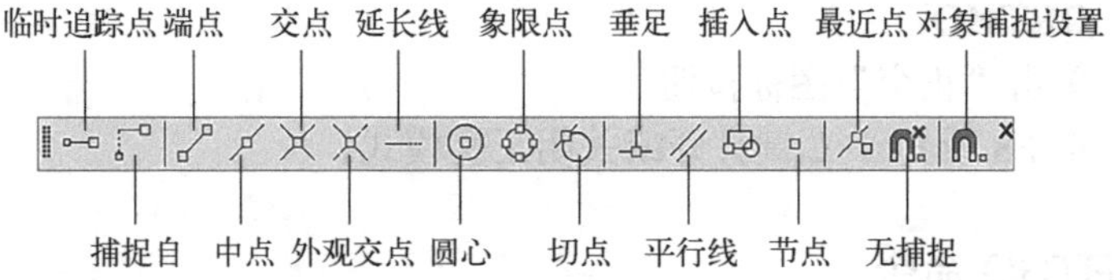

图 3-5 “对象捕捉”工具栏

2）使用自动捕捉

在绘图过程中，使用对象捕捉的频率非常高。若每次都使用“对象捕捉”工具栏，将会影响绘图效率。为此，AutoCAD 2023 又提供了一种自动捕捉模式。

自动捕捉就是当把光标放在一个对象上时，系统自动捕捉到对象上所有符合条件的几何特征点，并显示相应的标记。如果把光标放在捕捉点上多停留一会儿，系统还会显示捕捉的提示。这样，在选点之前，就可以预览和确定捕捉点。

使用自动捕捉前，需要设置对象捕捉模式中的选项，即在“草图设置”对话框的“对象捕捉”选项卡中，选中“对象捕捉模式”选项区域中相应的复选框，如图 3-6 所示。

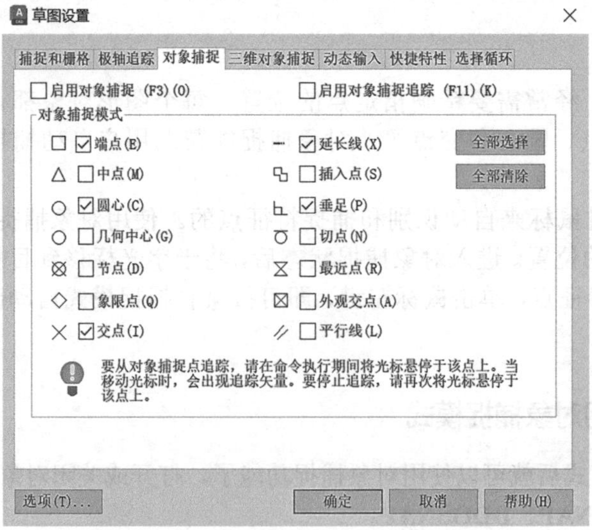

图 3-6 “草图设置”对话框 —“对象捕捉”选项卡

3）使用状态栏的下拉列表

当要求指定点时，单击状态栏上“对象捕捉”图标按钮后的三角符号，打开其下拉列表，如图 3-7 所示。单击其中的选项，再把光标移动到要捕捉对象的特征点附近，即可捕捉到相应的对象特征点。

4）使用对象捕捉快捷菜单

当要求指定点时，可以按下 Shift 键或 Ctrl 键，点击鼠标右键，打开对象捕捉快捷菜单，如图 3-8 所示。选择需要的子命令，再把光标移动到要捕捉对象的特征点附近，即可捕捉到相应的对象特征点。

图 3-7 “对象捕捉设置”下拉列表

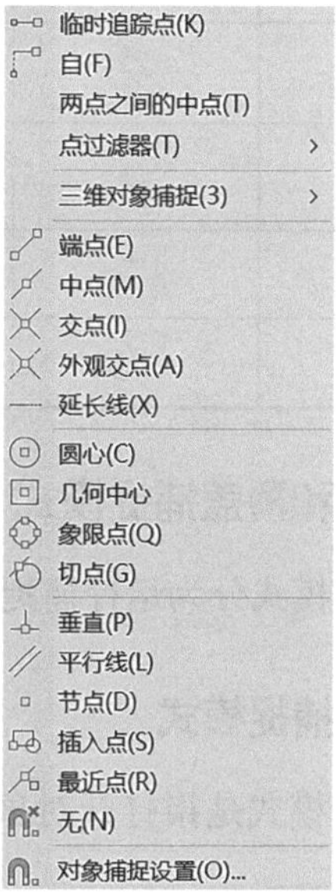

图 3-8 对象捕捉快捷菜单

在对象捕捉快捷菜单中，“点过滤器”下拉菜单中的各命令用于捕捉满足指定坐标条件的点。除此之外的其余各项都与“对象捕捉”工具栏中的各种捕捉模式相对应。

5）在命令行中输入捕捉模式的关键词

当要求指定点时，在命令行中输入捕捉模式的关键词，然后把光标移动到要捕捉对象的特征点附近，即可捕捉到相应的对象特征点。捕捉模式下的捕捉对象、图标按钮、关键词及功能说明见表 3-1。

表 3-1 捕捉对象、图标按钮、关键词及功能说明

捕捉对象	图标按钮	关键词	功能说明
端点		END	捕捉直线段、圆弧或多段线离拾取点最近的端点
中点		MID	捕捉直线段、圆弧或多段线的中点
交点		INT	捕捉两对象的真实交点或延伸交点
外观交点	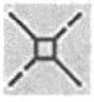	APP	捕捉两个对象的外观交点
延伸线		EXT	捕捉圆弧或直线的延伸线

续表

捕捉对象	图标按钮	关键词	功能说明
圆心		CEN	捕捉圆、圆弧或椭圆、椭圆弧的圆心
象限点		QUA	捕捉圆、圆弧或椭圆的象限点
切点		TAN	捕捉与圆、圆弧或椭圆、椭圆弧相切的点
垂足	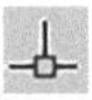	PER	捕捉拾取点到选定对象的假想垂线与选定对象的交点
平行线		PAR	捕捉与某直线平行且通过前一点的直线上的点
节点		NOD	捕捉用“点”命令绘制的节点对象
插入点		INS	捕捉插入到图形文件中的图像、文本等对象的插入点
最近点		NEA	捕捉对象上距离光标最近的点

3.2.3 运行和覆盖捕捉模式

对象捕捉模式分为运行捕捉模式和覆盖捕捉模式。

1）运行捕捉模式

运行捕捉模式是指打开对象捕捉模式后，对象捕捉始终处于运行状态，直到关闭为止。

2）覆盖捕捉模式

覆盖捕捉模式是指在命令行提示输入点时，直接输入关键词（如 TAN、MID、PER 等）后按 Enter 键，或单击“对象捕捉”工具栏中的某一按钮，或在对象捕捉快捷菜单中选择相应的命令，或单击状态栏上的下拉菜单临时打开捕捉模式。这时被输入的临时捕捉命令将暂时覆盖其他的捕捉命令。覆盖捕捉模式仅对本次捕捉点有效，在命令行中显示一个“于”标记。

3.3 自动追踪

自动追踪可分为极轴追踪和对象捕捉追踪。使用极轴追踪可按指定角度绘制对象，使用对象捕捉追踪可捕捉到通过指定对象点及沿指定角度方向延伸的延伸线上的任意点。

3.3.1 极轴追踪

极轴追踪是按事先给定的角度增量来追踪特征点，常常在事先知道要追踪角度的场合下使用。单击打开状态栏上的图标按钮，极轴追踪功能就可以使用了。

极轴追踪功能可以在系统要求指定一个点时，按预先设置的角度增量显示一条无限延伸的辅助线（这是一条虚线），这时就可以沿辅助线追踪得到光标点。可在“草图设置”对话框的“极轴追踪”选项卡中对极轴追踪和对象捕捉追踪进行设置，如图 3-9 所示。

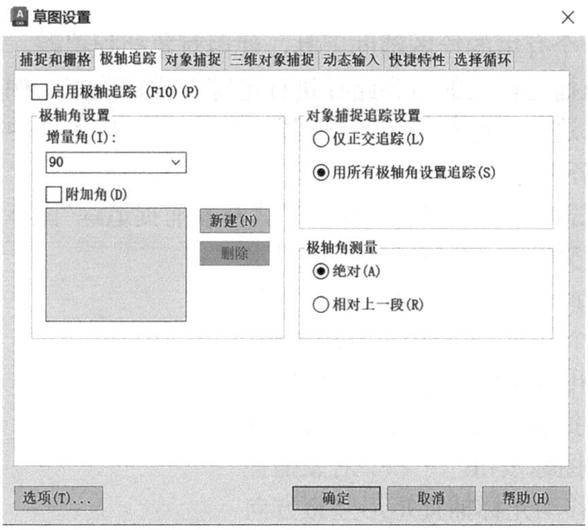

图 3-9 “草图设置”对话框 —“极轴追踪”选项卡

“极轴追踪”选项卡中各选项说明如下。

①“启用极轴追踪”复选框：打开或关闭极轴追踪。也可以使用自动捕捉系统变量或按 F10 键来打开或关闭极轴追踪。

②“极轴角设置”选项区域：设置极轴角度。在“增量角”下拉列表框中，可以选择系统预设的角度，如果该下拉列表框中的角度不能满足需要，可选中“附加角”复选框，然后单击“新建”按钮，在“附加角”列表框中增加新角度。附加角不是增量的，而是绝对的。

③“对象捕捉追踪设置”选项区域：设置对象捕捉追踪。选择“仅正交追踪”单选项，可在启用对象捕捉追踪时，只显示获取的对象捕捉点的正交(水平/垂直)对象捕捉追踪路径；选择“用所有极轴角设置追踪”单选项，可以将极轴角设置应用到对象捕捉追踪。使用对象捕捉追踪时，光标将从获取的对象捕捉点起沿极轴对齐角度进行追踪。也可以使用系统变量 POLARMODE 对对象捕捉追踪进行设置。

④“极轴角测量”选项区域：设置极轴追踪对齐角度的测量基准。其中，选中“绝对”单选项，可以基于当前用户坐标系（UCS）确定极轴追踪角度；选中“相对上一段”单选项，可以基于最后绘制的线段确定极轴追踪角度。

极轴追踪见图 3-10。

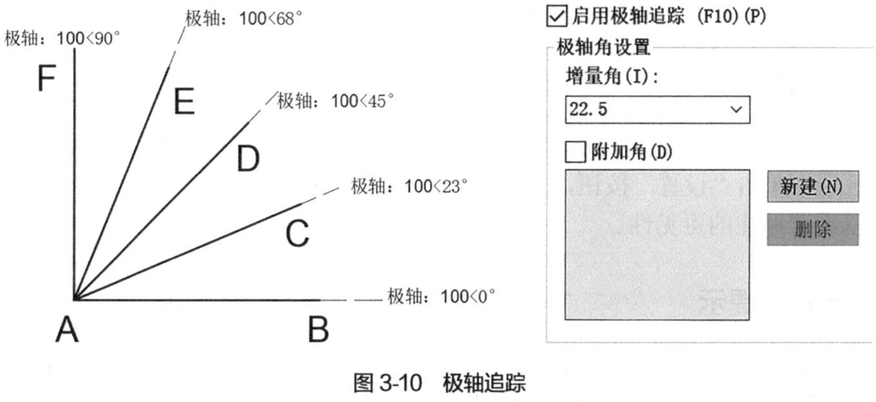

图 3-10 极轴追踪

3.3.2 对象捕捉追踪

对象捕捉追踪是一个有用的绘图辅助工具，使用对象捕捉追踪，在命令中指定点时，光标可以沿基于当前对象捕捉模式的对齐路径进行追踪查找精确点。例如，新指定点与已有的某点在某方向上对齐。这一功能在保持各视图之间的投影对应关系中极为有用，可以方便地做到“长对正”“高平齐”“宽相等”。

使用对象捕捉追踪需要同时打开状态栏中的“对象捕捉追踪”图标按钮和“对象捕捉”图标按钮；打开正交模式，光标将被限制沿水平或垂直方向移动。因此，正交模式和极轴追踪模式不能同时打开，若一个打开，另一个将自动关闭。

图 3-11 所示是利用对象捕捉追踪功能获得的矩形中心点。当命令行提示需要指定点时，打开状态栏上的“对象捕捉”图标按钮和“对象捕捉追踪”图标按钮。移动光标捕捉矩形竖直方向直线的中点，此时该中点处显示一个“+”号；继续移动光标捕捉矩形水平方向直线的中点，此时该中点处也显示一个“+”号；再继续移动光标到接近矩形中心点的位置时，将显示两条追踪线及其交点。此时两条追踪线的交点处显示一个“×”号，表明已经捕捉到了矩形的中心点。

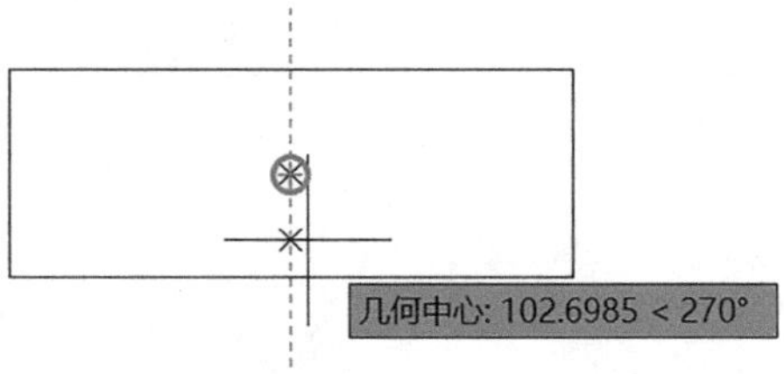

图 3-11 利用对象捕捉追踪捕捉矩形的中心点

注意：在进行矩形中心点捕捉前，需先启动中点捕捉方式。

3.4 动态输入

使用动态输入功能可以在指针位置处显示标注输入和命令提示等信息。

3.4.1 启用指针和标注输入

1）启用指针输入

在如图 3-12 所示的“草图设置”对话框“动态输入”选项卡中，选中“启用指针输入”复选框，启用指针输入功能。单击“指针输入”选项区域中的“设置”按钮，打开如图 3-13 所示的“指针输入设置”对话框，设置指针的格式和可见性。

2）启用标注输入

在图 3-12 中，选中“可能时启用标注输入”复选框可以启用标注输入功能。在“标注输入”选项区域中单击“设置”按钮，弹出如图 3-14 所示的“标注输入的设置”对话框，在对话框中可以设置标注的可见性。

3.4.2 显示动态提示

选中图 3-12 中“动态提示”选项区域中的“在十字光标附近显示命令提示和命令输入”复选框或按功能键 F12，可以在光标附近显示命令提示，如图 3-15 所示。

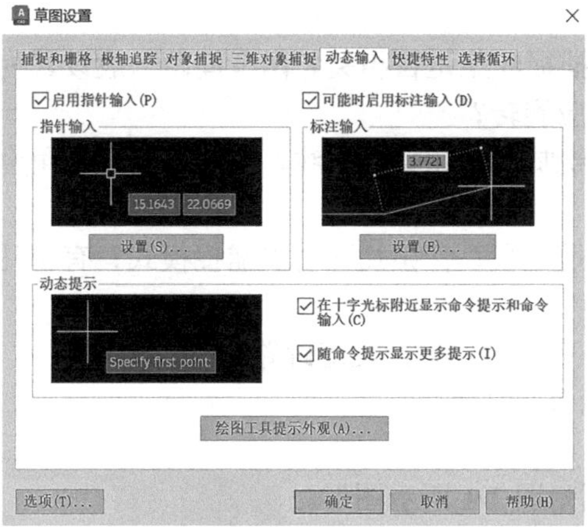

图 3-12 “草图设置”对话框 —“动态输入”选项卡

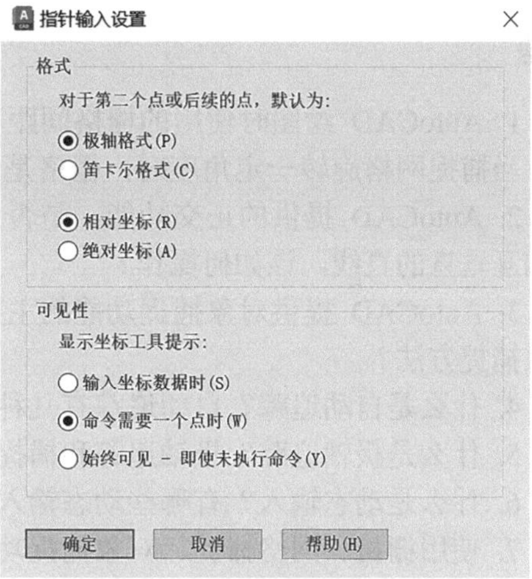

图 3-13 “指针输入设置”对话框

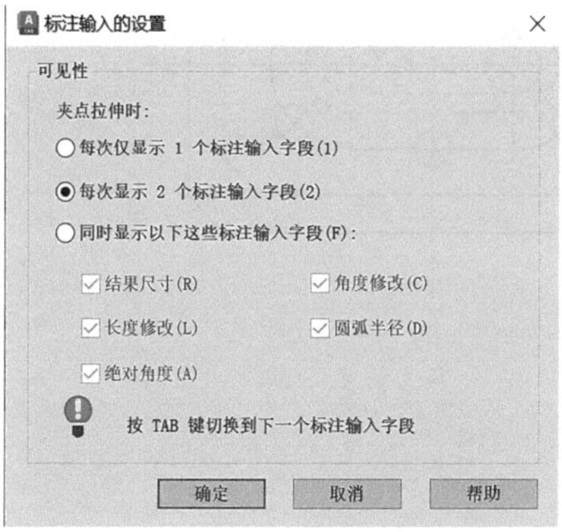

图 3-14 “标注输入的设置”对话框

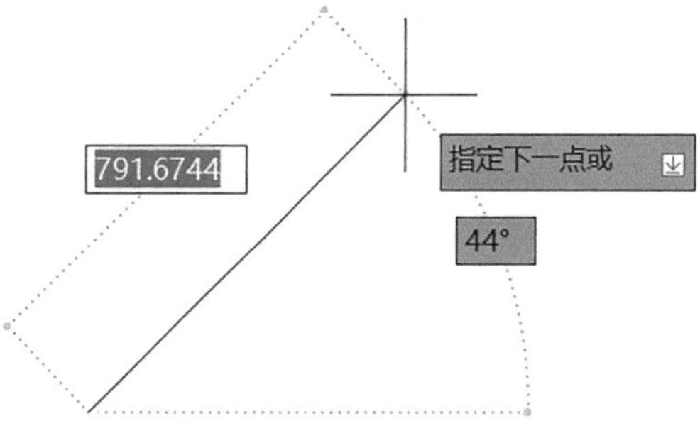

图 3-15 显示动态提示

3.5 查询

在设计绘图中有时需要查询与图形有关的信息。如查询指定两点间的距离、某一区域的面积和周长等。查询时，可以使用功能区按钮，或从【工具】→【查询】菜单中激活相应的菜单命令，或单击“查询”工具栏上的相应按钮进行查询，如图 3-16 所示。

图 3-16 查询菜单和工具栏

习题

1. AutoCAD 绘图时使用的栅格间距和网格捕捉间距是否相关？两者间距一般设置为何值？当捕捉网格旋转一定角度时，栅格是否也相应旋转？

2. AutoCAD 提供的正交功能，是否只允许绘制水平和垂直直线？若想绘制按某角度倾斜相互垂直的直线，该如何操作？

3. AutoCAD 提供对象捕捉功能的主要目的是什么？有哪几种对象捕捉模式？有哪几种对象捕捉方法？

4. 什么是自动追踪？自动追踪有几种方式？有几种对象捕捉追踪路径？

5. 什么是极轴追踪？极轴追踪和捕捉追踪能否同时使用？

6. 什么是动态输入？有哪些动态输入方法？

7. 使用栅格、网格捕捉、对象捕捉功能绘制附图 3-1 所示图形。

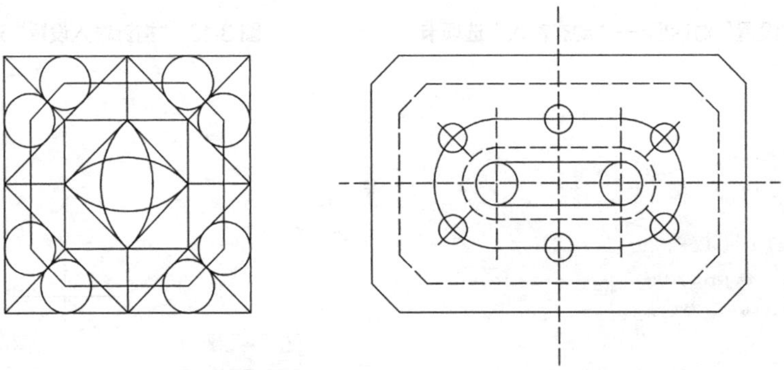

附图 3-1

第4章

二维图形编辑

对于复杂的二维图形，仅使用 AutoCAD 2023 基本的二维绘图命令和绘图工具是远远不够的，必须借助于二维图形的编辑功能来提高绘图的效率。本章主要介绍 AutoCAD 2023 的对象选择、图形显示和图形编辑功能。

4.1 选择对象

在对图形进行编辑操作时，首先要选择被编辑的对象。AutoCAD 2023 将亮显被选择的对象，构成选择集。

4.1.1 设置对象的选择参数

设置对象的选择参数是通过“选项”对话框中的“选择集”选项卡实现的，打开“选项”对话框的方法如下所示。

① 单击应用程序图标按钮→【选项】。

② 选择【工具】→【选项】菜单命令。

③ 在绘图区（或命令行窗口）中点击鼠标的右键，在弹出的快捷菜单中选择“选项”菜单项。

激活命令后，打开如图 4-1 所示的“选项”对话框。在“选择集”选项卡中，可以设置选择项的参数，如拾取框大小、夹点尺寸等。

4.1.2 选择对象的方法

命令激活方式：在命令行中输入 **SELECT** 或 **S**。

激活命令后或使用编辑命令时，命令行将提示“选择对象：”，并且十字光标将被替换为拾取框。此时可以直接用鼠标点选或框选对象，也可在命令行输入选择项对应的字母，从而用相应的选择方法选择对象。当输入“？↙”时，将显示所有选择方法项：

需要点或窗口（W）/上一个（L）/窗交（C）/框（BOX）/全部（ALL）/栏选（F）/圈围

（WP）/圈交（CP）/编组（G）/添加（A）/删除（R）/多个（M）/前一个（P）/放弃（U）/自动（AU）/单个（SZ）/子对象（SU）/对象（O）:

对象选择共有 20 种方式。

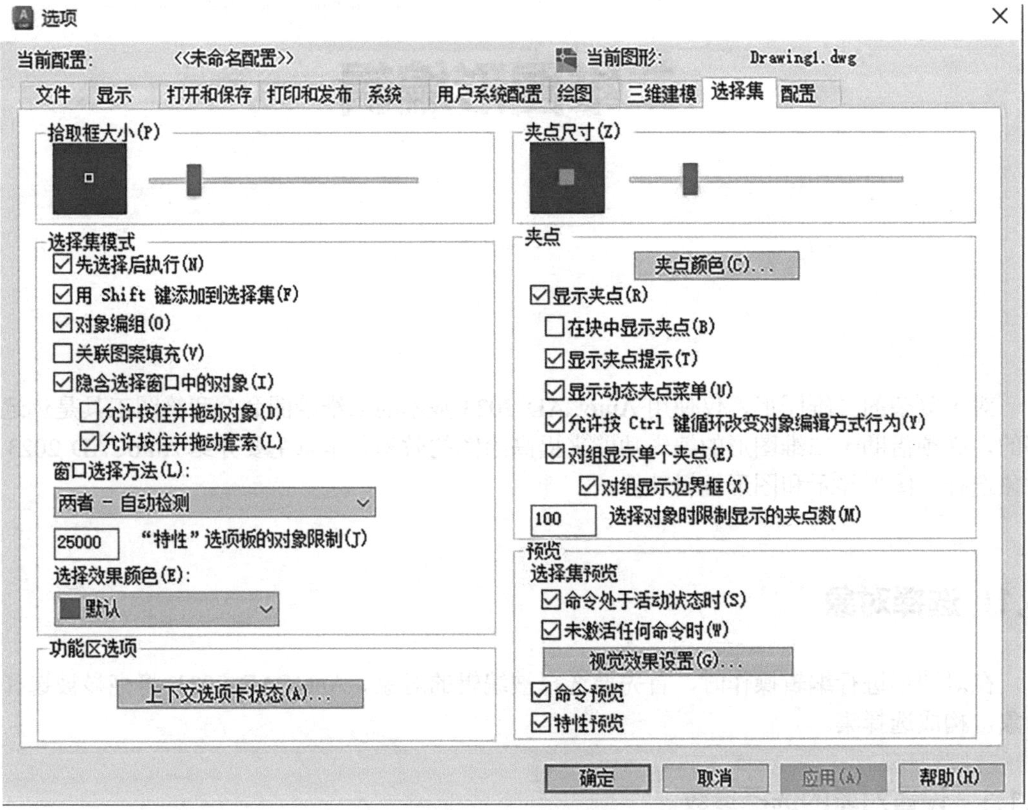

图 4-1 "选项"对话框

1）直接选取方式

直接选取方式为默认选择方式。通过鼠标、键盘等定位设备移动拾取框至待选对象上，按拾取键（点取键、左键），该对象即被选中（虚线表示）。一次只能选择一个对象，若选择多个对象，则需连续拾取多个对象。对象拾取框不能与多个对象重叠，否则不能选取对象。如图 4-2 所示。

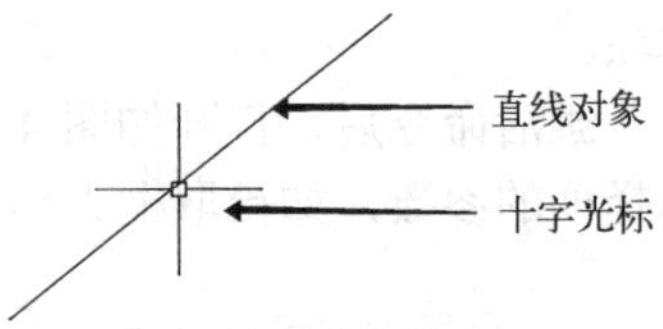

图 4-2 直接选取方式

2）窗口方式（W）

窗口方式为默认选择方式，也称 W 方式。

从左上角（左下角）向右下角（右上角）拖动鼠标确定矩形窗口，窗口范围内的所有对象均被选中，与窗口边界相交对象不选择。可直接用鼠标指定窗口顶点，也可键入 W，根据提示从键盘输入窗口顶点。如图 4-3 所示。

选择对象：W↙

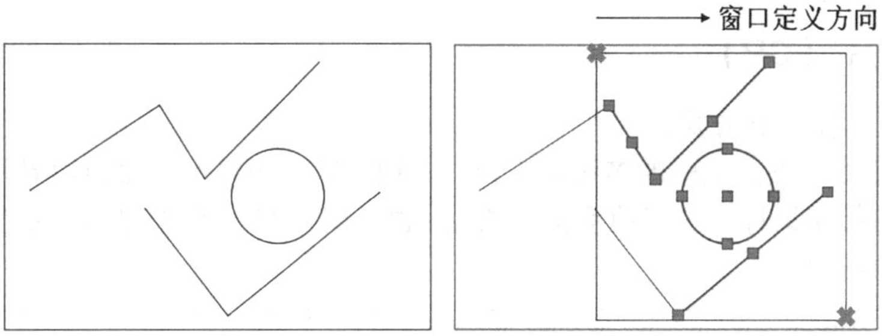

图4-3 窗口方式

3）窗交方式（C）

窗交方式为默认选择方式，也称C方式。

从右上角（右下角）向左下角（左上角）拖动鼠标确定矩形窗口，窗口范围内以及与窗口边界相交的所有对象均被选中。可直接用鼠标指定窗口顶点，也可键入C，根据提示从键盘输入窗口顶点。如图4-4所示。

选择对象：C↙

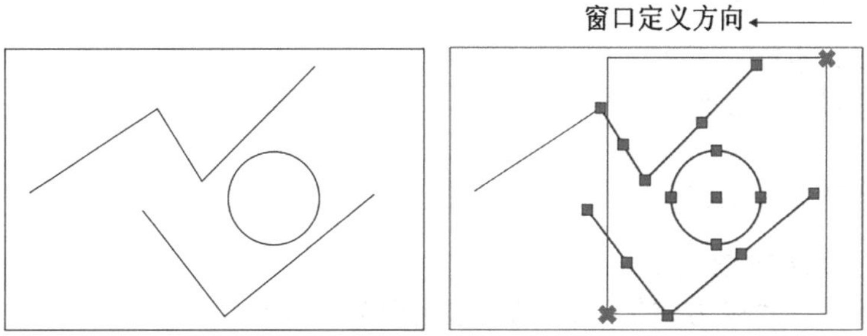

图4-4 窗交方式

4）圈围方式（WP）

圈围方式，也称WP方式。

定义一个由多个顶点围成的多边形窗口，多边形窗口内的所有对象均被选中，不选择与窗口边界相交的对象。可直接用鼠标指定多边形窗口顶点，也可键入WP，根据提示从键盘输入多边形窗口顶点。如图4-5所示。

选择对象：WP↙

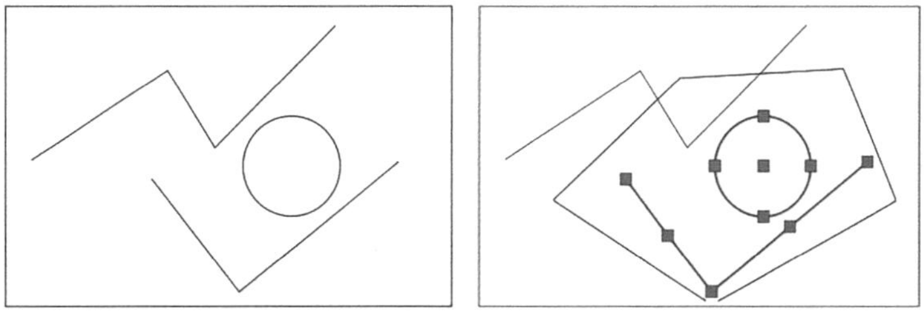

图4-5 圈围方式

5）圈交方式（CP）

圈交方式，也称 CP 方式。

定义一个由多个顶点围成的多边形窗口，多边形窗口内以及与窗口边界相交的所有对象均被选中。可直接用鼠标指定多边形窗口顶点，也可键入 CP，根据提示从键盘输入多边形窗口顶点。如图 4-6 所示。

选择对象：CP↙

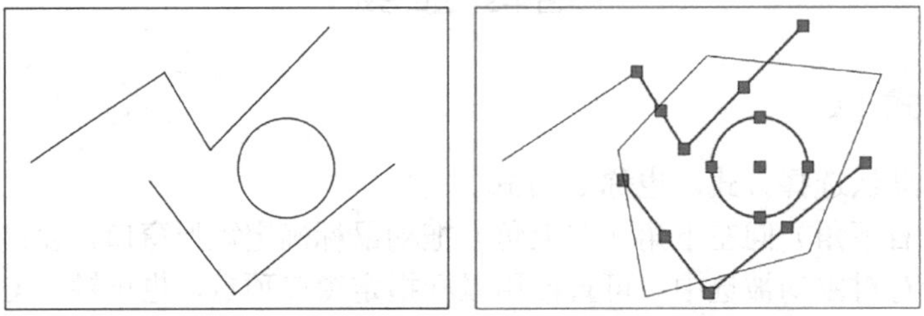

图 4-6　圈交方式

6）上一个方式（L）

上一个方式，也称 L 方式。

选取屏幕上最后生成的一个对象。

7）框选方式（BOX）

框选方式，也称 BOX 方式。

其意义和操作同“W 方式”。该方式一般用于菜单宏中。

8）全部方式（ALL）

全部方式，也称 ALL 方式。

除冻结层以外的所有对象被选中。

9）栏选方式（F）

栏选方式，也称 F 方式。

定义一个连续折线（虚线），与折线相交的所有对象均被选中。如图 4-7 所示。

选择对象：F↙

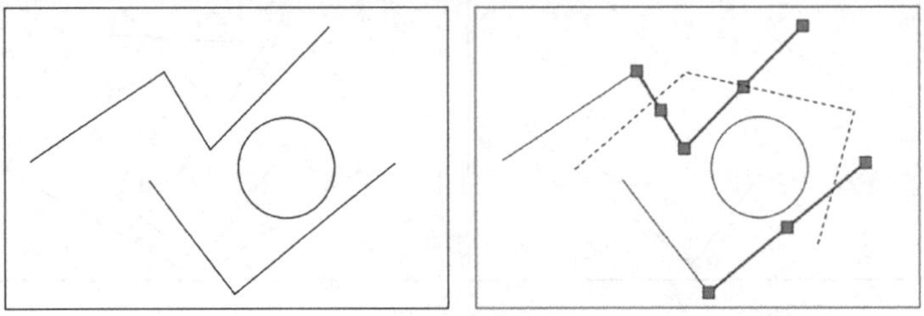

图 4-7　栏选方式

10）编组方式（G）

编组方式，也称 G 方式。

AutoCAD 提供 GROUP 命令，可预先将若干图形对象定义成对象组，可定义多个对象组。这些组都有确定的组名，当选择某对象组中的所有对象时，只要指定组名或点取组中某一对象，即可选择组中全部对象。

选择对象：G↙

输入编组名：（输入组名）

11）添加方式（A）

添加方式，也称 A 方式。

添加方式是对象选择的缺省方式。通常均为添加方式，当进入删除方式后，必须通过 A 方式回到加入状态。

删除对象：A↙

选择对象：（转入添加状态）

12）删除方式（R）

删除方式，也称 R 方式。

从选择集中取消某些被选择对象。

选择对象：R↙

删除对象：（转入删除状态，用前面介绍的对象选择方式选择被取消对象）

13）多点选择方式（M）

多点选择方式，也称 M 方式。

当需要选择多个分散对象时，可使用多点选择方式进行选择。

多点选择方式规定：先逐个拾取对象，选完后按 Enter 键，所选对象才同时醒目显示，可提高选择速度。

用鼠标选取若干对象后，按 Enter 键完成对象选择。

14）前一个方式（P）

前一个方式，也称 P 方式。

选择当前编辑命令以前最后一次构造好的选择集作为本次操作的选择集。

15）放弃方式（U）

放弃方式，也称 U 方式。

取消最后一次进行的选择操作，可按逆序取消若干次选择操作。

16）自动选择方式（AU）

自动选择方式，也称 AU 方式。

AU 方式规定：选取对象时，若拾取框处存在一个对象，则选取该对象，否则按 W 方式或 C 方式选择对象。这种方式一般用于菜单宏中。

17）单一选择方式（SI）

单一选择方式，也称 SI 方式。

SI 方式规定：只允许执行一次选择操作，一旦成功选择，则退出选择状态。这种方式一般用于菜单宏中。

18）子对象方式（SU）

子对象方式，也称 SU 方式。

SU 方式规定：用户可以逐个选择原始形状。这些形状是复合实体的一部分或三维实体上的顶点、边和面。

19）对象方式（O）

对象方式，也称 O 方式。

O 方式规定：输入“O↙”，则结束选择子对象的功能，使用户可以使用对象选择方法。

20）交替选择方式（Ctrl）

交替选择方式，也称 Ctrl 方式。

当图形中对象比较拥挤时，待选择对象与不选择对象相互重叠，使选择出现困难，这时可采用交替选择方式。如图 4-8 所示。

① 按 Ctrl 键，同时将拾取框移至待选对象附近，单击鼠标左键。

② 松开 Ctrl 键，单击鼠标左键交替选择图形对象，所选对象以虚线表示。

③ 按 Enter 键或单击鼠标右键，选取以虚线表示的图形对象。

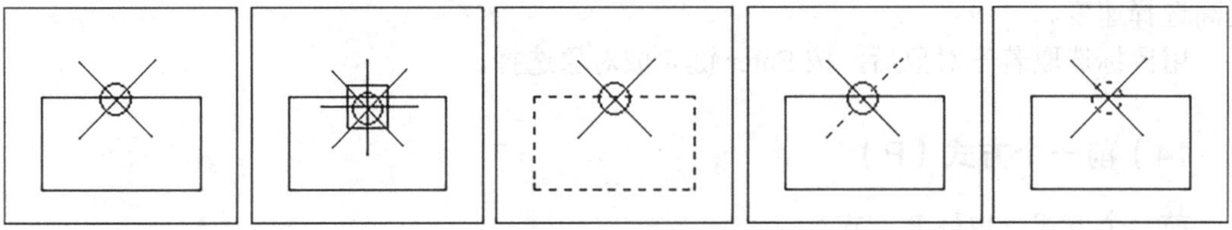

图 4-8　交替选择方式

4.2　图形显示

为便于绘制和观察图形，需要控制图形显示，它只对图形的显示起作用，不改变图形的实际位置和尺寸。

4.2.1 视图缩放

改变图形对象的屏幕显示大小，而不改变图形对象的实际尺寸。

1）命令激活方式

① 命令行：**ZOOM** 或 **Z**。
② 菜单栏：【视图】→【缩放】。
③ 工具栏：【标准】→ 、【缩放】→ 。
④ 导航栏： 。

2）操作步骤

（1）实时缩放

激活命令后，鼠标箭头变为 ，按住鼠标左键向上拖动可放大图形，向下拖动可缩小图形。最后点击鼠标右键退出。

（2）窗口缩放

激活命令后，框选需要显示的图形，点击鼠标左键，则框选图形将充满绘图区。

（3）上一个

激活命令后，图形显示快速恢复上一次缩放的视图，最多可以恢复此前的10个视图。

（4）动态缩放

缩放选择框中的图形，其步骤如下所示。

① 激活命令后，绘图区中显示图形范围。同时，显示以×为中心的平移视图框。

② 将平移视图框移动到所需的位置，然后点击鼠标左键，框中的×消失，同时出现一个指向框右边的箭头，视图框变为缩放视图框。

③ 左右移动光标调整视图框大小，上下移动光标调整视图框的位置。调整完毕后，点击鼠标左键。如果未达到理想区域可继续调整。

④ 按Enter键确认，使当前视图框中的区域填充到当前视口。

（5）比例缩放

激活命令后，在命令行提示“输入比例因子（nX或nXP）：”后输入比例值，按指定的比例值进行缩放。

①“nX”：相对当前视图缩放，在输入的比例值后再输入一个“X”，例如“0.5X”。

②“nXP”：相对图纸空间缩放，在输入的比例值后再输入一个“XP”，例如“0.2XP”。

（6）中心缩放

用于重设图形的显示中心和缩放倍数。激活命令后，命令行提示：

指定中心点：（指定新的显示中心点）
输入比例或高度<2.0000>：（输入新视图的缩放倍数或高度）

---

①“比例”：在输入的比例值后再输入一个“X”，例如“0.5X”。

②“高度”：直接输入高度值，例如“2”。值小时放大，反之缩小，“<>”内为默认高度值，直接按 Enter 键，则以默认高度缩放。

（7）缩放对象

尽可能大地显示一个或多个选择对象，可在命令前后选择对象。

（8）放大、缩小

使图形相对于当前图形放大一倍或缩小一半。

（9）全部缩放

缩放显示整个图形。如果图形对象未超出图形界限，则以图形界限显示；如果超出图形界限，则以当前范围显示。

（10）范围缩放

缩放显示所有图形对象，使图形充满绘图区，与图形界限无关。

另外可以滚动鼠标中的滚轮键进行实时缩放视图。

4.2.2 视图平移

移动图形，而不改变图形对象的实际位置，使绘图区以合适的大小显示特定区域。

1）命令激活方式

① 命令行：**PAN** 或 **P**。

② 菜单栏：【视图】→【平移】。

③ 工具栏：【标准工具栏】→【平移】。

④ 导航栏：。

2）操作步骤

（1）实时平移（）

激活命令后，光标变为手状，按住鼠标左键拖动，可使图形按光标移动方向移动。释放鼠标左键，可回到平移等待状态。最后按 Esc 键或 Enter 键退出。

（2）其他平移

激活平移命令，还可进行定点平移或按指定方向平移。

4.2.3 视图的重画

可使系统在显示内存中更新屏幕，清除临时标记及残留重叠图像，更新使用的视图。

1）命令激活方式

① 命令行：**REDRAW** 或 **REDRAWALL** 或 **R**。

② 菜单栏：【视图】→【重画】。

2）操作步骤

激活命令后即可实现重画的功能。

4.2.4 视图的重生成

可使系统从磁盘中调用当前图形数据，重新创建图形库索引，更新当前视口或所有视口，优化对象显示和对象选择的性能。

1）命令激活方式

① 命令行：**REGEN** 或 **REGENALL** 或 **RE**。
② 菜单栏：【视图】→【重生成或全部重生成】。

2）操作步骤

激活命令后即可实现重生成的功能。

4.3 删除

4.3.1 删除对象

1）命令激活方式

① 命令行：**ERASE** 或 **E**。
② 功能区：【默认】→【修改】→ 。
③ 菜单栏：【修改】→【删除】。
④ 工具栏：【修改工具栏】→【删除】。
⑤ 选择对象，然后按 Delete 键。

2）操作步骤

激活命令后，选择对象，然后按 Enter 键或点击鼠标右键确认，即可删除对象。如果选择【工具】→【选项】菜单项，在弹出的“选项”对话框的“选择集”选项卡中已选中“先选择后执行”复选框（默认模式），则可先选择对象，然后单击按钮 或直接按键盘 Delete 键删除。

选择对象：（选择删除对象并按 Enter 键）

4.3.2 恢复删除误操作

在命令行输入“OOPS”，可以恢复最后一次用“删除”命令删除的对象。若要继续向前恢复被删除的对象，必须在命令行输入“UNDO”或“U”，或选择【编辑】→【放弃】菜单项。单击“快速访问工具栏”上的图标按钮 也可以恢复被删除的对象。

4.4　基本变换

4.4.1　移动对象

移动选取对象的位置。

1）命令激活方式

① 命令行：**MOVE** 或 **M**。
② 功能区：【默认】→【修改】→ ✥。
③ 菜单栏：【修改】→【移动】。
④ 工具栏：【修改工具栏】→【移动】。

2）操作步骤

激活命令后，命令行提示：

命令：MOVE↙
选择对象：（选择对象）
选择对象：↙
指定基点或［位移（D）］<位移>：（指定基点）
指定第二个点或<使用第一个点作为位移>：（指定第二个点，点击鼠标左键确定）

注意：当系统提示“指定第二点：”时，也可以通过输入第二点的绝对或相对坐标来确定第二点，或者通过移动光标确定好移动方向后输入位移值来确定第二点。

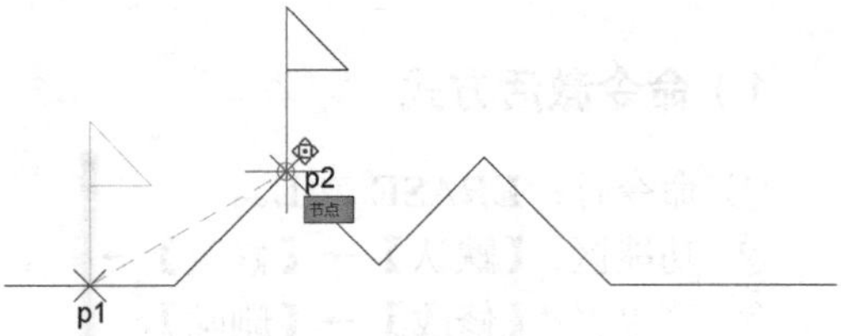

图 4-9　移动对象

3）绘制实例

将山下小旗移到山顶上，如图 4-9 所示。

命令：MOVE↙
选择对象：（用窗口方式选取小旗）
选择对象：↙
指定基点或［位移（D）］<位移>：（拾取 p1 点）
指定第二个点或<使用第一个点作为位移>：（拾取 p2 点）
指定第二个点或<使用第一个点作为位移>：↙

4.4.2　旋转对象

使对象绕某一指定点旋转指定的角度。

1）命令激活方式

① 命令行：**ROTATE** 或 **RO**。

② 功能区：【默认】→【修改】→ 。
③ 菜单栏：【修改】→【旋转】。
④ 工具栏：【修改工具栏】→【旋转】。

2）操作步骤

激活命令后，命令行提示：

命令：ROTATE↙
UCS 当前的正角方向：ANGDIR=逆时针 ANGBASE=0
选择对象：（选定需要旋转的对象）找到 1 个
选择对象：↙
指定基点：（选定旋转中心）
指定旋转角度，或［复制（C）/参照（R）]：（输入旋转角度值或输入选项）↙

各选项说明如下。

①“复制（C）”：旋转并复制原对象。

②“参照（R）”：将对象从指定的角度旋转到新的绝对角度。即使选择对象旋转的角度为“新角度-参照角度”。

3）绘制实例

将图形向右旋转 90°，按参照角度将图形向左旋转 60°，如图 4-10 所示。

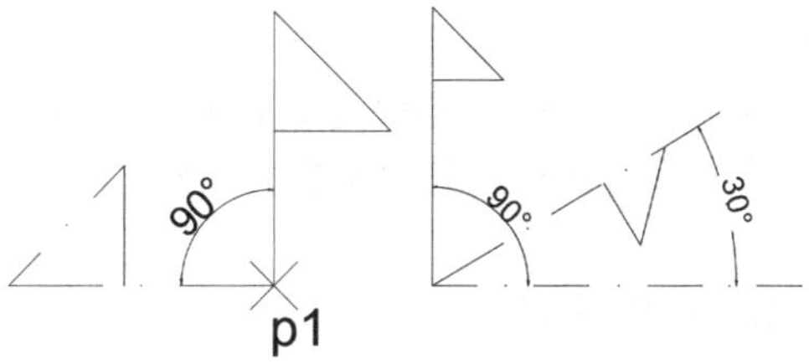

图 4-10 旋转对象

命令：ROTATE↙
选择对象：（选取小旗）
指定基点：（拾取旗杆端点 p1）
指定旋转角度或［复制（C）/参照（R）]：90↙

命令：ROTATE↙
选择对象：（选取小旗）
指定基点：（拾取旗杆端点 p2）
指定旋转角度或［复制（C）/参照（R）]：R↙
指定参照角<0>：90↙
指定新角度：30↙

4.4.3 缩放对象

使对象按指定比例进行缩放。

1）命令激活方式

① 命令行：**SCALE** 或 **SC**。
② 功能区：【默认】→【修改】→ 。

③ 菜单栏：【修改】→【缩放】。
④ 工具栏：【修改工具栏】→【缩放】。

2）操作步骤

激活命令后，命令行提示：

命令：SCALE
选择对象：（选定需要缩放的对象）找到 1 个
选择对象：↙
指定基点：（选定缩放图形的中心点）
指定比例因子或［复制（C）/参照（R）］：（输入比例值或输入选项）↙

各选项说明如下。

①“指定比例因子”：直接输入比例因子进行缩放，比例因子>1 时为放大，比例因子<1 时为缩小。

②“复制（C）”：输入 C，按指定比例缩放并复制对象，保留原对象。

③“参照（R）”：输入 R，按新长度与参考长度比值自动计算缩放比例进行缩放。

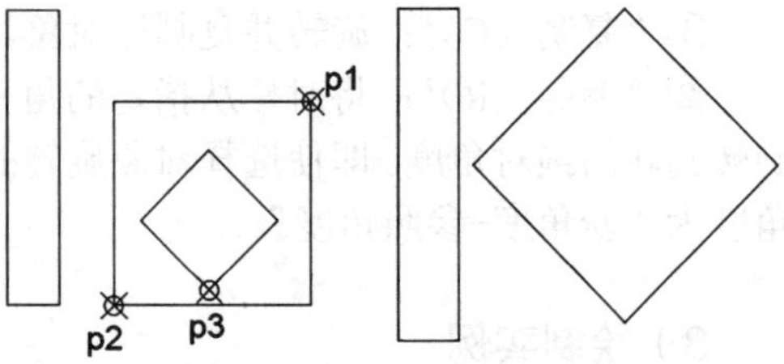

图 4-11　缩放对象

3）绘制实例

将图中小菱形放大一倍，如图 4-11 所示。

命令：SCALE↙
选择对象：（拾取 p1、p2 点交叉选取菱形）
选择对象：↙
指定基点：（拾取 p3 点）
指定比例因子或［复制（C）/参照（R）］：2↙

4.5　复制对象的编辑命令

4.5.1　复制对象

将对象进行复制，不必重复绘制相同或近似的图形。

1）命令激活方式

① 令行：**COPY** 或 **CO**。
② 功能区：【默认】→【修改】→。
③ 菜单栏：【修改】→【复制】。
④ 工具栏：【修改工具栏】→【复制】。

2）操作步骤

激活命令后，命令行提示：

命令：COPY
选择对象：（选择复制对象）
指定基点或［位移（D）/模式（O）］<位移>：（输入基点、D、O、位移值，或按 Enter 键）

各选项说明如下。

①“指定基点”：输入基点，根据 2 点确定的矢量长度或方向复制对象。

指定第二个点或<使用第一点作位移>：（输入第 2 点或按 Enter 键）
指定第二个点或［退出（E）/放弃（U）］<退出>：（输入第 2 点、E、U 或按 Enter 键）

---

②“位移（D）”：输入 D 或按 Enter 键，根据输入的位移点和坐标原点确定的矢量长度和方向复制对象。

③“模式（O）”：输入 O，进入输入复制模式选项［单个（S）/多个（M）］，默认为多个。

④“位移”：输入位移值，根据最后一次选择对象拾取点和当前光标位置确定的方向，及位移值大小指定复制基点。

指定基点或［位移（D）/模式（O）］<位移>：（输入位移）
指定第二个点或<使用第一点作位移>：（输入第 2 点或按 Enter 键）
指定第二个点或［退出（E）/放弃（U）］<退出>：（输入第 2 点、E、U 或按 Enter 键）

3）绘制实例

将原图从 p3 点复制到 p4 点，如图 4-12 所示。

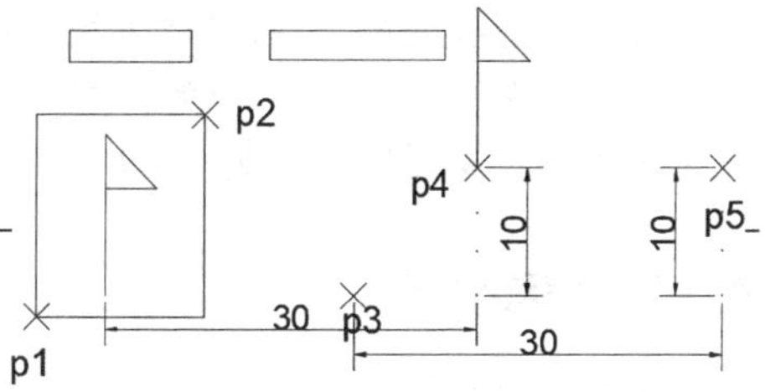

图 4-12　复制对象

命令：COPY↙
选择对象：W↙
指定第一个角点：（拾取 p1 点）
指定对角点：（拾取 p2 点）
选择对象：↙
指定基点或［位移（D）/模式（O）］<位移>：（拾取 p3 点为基准点）
指定第二个点或<使用第一点作位移>：（拾取 p5 点）

4.5.2　镜像对象

使对象相对于镜像线进行镜像复制，便于绘制对称或近似对称图形。

1）命令激活方式

① 命令行：**MIRROR** 或 **MI**。

② 功能区：【默认】→【修改】→。

③ 菜单栏：【修改】→【镜像】。

④ 工具栏：【修改工具栏】→【镜像】。

2）操作步骤

激活命令后，命令行提示：

命令：MIRROR↙
选择对象：（选取镜像对象）
指定镜像线的第一点：（输入镜像线上一点）
指定镜像线的第二点：（输入镜像线上另一点）
是否删除源对象？［是（Y）/否（N）］<N>：（输入 Y 或 N）

注意：如果输入 N 或按 Enter 键则保留原图，否则删除原图（虚线表示）。系统变量 MIRRTEXT 值决定文本对象镜像方式，MIRRTEXT 为 1 则文本作完全镜像，如 CAD→DAC；MIRRTEXT 为 0 则文本作可读镜像，如 CAD→CAD。

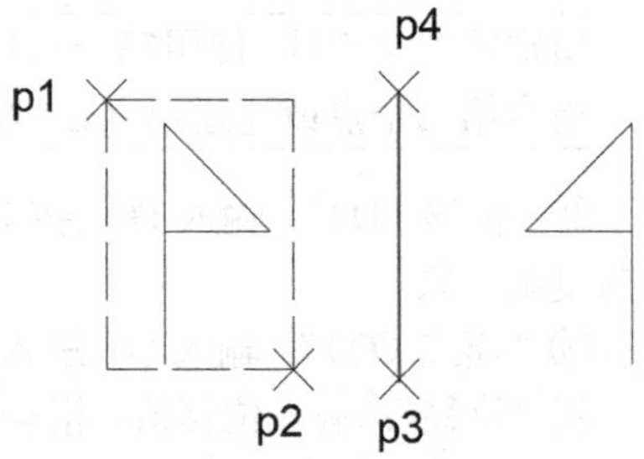

图 4-13　镜像对象

3）绘制实例

将图中小旗对象作镜像，保留原图，如图 4-13 所示。

命令：MIRROR↙
选择对象：（拾取 p1 和 p2 点，按交叉选择方式选择小旗）
指定镜像线的第一点：（输入镜像线 p3 点）
指定镜像线的第二点：（输入镜像线 p4 点）
是否删除源对象？［是（Y）/否（N）］<N>：↙

4.5.3　偏移对象

将对象进行平行复制，用于创建同心圆、平行线或等距曲线。

1）命令激活方式

① 命令行：**OFFSET** 或 **O**。
② 功能区：【默认】→【修改】→。
③ 菜单栏：【修改】→【偏移】。
④ 工具栏：【修改工具栏】→【偏移】。

2）操作步骤

激活命令后，命令行提示：

命令：OFFSET↙
当前设置：删除源=否　图层=源　OFFSETGAPTYPE=0
指定偏移距离或［通过（T）/删除（E）/图层（L）］<1.0>：（输入偏移距离、T、E、L）

各选项说明如下。

①“指定偏移距离”：输入偏移距离，按偏移距离绘制偏移线。提示：

指定偏移距离或［通过（T）/删除（E）/图层（L）］<1.0>：（输入偏移距离）
选择要偏移的对象，或［退出（E）/放弃（U）］<退出>：
指定要偏移的那一侧上的点，或［退出（E）/多个（M）/放弃（U）］<退出>：

---

②“通过（T）”：输入 T，绘制通过指定点的偏移线。提示：

指定偏移距离或［通过（T）/删除（E）/图层（L）］<1.0>：T↙
选择要偏移的对象，或［退出（E）/放弃（U）］<退出>：
指定通过点，或［退出（E）/多个（M）/放弃（U）］<退出>：

---

③“删除（E）”：输入 E，设置删除或非删除状态。若处于删除状态，则偏移后删除源对象。

④“图层（L）”：输入 L，设置偏移后的目标对象所处图层（当前图层、自身图层）。

4.5.4 阵列对象

使对象以指定矩形、环形或者路径阵列进行多重复制，用于绘制呈矩形、环形规律或者指定路径分布的相同结构。

1）命令激活方式

① 命令行：**ARRAY** 或 **AR**。
② 功能区：【默认】→【修改】→或或。
③ 菜单栏：【修改】→【阵列】。
④ 工具栏：【修改工具栏】→【阵列】。

2）操作步骤

执行“ARRAY”命令将通过键盘完成阵列操作，执行其他命令将通过对话框（矩形阵列对话框、环形阵列对话框）完成操作。以下是键盘操作提示。

命令：ARRAY↙
选择对象：（选定需要阵列的对象）找到 1 个
选择对象：↙
输入阵列类型［矩形（R）/路径（PA）/极轴（PO）］<矩形>：（输入 R、PA 或 PO）↙

（1）矩形阵列

矩形阵列是将对象副本分布到行、列和标高的任意组合。通过命令行激活命令后，命令行提示：

选择对象：（选定需要阵列的对象）找到 1 个
选择对象：↙
输入阵列类型［矩形（R）/路径（PA）/极轴（PO）］<矩形>：↙

此时，面板区弹出矩形阵列面板，如图 4-14 所示，通过该面板可以进行相关的设置。

注意：如果通过功能区或菜单栏或工具栏直接激活矩形阵列命令，则选择对象后，即可弹出矩形阵列面板。

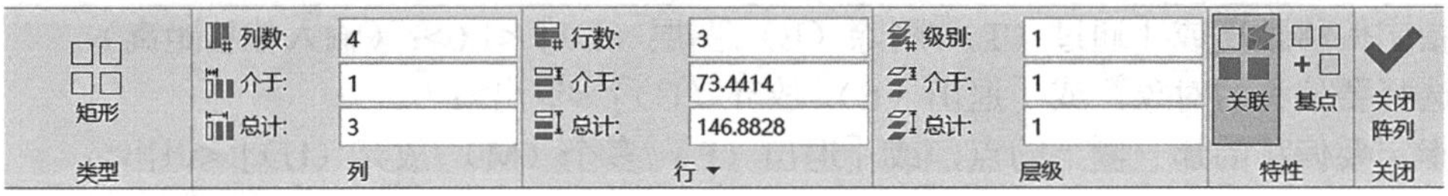

图 4-14 矩形阵列面板

当然，可以继续通过命令行进行相关的输入设置，过程如下：

类型=矩形 关联=是

选择夹点以编辑阵列或［关联（AS）/基点（B）/计数（COU）/间距（S）/列数（COL）/行数（R）/层数（L）/退出（X）］<退出>：COL↙

输入列数或［表达式（E）］<4>：↙

指定 列数 之间的距离或［总计（T）/表达式（E）］<1>：30↙

选择夹点以编辑阵列或［关联（AS）/.../退出（X）］<退出>：R↙

输入列数或［表达式（E）］<4>：3↙

指定 行数 之间的距离或［总计（T）/表达式（E）］<1>：22↙

指定 行数 之间的标高增量或［表达式（E）］<0>：↙

选择夹点以编辑阵列或［关联（AS）/.../退出（X）］<退出>：↙

执行结果如图 4-15 所示。

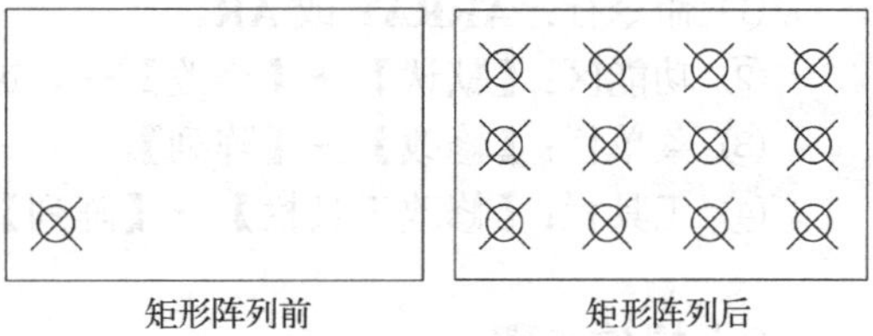

图 4-15 矩形阵列

各选项说明如下。

①“关联（AS）”：指定阵列中的对象是关联的还是独立的。选择此选项后提示“创建关联阵列［是（Y）/否（N）］<是>：”。选择“是”，包含单个阵列对象中的阵列项目，类似于块。使用关联阵列，可以通过编辑特性和源对象在整个阵列中快速传递更改。选择“否”，创建阵列项目作为独立对象，更改一个项目不影响其他项目。

②“基点（B）”：定义阵列基点和基点夹点的位置。选择此选项后提示“指定基点或［关键点（K）］<质心>：”。“基点”是阵列中放置项目的参考点。“关键点”是对于关联阵列，在源对象上指定有效的约束（或关键点）以与路径对齐。如果编辑生成的阵列的源对象或路径，阵列的基点保持与源对象的关键点重合。

③“计数（COU）”：指定行数和列数并使用户在移动光标时可以动态观察结果（一种比“行和列”选项更快捷的方法）。选择此选项后提示“输入列数或［表达式（E）］<默认>：”，“表达式”是基于数学公式或方程式导出值。

④“间距（S）”：指定行间距和列间距并使用户在移动光标时可以动态观察结果。选择此选项后提示“指定列之间的距离或［单位单元（U）］<默认>：”。“列之间的距离”是指定从每个对象的相同位置测量的每列之间的距离。“单位单元”是通过设置等同于间距的矩形区域的每个角点来同时指定行间距和列间距。指定列之间的距离后提示“指定行之间的距离<默认>：”，“行之间的距离”是指定从每个对象的相同位置测量的每行之间的距离。

⑤“列数（COL）”：编辑列数和列间距。“列数”用于设置阵列中的列数。输入列数后提示“指定 列数 之间的距离或［总计（T）/表达式（E）］<默认>：”。“列间距”是指定从每个对象的相同位置测量的每列之间的距离。“总计”是指定从开始和结束对象上的相同位置测量的起点和终点列之间的总距离。“表达式”是基于数学公式或方程式导出值。

⑥“行数（R）”：指定阵列中的行数、它们之间的距离以及行之间的增量标高。输入行数和行数之间的距离后提示“指定 行数 之间的标高增量或［表达式（E）］<0>：”。“增量标高”是设置每个后续行的增大或减小的标高。“表达式”是基于数学公式或方程式导出值。

⑦“层数（L）”：指定三维阵列的层数和层间距。

⑧“退出（X）”：退出命令。

（2）环形阵列

环形阵列是围绕中心点或旋转轴在环形阵列中均匀分布对象副本。命令激活方式类同矩形阵列，通过功能区或菜单栏或工具栏激活环形（极轴）阵列命令后，命令行提示：

命令：ARRAY↙

选择对象：（选定需要阵列的对象）找到 1 个

选择对象：↙

输入阵列类型［矩形（R）/路径（PA）/极轴（PO）］<矩形>：PO↙

此时，面板区弹出环形（极轴）阵列面板，如图4-16所示，通过该面板可以进行相关的设置。

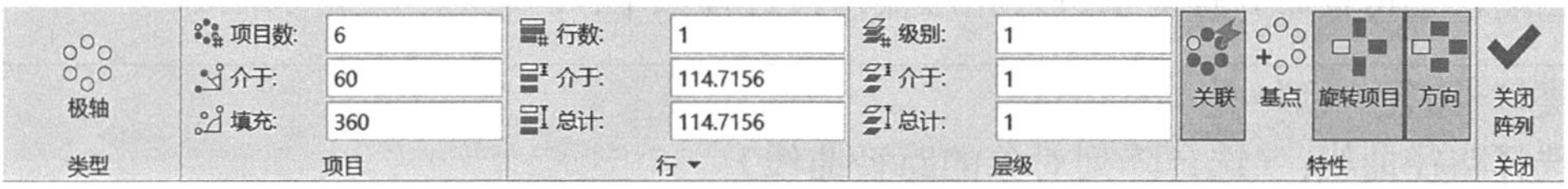

图4-16 环形（极轴）阵列面板

当然，也可按命令行提示进行相应操作，过程如下：

类型=极轴 关联=是

指定阵列的中心点或［基点（B）/旋转轴（A）］：（指定阵列的中心点）

选择夹点以编辑阵列或［关联（AS）/基点（B）/项目（I）/项目间角度（A）/填充角度（F）/行（ROW）/层（L）/旋转项目（ROT）/退出（X）］<退出>：↙

执行结果如图4-17所示。

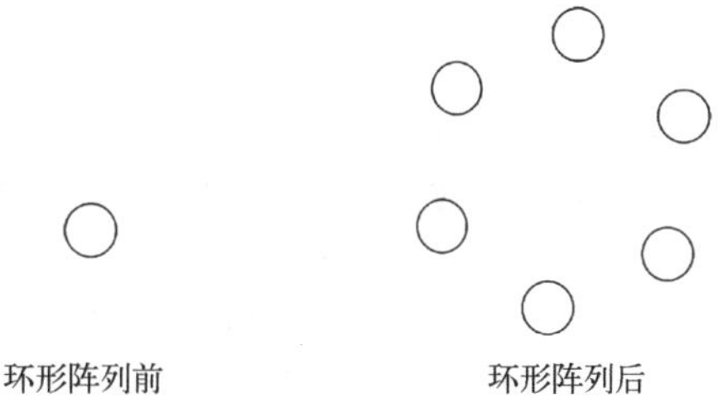

图4-17 环形阵列

各选项说明如下。

①“中心点”：指定分布阵列项目所围绕的点。旋转轴是当前UCS的 *Z* 轴。

②“基点（B）”：指定阵列的基点。“基点”是阵列中放置对象的参考点。

③“旋转轴（A）”：指定由两个指定点定义的自定义旋转轴。

④“关联（AS）”：指定阵列中的对象是关联的还是独立的。

⑤“项目（I）”：使用值或表达式指定阵列中的项目数。

⑥“项目间角度（A）”：使用值或表达式指定项目之间的角度。

⑦“填充角度（F）”：使用值或表达式指定阵列中第一个和最后一个项目之间的角度。

⑧“行（ROW）”：指定阵列中的行数、它们之间的距离以及行之间的增量标高。

⑨“层（L）”：指定三维阵列的层数和层间距。

⑩“旋转项目（ROT）”：控制在排列项目时是否旋转项目。

(3) 路径阵列

路径阵列是沿路径或部分路径均匀分布对象副本。通过功能区、菜单栏或工具栏激活路径阵列命令后，命令行提示：

命令：ARRAY↙

选择对象：(选定需要阵列的对象) 找到 1 个

选择对象：↙

输入阵列类型［矩形（R）/路径（PA）/极轴（PO）］<矩形>：PA↙

此时，面板区弹出路径阵列面板，如图 4-18 所示，通过该面板可以进行相关的设置。

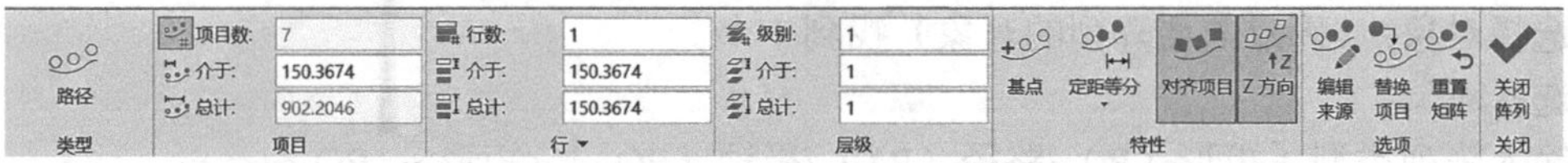

图 4-18 路径阵列面板

当然，也可按命令行提示进行相应操作，过程如下：

类型=路径 关联=是

选择路径曲线：(选定阵列对象的路径曲线)

选择夹点以编辑阵列或［关联（AS）/方法（M）/基点（B）/切向（T）/项目（I）/行（R）/层（L）/对齐项目（A）/Z 方向（Z）/退出（X）］<退出>：↙

执行结果如图 4-19 所示。

路径阵列前　　　　路径阵列后

图 4-19 路径阵列

各选项说明如下。

①“路径曲线”：指定用于阵列路径的对象，可选择直线、多段线、三维多段线、样条曲线、螺旋、圆弧、圆或椭圆。

②“方法（M）”：控制如何沿路径分布项目。选择此选项后提示“输入路径方法［定数等分（D）/定距等分（M）］<默认>：”。“定数等分”是控制如何沿路径分布项目。“定距等分”是以指定的间隔沿路径分布项目。

③“基点（B）”：选择此选项后提示“指定基点或［关键点（K）］<路径曲线的终点>：”。“基点”是相对于路径曲线起点放置项目的参考点。“关键点”是对于关联阵列，在源对象上指定有效的约束（或关键点）以与路径对齐。如果编辑生成的阵列的源对象或路径，阵列的基点保持与源对象的关键点重合。

④“切向（T）”：指定阵列中的项目如何相对于路径的起始方向对齐。选择此选项后提示指定切向矢量的两点，这两点是指定表示阵列中的项目相对于路径的切线的两个点。两个点的矢量建立阵列中第一个项目的切线。

⑤“项目（I）”：与“方法（M）”选项的设置方法类似，指定项目数或项目之间的距离。

⑥“对齐项目（A）”：指定是否对齐每个项目以与路径的方向相切。对齐以第一个项目的方向为参考。

⑦“Z 方向（Z）”：控制是否保持项目的原始 Z 方向或沿三维路径自然倾斜项目。

4.6 修改对象的形状

4.6.1 修剪与延伸对象

通过缩短或延长对象使其与其他对象的边相平齐。

1）修剪

利用由某些对象定义的剪切边（边界）来修剪指定的对象。

（1）命令激活方式

① 命令行：**TRIM** 或 **TR**。

② 功能区：【默认】→【修改】→。

③ 菜单栏：【修改】→【修剪】。

④ 工具栏：【修改工具栏】→【修剪】。

（2）操作步骤

激活命令后，命令行提示：

命令：TRIM↙

当前设置：投影=UCS，边=延伸

选择对象或<全部选择>：（选定作为修剪边界的图线 AE、BC）

选择对象：↙

选择要修剪的对象，或按住 Shift 键选择要延伸的对象，或 [栏选（F）/窗交（C）/投影（P）/边（E）/删除（R）/放弃（U）]：（在 A、B 点之间选定需要剪切的图线 AB）

各选项说明如下。

①“栏选（F）”：依次指定各个栏选点，则与栅栏线相交的对象将被修剪。

②“窗交（C）”：指定两个角点的矩形窗口内部或与之相交的对象将被修剪。

③“投影（P）”：指定修剪时使用的投影方法。主要用于设置三维空间中两个对象的修剪方式。

④“边（E）”：设定剪切边的隐含延伸模式。如果此时在命令行提示下接着输入“E↙”，则设置为“延伸”模式，即如果剪切边没有与被修剪的对象相交，系统会自动将剪切边延长（只是隐含延伸，剪切边的实际长度不变），然后进行修剪；如果输入“N↙”，则设置为“不延伸”模式，即如果剪切边没有与被修剪的对象相交，就不进行修剪，只有真正相

交才进行修剪。

⑤“删除（R）”：将其后选定的对象删除。点击鼠标右键退出后，仍执行修剪操作。

⑥“放弃（U）”：取消上一次的操作。

（3）绘制实例

修剪键槽刻面轮廓，如图 4-20 所示。

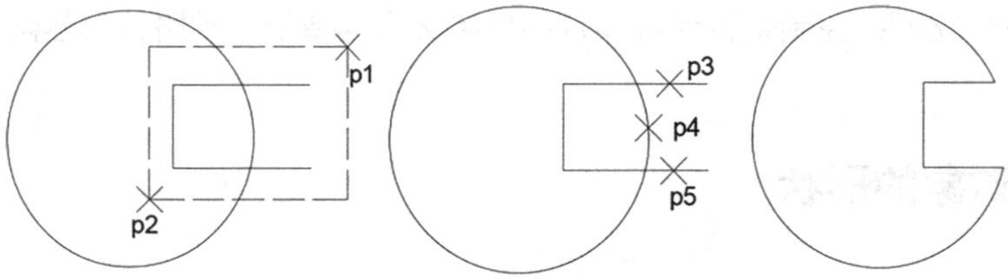

图 4-20　修剪键槽刻面轮廓

命令：TRIM↙
当前设置：投影=UCS，边=延伸
选择剪切边...
选择对象：（拾取 p1 和 p2 点，交叉选取圆和直线）
选择要修剪的对象，或［……］：（拾取 p3 点）
选择要修剪的对象，或［……］：（拾取 p4 点）
选择要修剪的对象，或［……］：（拾取 p5 点）
选择要修剪的对象，或［……］：↙

2）延伸

延伸对象到由某些对象定义的边界。

（1）命令激活方式

① 命令行：**EXTEND** 或 **EX**。

② 功能区：【默认】→【修改】→ 。

③ 菜单栏：【修改】→【延伸】。

④ 工具栏：【修改工具栏】→【延伸】。

（2）操作步骤

激活命令后，命令行提示：

命令：EXTEND↙
当前设置：投影=UCS，边=延伸
选择对象或<全部选择>：（选定作为延伸边界的图线）
选择对象：↙
选择要延伸的对象，或按住 Shift 键选择要修剪的对象，或［栏选（F）/窗交（C）/投影（P）/边（E）/删除（R）/放弃（U）］：（选取延伸对象，或输入 F、C、P、E、R、U）

各选项说明如下。

①“栏选（F）、窗交（C）、删除（R）”：同 TRIM 中选项功能。

②“投影（P）”：输入P，确定延伸时的投影方式，同TRIM的“投影”选项。
③“边（E）”：输入E，确定延伸边界是否允许延伸至相交，同TRIM“边”选项。
④“放弃（U）”：输入U，结束延伸操作。

4.6.2 打断对象

打断对象是指将对象在某点处打断，一分为二；或者在两点之间打断对象，即删除两点之间的部分对象。例如，可以通过打断调整中心线等对象的长度。同时也可由此解决中心线、虚线等不能相交于空隙的问题，另外可将圆变为圆弧等。

1）命令激活方式

① 命令行：**BREAK** 或 **BR**。
② 功能区：【默认】→【修改】→。
③ 菜单栏：【修改】→【打断】。
④ 工具栏：【修改工具栏】→【打断】。

2）操作步骤

（1）打断对象

激活命令后，按命令行提示拾取对象上的第一个打断点，之后可进行如下几种操作：

命令：BREAK↙
选择对象：（选取打断对象）
指定第二个打断点或［第一点（F）］：（输入第2点、F或@）

---

① 直接选取同一对象上的另一点，此时将删除位于两个打断点之间的那部分对象。对于圆、矩形等封闭对象将沿逆时针方向把从第一个打断点到第二个打断点之间的圆弧或直线删除。

② 在选择对象的一端之外确定一点，此时将使位于两个打断点之间的那部分对象被删除，相当于对对象进行剪切。

③ 在命令行输入“@↙”，此时将使第二个打断点与第一个打断点重合，从而将对象一分为二，变为两个对象。

④ 在命令行输入“F↙”，此时命令行将提示“指定第一个打断点：”，重新选择第一个打断点。

注意：

第二个拾取点可在对象附近，即可以不在对象上，而在垂点处断开。

（2）打断于点

激活命令后拾取打断对象，接着再选取打断点。对象将从打断点处一分为二，变为两个对象。

“打断于点”是“打断”的一种特殊情况，在执行“打断于点”命令时相当于在执行打断命令，只是在执行过程中，系统自动执行了某些特定选项。

4.6.3 拉伸对象

拉伸对象可以重新定义对象各端点的位置，从而移动或拉伸（压缩）对象。

1）命令激活方式

① 命令行：**STRETCH** 或 **S**。
② 功能区：【默认】→【修改】→[icon]。
③ 菜单栏：【修改】→【拉伸】。
④ 工具栏：【修改工具栏】→【拉伸】。

2）操作步骤

激活命令后，命令行提示：

命令：STRETCH↙
选择对象：(从右向左拉选择窗口，框选需要拉伸的对象)
选择对象：↙
指定基点或［位移（D)］<位移>：(输入基点或位移）

---

①“指定基点”：输入基点，根据基点和第 2 点确定的长度及方向拉伸对象。命令行提示：

指定第二个点或<使用第一个点作为位移>：(输入第 2 点）

---

②“位移（D)”：输入 D 或按 Enter 键，根据输入的位移点和坐标原点确定的矢量长度和方向拉伸对象，方法类似复制操作。

指定位移<0.00, 0.00, 0.00>：(输入 X、Y 方向位移）

执行拉伸命令时，完全在选择窗口之内的对象将被移动，部分在选择窗口之内的对象将遵循以下规则进行移动或拉伸（压缩）。

直线：位于窗口外的端点不动，位于窗口内的端点被移动，直线被拉伸或压缩。

圆弧：与直线的改变规则类似。但在圆弧的改变过程中，圆弧的弦高保持不变，同时调整圆心的位置和圆弧起始角、终止角的值。

多段线：与直线或圆弧的改变规则相似，但多段线两端的宽度、切线方向以及曲线拟合信息均不改变。

其他对象：如果对象的定义点位于选择窗口内，对象发生移动，否则不移动。其中，圆的定义点为圆心，块的定义点为插入点，文字和属性的定义点为字符串基线的左端点。

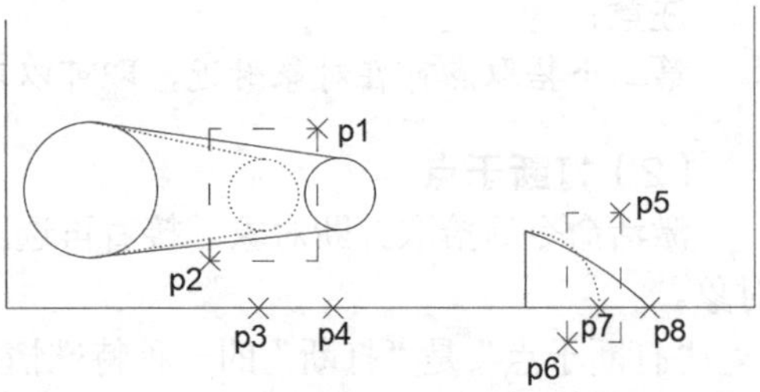

图 4-21 拉伸对象

3）绘制实例

将左边的图形进行拉伸，将右边的门加宽，如图 4-21 所示。

命令：STRETCH↙
以交叉窗口或交叉多边形选择要拉伸的对象
选择对象：（拾取 p1、p2 点窗交选择图形）↙
指定基点或［位移（D）］<位移>：（拾取 p3 点）
指定第二个点或<用第一个点作位移>：（拾取 p4 点）

命令：STRETCH↙
选择对象：（拾取 p5、p6 点交叉选右门）
指定基点或［位移（D）］<位移>：（拾取 p7 点）
指定第二个点或<使用第一个点作为位移>：（拾取 p8 点）

4.6.4 拉长对象

拉长对象是指改变线段或圆弧的长度。

1）命令激活方式

① 命令行：**LENGTHEN** 或 **LEN**。
② 功能区：【默认】→【修改】→。
③ 菜单栏：【修改】→【拉长】。
④ 工具栏：【修改工具栏】→【拉长】。

2）操作步骤

激活命令后，命令行将提示：

命令：LENGTHEN↙
选择对象或［增量（DE）/百分数（P）/全部（T）/动态（DY）］：（选择对象或输入 DE、P、T、DY）

各选项说明如下。
①“选择对象”：用于显示所指定直线的现有长度，或圆弧的现有长度和包含角度。
②“增量（DE）”：输入增量，按增量值加长或缩短线段或圆弧。命令行提示：

命令：LENGTHEN↙
选择对象或［增量（DE）/百分数（P）/全部（T）/动态（DY）］：DE↙
输入长度增量或［角度（A）］<0.0>：（输入增量长度值或 A）
选择要修改的对象或［放弃（U）］：（选择加长对象或 U）

长度增量值为正，则线段或圆弧加长，否则缩短，在靠近拾取点一端加长或缩短。角度增量值为正，则圆弧加长，否则缩短，在靠近拾取点一端加长或缩短。
③“百分数（P）”：输入 P，以百分比的形式改变圆弧或线段的长度。命令行提示：

命令：LENGTHEN↙
选择对象或［增量（DE）/百分数（P）/全部（T）/动态（DY）］：P↙

输入长度百分数<100.0000>：（输入百分比值）
选择要修改的对象或［放弃（U）］：（选择加长对象或 U）

当输入的值为 100 时，对象长度不变；值小于 100 时，对象长度缩短；值大于 100 时，对象拉长。

④“全部（T）”：输入 T，以新长度或新角度改变圆弧或线段的长度。命令行提示：

命令：LENGTHEN↙
选择对象或［增量（DE）/百分数（P）/全部（T）/动态（DY）］：T↙
指定总长度或［角度（A）］<1.000>：（输入新长度或 A）
选择要修改的对象或［放弃（U）］：（选择加长对象或 U）

若新长度大于原长度，则加长对象，否则缩短，在靠近拾取点一端加长或缩短。若新角度大于原角度，则圆弧加长，否则缩短，在靠近拾取点一端加长或缩短。

⑤“动态（DY）”：输入 DY，动态改变圆弧或线段的长度。命令行提示：

命令：LENGTHEN↙
选择对象或［增量（DE）/百分数（P）/全部（T）/动态（DY）］：DY↙
选择要修改的对象或［放弃（U）］：（选择加长对象或 U）
指定新端点：（拾取新的端点）

若新端点位于线段或圆弧延伸线上或延伸线附近，则线段或圆弧加长，否则缩短，在靠近拾取点一端加长或缩短。

3）绘制实例

如图 4-22 所示。

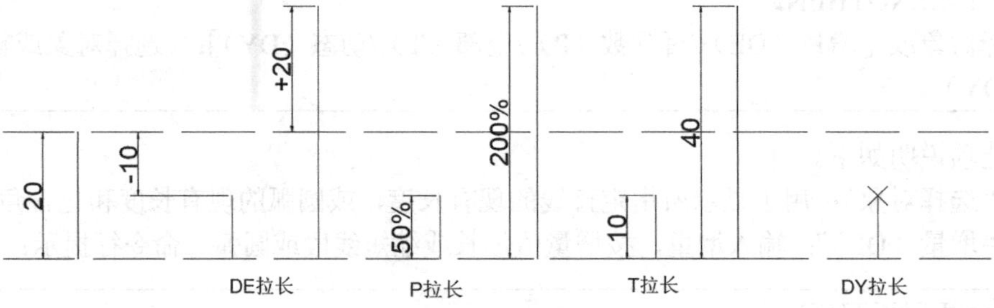

图 4-22　拉长对象

4.6.5　倒角

用指定的直线段连接两条不平行的直线。

1）命令激活方式

① 命令行：**CHAMFER** 或 **CHA**。

② 功能区：【默认】→【修改】→ 。

③ 菜单栏：【修改】→【倒角】。

④ 工具栏：【修改工具栏】→【倒角】。

2）操作步骤

一般情况下，应首先输入倒角距离。激活命令后，命令行提示：

命令：CHAMFER↙

（“修剪”模式）当前倒角距离 1 =<当前设定值>，距离 2 =<当前设定值>

选择第一条直线或［放弃（U）/多段线（P）/距离（D）/角度（A）/修剪（T）/方式（E）/多个（M）]：D↙

指定 第一个 倒角距离<当前设定值>：（输入第一个倒角距离）↙

指定 第二个 倒角距离<默认输入的第一个倒角距离>：（如果倒 45°角直接按 Enter 键，其他情况输入第二个倒角距离）↙

选择第一条直线或［放弃（U）/多段线（P）/距离（D）/角度（A）/修剪（T）/方式（E）/多个（M）]：

（选定要进行倒角的第一条直线或输入选项）

选择第二条直线，或按住 Shift 键选择直线以应用角点或［距离（D）/角度（A）/方法（M）]：

（选定要进行倒角的第二条直线。如果在选定第二条直线的同时按下 Shift 键，则会使被选择的两条直线直接相交，相当于倒角距离为 0）

各选项说明如下。

①“放弃（U）”：恢复命令中上一次执行的操作。

②“多段线（P）”：在被选择的多段线的各顶点处按当前倒角设置创建出倒角。

③“距离（D）”：分别指定第一个和第二个倒角距离。

④“角度（A）”：根据第一条直线的倒角距离及倒角角度来设置倒角尺寸，如图 4-23 所示。

⑤“修剪（T）”：设置倒角“修剪”模式，即设置是否对倒角边进行修剪。

⑥“方式（E）”：设置倒角方式。控制倒角命令是使用“两个距离”还是使用“一个距离和一个角度”来创建倒角。

⑦“多个（M）”：可在命令中进行多次倒角操作。

3）绘制实例

已知 3 条相交直线，要求左边直线与水平线的倒角距离为 2、1，水平线与右边直线倒角距离为 2，倒角角度为 30°。如图 4-24 所示。

命令：CHAMFER↙

选择第一条直线或［多段线（P）/距离（D）/ ……]：D↙

选择第一个倒角距离<10.0>：2↙

选择第二个倒角距离<10.0>：1↙

选择第一条直线或［……]：（选择左边直线）

选择第二条直线：（选择水平线）

命令：CHAMFER↙
选择第二条直线或［……/角度（A）/修剪（T）/方法（M）]：A↙
指定第一条直线的倒角长度<20.0>：2↙
指定第一条直线的倒角角度<0>：30↙
选择第一条直线或［……]：（选择水平线）
选择第二条直线：（选择右边直线）

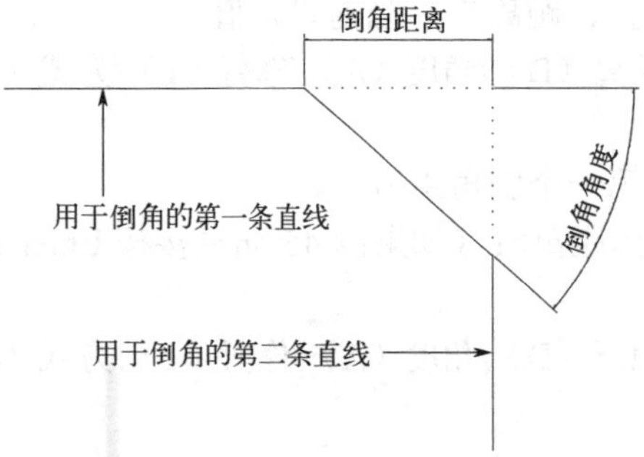

图 4-23　倒角距离与倒角角度的含义

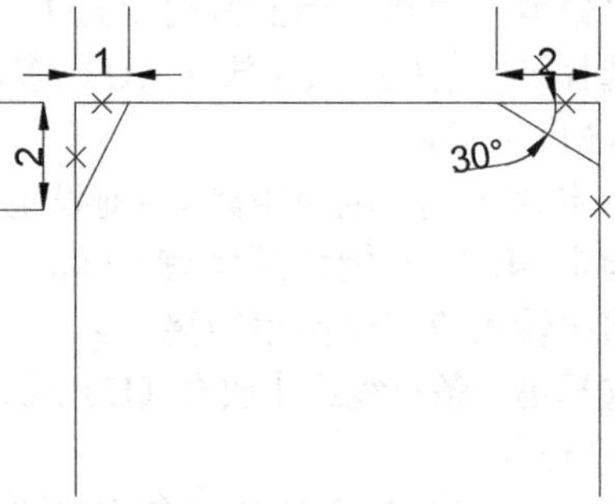

图 4-24　倒角对象

4.6.6　圆角

用指定半径的圆弧光滑地连接两个选定对象。

1）命令激活方式

① 命令行：**FILLET** 或 **F**。
② 功能区：【默认】→【修改】→ 。
③ 菜单栏：【修改】→【圆角】。
④ 工具栏：【修改工具栏】→【圆角】。

2）操作步骤

一般情况下，应首先输入圆角半径值。激活命令后，命令行提示：

命令：FILLET↙
当前模式：模式=修剪，半径=0.0000
选择第一个对象或［放弃（U）/多段线（P）/半径（R）/修剪（T）/多个（M）]：（选择对象或输入选项）

各选项说明如下。
①“选择第一个对象”：选择圆角对象。提示：“选择第二个对象：（选择第 2 个圆角对象）”。
②“放弃（U）”：输入 U，放弃圆角操作中前一次操作。
③“多段线（P）”：输入 P，对二维多段线进行倒圆角。提示：“选择二维多段线：（选择一个二维多段线）”。
④“半径（R）”：输入 R，设置圆角的半径。提示：“指定圆角半径<5.0>：（输入圆角半径）”。
⑤“修剪（T）”：输入 T，指定圆角时，提示是否对对象进行修剪。提示：“输入修剪模

式选项［修剪（T）/不修剪（N）］<修剪>：（输入T，N）”。

⑥“多个（M）”：输入M，允许连续多次进行倒圆角，直到按Enter键结束。

3）绘制实例

已知3条相交直线，要求左边直线与水平线的圆角半径为2，不修剪对象；水平线与右边直线圆角半径为4，修剪对象。如图4-25所示。

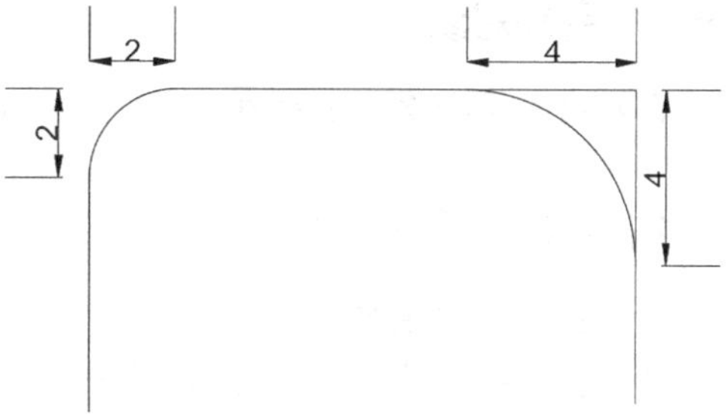

图4-25 圆角对象

命令：FILLET↙
当前模式：模式=修剪，半径=0.0000
选择第一个对象或［放弃（U）/多段线（P）/半径（R）/修剪（T）/多个（M）］：（选择左边直线）
选择第二个对象，或按住Shift键选择对象以应用角点或［半径（R）］：R
指定圆角半径<0.0000>：2
选择第二个对象，或按住Shift键选择对象以应用角点或［半径（R）］：（选择水平线）

命令：FILLET↙
当前设置：模式=修剪，半径=2.0000
选择第一个对象或［放弃（U）/多段线（P）/半径（R）/修剪（T）/多个（M）］：T
输入修剪模式选项
［修剪（T）/不修剪（N）］<修剪>：N
选择第一个对象或［放弃（U）/多段线（P）/半径（R）/修剪（T）/多个（M）］：（选择水平线）
选择第二个对象，或按住Shift键选择对象以应用角点或［半径（R）］：R
指定圆角半径<2.0000>：4
选择第二个对象，或按住Shift键选择对象以应用角点或［半径（R）］：（选择右边直线）

4.6.7 分解对象

对于多段线、标注、图案填充或块等合成对象，可以使用分解命令将其转换为单个的图形元素，以便于对其包含的元素进行修改。

1）命令激活方式

① 命令行：**EXPLODE** 或 **X**。
② 功能区：【默认】→【修改】→ 。
③ 菜单栏：【修改】→【分解】。
④ 工具栏：【修改工具栏】→【分解】。

2）操作步骤

激活命令后，按命令行提示选择对象后点击鼠标右键或按Enter键结束。

4.6.8 合并对象

合并对象是指将多个对象合成为一个对象。

1）命令激活方式

① 命令行：**JOIN**。
② 功能区：【默认】→【修改】→。
③ 菜单栏：【修改】→【合并】。
④ 工具栏：【修改工具栏】→【合并】。

2）操作步骤

激活命令后，命令行提示“选择源对象或要一次合并的多个对象：”（直线、多段线、圆弧、椭圆弧、样条曲线或螺旋线均作为源对象）。根据源对象的种类不同，执行中的提示稍有不同，但操作过程基本相同。

命令：JOIN↙
选择源对象：（选取直线、多段线、圆弧、椭圆弧、样条曲线或螺旋线）
选择要合并到源的对象：（选取直线、多段线、圆弧、椭圆弧、样条曲线或螺旋线）

（1）直线

选择要合并到源的一条或多条直线，将它们合并连接成一条直线。要求所选直线对象必须共线（位于同一无限长的直线上），它们之间可以有间隙。如图 4-26 所示。

（2）多段线

选择要合并到源的一个或多个直线、多段线或圆弧对象，将它们合并连接成一条多段线。要求所选对象必须首尾相连，对象之间不能有间隙，并且必须位于同一平面上。

（3）圆弧

选择要合并到源的一个或多个圆弧，将它们合并连接成一个圆弧，或者将源圆弧进行闭合生成一个圆。要求所选圆弧对象必须位于同一假想的圆上，它们之间可以有间隙。当合并圆弧时，将从作为源对象的圆弧开始沿逆时针方向合并圆弧。如图 4-27 所示。

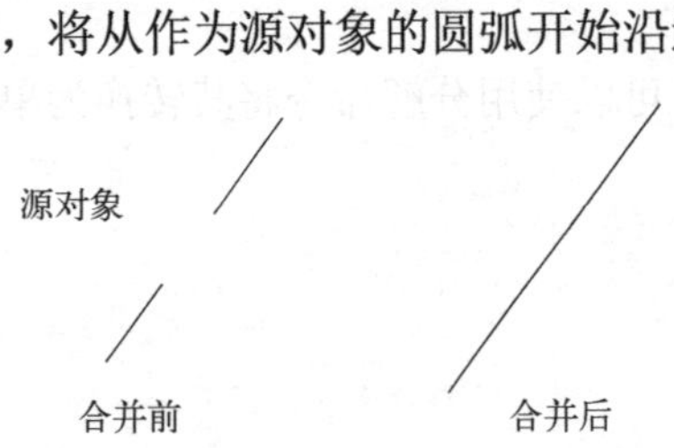

图 4-26 合并直线

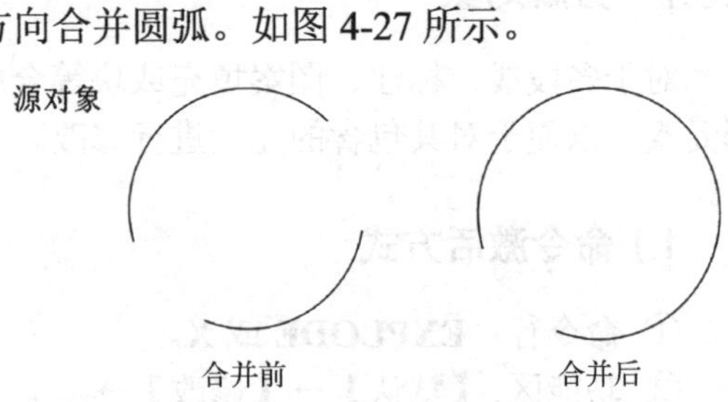

图 4-27 合并圆弧

（4）椭圆弧

选择要合并到源的一个或多个椭圆弧，将它们合并连接成一个椭圆弧，或者将源椭圆弧进行闭合生成一个椭圆。要求所选椭圆弧对象必须位于同一假想的椭圆上，它们之间可以有间隙。如图 4-28 所示。

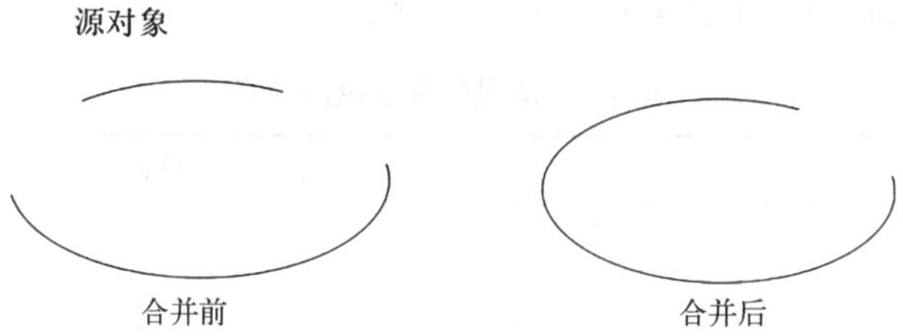

图 4-28 合并椭圆弧

（5）样条曲线、螺旋线

选择要合并到源的一条或多条样条曲线或螺旋线，将它们合并连接成一条样条曲线。要求样条曲线和螺旋线必须点对点相接，对象之间不能有间隙。

4.7 夹点模式编辑

在不执行命令时，若直接选择对象，在对象上某些部位会出现实心小方框（默认显示颜色为蓝色），这些实心小方框就是夹点。夹点就是对象上的控制点，可以利用夹点来编辑图形对象，快速实现对对象的拉伸、移动、旋转、缩放及镜像操作。

4.7.1 控制夹点显示

在默认情况下，夹点是打开的。可以通过选择【工具】→【选项】菜单项来打开如图 4-29 所示的“选项”对话框，也可以通过键盘输入命令 GRIPS 来打开“选项”对话框，然后单击“选择集”选项卡。在“夹点尺寸”选项区域，可以通过拖动滑块设置夹点的大小；在“夹点”选项区域，可以设置是否启用夹点以及夹点显示的颜色等。

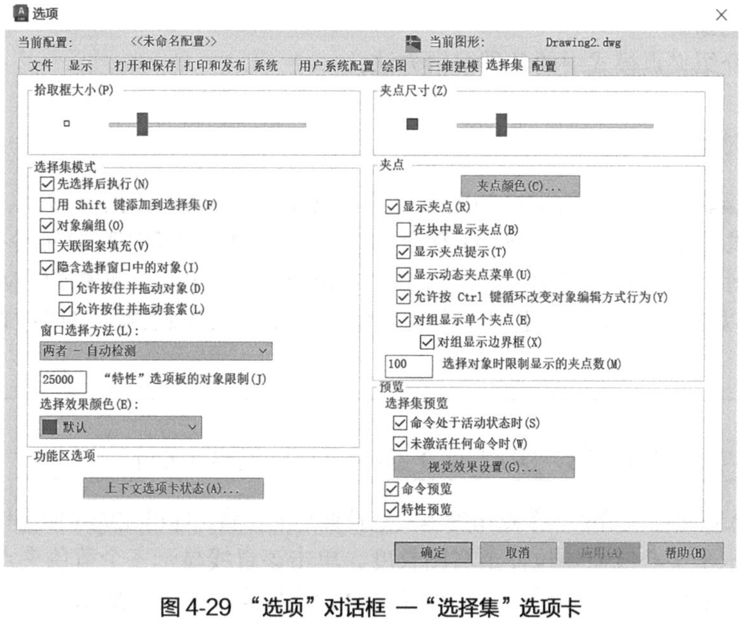

图 4-29 “选项”对话框 —“选择集”选项卡

利用夹点进行编辑操作时，选择的对象不同，在对象上显示出的夹点数量和位置也不相同。表 4-1 列举了 AutoCAD 中常见对象的夹点特征。

表 4-1 常见对象的夹点特征

对象类型	特征点及其位置
线段	两个端点和中点
射线	起点和射线上的一个点
多段线	直线段的两端点、圆弧段的中点和两端点
样条曲线	拟合数据点和控制点
构造线	控制点和线上邻近两点
多线	控制线上直线段的两个端点
圆	圆心和 4 个象限点
圆弧	两个端点和中点
椭圆	中心点和 4 个象限点
椭圆弧	中心点、中点和两个端点
单行文字	定位点和第二个对齐点（如果有的话）
多行文字	各顶点
属性	文字行定位点（插入点）
尺寸	尺寸线和尺寸界线的端点、尺寸文字的中心点

4.7.2 用夹点模式编辑对象

用夹点模式编辑对象，必须在不执行任何命令的情况下，选择要编辑的对象。单击某夹点使其激活，成为热夹点［红色框标记（缺省）］，即夹点编辑基点，若与 Shift 键配合可同时激活多个夹点，但需再选取其中一个热夹点为编辑基点。确定夹点编辑模式：拉伸、移动、旋转、缩放、镜像。

下面分别介绍夹点模式中的各种编辑方法。

1）拉伸对象

夹点缺省编辑模式，重新指定热夹点位置，处于端点或圆心的非热夹点位置保持不变，与其相连的线段保持连接。功能与 STRETCH 命令类似，但相比 STRETCH 命令有突出优点：拉伸模式的“复制”选项能同时多次拉伸，生成多个拉伸结果，另外拉伸模式可拉伸圆和椭圆。

选择对象以显示夹点，单击选取一个夹点作为基夹点，将激活默认的“拉伸”夹点模式，命令行提示：

```
**拉伸**
指定拉伸点或［基点（B）/复制（C）/放弃（U）/退出（X）]:
```

此时可输入点坐标或拾取一个点作为基夹点拉伸后的位置，即可完成拉伸操作。如图 4-30 所示，左图中的水平中心线需要拉伸至右图长度。单击该直线显示三个蓝色夹点，再单击右侧蓝色夹点，使其变为红色，然后向右移动光标至合适位置，单击完成操作。

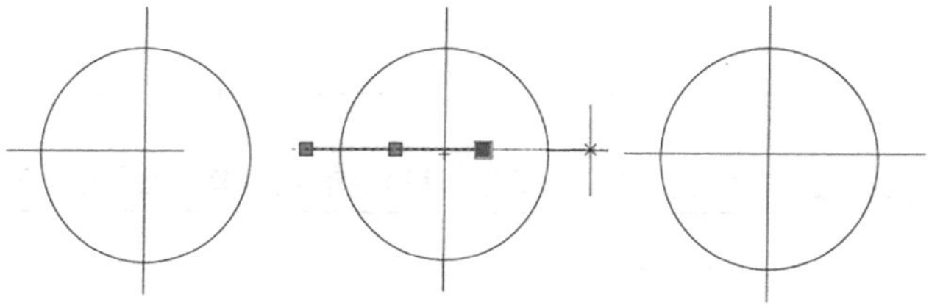

彩图图 4-30

图 4-30 利用夹点功能拉伸对象

各选项说明如下。

①“基点（B）”：重新确定拉伸的基点。

②“复制（C）”：将允许用户选择多个拉伸点，从而可进行多次的复制拉伸操作。

③“放弃（U）”：取消上一次的操作。

④“退出（X）”：退出当前的操作。

注意：

a. 默认情况下，指定的拉伸点如果为直线中点、圆心或块的插入点等，对象将被移动而不是被拉伸。

b. 拉伸对象时，一般需关闭“对象捕捉”按钮。

2）移动对象

拾取夹点后，在拉伸模式下按 Enter 键或键入 MO，进入移动模式，其功能类似 MOVE 命令，但相比 MOVE 命令有一个优点：移动模式的“复制”选项能同时进行多重复制。命令行提示：

```
**MOVE**
指定移动点或 [基点（B）/复制（C）/放弃（U）/退出（X）]:
```

其操作方法与“移动”命令完全相同。

注意：在移动对象的同时按住 Ctrl 键，可在移动时复制选择对象。

3）旋转对象

拾取夹点后，在拉伸模式下按 2 次 Enter 键或键入 RO，进入旋转模式，其功能类似 ROTATE 命令，但相比 ROTATE 命令有一个优点：旋转模式的“复制”选项能在旋转的同时进行多重复制。命令行提示：

```
**旋转**
指定旋转角度或 [基点（B）/复制（C）/放弃（U）/参照（R）/退出（X）]:
```

其操作方法与“旋转”命令完全相同。

注意：在旋转对象的同时按住 Ctrl 键，可在旋转时复制选择对象。

4）缩放对象

拾取夹点后，在拉伸模式下按 3 次 Enter 键或键入 SC，进入缩放模式，其功能类似 SCALE 命令，但相比 SCALE 命令有一个优点：缩放模式的“复制”选项能在缩放的同时进行多重复制。命令行提示：

比例缩放
指定比例因子或［基点（B）/复制（C）/放弃（U）/参照（R）/退出（X）］：

其操作方法与“缩放”命令完全相同。

注意：在缩放对象的同时按住 Ctrl 键，可在缩放时复制选择对象。

5）镜像对象

拾取夹点后，在拉伸模式下按 4 次 Enter 键或键入 MI，进入镜像模式，其功能类似 MIRROR 命令，但相比 MIRROR 命令有一个优点：镜像模式的“复制”选项能在镜像的同时进行多重复制。

镜像
指定第二点或［基点（B）/复制（C）/放弃（U）/参照（R）/退出（X）］：

4.8 编辑多线等复杂二维图形

4.8.1 编辑多线

编辑修改多线（“十”字形、“T”字形、“L”字形、打断等）。

1）命令激活方式

① 命令行：**MLEDIT**。

② 菜单栏：【修改】→【对象】→【多线】。

2）操作步骤

激活命令后，将弹出如图 4-31 所示的“多线编辑工具”对话框，在“多线编辑工具”选项区域列出了 12 种编辑多线的工具，各个按钮图标形象地说明了相应的编辑功能，单击需要的图标按钮，可以使用相应的多线编辑工具。

各个按钮功能如下：

①“十字闭合”：编辑“十”字形多线，第 1 条多线被切断，第 2 条多线不变。

②“十字打开”：编辑“十”字形多线，第 1 条多线内外线段被切断，第 2 条多线外部线段被切断，内部线段不变。

③“十字合并”：编辑“十”字形多线，两条多线外线被切断，内部线段不变。

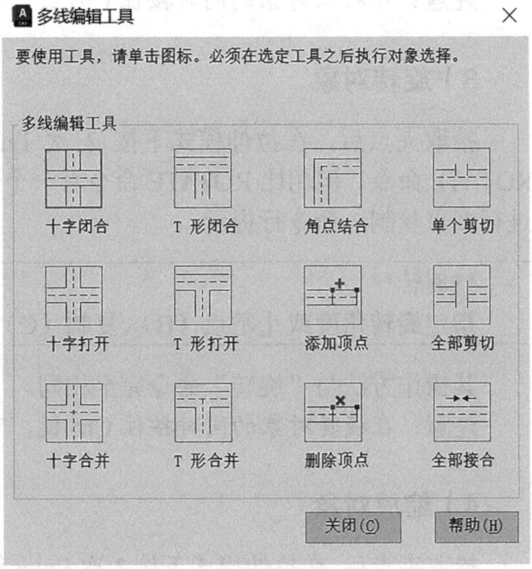

图 4-31 “多线编辑工具”对话框

④“T 形闭合”：编辑“T”字形多线，第 1 条多线被第 2 条多线外线切断，第 2 条多线不变。

⑤“T 形打开”：编辑“T”字形多线，第 1 条多线被第 2 条多线外线切断，第 2 条多线一条外线被第 1 条多线外线切断，第 2 条多线内线不变。

⑥“T 形合并”：编辑“T”字形多线，第 1 条多线外线被第 2 条多线一条外线切断，第 1 条多线内线被第 2 条多线内线切断，第 2 条多线一条外线被第 1 条外线切断，第 2 条多线内线不变。

⑦“角点结合”：编辑“L”字形多线，第 1 条多线内外线被第 2 条多线相应内外线切断，第 2 条多线内外线被第 1 条多线相应内外线切断。

⑧“添加顶点”：在多线上拾取点处添加新顶点，用夹点编辑模式改变顶点位置。

⑨“删除顶点”：删除多线上顶点，将相邻两顶点之间多线拉直。

⑩“单个剪切”：在多线某线段上拾取两点，删除该线段两拾取点之间线段。

⑪“全部剪切”：在多线某线段上拾取两点，删除多线两拾取点之间线段。

⑫“全部接合”：恢复多线上被删除的所有线段。

3）绘制实例

将图 4-32（a）所示的多线图形编辑为图 4-32（c）所示的多线图形。

① 激活“编辑多线”命令，弹出“多线编辑工具”对话框。单击“十字打开”图标按钮，此时“多线编辑工具”对话框消失，命令行提示：

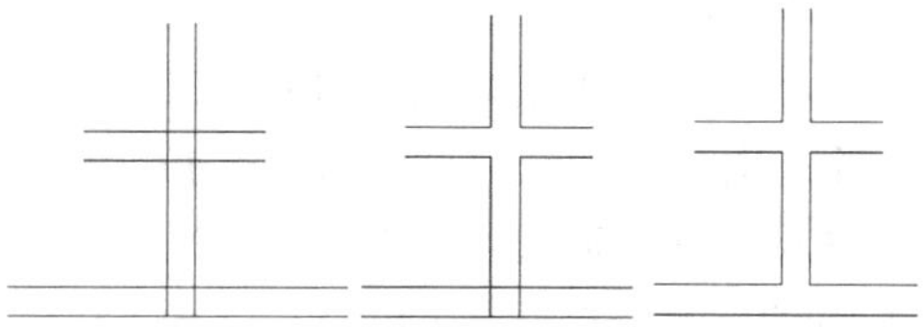

(a) 原图　(b) 中间效果　(c) 最终效果

图 4-32　编辑多线

选择第一条多线：（选择长度较短的水平多线）
选择第二条多线：（选择竖直的多线）
选择第一条多线或［放弃（U）］：↙

② 再次激活“编辑多线”命令，弹出“多线编辑工具”对话框。单击“T 形打开”图标按钮，命令行提示：

选择第一条多线：（选择竖直多线，注意拾取点要在较长水平多线的上方）
选择第二条多线：（选择长度较长的水平多线）
选择第一条多线或［放弃（U）］：↙

4.8.2 编辑多段线

1）命令激活方式

① 命令行：**PEDIT** 或 **PE**。

② 功能区：【默认】→【修改】→。

③ 菜单栏：【修改】→【对象】→【多段线】。

④ 工具栏：【绘图Ⅱ工具栏】→【编辑多段线】。

2）操作步骤

激活命令后，命令行提示：

命令：PEDIT↙

选择多段线或［多条（M）］：（选择要编辑的多段线或输入 M）

输入选项［闭合（C）/合并（J）/宽度（W）/编辑顶点（E）/拟合（F）/样条曲线（S）/非曲线化（D）/线型生成（L）/反转（R）/放弃（U）］：（输入 C、J、W、E、F、S、D、L、R、U）

各选项说明如下。

①“闭合（C）”：将所选多段线首尾封闭，“闭合”选项变为“打开”选项。

②“合并（J）”：将所选直线、圆弧转换为多段线并连接到当前多段线上，或将所选多段线连接到当前多段线上。

③“宽度（W）”：设置多段线新的宽度值，并将多段线按此宽度变为等宽。

④“编辑顶点（E）”：编辑多段线的顶点。

命令：PEDIT↙

选择多段线或［多条（M）］：（选择要编辑的多段线）

输入选项［闭合（C）/合并（J）/宽度（W）/编辑顶点（E）/……］：E↙

输入顶点编辑选项［下一个（N）/上一个（P）/打断（B）/插入（I）/移动（M）/重生成（R）/拉直（S）/切向（T）/宽度（W）/退出（X）］<N>：（输入 N、P、B、I、M、R、S、T、W、X）

各选项说明如下。

a.“下一个”：指定下一顶点变为当前顶点（当前顶点由标记指明）。

b.“上一个”：指定前一顶点变为当前顶点（当前顶点由标记指明）。

c.“打断”：删除多段线中部分线段。

d.“插入”：当前顶点后面插入一新顶点，如图 4-33（a）所示。

e.“移动”：将当前顶点位置移动到新位置，如图 4-33（b）所示。

f.“重生成”：重新生成多段线。

g.“拉直”：拉直多段线中部分线段，如图 4-33（c）所示。

h.“切向”：标出当前顶点切线方向。

i.“宽度”：设置当前顶点与下一顶点之间线段的起始和终止宽度。

j.“退出”：退出“编辑顶点”。

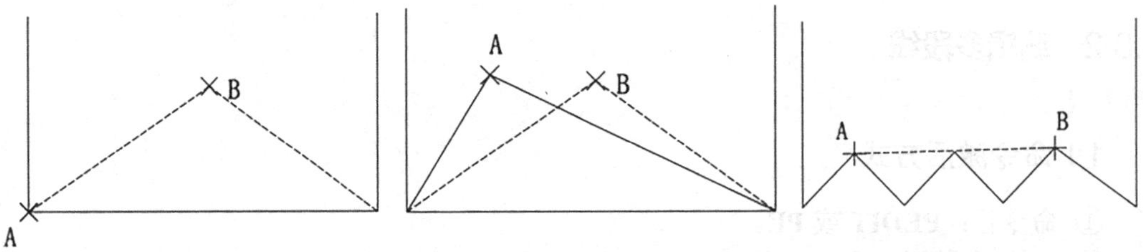

(a) 插入　(b) 移动　(c) 拉直

图 4-33　编辑顶点

⑤“拟合（F）”：将多段线拟合成曲线，如图 4-34 所示。其中拟合曲线将经过多段线的

所有顶点。

命令：PEDIT↙
选择多段线或［多条（M）］：（选择要编辑的多段线）
输入选项［闭合（C）/合并（J）/宽度（W）/编辑顶点（E）/拟合（F）/……］：F↙

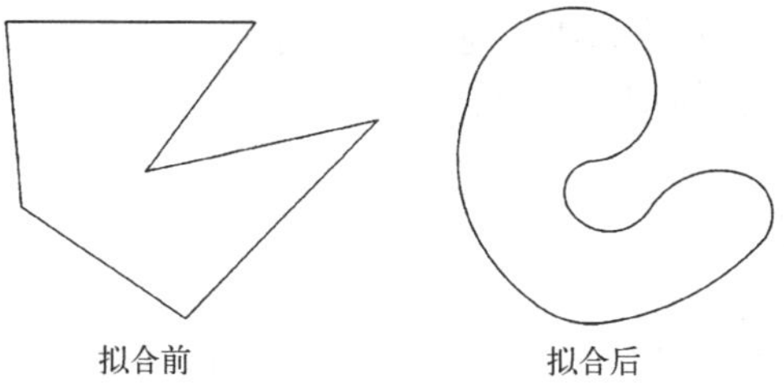

图4-34　多段线拟合

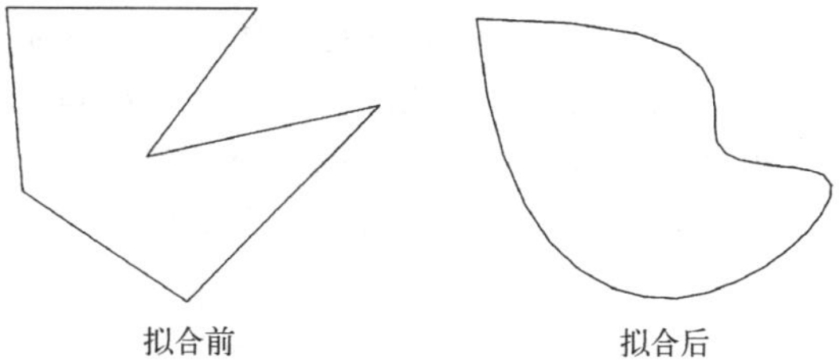

图4-35　样条曲线拟合多段线

⑥“样条曲线（S）”：用样条曲线拟合多段线，如图4-35所示。

⑦“非曲线化（D）”：恢复“拟合”或“样条曲线”拟合前的多段线，但圆弧会变为直线。此项是前两个选项的逆命令。

⑧“线型生成（L）”：设置非连续型多段线（点画线及虚线）在顶点处的绘制方式。

⑨“反转（R）”：反转多段线顶点的顺序。使用此选项可反转包含文字线型的对象的方向。

⑩“放弃（U）”：取消该编辑命令中的上一次操作。

4.8.3　编辑样条曲线

1）命令激活方式

① 命令行：**SPLINEDIT** 或 **SPE**。

② 功能区：【默认】→【修改】→。

③ 菜单栏：【修改】→【对象】→【样条曲线】。

④ 工具栏：【绘图Ⅱ工具栏】→【编辑样条曲线】。

2）操作步骤

激活命令后，根据命令行提示进行如下操作：

命令：SPLINEDIT↙
选择样条曲线：（选择要编辑的样条曲线）
输入选项［拟合数据（F）/闭合（C）/移动顶点（M）/优化（R）/反转（E）/转换为多段线（P）/放弃（U）］：（输入F、C、M、R、E、P、U）

各选项说明如下。

①“拟合数据（F）”：修改样条曲线通过的一些特殊点。

输入拟合数据选项［添加（A）/闭合（C）/删除（D）/移动（M）/清理（P）/相切（T）/公差（L）/退出（X）］<退出>：（输入A、C、D、M、P、T、L、X）

a.“添加（A)”：添加新的控制点。
b.“闭合（C)”：将所选样条曲线首尾封闭。“闭合”选项变为“打开”选项。
c.“打开（O)”：从封闭点断开，删除最后一段，“打开”选项变为“闭合”选项。
d.“删除（D)”：删除所选定的控制点。
e.“移动（M)”：移动控制点到新位置。
f.“清理（P)”：删除拟合数据，使提示中的“拟合数据”选项不再出现。
g.“相切（T)”：修改样条曲线在起点和终点处的切线方向。
h.“公差（L)”：修改拟合公差值。
i.“退出（X)”：退出“拟合数据”编辑状态。
②“闭合（C)”：封闭样条曲线。
③“打开（O)”：从封闭点断开，删除最后一段，“打开”选项变为“闭合”选项。
④“移动顶点（M)”：同“拟合数据”中的“移动”。
⑤“优化（R)”：详细调整样条曲线。
⑥“反转（E)”：反转样条曲线的起止方向，起点变终点，终点变起点。
⑦“转换为多段线（P)”：将样条曲线转换为多段线。
⑧“放弃（U)”：取消上一次编辑操作。

4.9 图形编辑实例

例 4-1：按要求绘制带轮主视图、左视图，如图 4-36 所示（线型、剖面线不在本章涉及范围内）。

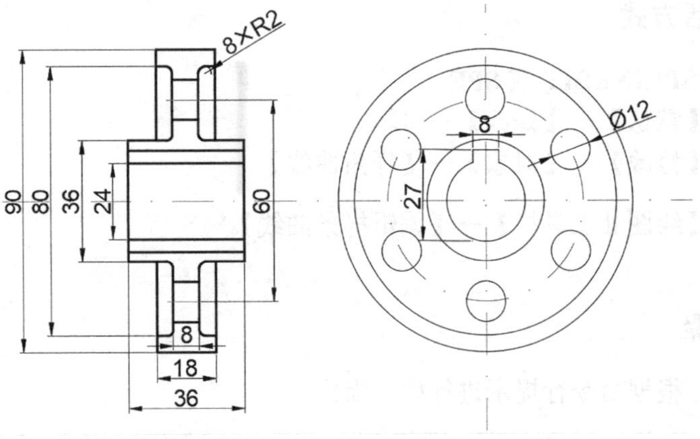

图 4-36 例 4-1 带轮主视图、左视图

操作步骤：
① 用 XLINE 和 CIRCLE 命令绘制图 4-37（a）所示图形对象。
② 用 CIRCLE 和 LINE 命令绘制图 4-37（b）所示图形对象。
③ 用 CIRCLE 和 LINE 命令绘制图 4-37（c）所示图形对象。
④ 用 ERASE 和 BREAK 命令绘制图 4-37（d）所示图形对象。
⑤ 用 FILLET 和 MIRROR 命令绘制图 4-37（e）所示图形对象。

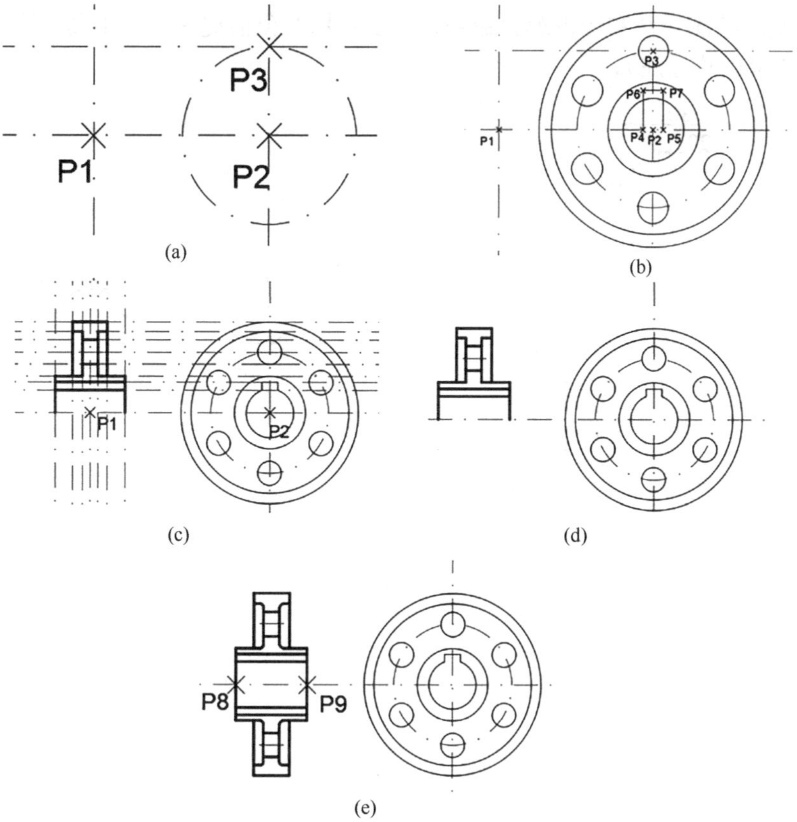

图4-37 例4-1操作步骤

习题

1. AutoCAD提供了多少种选择方式？
2. 当图形对象比较拥挤和密集时，如何选择图形对象？
3. 用“剪贴板”进行图形复制与用COPY命令进行图形复制有何异同点？
4. “夹点”编辑有几种模式？这几种“夹点”编辑模式与相应的编辑命令有何区别？
5. 使用“阵列”等命令，绘制附图4-1所示图形（不要求尺寸标注）。
6. 使用“偏移”等命令，绘制附图4-2所示图形（不要求尺寸标注）。

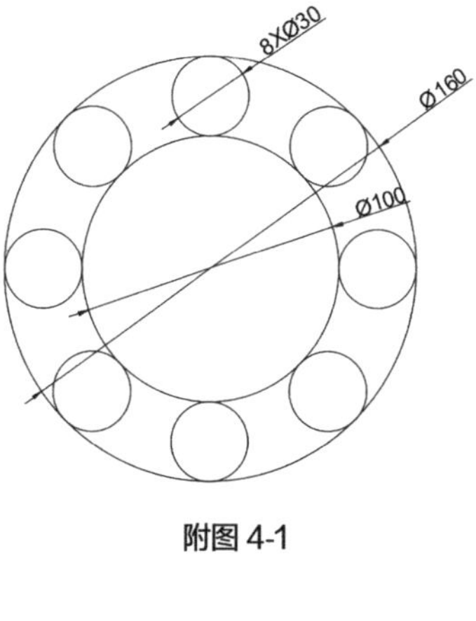

附图4-1

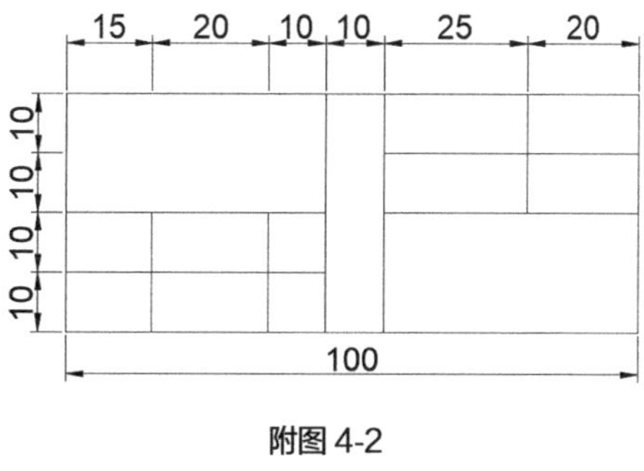

附图4-2

7. 利用基本绘图命令和图形编辑命令，以及目标对象捕捉等辅助工具，绘制附图 4-3 所示图形（不要求尺寸标注）。

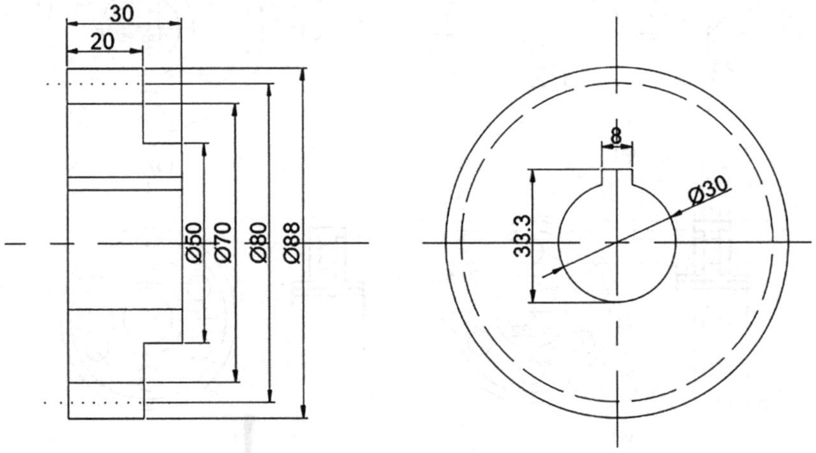

附图 4-3

第5章

创建文本和表格

绘制工程图样时，需要用文字对图形作必要的说明和注释，如技术要求、施工要求等。而表格在图样中也经常出现，如标题栏、明细栏、门窗表等。使用 AutoCAD 2023 中的文本和表格功能，可以轻松、快捷地在图样中创建文字和表格。

5.1 字体的要求与配置

5.1.1 字体的要求

CAD 工程图中所用的字体应符合国家标准 GB/T 18594—2001 的要求。GB/T 18594—2001 规定了计算机辅助设计技术产品文件中所用到的拉丁字母、数字和符号的书写形式及要求，使 CAD 的开发与应用单位有章可循。

5.1.2 字体的配置

使用 AutoCAD 提供的文字样式功能，可对文字字体进行配置。

1）命令激活方式

① 命令行：**STYLE** 或 **ST**。
② 功能表：【默认】→【注释】→ A 。
③ 菜单栏：【格式】→【文字样式】。
④ 工具栏：【工具栏】→【文字】。

2）操作步骤

激活命令后，屏幕弹出图 5-1 所示的“文字样式”对话框。该对话框各选项说明如下。

①“样式”选项区域：用于显示当前文字样式名称、所有文字样式的名称，创建新的文字样式，将另一种文字样式置为当前文字样式以及删除文字样式。

a.“当前文字样式”说明文字：列出了当前使用的文字样式，默认文字样式为 Standard（标准）。

b.“样式”列表框：显示图形中的样式列表。

c.“所有样式”下拉列表：在其下拉列表中指定所有样式还是仅使用中的样式显示在样式列表中。

d.“新建”按钮：单击该按钮，将打开如图 5-2 所示的“新建文字样式”对话框。在该对话框中，可创建新的文字样式名称。新建文字样式将显示在“样式”列表框中。

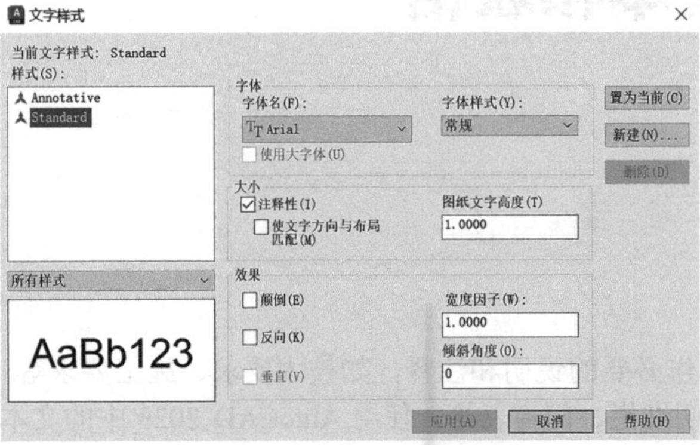

图 5-1 “文字样式”对话框

图 5-2 “新建文字样式”对话框

e.“置为当前”按钮：将在“样式”列表框中选定的样式设定为当前文字样式。

f.“删除”按钮：可以删除已存在的文字样式，但无法删除已经被使用的文字样式和默认的 Standard 样式。

②“字体”选项区域：用于设置文字样式中使用的字体和字高等属性。为方便按照国家标准规定设置字体，表 5-1 提供了图样中常用的字（号）及“字体”选项区内容设置的对应关系。

表 5-1　图样中常用的字（号）及“字体”选项区内容设置的对应关系

图样中的字	字体名	高度	字体样式	宽度因子	倾斜角度
汉字	T 汉仪长仿宋体	5、7、10、14、20			
字母	T Romantic	7、5、3.5、2.5	常规	1	0
数字	T Romantic	5、3.5、2.5			

注意：如果将文字的字高设为 0，在标注文字时，系统字高的默认值为 2.5。在注写文字时，如果不改变字体高度，系统将按字高为2.5注写文字。

③“效果”选项区域：用于设置文字的显示效果，如图 5-3 所示。

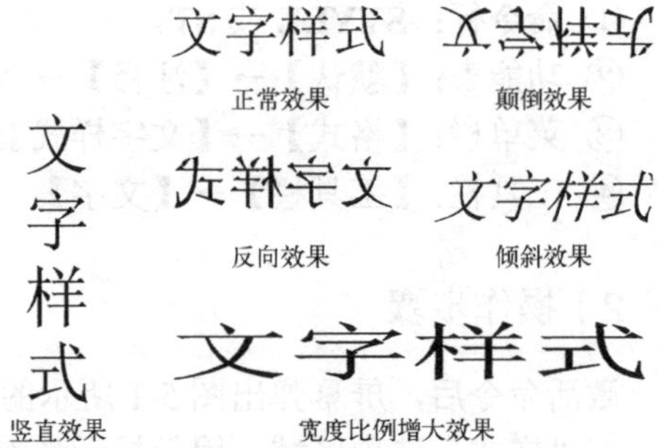

图 5-3　文字的各种效果

a.“颠倒”复选框：用于设置是否将文字倒过来书写。

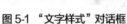

b.“反向”复选框：用于设置是否将文字反

向书写。

c.“垂直”复选框：用于设置是否将文字垂直书写，但垂直效果对汉字字体无效。

d.“宽度因子”文本框：用于设置文字字符的高度和宽度之比。

e.“倾斜角度”文本框：用于设置文字的倾斜角度。

④“预览”选项区域：可以预览所选择或所设置的文字样式效果。

设置完文字样式后，单击“应用”按钮即可应用文字样式。然后单击“关闭”图标按钮，关闭“文字样式”对话框。

5.2 文本标注

文本标注分为单行文本标注和多行文本标注。单行文本标注，主要用来创建内容比较简短的文字，但每一行都是一个文字对象，可以进行单独编辑。多行文本标注，主要用来创建两行以上的文字（如图样中的技术要求），AutoCAD 把它们作为一个整体处理。

5.2.1 注写单行文字

1）命令激活方式

① 命令行：**TEXT** 或 **DT**。

② 功能表：【默认】→【注释】→ A 。

③ 菜单栏：【绘图】→【文字】→【单行文字】。

④ 工具栏：【工具栏】→【文字】。

2）操作步骤

命令激活后，命令行提示如下：

当前文字样式：“Standard”　当前文字高度：0.2000　注释性：否　对正：左

指定文字的起点或 [对正（J）/ 样式（S）]：

提示中第一行说明的是当前文字标注的设置，默认是上次标注时采用的文字样式设置。提示中第二行各选项说明如下。

①“指定文字的起点”：用于确定文字行的位置。默认情况下，以单行文字行基线的起点来创建文字。

②“对正（J）”：用于设置文字的排列方式。输入“J↙”后，命令行显示如下提示信息：

当前文字样式：“Standard”　当前文字高度：0.2000　注释性：否　对正：左

输入选项 [左（L）/居中（C）/右（R）/对齐（A）/中间（M）/布满（F）/左上（TL）/中上（TC）/右上（TR）/左中（ML）/正中（MC）/右中（MR）/左下（BL）/中下（BC）/右下（BR）]：

此提示中各选项的功能如下。

a.“对齐（A）”：用文字行基线的起点与终点来控制文本的排列方式。

b."布满（F）"：要求用户指定文字行基线的起点、终点位置以及文字的字高。

c."居中（C）"：要求用户指定文字行基线的中点、文字的高度、文字的旋转角度。

d."中间（M）"：此选项要求确定一点作为文字行的中间点，即以该点作为文字行在水平、垂直方向上的中点。

e. 其他选项为文字的对正方式，显示效果如图 5-4 所示。

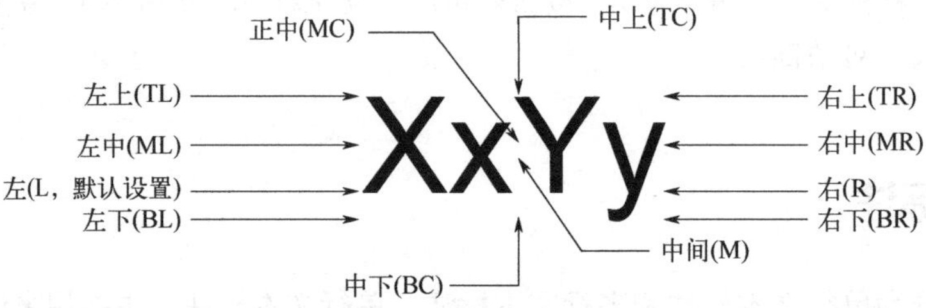

图 5-4 文字的对正方式

③"样式（S）"：用于设置当前使用的文字样式。选择该选项时，命令行显示如下提示信息：

输入样式名或［?］<Standard>：

用户可以直接输入文字样式的名称。若输入"？"，则在"AutoCAD 文本窗口"中显示当前图形中已有的文字样式。

另外，在实际绘图中往往需要标注一些特殊的字符。例如，文字的上划线、下划线、直径符号等。这些特殊字符不能从键盘上直接输入，为此 AutoCAD 提供了相应的控制符以实现这些标注要求。AutoCAD 的控制符一般由两个百分号（%%）和一个字母组成，常用的标注控制符见表 5-2。

表 5-2 AutoCAD 常用的标注控制符

控制符	功能	结果	样例
%%U	打开或关闭文字下划线	AutoCAD	%%UAutoCAD%%U
%%D	标注度（°）符号	45°	45%%D
%%P	标注正负公差（±）符号	123±0.456	123%%P0.456
%%C	标注直径（ϕ）符号	ϕ20	%%C20

在"输入文字:"提示下，输入控制符时，这些控制符也临时显示在屏幕上，当结束文本创建命令时，控制符将从屏幕上消失，转换成相应的特殊符号。

5.2.2 注写多行文字

1）命令激活方式

① 命令行：**MTEXT** 或 **MT**。

② 功能区：【默认】→【注释】→ A。

③ 菜单栏：【绘图】→【文字】→【多行文字】。

④ 工具栏：【工具栏】→【文字】。

2）操作步骤

激活命令后，命令行提示如下：

指定第一角点：（输入第一角点）↙

指定对角点或［高度（H）/对正（J）/行距（L）/旋转（R）/样式（S）/宽度（W）/栏（C）]：（输入对角点）

上述命令执行后，在绘图区中指定了一个用来放置多行文字的矩形区域，此时功能区面板进入图 5-5 所示的“文字编辑器”面板。

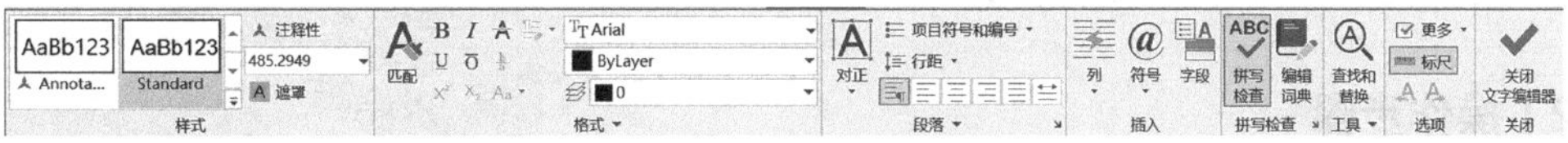

图 5-5 “文字编辑器”面板

在“文字编辑器”面板中，可以设置文字样式、选择需要的字体、确定字的高度等。

在文字输入窗口中，可以直接输入多行文字；也可以在文字输入窗口中点击鼠标右键，从弹出的快捷菜单中选择“输入文字”菜单项，将已经在其他文字编辑器中创建的文字内容直接导入当前图形中。图 5-6 所示为多行文字输入样例。

图 5-6 多行文字输入样例

5.3 文本编辑

创建了文本之后，可以根据需要对文本进行编辑。编辑包括直接利用文本编辑命令和利用“特性”面板两种方式。

5.3.1 直接利用文本编辑命令

1）命令激活方式

① 命令行：**TEXTEDIT**。

② 菜单栏：【修改】→【对象】→【文字】→【编辑】。

③ 工具栏：【工具栏】→【文字】→ 。

2）操作步骤

激活命令后，命令行提示如下：

选择注释对象：（选择要编辑的文本对象）

选择的文本对象若是单行文本，则进入文本编辑状态后即可编辑文本内容；若是多行文本，则功能区面板将进入“文字编辑器”面板，同时在绘图区显示多行文字的矩形输入窗口，

在图 5-6 所示的多行文字输入窗口可以编辑文本内容，利用“文字编辑器”面板可以编辑文本特性。

5.3.2 利用“特性”面板编辑文本

1）命令激活方式

① 命令行：**PROPERTIES**。
② 功能区：【默认】→【特性】→ 。
③ 菜单栏：【修改】→【特性】。

2）操作步骤

命令激活后，弹出图 5-7 所示的面板，选取要修改的文本后，在该面板中会看到要修改文本的内容和特性，包括文本的内容、样式、高度、旋转角度等。在此可以对它们进行修改。

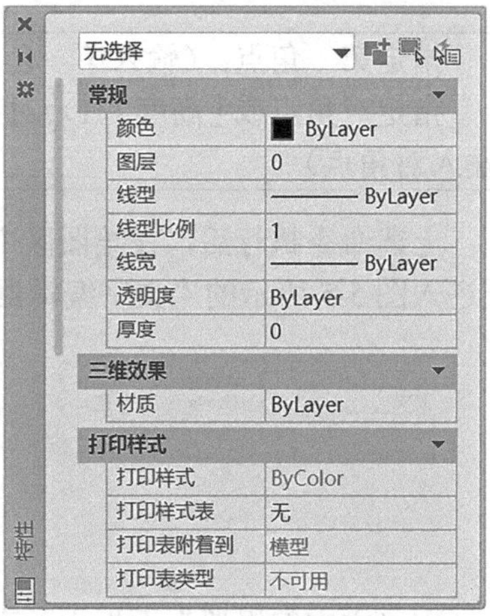

图 5-7 “特性”对话框

5.4 创建表格

使用“表格”功能，可以创建表格，还可以从 Microsoft Excel 中直接复制表格，并将其作为 AutoCAD 2023 表格对象粘贴到图形中。此外，还可以输出 AutoCAD 的表格数据，以供 Microsoft Excel 或其他应用程序使用。

5.4.1 设置表格样式

1）命令激活方式

① 命令行：**TABLESTYLE**。
② 功能区：【默认】→【注释】→ 。
③ 菜单栏：【格式】→【表格样式】。
④ 工具栏：【工具栏】→【样式】→ 。

2）操作步骤

激活命令后，将打开图 5-8 所示的“表格样式”对话框。单击“新建”按钮，打开图 5-9 所示的“创建新的表格样式”对话框。

在“新样式名”文本框中输入新的表格样式名，在“基础样式”下拉列表中选择默认的、标准的或者任何已经创建的表格样式，新样式将在该样式的基础上进行修改，然后单击“继续”按钮，将打开如图 5-10 所示的“新建表格样式”对话框。通过它可以指定表格的格式、表格方向、表格单元样式等内容。对话框中各选项说明如下。

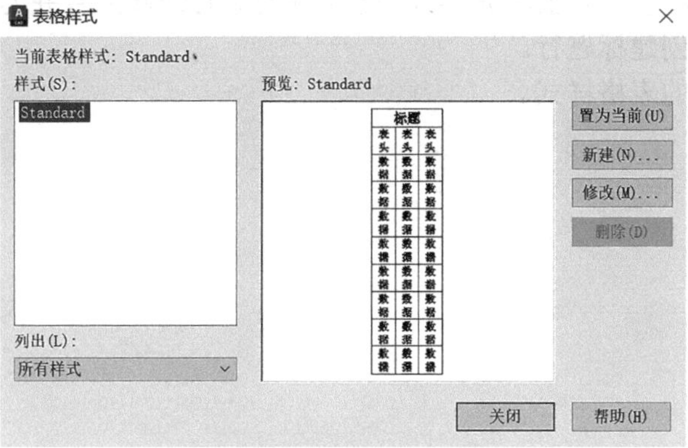

图 5-8 “表格样式”对话框

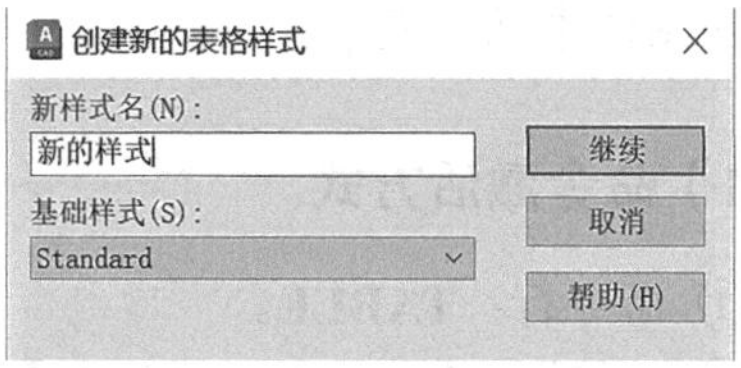

图 5-9 “创建新的表格样式”对话框

①“起始表格”选项区域：选择起始表格，用户可以在图形中指定一个表格用作样例来设置此表格样式的格式。选择表格后，可以指定要从该表格复制到表格样式的结构和内容。

②“常规”选项区域：用来控制表格方向。

③“单元样式”选项区域由以下部分组成。

a.  下拉列表：用来显示表格中的单元样式，在其下拉列表中可以选择显示“数据”“标题”“表头”三种单元样式或启动“创建新单元样式”“管理单元样式”对话框。其中“数据”单元样式如图 5-10 所示，“标题”“表头”和“数据”单元样式的内容基本相似，下面仅以“数据”单元样式为例来介绍其中的内容。

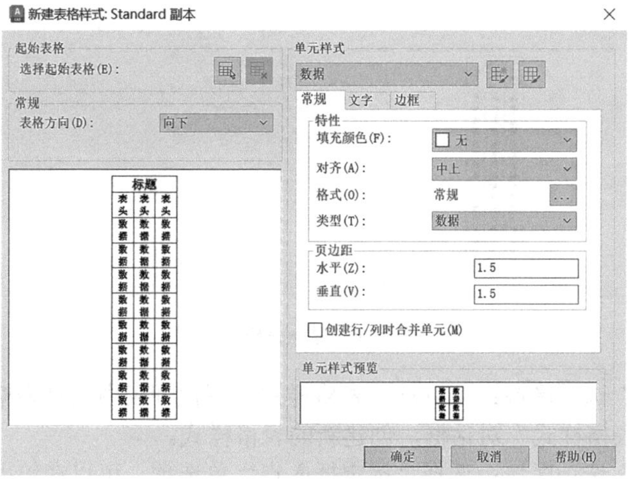

图 5-10 “新建表格样式”对话框

b.  图标按钮：用来启动“创建新单元样式”对话框。

c.  图标按钮：用来启动“管理单元样式”对话框。

d.“常规”选项卡：用来设置单元的填充颜色、对齐方式、表格格式、类型等。

e.“文字”选项卡：用来设置表格中文字样式、文字高度、文字颜色及文字角度等。

f.“边框”选项卡：用来设置表格边框的线宽、线型、颜色，以及边框是否是双线、双线边界的间距等。

④“页边距”选项区域：控制单元边框和单元内容之间的间距。

⑤“创建行/列时合并单元”复选框：将使用当前单元样式创建的所有新行或新列合并为一个单元。可以使用此选项在表格的顶部创建标题行。

⑥“单元样式预览”区域：显示相应的表格样式。

5.4.2 插入表格

在图样中插入表格。

1）命令激活方式

① 命令行：**TABLE**。

② 功能区：【默认】→【注释】→ 。

③ 菜单栏：【绘图】→【表格】。

2）操作步骤

激活命令后，将打开“插入表格”对话框，如图 5-11 所示。各选项说明如下。

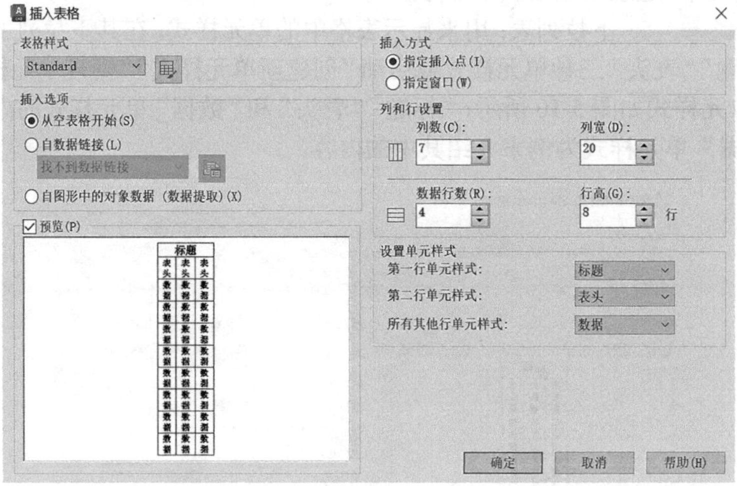

图 5-11 “插入表格”对话框

①“表格样式”选项区域：可以从“表格样式”下拉列表中选择表格样式，或单击其后的按钮，打开“表格样式”对话框，创建新的表格样式。

②“插入方式”选项区域：选择“指定插入点”单选项，可以在绘图区中的某点插入固定大小的表格；选择“指定窗口”单选项，可以在绘图区中通过拖动表格边框来创建任意大小的表格。

③“插入选项”选项区域：指定插入表格的方式，可以创建手动填充数据的空表格，或者利用外部电子表格中的数据创建表格，也可以启动“数据提取”向导。

④“列和行设置”选项区域：可以通过改变“列数”“列宽”“数据行数”和“行高”文本框中的数值来调整表格的外观大小。

⑤“设置单元样式”选项区域：对于那些不包含起始表格的表格样式，可以指定新表格的行的单元样式。

5.4.3 编辑表格

使用表格的快捷菜单可以编辑表格和表格单元。

1）编辑表格

当选中整个表格时，点击鼠标右键，弹出的快捷菜单如图 5-12 所示，从中可以选择对表格进行删除、移动、复制选择、缩放和旋转等简单操作，还可以均匀调整表格的行、列大小，删除所有特性替代。当选择“输出”命令时，还可以打开“输出数据”对话框，以.csv 格式输出表格中的数据。

当选中表格后，在表格的四周、标题行上将显示许多夹点，也可以通过拖动这些夹点来编辑表格。

2）编辑表格单元

当选中表格单元时，点击鼠标右键，弹出的快捷菜单如图 5-13 所示。使用它可以编辑表格单元，其主要菜单选项的功能如下。

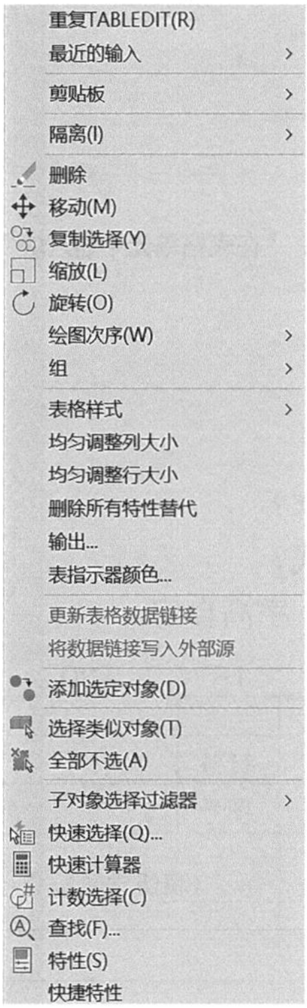

图 5-12 选中整个表格时的快捷菜单

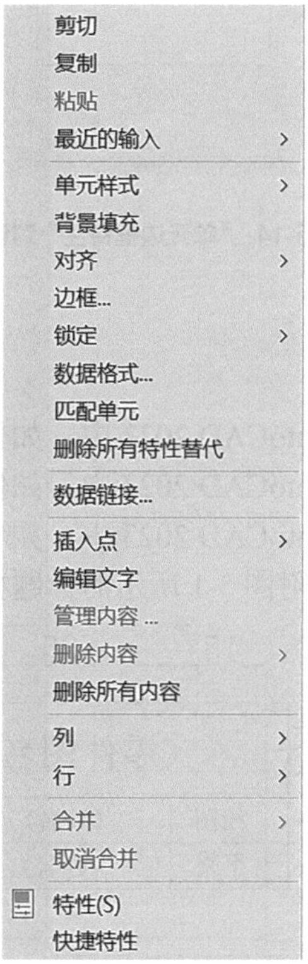

图 5-13 选中表格单元时的快捷菜单

① “对齐”：在该命令的子菜单中可以选择表格单元的对齐方式，如左上、左中、左下等。

② “边框”：选择该命令将打开“单元边框特性”对话框，可以设置单元格边框的线宽、颜色等特性，如图 5-14 所示。

③ “匹配单元”：用当前选中的表格单元格式匹配其他表格单元，此时鼠标指针变为刷子

形状，单击目标对象即可进行匹配。

④“插入点”：在“插入点”下拉菜单中可以选择“块”“字段”。选择“块”菜单项，将打开“在表格单元中插入块”对话框。可以从中选择插入到表格中的块，并设置块在表格单元中的对齐方式、比例和旋转角度等特性，如图 5-15 所示。

⑤“合并”：当选中多个连续的表格单元后，使用该子菜单中的命令，可以全部、按列或按行合并表格单元。

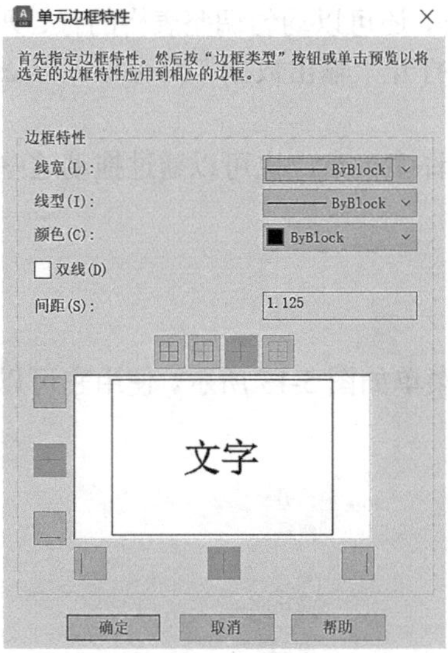

图 5-14 “单元边框特性”对话框

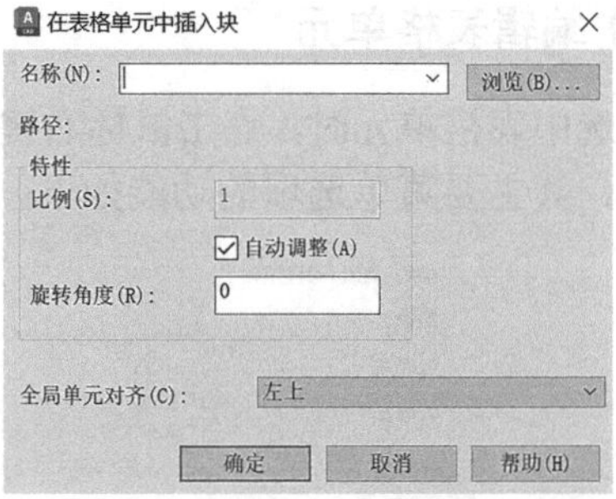

图 5-15 “在表格单元中插入块”对话框

习题

1. 在 AutoCAD 2023 中，如何设置字体样式？
2. 在 AutoCAD 2023 中，如何注写单行文字与多行文字？
3. 在 AutoCAD 2023 中，如何创建表格并编辑表格样式？
4. 创建附图 5-1 所示的标题栏，其中字体采用仿宋体，字高自定。

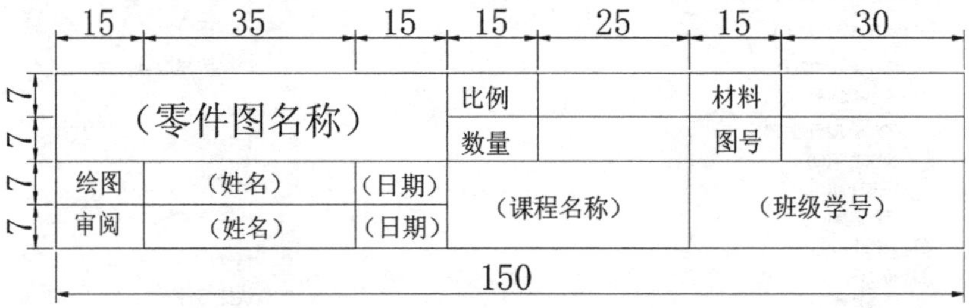

附图 5-1

第6章

图案填充

图案填充是使用一种图案来填充某一区域。在工程图样中，可用填充图案表达一个剖切的区域，也可以使用不同的填充图案来表达不同的零件或材料。

6.1 图案填充概念

图案填充是在一个封闭的区域内进行的，围成填充区域的边界称为填充边界，边界须是直线、构造线、多义线、样条曲线、圆、圆弧、椭圆、椭圆弧等实体或这些实体组成的块。所需的填充图案可在图案填充对话框中查找，也可以自定义填充图案。图 6-1 所示为图案填充样例。

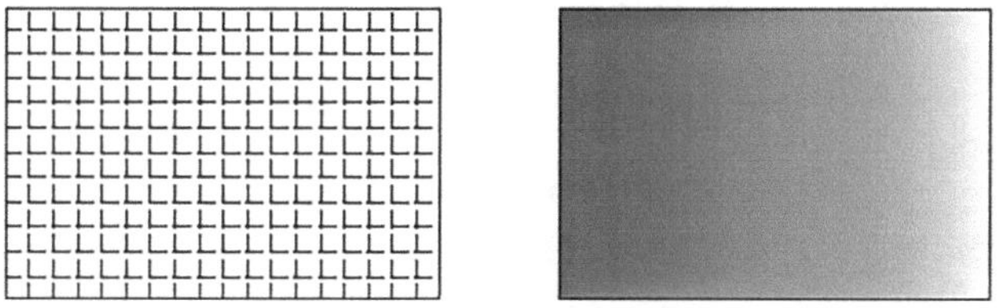

图 6-1 图案填充样例

6.2 图案填充方法

1）命令激活方式

① 命令行：**HATCH** 或 **BH**。

② 功能区：【默认】→【绘图】→ 。

③ 菜单栏：【绘图】→【图案填充】。

④ 工具栏：【绘图工具栏】→【图案填充】。

2）操作步骤

① 激活命令后，命令行提示如下：

命令：HATCH↙
拾取内部点或［选择对象（S）/放弃（U）/设置（T）］：
正在选择所有可见对象...
正在分析所选数据...
正在分析内部孤岛...

---

② 如果功能区面板处于活动状态，将显示“图案填充编辑器”功能区面板，如图 6-2 所示。

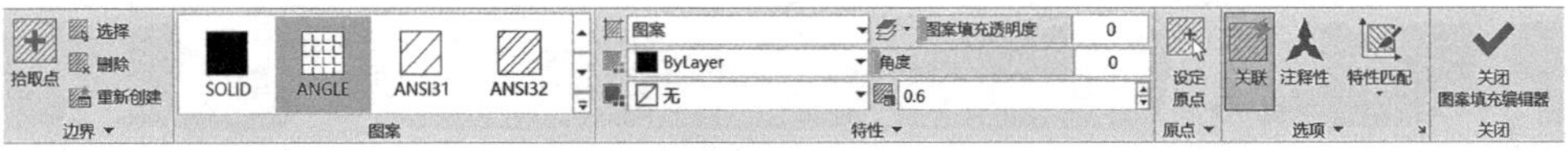

图 6-2 “图案填充编辑器”功能区面板

在该功能区面板中，在标题为“边界”的面板内，可以用不同的方式确定图案填充的边界。在标题为“图案”的面板内，可选取所需的剖面线图案，如“ANGLE”等。在标题为“特性”的面板内，可设置图案的类型，如“图案”“渐变色”“实体”等，也可设置图案填充透明度、角度和比例数值等。在标题为“原点”的面板内，可以设置图案填充的原点。在标题为“选项”的面板内，可以设置填充图案是否与边界关联、注释性和特性匹配等。单击“选项”标题后的箭头按钮，将打开“图案填充编辑”对话框，如图 6-3 所示。

如果功能区面板处于关闭状态，激活命令后也将显示图 6-3 所示的“图案填充编辑”对话框。

③ 单击“边界”面板中的“拾取点”图标按钮，返回绘图区，单击填充区域内任意一点，如图 6-4（a）所示，即可绘制图 6-4（b）所示的剖面线。

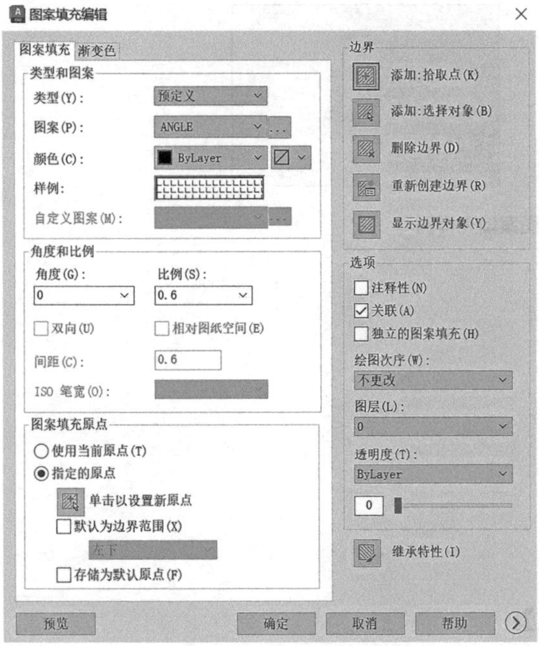

图 6-3 “图案填充编辑”对话框

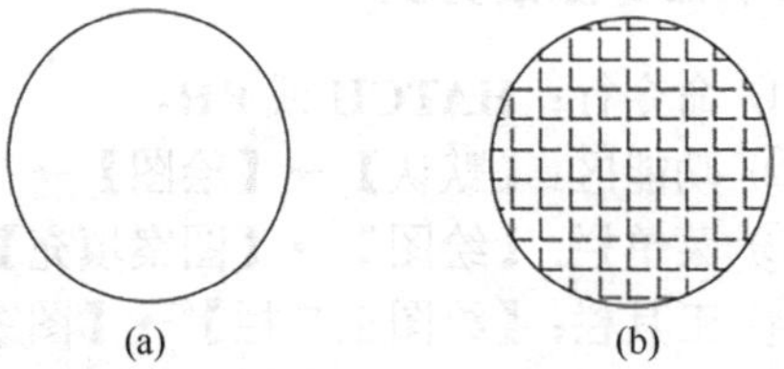

图 6-4 以拾取点方式填充图案

3）图案填充可设内容

“图案填充编辑”对话框与“图案填充编辑器”功能区面板的内容基本相同，它们都提供了图案填充时可以设置的内容。为方便阅读，此处选用“图案填充编辑”对话框进行介绍。

（1）“图案填充”选项卡（图 6-3）

各选项说明如下。

“类型和图案”选项区域：

①“类型”下拉列表：提供三种图案类型，即预定义、用户定义、自定义。预定义是 AutoCAD 标准图案文件（ACAD.pat 和 ACADISO.pat 文件）中的填充图案。用户定义是用户临时定义的简单填充图案。自定义是用户定制的图案文件中的图案。

②“图案”下拉列表：选择填充图案的样式。单击…按钮可弹出“填充图案选项板”对话框，如图 6-5 所示，其中有“ANSI”“ISO”“其他预定义”和“自定义”四个选项卡，可从中选择任意一种图案。

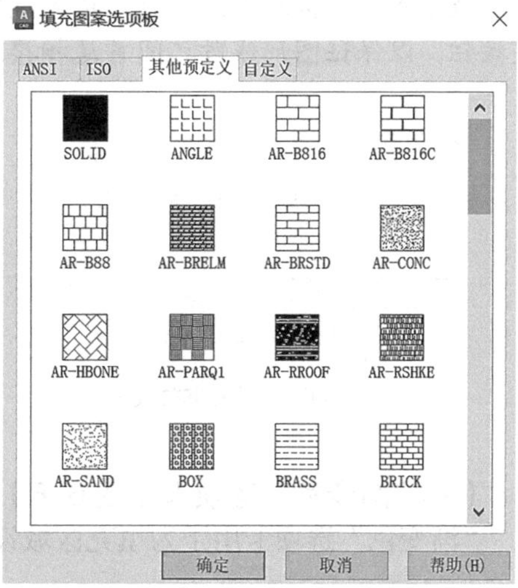

图 6-5 “填充图案选项板”对话框

“角度和比例”选项区域：

①“角度”下拉列表：设置图案填充的倾斜角度，该角度值是填充图案相对于当前坐标系的 X 轴的转角。

②“比例”下拉列表：设置填充图案的比例值，它表示的是填充图案元素之间的疏密程度。

③“双向”复选框：使用用户定义图案时，选中该复选框将绘制第二组直线，这些直线相对于初始直线成 90°角，从而构成交叉填充。AutoCAD 将该信息存储在系统变量 HPDOUBLE 中。只有在“类型”选项中选择了“用户定义”时，该选项才可用。

④“ISO 笔宽”下拉列表：适用于与 ISO 相关的笔宽绘制填充图案，该选项仅在预定义 ISO 模式中被选用。

“图案填充原点”选项区域：

①“使用当前原点”单选项：可以使用当前 UCS 的原点作为图案填充原点。

②“指定的原点”单选项：可以指定点作为图案填充原点。

“边界”选项区域：

①“添加：拾取点”图标按钮：用点选的方式定义填充边界。单击该按钮返回绘图区，可连续选择填充图案边界区域内的点，点击鼠标右键结束拾取。

②“添加：选择对象”图标按钮：单击该按钮返回绘图区，可以连续选择图案填充的封闭对象，点击鼠标右键结束拾取。注意所拾取的对象必须形成一个封闭图形，否则会出现不同的填充效果。

③“删除边界”图标按钮：在绘图区拾取图案填充边界，返回“图案填充编辑”对话框时，“删除边界”按钮由灰色变为亮色（可操作），单击此按钮返回绘图区，边界图线不再以高亮显示。

④“显示边界对象”图标按钮：亮显所确定的填充边界。

“选项”选项区域：

①“关联”复选框：该复选框用于控制填充图案与边界是否具有关联性。若不选中该复选框，边界发生变化时，填充图案将不随新的边界发生变化，如图 6-6（a）所示，拉伸图形右侧边界，填充的图案不随边界的拉伸而发生变化。若选中该复选框，当边界发生变化时，填充图案将随新的边界发生变化，如图 6-6（b）所示，拉伸图形右侧边界，填充的图案随边界的拉伸而发生变化。

②“继承特性”图标按钮：将填充图案的设置，如图案类型、角度、比例等特性，从一个已经存在的填充图案中应用到另一个要填充的区域中。

注意：点选的填充区域必须是封闭的区域，否则会出现图 6-7 所示的对话框，警告未找到有效边界。当区域不封闭时，填充范围为无穷大，无法填充。所以，绘图时尽可能利用捕捉按钮，以保证图形线段之间首尾相接成一个封闭图形。

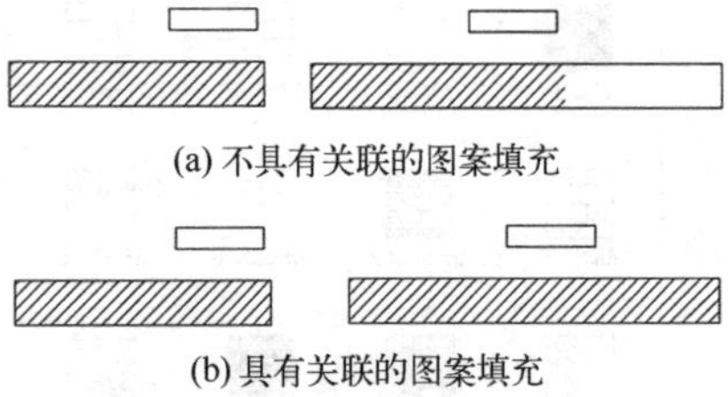

图 6-6　关联和非关联填充

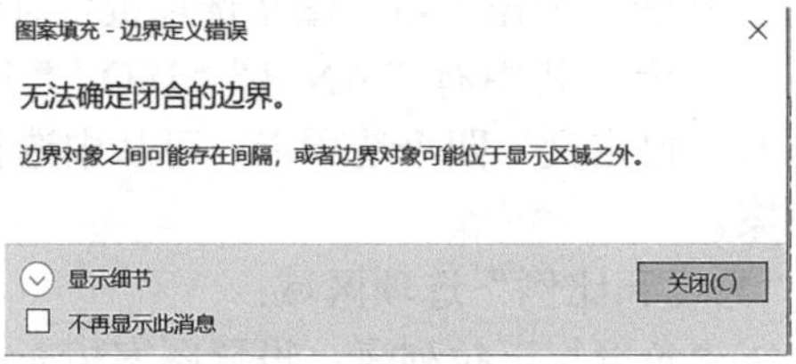

图 6-7 “图案填充-边界定义错误”对话框

(2)“渐变色”选项卡（图 6-8）

“渐变色”选项卡用于为填充区域设置渐变填充颜色。

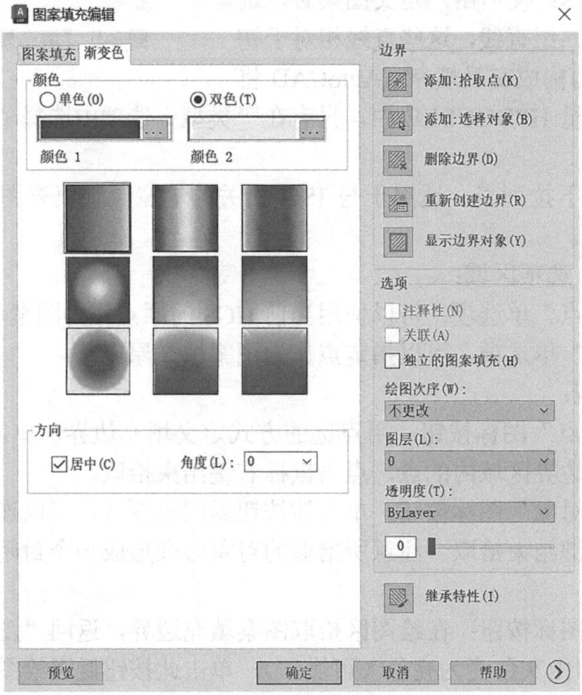

图 6-8 “渐变色”选项卡

各选项说明如下。

①“单色（O）”：指定一种颜色与白色组合确定渐变图案。单击右侧颜色框，弹出“选择颜色”对话框，可指定具体颜色（索引颜色、真彩色、配色系统）。

②“双色（T）”：指定两种颜色组合确定渐变图案。单击颜色框，弹出“选择颜色”对话框，可指定具体颜色（索引颜色、真彩色、配色系统）。

③“透明度”：滑动“▮”滑标，可设置颜色深浅（光线明暗程度）。

④“居中（C）”：选择该项，则渐变图案对称，否则不对称，向一侧偏移。

⑤“角度（L）”：从列表清单中选择旋转角度，填充图案将按所选角度旋转。

⑥“图案类型”：图案清单区给出九种图案，选择其中一种图案作为填充图案。图案随其他参数的变化而变化。

6.3 设置孤岛

在进行图案填充时，通常将位于一个已定义好的填充区域内的封闭区域称为孤岛。单击“图案填充编辑”对话框右下角的按钮，将显示更多选项，可以对孤岛和边界进行设置，如图 6-9 所示。

在“孤岛”选项区域中，选中“孤岛检测”复选框，可以指定在最外层边界内填充对象的方法，包括“普通”“外部”和“忽略”3 种填充样式，效果如图 6-10 所示。

图 6-9 展开的“图案填充编辑”对话框

①“普通”样式：从外向里填充图案。如遇到内部孤岛，则断开填充直到碰到下一个内部孤岛时才再次填充。

②“外部”样式：只在最外层区域内进行图案填充。

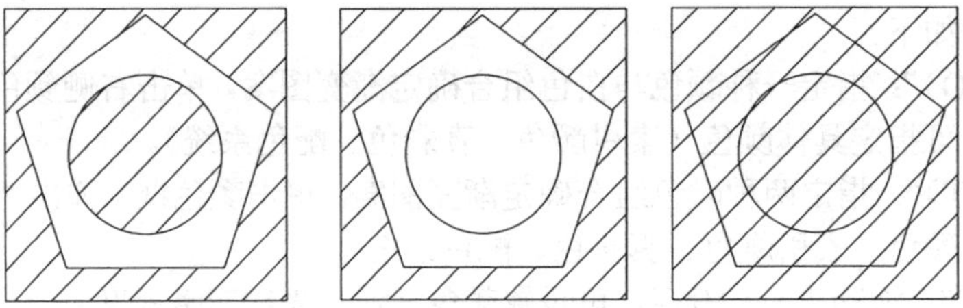

(a) 普通样式　　(b) 外部样式　　(c) 忽略样式

图 6-10　孤岛的 3 种填充样式

③“忽略”样式：忽略边界内的对象，在整个区域内进行图案填充。

注意：以“普通”样式和“外部”样式填充时，如果填充边界内有诸如文本、属性等对象，AutoCAD 能自动识别它们，图案填充时在这些对象处会自动断开，就像用一个比它们略大的、看不见的框保护起来一样，以使这些对象更加清晰，如图 6-11（a）所示。如果选择“忽略”样式填充，图案填充将不会被中断，如图 6-11（b）所示。

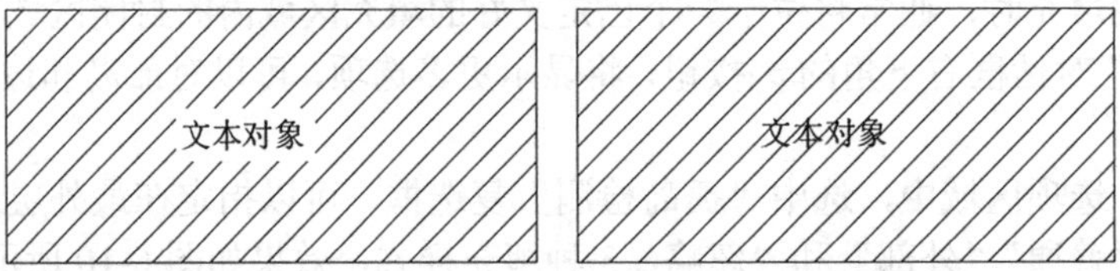

(a)　　(b)

图 6-11　包含文本对象时的图案填充

6.4　编辑图案填充

“编辑图案填充”命令可修改已填充图案的类型、图案、角度、比例等特性。

1）命令激活方式

① 命令行：**HATCHEDIT** 或 **HE**。
② 菜单栏：【修改】→【对象】→【图案填充】。
③ 工具栏：【工具栏】→【修改Ⅱ】→ 。

2）操作步骤

用“编辑图案填充”命令将如图 6-12（a）所示的图案样式编辑为图 6-12（b）的图案样式。

① 激活命令后，命令行提示“选择图案填充对象”，此时单击选择图 6-12（a）所示的剖面线，弹出“图案填充编辑”对话框。

② 修改该对话框中的参数设置，将“角度”改变为 90，将“比例”改变为 1.5，单击“确定”按钮，填充图案改变如图 6-12（b）所示。

注意：双击要修改的填充图案，功能区面板会进入“图案填充编辑器”选项卡，利用该选项卡就可对填充的图案进行修改。

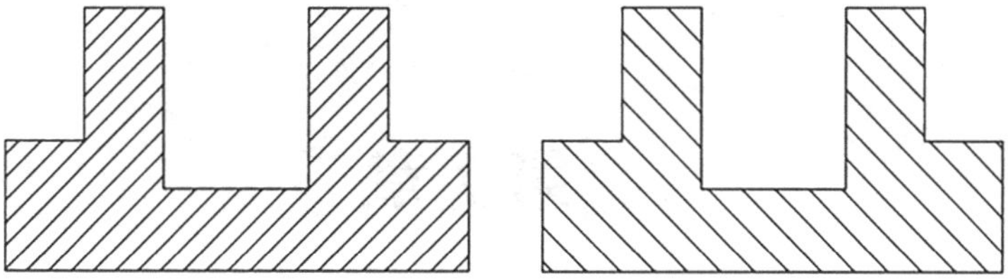

(a) 图案样式编辑前　　(b) 图案样式编辑后

图 6-12　编辑图案填充

习题

1. HATCH 和 BHATCH 命令有何异同点？
2. 填充时，边界是否必须首尾相连？在何种情况下要求首尾相连？
3. 试解释图案填充关联功能。
4. 试解释 3 种孤岛显示样式。
5. 绘制并填充附图 6-1 所示图形。

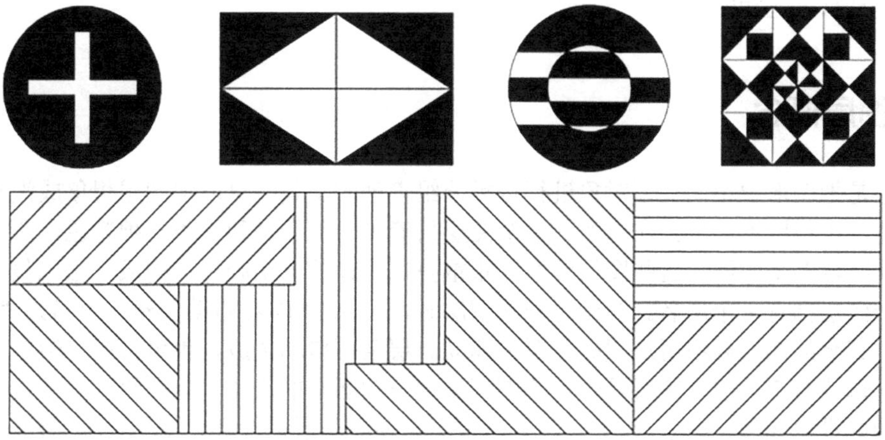

附图 6-1

第 7 章

图层设置与管理

绘制工程图时，需要用各种颜色、线型等区分图线，并希望能分项管理。本章所介绍的图层命令具有这些功能。

7.1 图层概念

图层是把图形中不同类型对象进行按类分组管理的工具。可以将图层想象成没有厚度的透明胶片，可将图形对象画在上面。一个图层只能画一种线型和赋予一种颜色，所以要画多种线型就要设多个图层。这些图层就像几张重叠在一起的透明胶片，构成一张完整的图样。

每个图层都有一个层名。开始绘制新图层时，AutoCAD 将自动创建一个名为“0”的默认图层，其余的图层要由用户根据需要去建立。层名可自动生成，也可由用户给定，可以是汉字、字母或数字。建立图层是设置绘图环境的一项必需的工作，应在绘图之前设置完毕。可以为图层设定线型、线宽、颜色，还可以根据需要对图层进行开、关，冻结、解冻或锁定、解锁，为绘图提供方便。

绘图时利用图层命令把不同的线型与颜色赋予不同的图层，并赋予相应的线宽，将来用绘图仪输出图形时，AutoCAD 可按赋予图层的线宽来实现粗细分明的效果。

7.2 规划设置图层

CAD 绘图时采用图层的目的是组织、管理、交换图层的实体数据以及控制实体的屏幕显示和打印输出。每一个图层具有颜色、线型、线宽等属性。国标中给出了 CAD 绘图时图层及部分属性的推荐标准，表 7-1 列出了常用图线、文字所在图层的规定颜色，供创建图层时选用。

表 7-1 图层及部分属性的推荐标准

线型	颜色	线型	颜色
粗实线	白色/黑色	尺寸线	绿色
细实线	绿色	剖面符号	绿色
细虚线	黄色	文本	绿色
细点画线	红色		

7.2.1 创建新图层

创建与设置图层。

1）命令激活方式

① 命令行：**LAYER** 或 **LA**。
② 功能区：【默认】→【图层】→【图层特性】。
③ 菜单栏：【格式】→【图层】。
④ 工具栏：【工具栏】→【特性】。

2）操作步骤

激活命令后，命令行提示：

当前图层："0"
输入选项［？/生成（M）/设置（S）/新建（N）/重命名（R）/开（ON）/关（OFF）/颜色（C）/线型（L）/线宽（LW）/材质（MAT）/打印（P）/冻结（F）/解冻（T）/锁定（LO）/解锁（U）/状态（A）/说明（D）/协调（E）]：(输入？、M、S、N、R、ON、OFF、C、L、LW、MAT、P、F、T、LO、U、A、D 或 E)

部分选项说明如下。
①"？"：列出已建图层清单。
②"生成（M）"：创建新图层，使其成为当前层。
③"设置（S）"：设置某个已建图层为当前图层。
④"新建（N）"：创建新图层。
⑤"重命名（R）"：更改图层名称。
⑥"开（ON）"：打开图层显示开关。
⑦"关（OFF）"：关闭图层显示开关。
⑧"颜色（C）"：设置图层颜色。
⑨"线型（L）"：设置图层线型。
⑩"线宽（LW）"：设置图层线宽。
⑪"材质（MAT）"：将指定材质附着到图层，为图形对象指定材质。
⑫"打印（P）"：设置图层打印状态。
⑬"冻结（F）"：冻结图层。
⑭"解冻（T）"：解冻图层。
⑮"锁定（LO）"：锁定图层。
⑯"解锁（U）"：对图层解锁。
⑰"状态（A）"：保存、恢复、修改、导入、导出图层状态信息。

打开图 7-1 所示的"图层特性管理器"对话框，此时对话框中只有默认的 0 层。可以在对话框中创建与设置图层。

在"图层特性管理器"对话框中点击新建图层图标按钮，列表框中出现名称为"图层 1"的新图层，如图 7-2 所示。AutoCAD 为图层 1 分配默认的颜色、线型和线宽，颜色为白色。

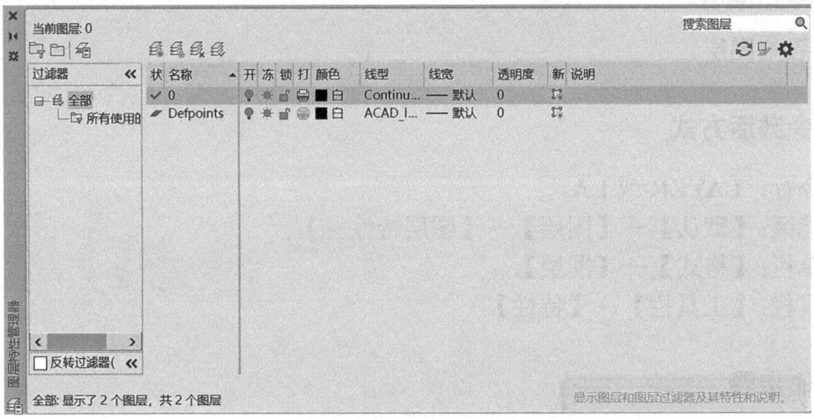

图 7-1 “图层特性管理器”对话框

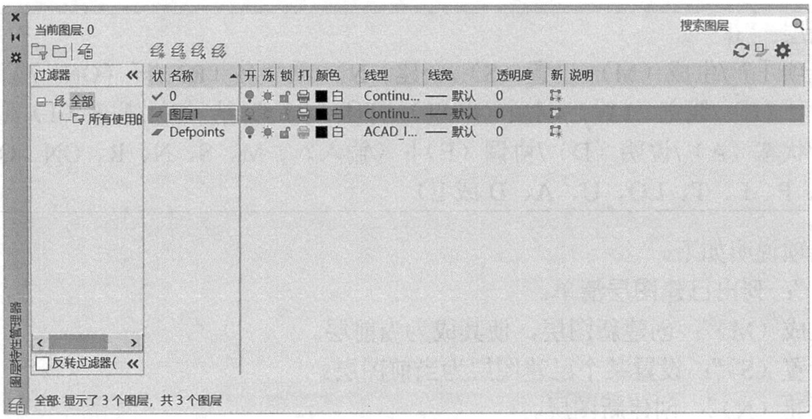

图 7-2 “图层特性管理器”中新建图层

此时新建的图层处于被选中的状态。为方便绘图，用户可以修改图层的名称。

7.2.2 设置颜色

默认情况下，新创建图层的颜色为白色（绘图区的背景为白色时，新创建图层的颜色为黑色）。为了方便绘图和打印，应根据需要改变某些图层的颜色。

1）命令激活方式

① 命令行：**COLOR**。
② 功能区：【默认】→【特性】→【颜色】。
③ 菜单栏：【格式】→【颜色】。
④ 工具栏：【特性工具栏】→【颜色控制】。
⑤ 在“图层特性管理器”对话框中进行设置。

2）操作步骤

在“图层特性管理器”对话框中单击要改变图层的颜色，弹出图 7-3 所示的“选择颜色”

对话框，选择要设置的颜色，如红色，单击“确定”按钮，返回“图层特性管理器”对话框，可看到该图层的颜色已经被改变。

在“选择颜色”对话框中，可以使用“索引颜色”“真彩色”“配色系统”3 个选项卡为图层选择颜色。其中“索引颜色”选项卡最为常用。请读者自行分析“真彩色”和“配色系统”选项卡。

“真彩色”选项卡：设置真彩色（24 位颜色），有两种真彩色模式供选择：HSL 模式和 RGB 模式。HSL 模式称为色调、饱和度和亮度颜色模式，RGB 模式称为红、绿、蓝颜色模式。使用真彩色功能时，可使用一千六百多万种颜色。输入颜色值即可。

“配色系统”选项卡：使用第三方配色系统（例如：PANTONE）或用户定义的配色系统设置颜色。每个配色系统都给特定颜色赋予特定名称，输入颜色名称即可。

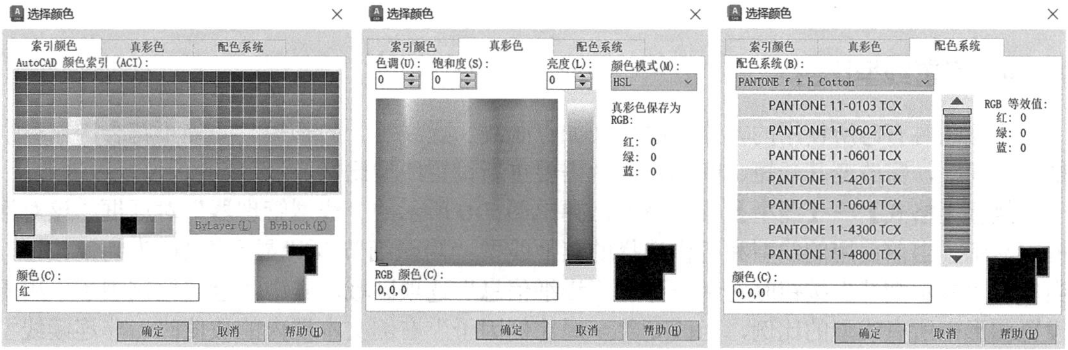

图 7-3 “选择颜色”对话框

7.2.3 设置线型

1）命令激活方式

① 命令行：**LINETYPE**。
② 功能区：【默认】→【特性】→【线型 】。
③ 菜单栏：【格式】→【线型】。
④ 工具栏：【特性工具栏】→【线型控制】。
⑤ 在“图层特性管理器”对话框中进行设置。

2）操作步骤

默认情况下，新创建图层的线型均为实线（Continuous），绘制工程图需要多种线型，所以应根据需要改变图层的线型。

在“图层特性管理器”对话框中，单击要改变图层的线型栏中的“Continuous”，弹出图 7-4 所示的“选择线型”对话框，在线型列表中只有 Continuous 线型，没有需要的如虚线、点画线等线型，这时需要加载线型。单击“加载”按钮，弹出图 7-5 所示的“加载或重载线型”对话框，在可用线型列表框内，移动滚动条选择需要的线型，如“DOT”，并单击“确定”按钮，AutoCAD 接受所做的选择并返回“选择线型”对话框，在该对话框中增加了“DOT”线型，选择“DOT”赋给“图层 1”，这样“图层 1”的线型改变为虚线。

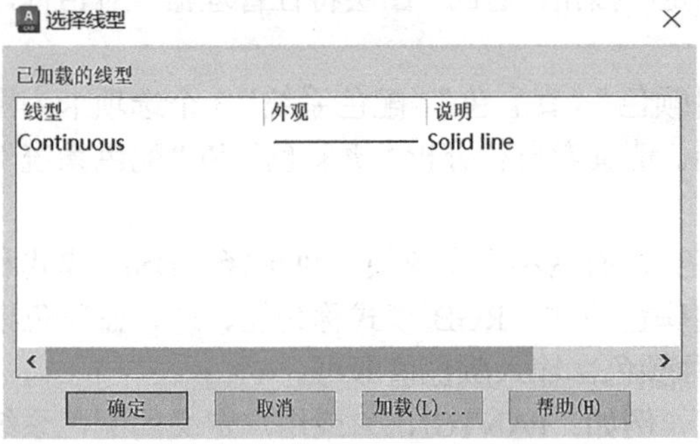

图 7-4 “选择线型”对话框

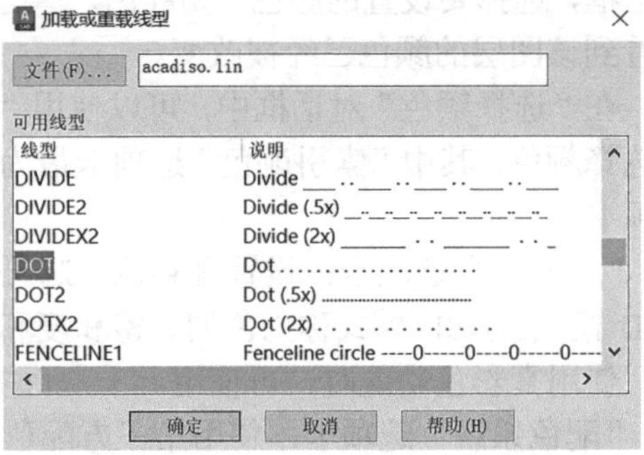

图 7-5 “加载或重载线型”对话框

7.2.4 设置线型比例

在绘图时有时所使用的非连续线型（如点画线、虚线等）的长短、间隔不符合国家标准推荐的间距，需改变其长短、间隔，这就需要重新设置线型比例。

执行【格式】→【线型】菜单命令，弹出图 7-6 所示的“线型管理器”对话框。该对话框中显示了当前使用的线型和可供选择的其他线型。“隐藏细节”和“显示细节”为切换按钮，当单击“显示细节”按钮时对话框弹出“详细信息”选项区域。其中“全局比例因子”用于设置图形中所有线型的比例，当改变“全局比例因子”右侧文本框内的数值时，非连续线型本身的长短、间隔会发生变化。

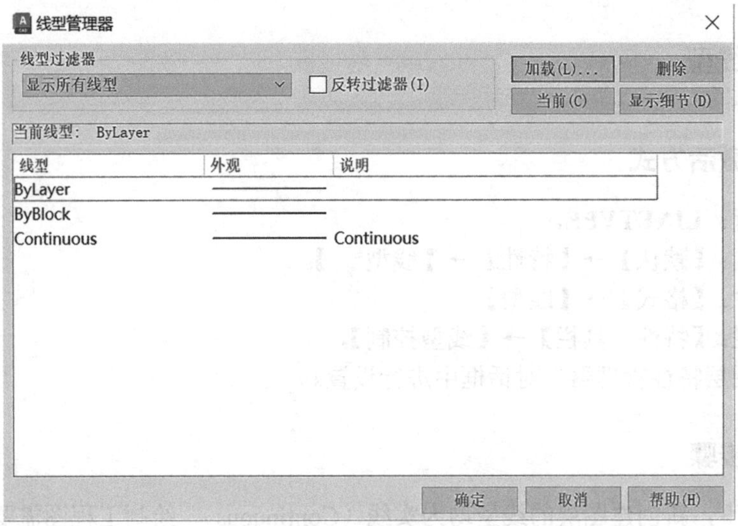

图 7-6 “线型管理器”对话框

7.2.5 设置线宽

1）命令激活方式

① 命令行：**LWEIGHT**。

② 功能区：【默认】→【特性】→【线宽☰】。

③ 菜单栏：【格式】→【线宽】。

④ 工具栏：【特性工具栏】→【线宽控制】。

⑤ 在“图层特性管理器”对话框中进行设置。

2）操作步骤

线宽设置就是改变线条的宽度，使用不同宽度的线条能使绘制的图线粗细分明，提高图形的表达能力和可读性。

默认情况下，新创建图层的线宽为“0.25mm”，要修改默认的线宽设置，则在“图层特性管理器”对话框中，单击要改变图层的线宽图标，弹出图 7-7 所示的“线宽”对话框，用户可在其中选择所需的线宽。

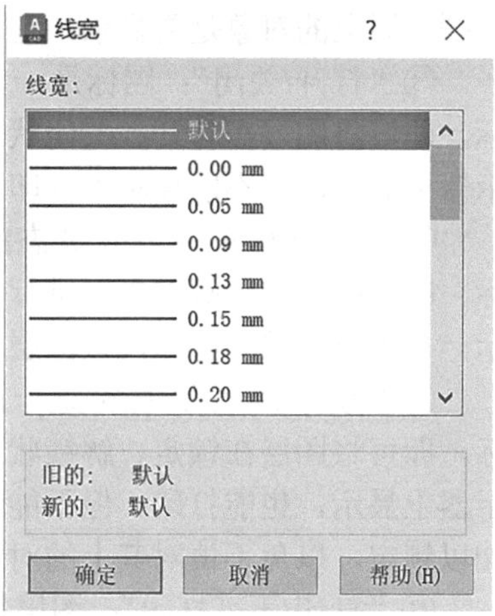

图 7-7 “线宽”对话框

7.3 管理图层

使用“图层特性管理器”对话框不仅可以创建图层，设置图层的颜色、线型和线宽，还可以对图层进行更多的设置与管理，如图层的切换、重命名、删除及图层的显示控制等。

7.3.1 设置图层特性

使用图层绘制图形时，新对象的各种特性将默认为“随层”，如果设置对象的特性，新设置的特性将覆盖原来“随层”的特性。在“图层特性管理器”对话框中，每个图层都包含状态、名称、打开/关闭、冻结/解冻、锁定/解锁、打印/不可打印、颜色、线型、线宽和透明度等特性，如图 7-8 所示。

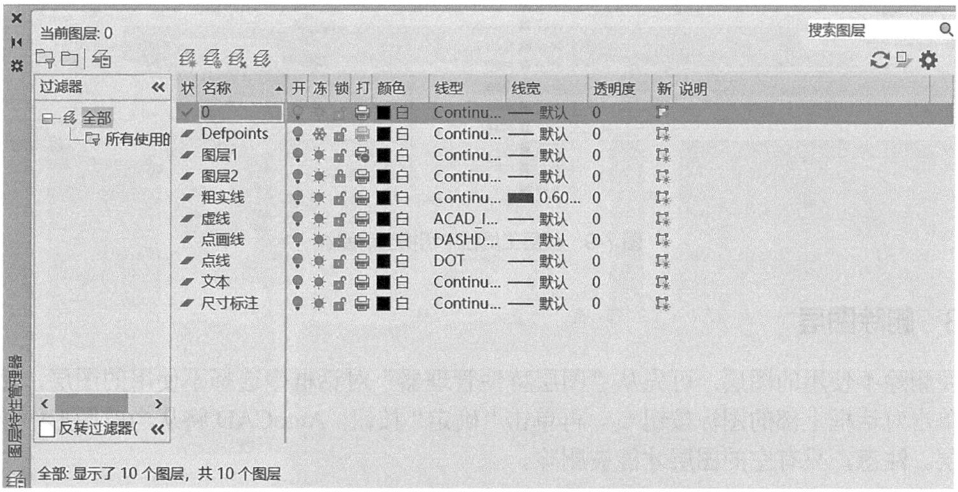

图 7-8 “图层特性管理器”对话框

①“状态”：显示图层和过滤器的状态。当前图层被标识为✓。

②“名称”：图层的名字，是图层的唯一标识。默认情况下，图层按图层 0、图层 1、图层 2……的编号依次递增，可以根据需要修改图层名字，如粗实线层、细实线层等。

通过设置图层的四种状态，即打开/关闭、冻结/解冻、锁定/解锁、打印/不可打印，可以控制图层上的对象是否显示、是否能编辑及是否可打印，为图形的绘制和输出提供方便。

③“打开/关闭”：图标是一盏灯泡，用灯泡的亮和灭表示图层的打开和关闭。单击图标，即可将图层在打开、关闭状态之间进行切换。图层被关闭，则该图层上的对象不能在显示器上显示，也不能编辑和打印，但该图层仍参与处理过程的运算。

④“冻结/解冻”：冻结状态的图标是雪花，解冻状态的图标是太阳。单击这两个图标，即可在冻结、解冻之间进行切换。图层被冻结，则该图层上的对象既不能在显示器上显示，也不能编辑和打印，该图层也不参与处理过程的运算。当前图层不能被冻结。

⑤“锁定/解锁”：图标是一把锁头，用锁头的锁和开表示图层的锁定和解锁。单击图标，即可将图层在锁定、解锁状态之间进行切换。图层被锁定，则该图层上的对象既能在显示器上显示，也能打印，但不能编辑，用户在当前图层上进行编辑操作时，可以对其他图层加以锁定，以免不慎对其上的对象进行误操作。

⑥“打印/不可打印”：图层打印的图标是，不可打印的图标是，单击这两个图标，即可在打印、不可打印之间进行切换。

7.3.2 切换当前图层

在绘图过程中经常要切换图层，以绘制不同的图线，下面介绍切换图层的方法。在实际绘图时，为了便于操作，主要通过“图层”工具栏实现图层切换。在弹出的下拉列表中单击想要使之成为当前图层的图层名称，如图 7-9 所示。移动鼠标至“粗实线”层，单击即可将粗实线层设置为当前图层。

注意：在图 7-9 中，如果图层被冻结，图层内线条不再显示，该图层不能被切换为当前图层；如果图层被锁定，则图层内线条变灰，如图层 2。

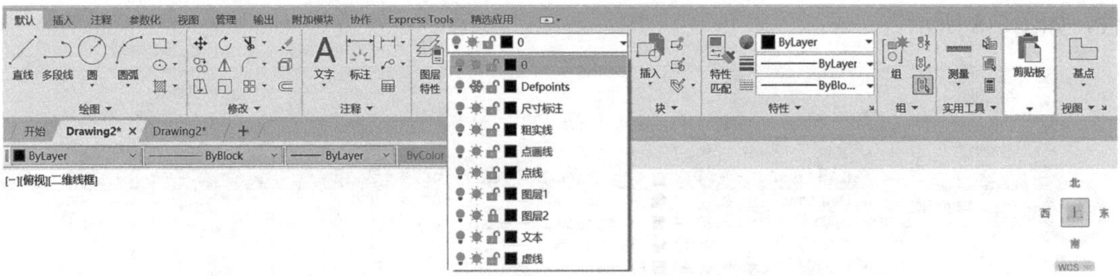

图 7-9 图层工具栏中切换当前图层

7.3.3 删除图层

要删除不使用的图层，可先从“图层特性管理器”对话框中选择不使用的图层，然后用鼠标单击对话框上部的图标按钮，再单击“确定”按钮，AutoCAD 将从当前图形中删除所选图层。注意，只有空的图层才能被删除。

7.3.4 过滤图层

AutoCAD 提供的图层过滤功能简化了图层方面的操作。图形中包含大量图层时，在“图层特性管理器”对话框中，单击左上角“新特性过滤器”图标按钮，弹出图 7-10 所示的“图层过滤器特性”对话框。可以使用该对话框命名图层过滤器。

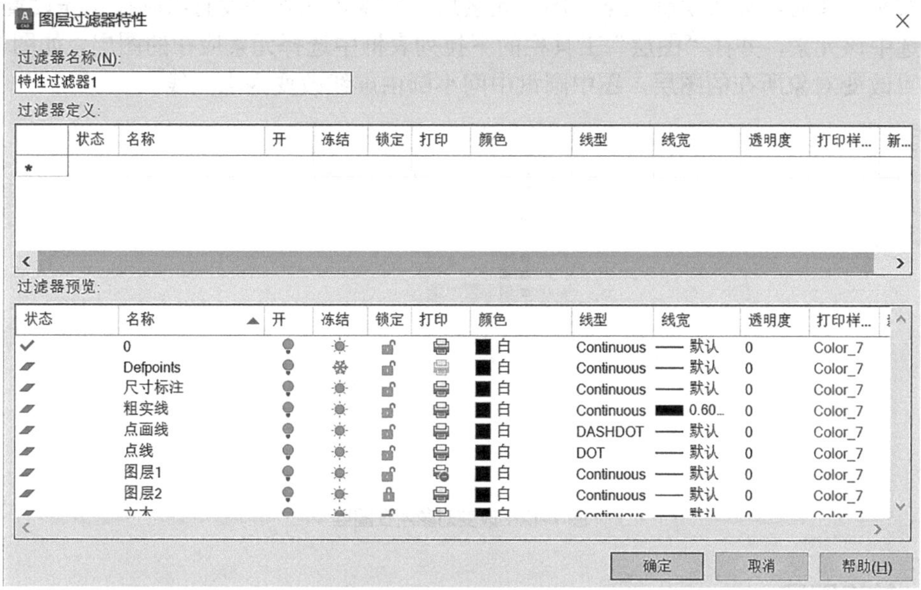

图 7-10 “图层过滤器特性”对话框

①“过滤器名称”：用户可以使用系统给定的名称，如特性过滤器 1，也可以自己命名，但过滤器名称中不允许使用“<”“>”“/”“\”“:”“;”“|”“-”“=”等字符。

②“过滤器定义”及“过滤器预览”：用户在“过滤器定义”栏目中给定按照图层的某种特性过滤，在“过滤器预览”栏目中即显示过滤后的结果。

在“过滤器定义”栏目中，选定以图层的“解冻”及“开锁”状态为过滤的条件，“过滤器预览”栏目中即显示所有处于“解冻”及“开锁”状态的图层。

单击图 7-10 中的“确定”按钮，过滤器栏目中增加“特性过滤器 1”，选中“特性过滤器 1”，在图层显示栏内只显示过滤后的图层，如图 7-11 所示。如果在“图层特性管理器”中选中“反转过滤器”复选框，将产生与列表中过滤条件相反的过滤条件。

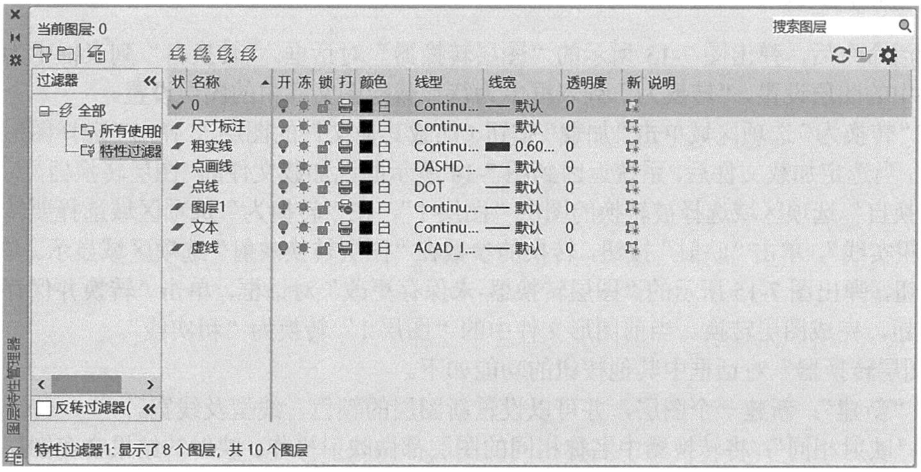

图 7-11 显示过滤后的图层

7.3.5 改变对象所在图层

在实际绘图时，如果绘制完某一图形元素后，发现该元素并没有绘制在预先设置的图层上，可选中该元素，并在“图层”工具栏的下拉列表框中选择元素应在的图层，如图 7-12 所示，即可改变对象所在的图层，图中圆盘中间小圆由虚线改变为点画线。

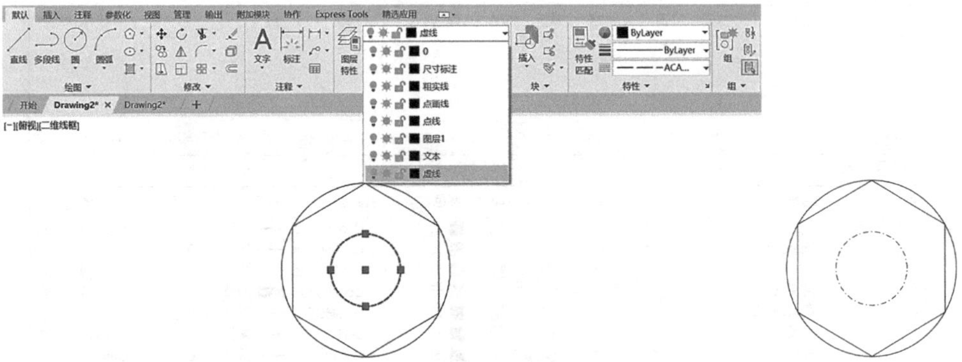

图 7-12 改变对象所在图层

7.3.6 转换图层

使用图层转换器可以转换图层，实现图层的标准化和规模化。通过图层转换器，可以将当前图面中的图层设置变成其他图面中的图层设置。

1）命令激活方式

① 命令行：**LAYTRANS**。
② 功能区：【管理】→【CAD 标准】→【图层转换器】。
③ 菜单栏：【工具】→【CAD 标准】→【图层转换器】。
④ 工具栏：【工具栏】→【CAD 标准】→。

2）操作步骤

激活命令后，弹出图 7-13 所示的“图层转换器”对话框。“转换自”列表框中为当前绘图文件中的图层设置。“转换为”列表框中为待加载绘图文件中的图层设置。

在“转换为”选项区域单击“加载”按钮（加载其他文件的图层），弹出“选择图形文件”对话框，当选定加载文件后，系统返回到图 7-14 所示的已加载文件的“图层转换器”对话框。在“转换自”选项区域选择被转换的图层“图层 1”，在“转换为”选项区域选择要转换成的图层“粗实线”，单击“映射”按钮，转换的参数在“图层转换映射”选项区域显示。单击“转换”按钮，弹出图 7-15 所示的“图层转换器-未保存更改”对话框。单击“转换并保存映射信息”按钮，完成图层转换。当前图形文件中的“图层 1”转换为“粗实线”。

“图层转换器”对话框中其他按钮的功能如下。

①“新建”：新建一个图层，并可以设置新图层的颜色、线型及线宽。

②“映射相同”：将转换器中名称相同的图层都做映射操作。映射的结果会在图层转换映射区中显示出来。

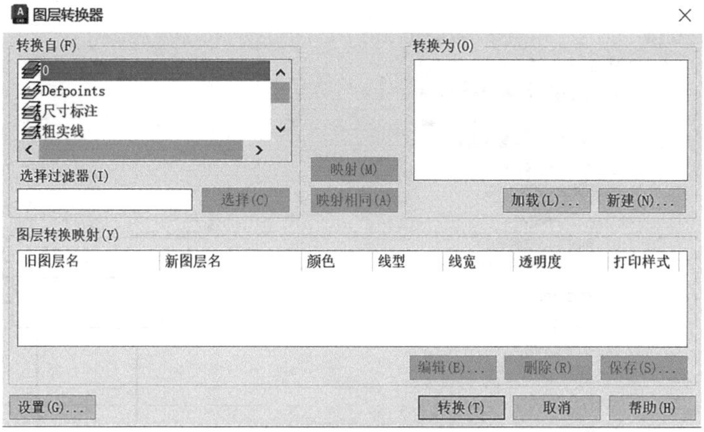

图 7-13 “图层转换器”对话框

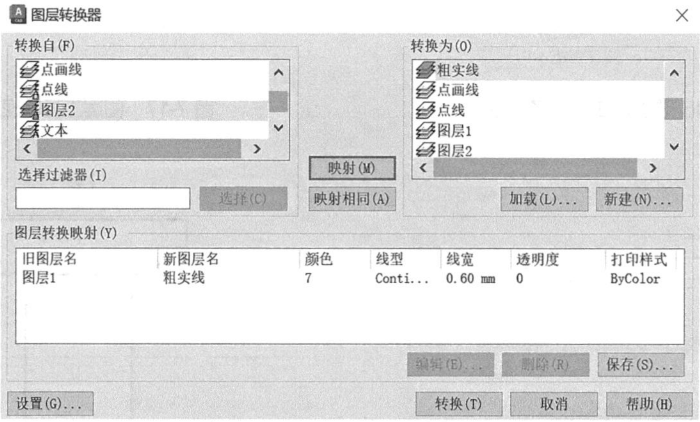

图 7-14 已加载文件的“图层转换器”对话框

③“编辑”：可以对图层转换映射区内映射到的图层进行颜色、线型及线宽的修改。

④“删除”：删除图层转换映射区中被选中的图层。

⑤“保存”：将所有映射到的图层保存成标准文件(.dws)，将来可以在“转换为”区域中载入。

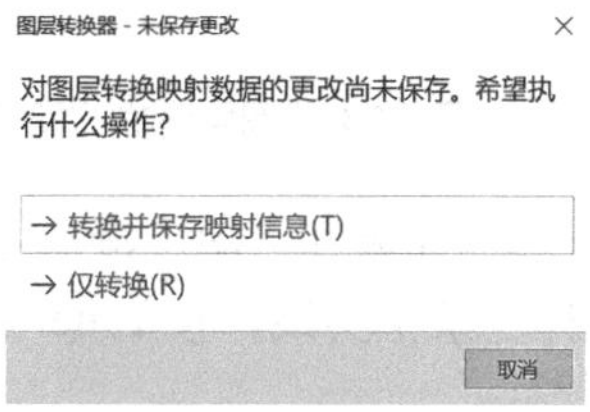

图 7-15 “图层转换器-未保存更改”对话框

7.3.7 使用图层工具管理图层

利用图层工具，用户可以更加方便地管理图层。选择【格式】→【图层工具】菜单项，在弹出的如图 7-16 所示的下一级菜单中有许多管理图层的选项。

以下为使用图层工具管理图 7-17 所示的实例。

① 在 AutoCAD 绘图区中打开图 7-17 所示的图形，选择【格式】→【图层工具】→【图层漫游】菜单项，弹出如图 7-18 所示的“图层漫游-图层数：9”对话框，在图层列表中显示该图形中所有的图层。

② 在图层列表中按下 Ctrl 键，可同时选择“粗实线”及“虚线”图层，在绘图区中将只显示粗实线层及虚线层的图线，如图 7-19 所示。

图 7-16 “图层工具”子菜单

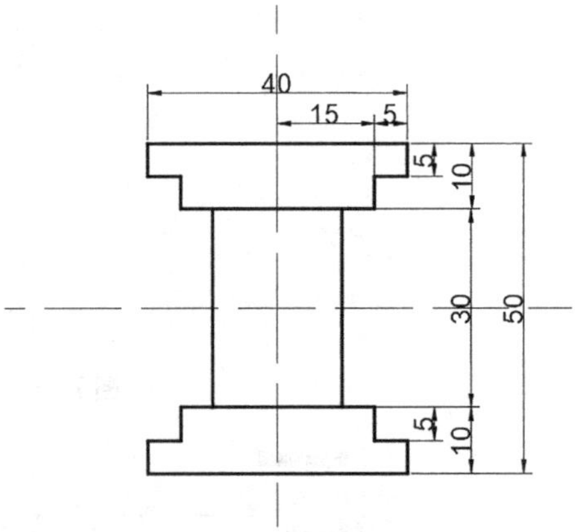

图 7-17 图层工具管理的图形

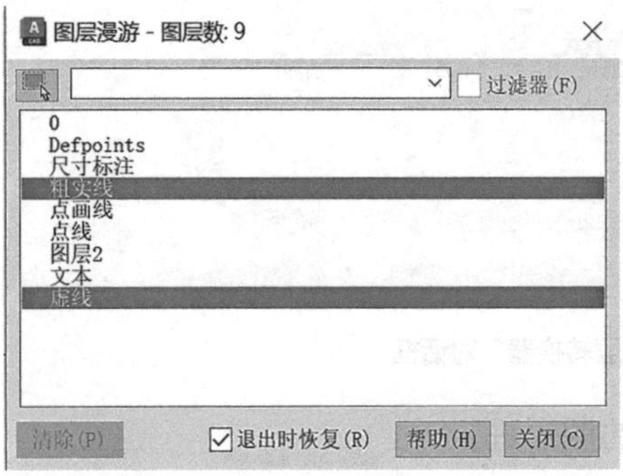

图 7-18 “图层漫游–图层数：9”对话框

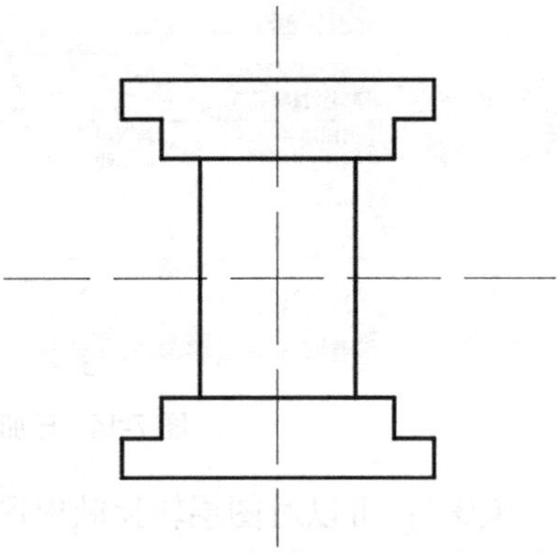

图 7-19 选取粗实线层及虚线层

③ 如果在“图层漫游-图层数：9”对话框中单击“选择对象”图标按钮，并在绘图区选择一条粗实线，按 Enter 键后，在绘图区中只显示粗实线层的图线。

7.4 对象特性的修改

每个对象都有特性，有些特性是对象共有的，例如图层、颜色、线型等；有些特性是对象所独有的，例如圆的直径、半径等。对象特性不仅可以查看，而且可以修改。对象之间可以复制特性。

7.4.1 设置对象的特性

为了使修改图层特性更为简便、快捷，AutoCAD 提供了图层特性编辑工具，可以设置图层的颜色、线型和线宽，在“特性”功能面板中，图层的颜色、线型和线宽的默认设置都为随层（ByLayer）。

1）设置当前实体的颜色

如图 7-20 所示，在“特性”功能面板的“对象颜色”下拉列表中，选择某种颜色，可改变其后要绘制实体（即当前实体）的颜色，但并不改变当前图层的颜色。

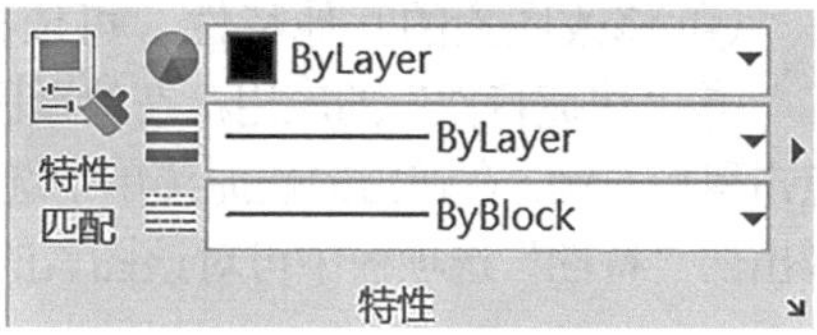

图 7-20 “特性”功能面板

“对象颜色”下拉列表中“ByLayer”（随层）选项表示图线的颜色是按图层本身的颜色来定。“ByBlock”（随块）选项表示图线的颜色是按图块本身的颜色来定。如果选择以上两者之外的颜色，随后所绘制的实体的颜色将是独立的，不会随图层的变化而变更。

选择“对象颜色”下拉列表中“更多颜色”选项，将弹出“选择颜色”对话框，可从中选择一种颜色作为当前实体的颜色。

2）设置当前实体的线型

如图 7-20 所示，在“特性”功能面板的“线型”下拉列表中，选择某种线型，可改变其后要绘制实体（即当前实体）的线型，但并不改变当前图层的线型。

3）设置当前实体的线宽

如图 7-20 所示，在“特性”功能面板的“线宽”下拉列表中，选择某种线宽，可改变其后要绘制实体（即当前实体）的线宽，但并不改变当前图层的线宽。

注意：利用上述方法设置颜色、线型和线宽时，无论选择哪个图层，所画图线的颜色、线型和线宽都不会改变。因此，应避免用该方法绘制复杂图形。

7.4.2 使用特性窗口

利用“特性”对话框查看被选择对象的相关特性，并对其特性进行修改。

1）命令激活方式

① 命令行：**PROPERTIES** 或 **PR**。
② 功能区：【默认】→【特性】→ ↘。
③ 菜单栏：【修改】→【特性】。

2）操作步骤

① 在绘图区中选择一个或多个图素（如细实线的圆），单击“特性”功能面板上的图标 ↘（或点击鼠标右键，在弹出的快捷菜单中选择“特性”菜单项），打开“特性”选项板，如图 7-21 所示。

② 在“特性”选项板中，使用选项板中的滚动条，在特性列表中滚动查看选择对象的特性内容，单击每个类别右侧的符号“▾”，展开或折叠列表。

③ 如果要改变图中所有虚线的线型比例，先选择虚线，在图 7-21 列表中选择线型比例，

将数值 1 修改为 0.5，单击“特性”选项板左上角符号，关闭“特性”选项板，按下 Esc 键退出选择即可完成修改。

④ 修改图素的其他特性，可依据以上步骤进行。

⑤“快捷特性”的应用：在绘图区选中一个或多个图素，点击鼠标右键，在弹出的快捷菜单中选择“快捷特性”菜单，在弹出的“特性”选项板中可对该图素的常用特性进行修改。

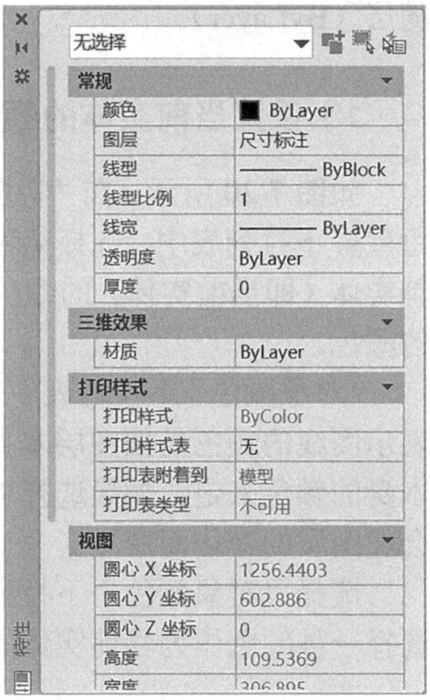

图 7-21 用“特性”选项板修改对象特性

7.4.3 对象特性匹配

“特性匹配”即特性刷功能，可以在不同的对象间复制共性的特性，也可以将一个对象的某些或全部特性复制到其他对象上。

1）命令激活方式

① 命令行：**MATCHPROP** 或 **MA**。

② 功能区：【默认】→【特性】→【特性匹配】。

③ 菜单栏：【修改】→【特性匹配】。

2）“特性设置”对话框内容

激活命令后，选择源对象，当光标变成特性刷时，在命令行输入“S”，打开“特性设置”对话框，如图 7-22 所示。

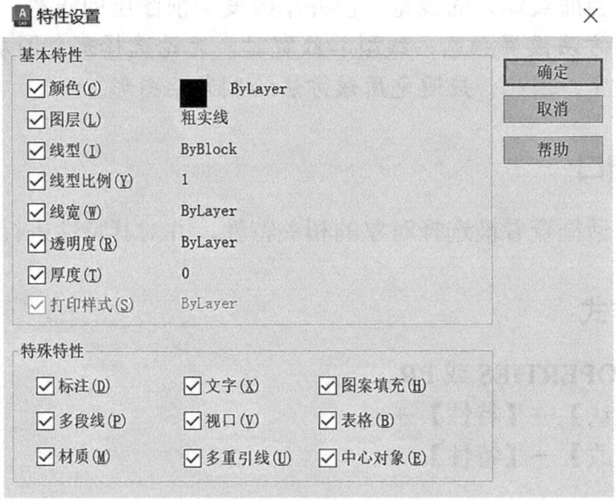

图 7-22 “特性设置”对话框

在“特性设置”对话框中，清除不希望复制的项目（默认情况下所有项目都打开）。

3）操作步骤

① 激活命令后，命令行提示：

选择目标对象或［设置（S）］:

这时光标变为选择框，选择图形上端的粗实线作为目标对象后，光标变成，如图 7-23 所示。

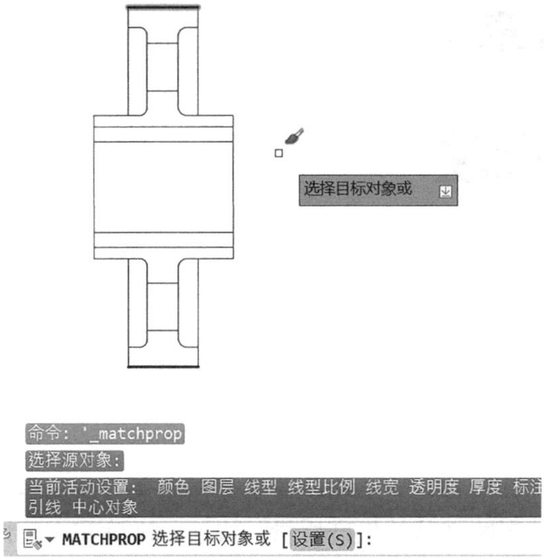

图 7-23 特性匹配前的图形

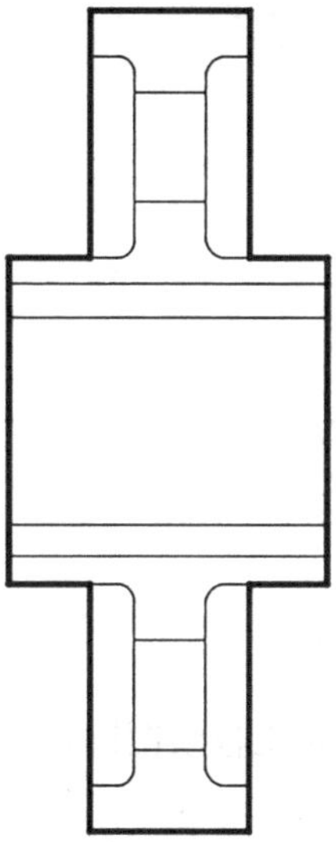

图 7-24 特性匹配后的图形

② 用逐一单击图形的外轮廓线，结束选择后的图形如图 7-24 所示。

习题

1. AutoCAD 2023 允许设置多少种颜色？是否允许真彩色？有几种标准颜色？它们分别是什么颜色？

2. AutoCAD 通过什么方式为用户提供线型？用户如何设置 AutoCAD 提供的线型？AutoCAD 的缺省线型是何种线型？

3. AutoCAD 2023 允许设置多少种线宽？线宽是否可任意设置？线宽的作用是什么？

4. AutoCAD 在图层管理中“特性过滤器”的主要作用是什么？用户如何使用该功能来组织、管理和设置图形的图层？

5. 按要求设置图形环境。

- 图形范围为 297×210。
- 长度单位：“小数”制，精度为小数 2 位；角度单位：十进制，精度为整数。
- 网格捕捉 *X* 轴间距为 15，*Y* 轴间距为 10，栅格间距与网格间距相同。
- 图层设置如附表 7-1 所示。

附表 7-1 图层设置

图层	打开	冻结	锁定	颜色	线型	线宽	打印
0	开	解冻	锁定	白	CONTINOUS	缺省	打印
WALL	关	冻结	解锁	红	DASHDOT	0.50mm	禁止
DOOR	开	解冻	解锁	黄	DOT	0.90mm	禁止
FUTURE	开	冻结	锁定	绿	CENTER	1.00mm	打印

第 8 章

尺寸标注

尺寸标注是工程绘图过程中的重要环节，物体的真实大小和位置关系需要通过图形中的尺寸标注来表达。尺寸标注是否清晰和准确直接影响产品的生产质量，快速、准确和规范地进行工程图纸的尺寸标注是工程设计人员应具有的基本素质。

尺寸标注是图形的测量注释，可以显示对象的长度、角度等测量值。AutoCAD 提供了一套完整、灵活的尺寸标注系统，可以自动测量图形的尺寸，并按一定的标注样式进行尺寸标注。本章主要介绍尺寸标注的基本规则、尺寸标注样式、各种标注及编辑标注对象。

8.1 尺寸标注的基本规则

8.1.1 尺寸标注的规则概述

利用 AutoCAD 软件所标注的工程图样尺寸，必须严格遵守 GB/T 18229—2000《CAD 工程制图规则》关于尺寸标注的有关规定。

1）箭头

在 CAD 工程制图中常用的箭头形式如图 8-1 所示。

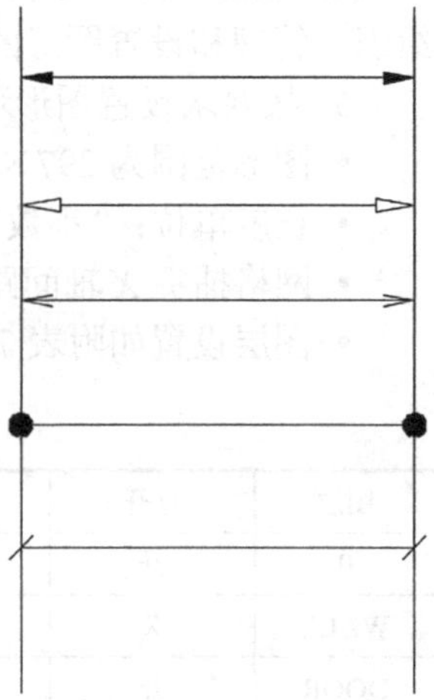

图 8-1 常用箭头形式

2）CAD 工程图中的尺寸线和尺寸界线

CAD 工程图中的尺寸线和尺寸界线应按照有关标准的要求绘制。

3）尺寸数字

尺寸数字应按照 GB/T 18594—2001《技术产品文件　字体　拉丁字母、数字和符号的 CAD 字体》中的规定注写，要注意全图统一。尺寸数字的字高一般为 3.5mm。

4）简化标注

在不引起误解的前提下，必要时可以按照相关标准采用简化的标注方式。

5）在尺寸标注时应遵守的规则

① 将尺寸标注与其他图形对象区分开来。
② 尺寸标注的文本要求为字体端正、排列整齐、间隔均匀、字高一致、合乎规范。
③ 通过整体比例因子调整尺寸大小。
④ 通常用目标捕捉方法拾取定义点。
⑤ 通常尺寸线、延伸线用细线绘制。
⑥ 通常延伸线从轮廓线、轴线、对称中心线引出。
⑦ 图形中标注的尺寸应为物体的真实尺寸，与图形显示大小和显示精度无关。
⑧ 若图形中标注的尺寸以毫米为单位，则不需要注明尺寸单位的代号或名称，否则需要注明尺寸单位的代号或名称，如：厘米、公里、英寸、度等。

8.1.2 尺寸标注的类型

系统提供了丰富的尺寸标注方法和尺寸标注变量，以满足不同行业的绘图需要。基本的标注类型为线性标注、径向标注、角度标注、基线标注和弧长标注等。使用 DIM 命令根据要标注的对象类型自动创建标注。

在特殊情况下，也可以通过设置标注样式或编辑各标注来控制标注的外观。标注样式可以快速指定约束，并保持行业或工程标注标准。

标注类型如图 8-2（a）～（h）所示。

注意：若要简化图形组织和标注缩放，可以在布局上而不是在模型空间中创建标注。

（1）线性标注

线性标注可以水平、垂直或对齐放置。可根据放置文字时光标的移动方式，使用 DIM 命令创建对齐标注、水平标注或垂直标注。

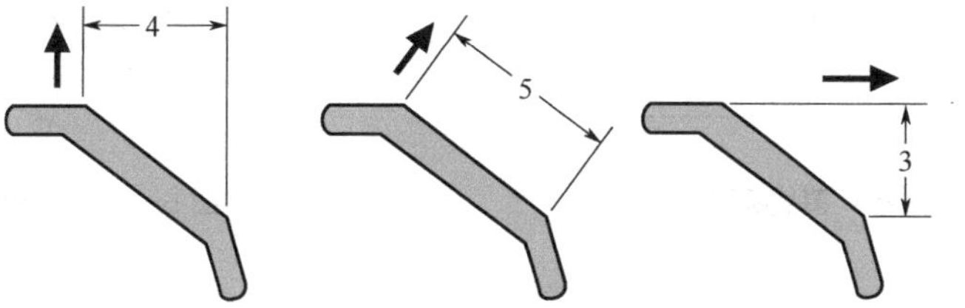

图 8-2（a） 线性标注

在旋转的标注中，尺寸线与尺寸界线原点形成一定的角度。在图 8-2（b）中，标注旋转的指定角度等于该槽的角度。

注意：还可以创建尺寸线与尺寸界线不垂直的线性标注。这些称为倾斜标注，它们最常用于等轴测草图。在本例中，尺寸线的角度将定向于 30°和 60°，具体取决于当前的等轴测平面。

（2）连续标注

连续标注（也称为链式标注）是端对端放置的多个标注。

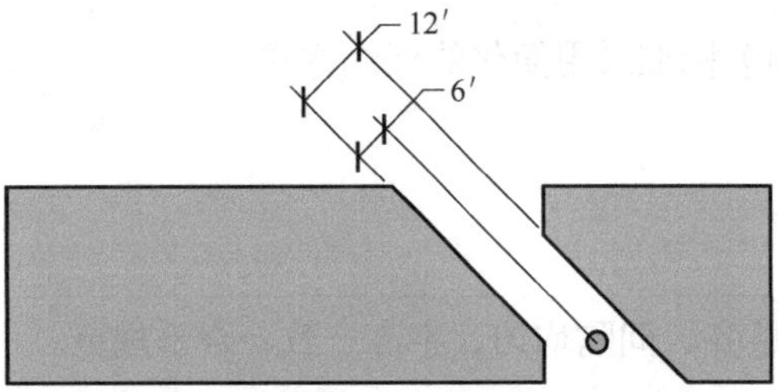

图 8-2（b） 倾斜标注

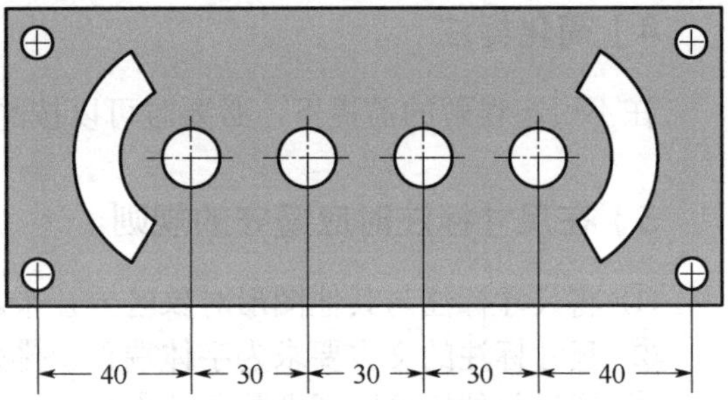

图 8-2（c） 连续标注

（3）基线标注

基线标注是多个具有从相同位置测量的偏移尺寸线的标注。

注意：若要创建连续标注或基线标注，必须首先创建线性标注、角度标注或坐标标注以用作基准标注。

（4）弧长标注

弧长标注用于测量圆弧或多段线圆弧上的距离。弧长标注的典型用法包括测量围绕凸轮的距离或表示电缆的长度。

为区别它们是线性标注还是角度标注，默认情况下，弧长标注将显示一个圆弧符号。圆弧符号（也称为“帽子”或“盖子”）显示在标注文字的上方或前方。

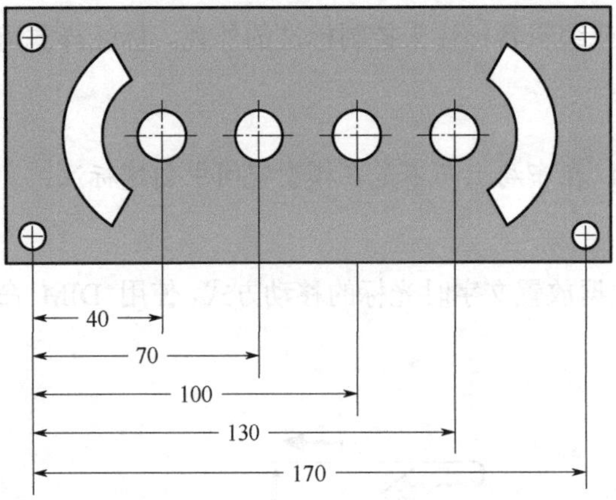

图 8-2（d） 基线标注

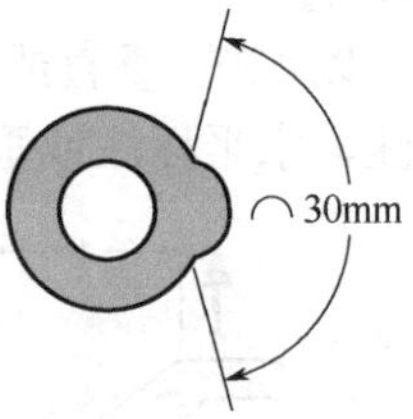

图 8-2（e） 弧长标注

（5）径向标注

径向标注可测量圆弧和圆的半径或直径，具有可选的中心线或中心标记。图 8-2（f）中显示了多个选项。

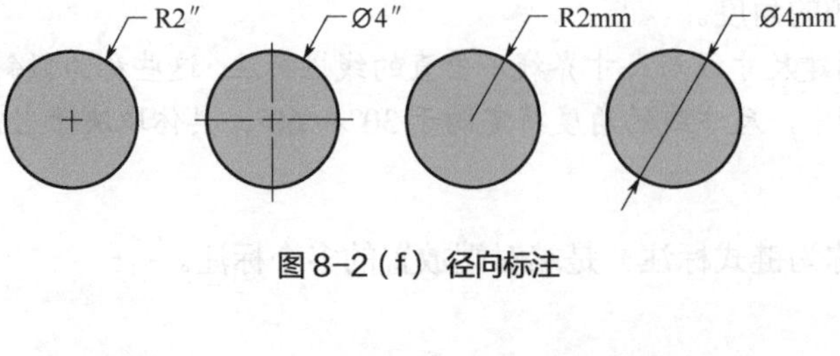

图 8-2（f） 径向标注

注意：当标注的一部分位于已标注的圆弧或圆内时，将自动禁用非关联中心线或中心标记。

（6）角度标注

角度标注可测量两个选定几何对象或三个点之间的角度。从左到右，图 8-2（g）分别演示了使用顶点和两个点、圆弧以及两条直线创建的角度标注。

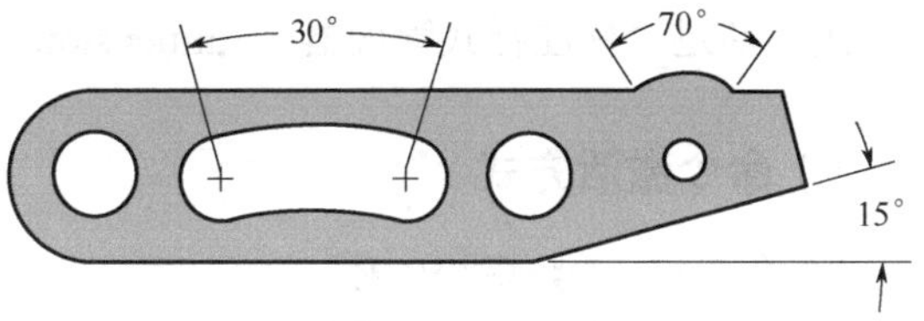

图 8-2（g） 角度标注

（7）坐标标注

坐标标注可测量与原点（称为基准）的垂直距离（例如部件上的一个孔）。这些标注通过保持特征与基准点之间的精确偏移量，来避免误差增大。

注意：基准根据 UCS 原点的当前位置而建立。

在图 8-2（h）中，基准（0, 0）表示为图示面板左下角的孔。

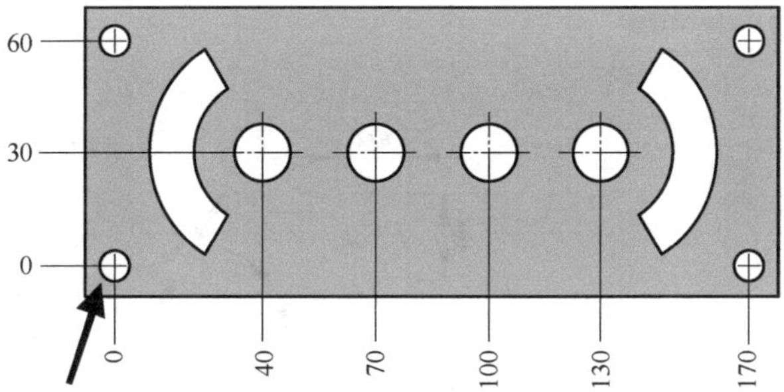

图 8-2（h） 坐标标注

8.1.3 尺寸标注的组成

在 AutoCAD 软件中，尺寸标注是一个复合体，它以块的形式存储在图形中。尺寸标注由尺寸界线 1、尺寸界线 2、尺寸线 1、尺寸线 2、箭头 1、箭头 2 及尺寸数字等尺寸变量组成，这些变量决定了尺寸标注的外观特性，如图 8-3 所示。

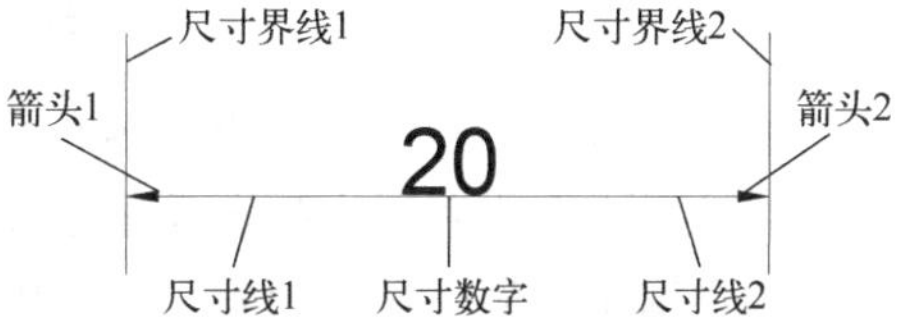

图 8-3 尺寸标注的组成

8.2 尺寸标注样式

尺寸变量的集合被称为标注样式，因此标注样式决定着标注的外观。同一图样中的标注样式是多样的，如角度数字应水平书写，而线性尺寸数字应垂直于尺寸线书写等。

AutoCAD 提供了 Annotative、Standard、ISO-25 等多种标注样式和标注样式管理器。用户应选择一种最接近本行业标准要求的标注样式，并应用“标注样式管理器”对该样式作必要的修改，把它作为基础标注样式。在此基础上，用户还应通过“标注样式管理器”的“新建”按钮，创建多种不同的标注样式以满足图样尺寸多样化的要求。本节主要结合国家标准，介绍标注样式的设置以及新建、修改、替代、比较标注样式的方法。

8.2.1 标注样式设置

用户通过“标注样式管理器”（dimension style manager）来完成对标注样式的设置。

1）命令激活方式

① 命令行：**DIMSTYLE**。
② 功能区：【注释】→【标注】→↘。
③ 菜单栏：【标注】→【标注样式】。
④ 工具栏：【工具栏】→【标注】→⊢。

2）操作步骤

激活命令后，弹出图 8-4 所示的“标注样式管理器”对话框，该对话框包含如下内容。

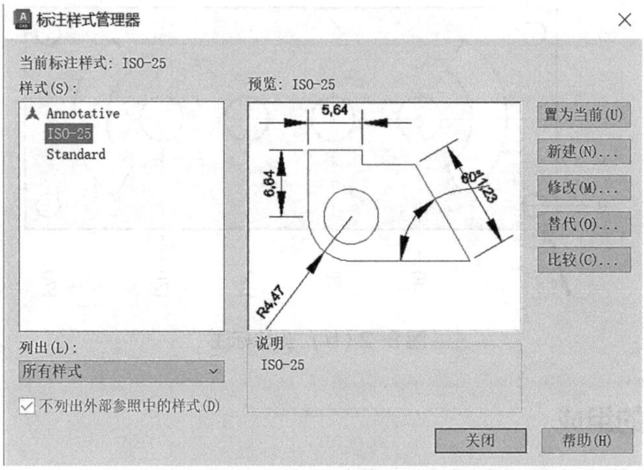

图 8-4 “标注样式管理器”对话框

①“当前标注样式”说明：图 8-4 中的当前标注样式为 ISO-25。
②“样式”列表框：列表显示已存的标注样式。
③“预览”框：样式列表中被选中的标注样式（ISO-25）的预览图和说明。
④“置为当前”按钮：将样式列表中的某样式置为当前样式。
⑤“新建”按钮：创建新的标注样式。
⑥“修改”按钮：修改样式列表中被选中的标注样式。
⑦“替代”按钮：替代当前的标注样式。
⑧“比较”按钮：将样式列表中被选中的标注样式与当前标注样式进行比较。单击“修改”（或“替代”）按钮，将弹出显示所有尺寸变量的标注样式对话框，可对系统默认的变量值进行重新设置，如图 8-5 所示。各选项卡说明如下。

（1）“线”选项卡

用于设置尺寸线和尺寸界线的格式和特性，如图 8-5 所示。该选项卡中大部分变量均按默认值设置，需要调整的变量如下。

①“基线间距”文本框：采用基线标注时，设置基线标注中各尺寸线之间的距离，它与

尺寸数字的文字高度相关。

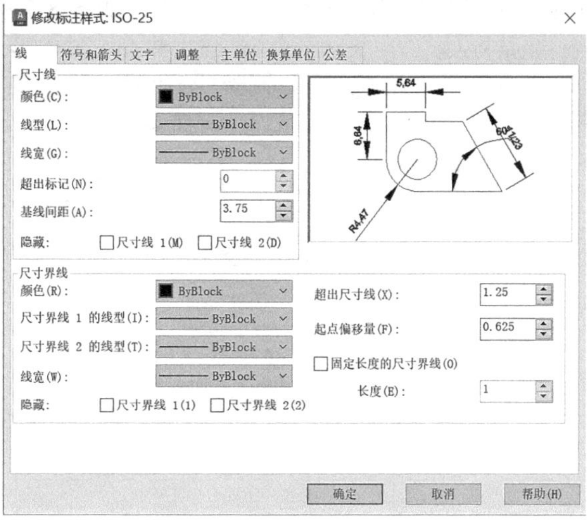

图 8-5 “修改标注样式”对话框

②“超出尺寸线”文本框：指定尺寸界线在尺寸线上方伸出的距离，应设置为 3～5mm。

③“起点偏移量”文本框：指定两尺寸界线起点到定义该标注的原点（被标注对象拾取点）的偏移距离，应设置为 0。

(2)“符号和箭头”选项卡

用于设置箭头、圆心标记、弧长符号和半径折弯标注的格式和特性，如图 8-6 所示。该选项卡的“箭头”选项区域中的选项说明如下。

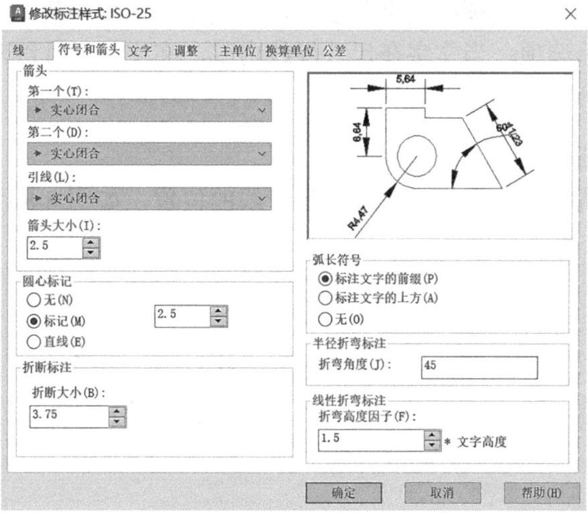

图 8-6 “符号和箭头”选项卡

①“第一个”下拉列表：设置第一条尺寸线的箭头类型。当改变第一个箭头的类型时，第二个箭头自动改变以匹配第一个箭头。

②“第二个”下拉列表：设置第二条尺寸线的箭头类型。改变第二个箭头类型不影响第一个箭头的类型。

（3）“文字”选项卡

本选项卡用于设置标注文字的外观、位置和对齐方式，如图 8-7 所示。

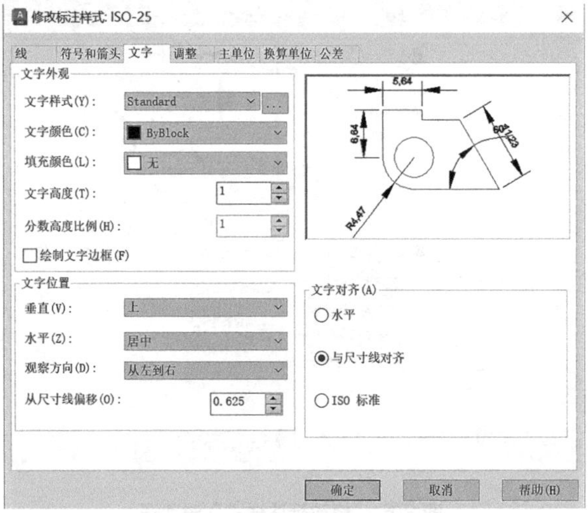

图 8-7 “文字”选项卡

“文字外观”选项区域中的文字样式一般采用设置好的数字文字样式，文字高度一般设置为 3.5mm。

“文字位置”选项区域中的“从尺寸线偏移”文本框设置文字与尺寸线之间的距离，一般设置为 1mm。

“文字对齐”选项区域中的选项说明如下。

①“水平”单选项：水平放置文字，文字角度与尺寸线角度无关。

②“与尺寸线对齐”单选项：文字角度与尺寸线角度保持一致。

③“ISO 标准”单选项：当文字在尺寸界线内时，文字与尺寸线对齐；当文字在尺寸界线外时，文字水平排列。

（4）“调整”选项卡

本选项卡用于设置文字、箭头、引线和尺寸线的位置，如图 8-8 所示。

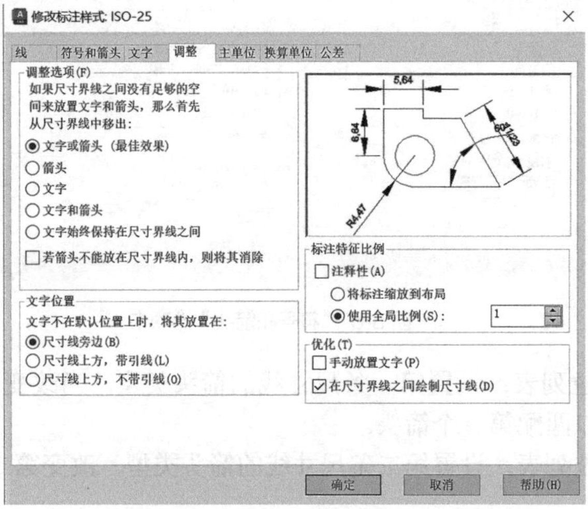

图 8-8 “调整”选项卡

在“调整选项”选项区域中，默认设置是选中“文字或箭头（最佳效果）”单选项。采用该设置在标注圆的直径时，若尺寸数字在圆内，则尺寸线只有一个箭头，如图 8-9（b）所示。所以一般应设置为“箭头”或“文字”。

“标注特征比例”选项区域的含义如下。

①“使用全局比例”单选项和文本框：设置尺寸数字、尺寸界线和箭头等在图样中的缩放比例。该选项适用于仅要求打印同一比例图样的图纸，比例因子根据图纸打印比例设置。例如绘图比例 1∶1，打印比例 2∶1，“使用全局比例”因子设置为 0.5，则图样中尺寸数字、尺寸界线和箭头的大小按标注样式的设定值打印。

②“将标注缩放到布局”单选项：根据当前模型空间视口比例确定比例因子。该选项适用于需要打印两种或两种以上不同比例图样的图纸。此时图纸打印比例设置为 1∶1，图形在模型空间按 1∶1 绘制，不同图样的比例由每个模型空间视口比例控制。此时尺寸必须在被激活的模型空间视口内标注，由此可保证不同图样中尺寸数字、尺寸界线和箭头的大小均按标注样式的设定值打印。

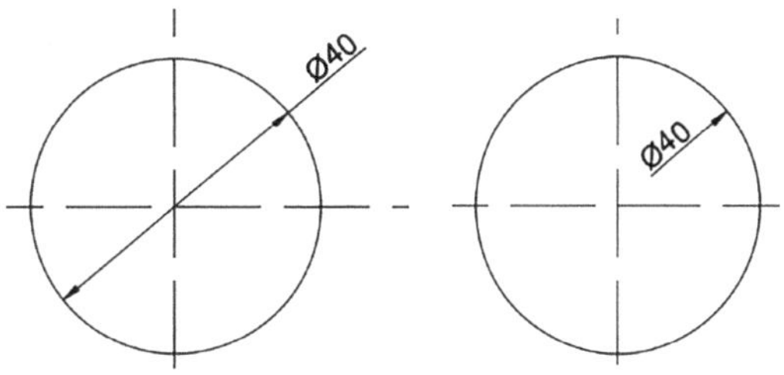

(a) (b)

图 8-9 尺寸标注示例

(5)“主单位”选项卡

本选项卡用于设置主标注单位的格式和精度以及标注文字的前缀和后缀，如图 8-10 所示。

“线性标注”选项区域中的“小数分隔符”下拉列表应设置为“‘.’（句点）”。“前缀”用于设置文字前缀，如在尺寸数字前增加“ϕ”。

“测量单位比例”选项区域中的“比例因子”文本框用于设置线性标注测量值的比例（角度除外）。例如当绘图比例为 2∶1 时，“比例因子”设置为 0.5。

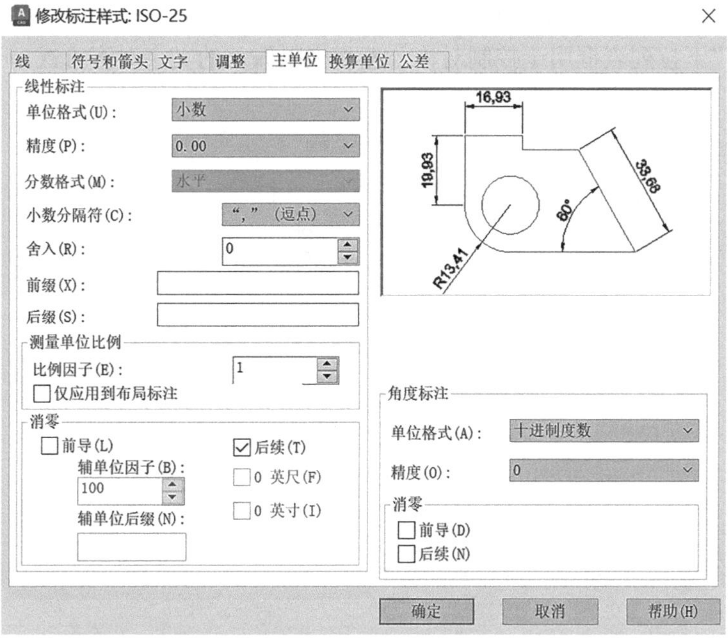

图 8-10 “主单位”选项卡

(6)“换算单位”选项卡

本选项卡指定标注测量值中换算单位的显示，并设置其格式和精度，如图 8-11 所示。

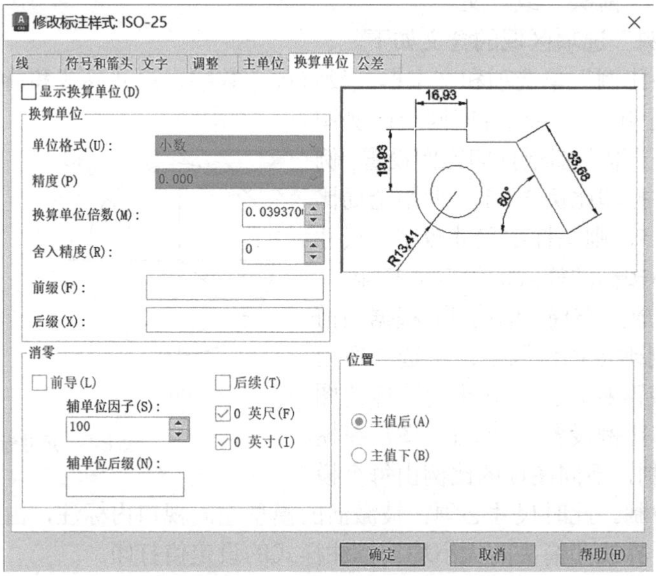

图 8-11 “换算单位”选项卡

(7)“公差”选项卡

本选项卡控制标注文字中公差的格式，如图 8-12 所示。

在“公差格式”选项区域中，当在“方式”下拉列表中选择了“对称”时，仅输入上极限偏差值即可。AutoCAD 自动把下极限偏差的输入值作为负值处理。

“高度比例”文本框用于显示和设置偏差文字的当前高度。对称公差的高度比例应设置为 1，而极限偏差的高度比例应设置为 0.5。

“垂直位置”下拉列表框用于控制对称公差和极限偏差的文字对齐方式，应设置为“中”。

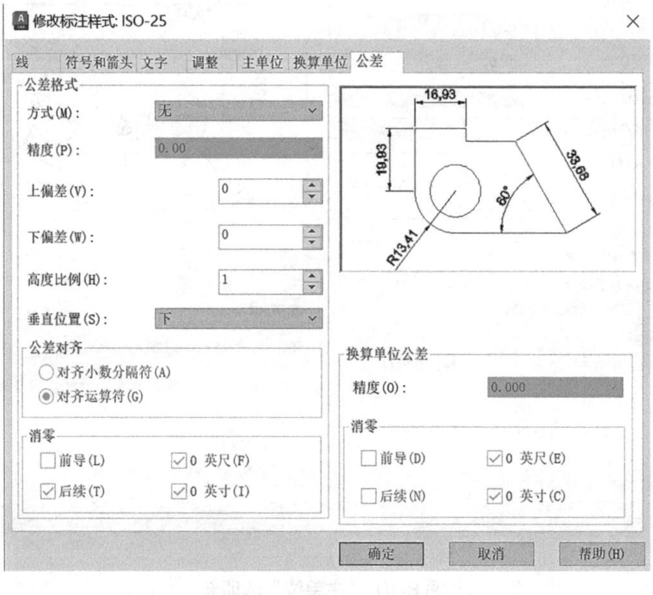

图 8-12 “公差”选项卡

8.2.2 新建标注样式

打开“标注样式管理器”对话框，并单击“新建”按钮，出现如图 8-13 所示的“创建新标注样式”对话框。

在该对话框中，各选项说明如下。

①“新样式名”文本框：指定新样式的名称。

②“基础样式”下拉列表：新样式在指定样式的基础上创建。但两者并不相互关联。

③“注释性”复选框：开启注释性后可以实现含有注释属性的图形元素（常用于图纸上的文字字体、尺寸标注、线型）的自动缩放，使不同的图纸幅面上这些元素的比例保持相同而不至于影响看图。

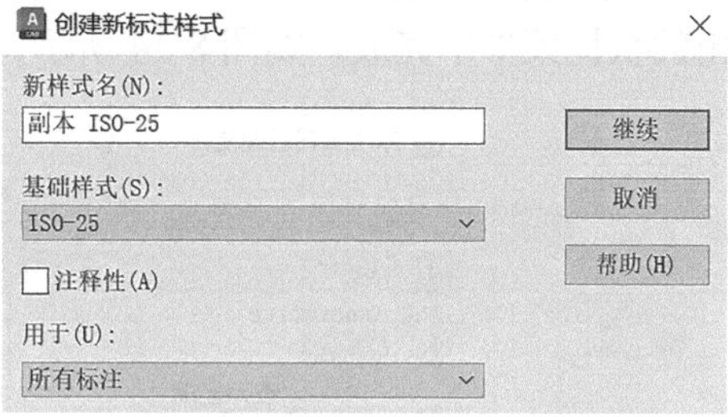

图 8-13 “创建新标注样式”对话框

④“用于”下拉列表：如果选择“所有标注”项，则创建一个相对独立于基础样式的新样式。而选择其他各项时，则创建基础样式的相应子样式。基础样式与子样式之间保持继承关系，即除子样式单独设置的变量外，其他变量与基础样式相同，并随基础样式而变；同一基础样式下的子样式之间保持独立。

单击“继续”按钮可弹出“新建标注样式”对话框，该对话框和图 8-5 所示的“修改标注样式”基本一致，利用该对话框可对新样式进行设置。

如果需要对已经建立的标注样式进行重命名或删除，可在“标注样式管理器”对话框的“样式”列表中点击鼠标右键完成。注意，如下情况的样式不能被删除：

a. 这种标注样式是当前标注样式。

b. 当前图形中的标注使用这种标注样式。

c. 这种标注样式有相关联的子样式。

8.2.3 修改、替代及比较标注样式

1）修改标注样式

在标注样式建立后，如果需要调整该样式的某些变量，可以通过“标注样式管理器”的“修改”按钮完成。

2）替代标注样式

打开“标注样式管理器”对话框，并单击“替代”按钮。弹出“替代当前样式”对话框，可修改相应的标注样式。

3）“修改”标注样式与“替代”标注样式的区别

“修改”标注样式完成的是对某一种标注样式的修改，修改完成后，图样中所有使用此样式的标注都将按新标准发生改变。

“替代”标注样式则是为当前的标注样式创建样式替代。它是在不改变原标注样式设置的情况下，暂时采用新的设置来控制标注样式。由于“替代”样式是暂存的样式，所以该样式

在使用后将自动消失。如果需要保存该样式，可以通过重命名，把该样式变更为一种新标注样式；如果需要以该样式取代它所替代的样式，可以通过“保存到当前样式”把该样式下改变的尺寸变量作为对当前样式的修改，保存到当前标注样式中。

“重命名”操作，可在“标注样式管理器”对话框的“样式”列表中点击鼠标右键，在弹出的快捷菜单中完成，如图 8-14 所示。

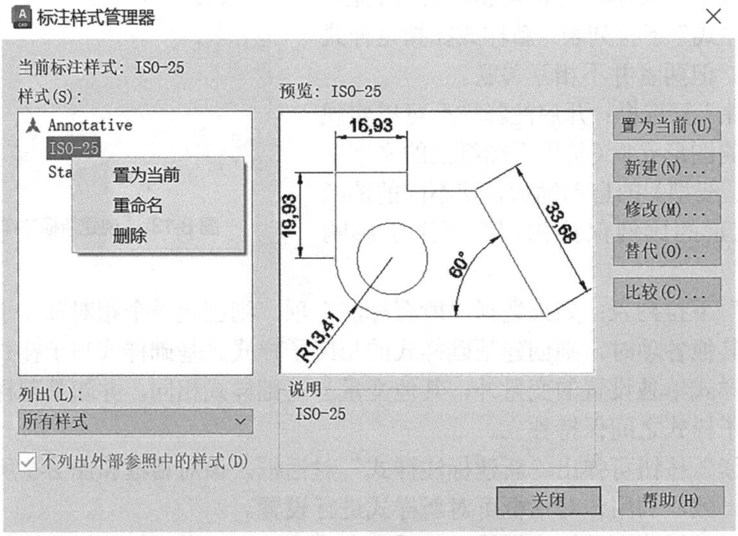

图 8-14 “重命名”操作

在“替代”样式下完成的标注，如果它所替代的标注样式发生改变，经过“替代”改变的变量不按新标准发生改变。其他变量则按新标准发生改变。

4）比较标注样式

打开“标注样式管理器”对话框，并单击“比较”按钮，弹出“比较标注样式”对话框，在该对话框中可分别指定两种样式进行比较，AutoCAD 将以列表的形式显示这两种样式在特性上的差异。如果选择同一种标注样式，则 AutoCAD 将显示这种标注样式的所有特性。完成比较后，用户可单击比较标注样式对话框中的“复制”图标按钮将比较结果复制到剪贴板上。

8.3 各种标注

AutoCAD 2023 提供了十几种尺寸标注命令用以测量和标注图形，使用它们可以进行线性标注、对齐标注、半径标注、角度标注等，如图 8-2 所示。本节主要介绍常用标注命令的使用方法。

注意：进行尺寸标注时，“对象捕捉”按钮必须处于开启状态，以保证准确地拾取标注对象上的点（如端点、圆心、中点等）。

8.3.1 线性标注和对齐标注

线性标注用于标注水平尺寸、垂直尺寸。对齐标注用于标注倾斜对象的实长，对齐标注的尺寸线平行于由两条尺寸界线起点确定的直线。

1）线性标注

（1）命令激活方式

① 命令行：**DIMLINEAR** 或 **DLI**。

② 功能区：【注释】→【标注】→。

③ 菜单栏：【标注】→【线性标注】。

④ 工具栏：【工具栏】→【标注】→【线性标注】。

（2）操作步骤

激活命令后，命令行提示：

命令：DIMLINEAR↙

指定第一条延伸线原点或<选择对象>：（指定第一条延伸线定义点或按 Enter 键直接选择直线、圆、圆弧等标注对象）

指定第二条延伸线原点：（指定第二条延伸线定义点）

指定尺寸线位置或［多行文字（M）/文字（T）/角度（A）/水平（H）/垂直（V）/旋转（R）]：（指定尺寸线位置或输入 M、T、A、H、V 或 R）

标注文字=<尺寸测量值>

各项说明如下。

①“指定尺寸线位置”：拾取尺寸线经过点，根据拖动方向确定是水平标注，还是垂直标注，如图 8-15 所示。

②“多行文字（M）”：输入 M，弹出“多行文字编辑器”对话框，输入或修改尺寸文字。有“< >”符号，表示自动测量值。

③“文字（T）”：输入或修改尺寸文字，如图 8-15 所示。提示：“输入标注文字<100>：（输入或修改尺寸文字）”。

④“角度（A）”：输入尺寸文字倾斜角度，如图 8-15 所示。提示：“指定标注文字的角度：（输入文字倾角）”。

⑤“水平（H）”：强制标注水平尺寸。提示：“指定尺寸线位置或［多行文字（M）/文字（T）/角度（A）]：”。

⑥“垂直（V）”：强制标注垂直尺寸。提示：“指定尺寸线位置或［多行文字（M）/文字（T）/角度（A）]：”。

⑦“旋转（R）”：强制标注旋转投影尺寸，如图 8-15 所示。提示：“指定尺寸线的角度<0>：（输入尺寸线与水平线夹角）”。

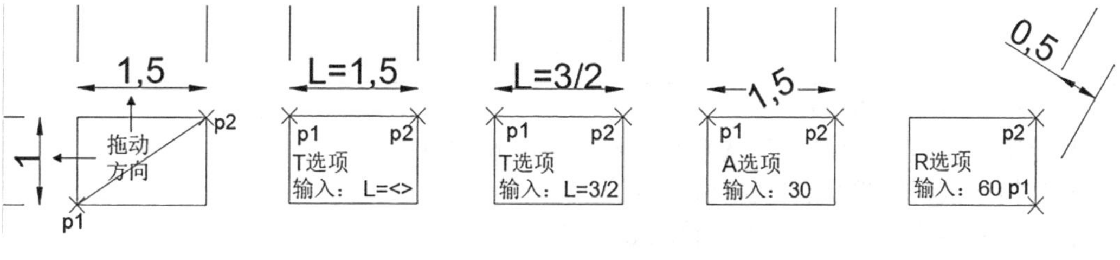

图 8-15 线性标注

2）对齐标注

（1）命令激活方式

① 命令行：**DIMALIGNED** 或 **DAL**。

② 功能区：【注释】→【标注】→。

③ 菜单栏：【标注】→【对齐】。

④ 工具栏：【工具栏】→【标注】→【对齐】。

（2）操作步骤

激活命令后，命令行提示：

命令：DIMALIGNED↙

指定第一条延伸线原点或<选择对象>：（指定第一条延伸线定义点或按 Enter 键选择直线、圆或圆弧进行标注）

指定第一条延伸线原点：拾取第一条延伸线定义点，进行对齐标注。提示：

指定第二条延伸线原点：（拾取第二条延伸线定义点，尺寸线与两定义点连线平行）

指定尺寸线位置或［多行文字（M）/文字（T）/角度（A）］：（拾取尺寸线位置或输入 M、T、A，作用同线性标注）

标注文字=<尺寸测量值>

选择对象：按 Enter 键，选取直线、圆或圆弧进行对齐标注。提示：

选择标注对象：（选择直线、圆或圆弧，进行对齐标注）

指定尺寸线位置或［多行文字（M）/文字（T）/角度（A）］：（拾取尺寸线位置或输入 M、T、A，作用同线性标注）

标注文字=<尺寸测量值>

（3）绘制实例

绘制并按对齐方式标注尺寸，如图 8-16 所示。

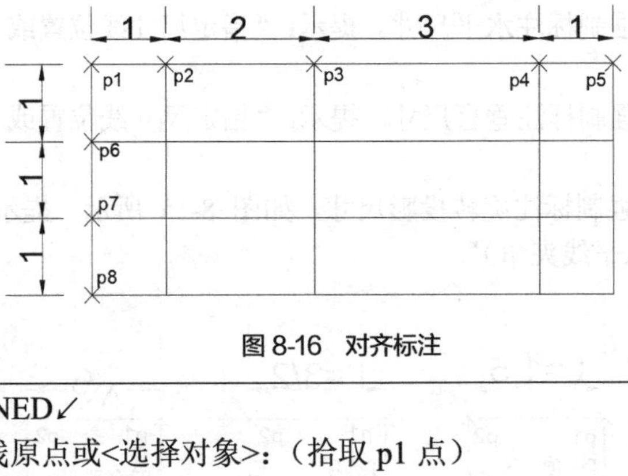

图 8-16　对齐标注

命令：DIMALIGNED↙

指定第一条延伸线原点或<选择对象>：（拾取 p1 点）

指定第二条延伸线原点：（拾取 p2 点）

指定尺寸线位置或［……］：（拾取 p3 点）

标注文字=2

命令：↙
指定第一条延伸线原点或<选择对象>：↙
选择标注对象：（拾取 p4 点，选择三角形边）
指定尺寸线位置或［……］：（拾取 p5 点）
标注文字=2
命令：↙
指定第一条延伸线原点或<选择对象>：↙
选择标注对象：（拾取 p6 点，选择三角形边）
指定尺寸线位置或［……］：（拾取 p7 点）
标注文字=2

同法标注其他尺寸。

8.3.2 半径标注和直径标注

1）半径标注

（1）命令激活方式

① 命令行：**DIMRADIUS** 或 **DRA**。
② 功能区：【注释】→【标注】→。
③ 菜单栏：【标注】→【半径】。
④ 工具栏：【工具栏】→【标注】→【半径】。

（2）操作步骤

激活命令后，命令行提示：

命令：DIMRADIUS↙
选择圆弧或圆：（选择圆弧或圆）
标注文字=<尺寸测量值>
指定尺寸线位置或［多行文字（M）/文字（T）/角度（A）］：（拾取尺寸线位置或输入 M、T、A）

选择圆、圆弧时的拾取点为尺寸线与圆、圆弧的交点。
可修改有关尺寸标注变量来改变尺寸标注样式，如图 8-17 所示。

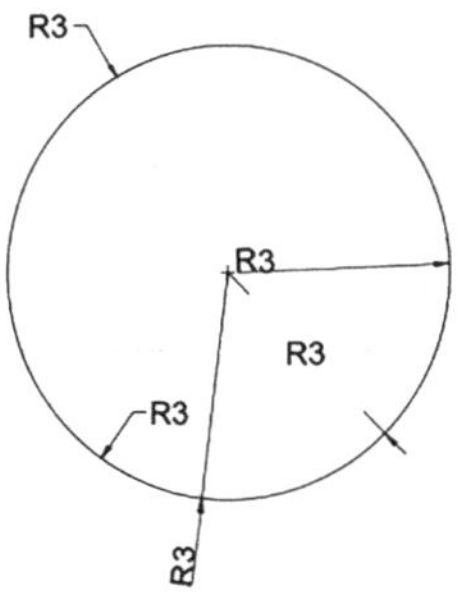

图 8-17 半径标注

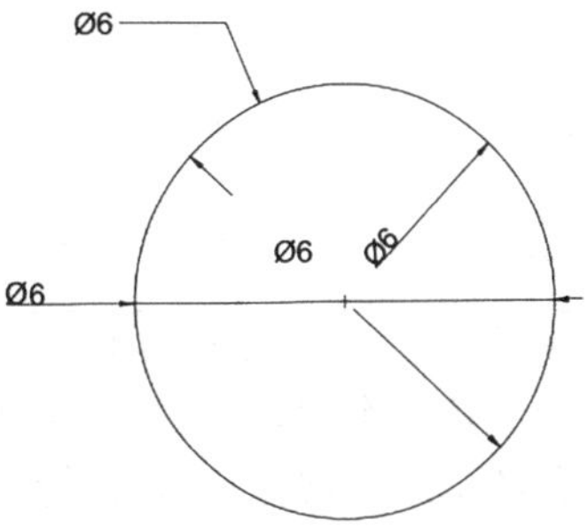

图 8-18 直径标注

2）直径标注

（1）命令激活方式

① 命令行：**DIMDIAMETER** 或 **DDI**。

② 功能区：【注释】→【标注】→⃠。

③ 菜单栏：【标注】→【直径】。

④ 工具栏：【工具栏】→【标注】→【直径⃠】。

（2）操作步骤

激活命令后，命令行提示：

命令：DIMDIAMETER↙

选择圆弧或圆：（选择圆弧或圆）

指定尺寸线位置或［多行文字（M）/文字（T）/角度（A）］：（拾取尺寸线位置或输入 M、T、A）

标注文字=<尺寸测量值>

选择圆、圆弧时的拾取点为尺寸线与圆、圆弧的交点。

可修改有关尺寸标注变量来改变尺寸标注样式，如图 8-18 所示。

8.3.3 角度标注

角度标注用于标注三点构成的角度，或圆弧的圆心角，或圆上某段圆弧的圆心角，或两条不平行直线间的角度。如图 8-19 所示。

1）命令激活方式

① 命令行：**DIMANGULAR** 或 **DAN**。

② 功能区：【注释】→【标注】→△。

③ 菜单栏：【标注】→【角度】。

④ 工具栏：【工具栏】→【标注】→【角度△】。

2）操作步骤

激活命令后，命令行提示：

命令：DIMANGULAR↙

选择圆弧、圆、直线或<指定顶点>：（选择圆弧，选择圆，选择直线，或按 Enter 键）

---

① 指定顶点：按 Enter 键，标注三点构成的角度。提示：

指定角的顶点：（指定标注角度的顶点）

指定角的第一个端点：（指定标注角度的第一端点）

指定角的第二个端点：（指定标注角度的第二端点）

指定标注弧线位置或［多行文字（M）/文字（T）/角度（A）/象限点（Q）］：

（拾取尺寸线位置或输入 M、T、A、Q）
标注文字=<尺寸测量值>

② 选择圆弧：选择圆弧，标注圆弧的圆心角。提示：

指定标注弧线位置或［多行文字（M）/文字（T）/角度（A）/象限点（Q）]:
（拾取尺寸线位置或输入 M、T、A、Q）
标注文字=<尺寸测量值>

③ 选择圆：选择圆，标注两拾取点与圆心构成的圆心角。提示：

指定角的第二个端点：（拾取第二个点，该点可在圆上，也可不在圆上）
指定标注弧线位置或［多行文字（M）/文字（T）/角度（A）/象限点（Q）]:
（拾取尺寸线位置或输入 M、T、A、Q）
标注文字=<尺寸测量值>

④ 选择直线：选择一条直线，标注两直线夹角。提示：

选择第二条直线：（选择一条直线）
指定标注弧线位置或［多行文字（M）/文字（T）/角度（A）/象限点（Q）]:
（拾取尺寸线位置或输入 M、T、A、Q）
标注文字=<尺寸测量值>

注意：只能标注小于 180° 的角。选择“象限点”选项，标注角度尺寸后，角度标注被锁定到的象限，将标注文字放置在角度标注外时，尺寸线会延伸超过延伸线。

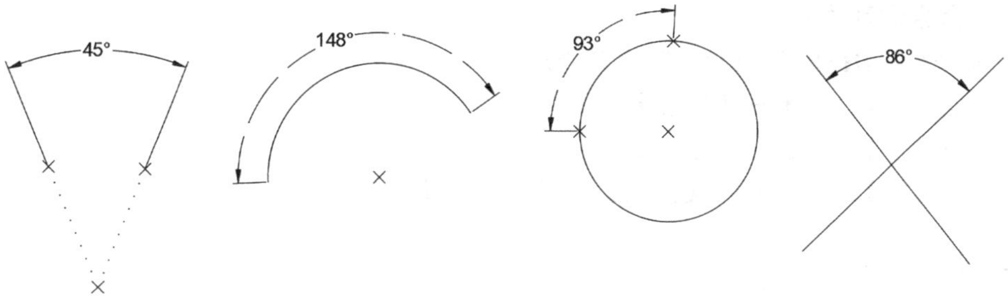

图 8-19 角度标注

8.3.4 基线标注和连续标注

基线标注是自同一基线处测量的多个线性标注、对齐标注或角度标注。连续标注是首尾相连的多个线性标注、对齐标注或角度标注。在进行基线和连续标注之前，必须首先建立一个相关标注（线性标注、对齐标注或角度标注）。

1）基线标注（图 8–20）

（1）命令激活方式

① 命令行：**DIMBASELINE** 或 **DBA**。
② 功能区：【注释】→【标注】→ 。

③ 菜单栏：【标注】→【基线】。
④ 工具栏：【工具栏】→【标注】→【基线】。

（2）操作步骤
激活命令后，命令行提示：

命令：DIMBASELINE↙
选择基线标注：
指定第二个尺寸界线原点或［选择（S）/放弃（U）］<选择>：（指定第二条尺寸界线的起点）
标注文字=<尺寸测量值>

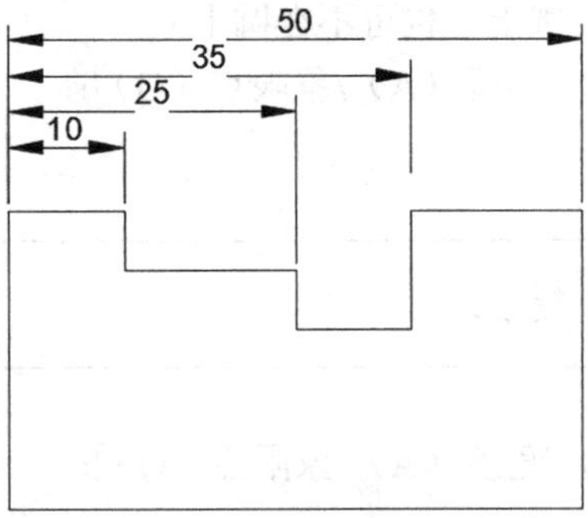

图 8-20　基线标注

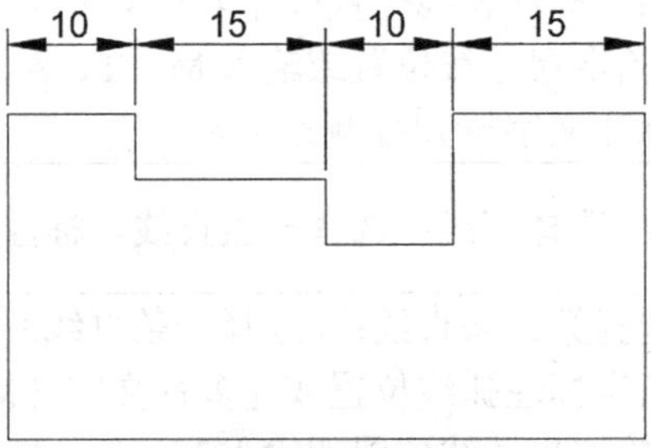

图 8-21　连续标注

2）连续标注（图 8–21）

（1）命令激活方式
① 命令行：**DIMCONTINUE** 或 **DCO**。
② 功能区：【注释】→【标注】→。
③ 菜单栏：【标注】→【连续】。
④ 工具栏：【工具栏】→【标注】→【连续】。

（2）操作步骤
激活命令后，命令行提示：

命令：DIMCONTINUE↙
指定第二个尺寸界线原点或［选择（S）/放弃（U）］<选择>：（指定第二条尺寸界线的起点）
标注文字=<尺寸测量值>

8.3.5　快速标注

快速标注可以创建层叠型、连续型、基线型、坐标型、直径和半径型等多种类型的尺寸，或编辑一系列标注。通过该命令，可以一次选择多个标注对象，随后 AutoCAD 同时完成所有对象的尺寸标注。

1）命令激活方式

① 命令行：**QDIM**。

② 功能区：【注释】→【标注】→。

③ 菜单栏：【标注】→【快速标注】。

④ 工具栏：【工具栏】→【标注】→【快速标注】。

2）操作步骤

激活命令后，命令行提示：

命令：QDIM↙

关联标注优先级=端点（AutoCAD 优先将所选图线的端点作为尺寸界线的原点）

选择要标注的几何图形：（选择待进行快速标注的图形对象，按 Enter 键结束）

指定尺寸线位置或［连续（C）/并列（S）/基线（B）/坐标（O）/半径（R）/直径（D）/基准点（P）/编辑（E）/设置（T）］<连续>：（指定尺寸线位置或输入选项）

执行结果如图 8-22 所示。图 8-22 中的标注采用了连续标注和半径标注。

各选项的说明如下。

① 指定尺寸线的位置：指定尺寸线的位置。

② 连续（C）：创建一系列连续标注，其中线性标注线端对端地沿同一条直线排列。

③ 并列（S）：创建一系列并列标注，其中线性尺寸线以恒定的增量相互偏移。

④ 基线（B）：创建一系列基线标注，其中线性标注共享一条公用尺寸界线。

⑤ 坐标（O）：创建一系列坐标标注，其中元素将以单个尺寸界线以及 *X* 或 *Y* 值进行注释。相对于基准点进行测量。

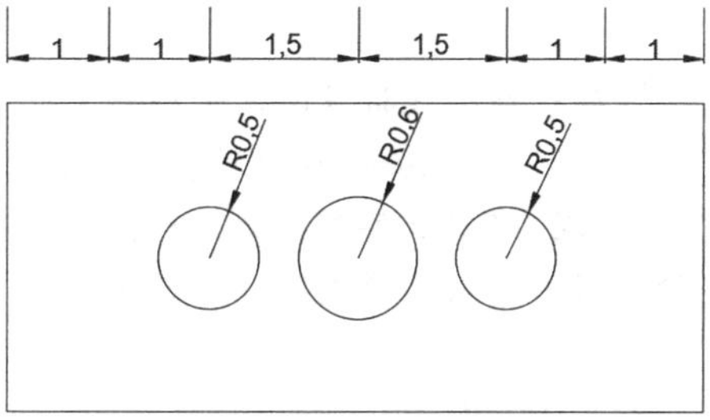

图 8-22 快速标注

⑥ 半径（R）：创建一系列半径标注，其中将显示选定圆弧和圆的半径值。

⑦ 直径（D）：创建一系列直径标注，其中将显示选定圆弧和圆的直径值。

⑧ 基准点（P）：为基线和坐标标注设置新的基准点。

⑨ 编辑（E）：在生成标注之前，删除出于各种考虑而选定的点位置。

⑩ 设置（T）：为指定尺寸界线原点（交点或端点）设置对象捕捉优先级。

8.3.6 快速引线标注

快速引线标注用于标注引线和注释。用户可以在图形的任意位置创建引线，在引线末端输入文字、添加几何公差表格、插入图块等。

1）命令激活方式

① 命令行：**QLEADER**。

② 菜单栏：【标注】→【引线标注】。

2）操作步骤

激活命令后，命令行提示：

命令：QLEADER↙
指定第一个引线点或［设置（S）］<设置>：（拾取引线起点或输入 S）
指定下一点：（拾取引线下一点）
指定文字宽度<0.0000>：（输入文本宽度）
输入注释文字第一行<多行文字（M）>：（输入引线标注文本）
输入注释文字下一行：（输入下一行标注文本或按 Enter 键）

执行结果如图 8-23 所示。

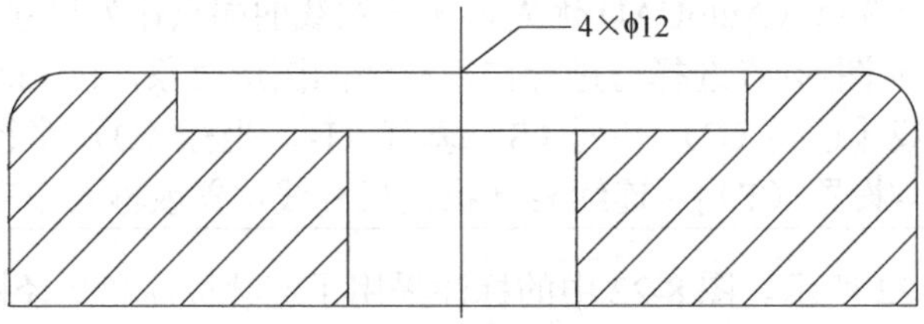

图 8-23　快速引线标注

注意：在引线标注时，若引线或文字的位置不合适，可利用夹点编辑方式进行调整。

① 激活引线关键点移动引线时，文字保持不动。

② 在“多行文字编辑器”中输入注释文字，激活文字关键点移动文字时，引线保持不动；在命令行内输入注释文字，激活文字关键点移动文字时，引线末端将跟随而动。

3）引线设置

激活快速引线标注命令后按 Enter 键或在命令行输入“S↙”，将弹出“引线设置”对话框，可以设置引线、注释特性及多行文字附着状态，如图 8-24 所示。

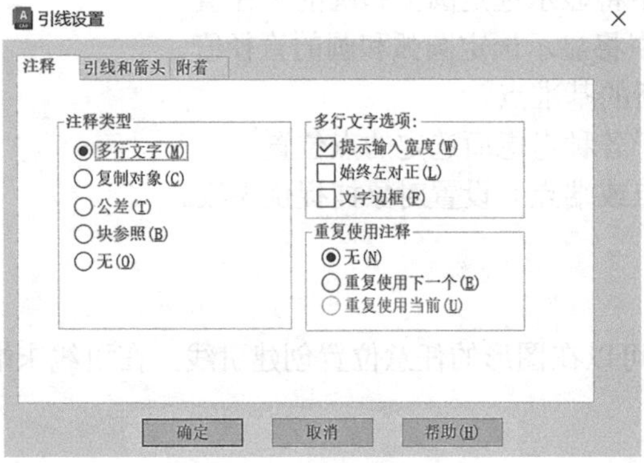

图 8-24 “引线设置”对话框

（1）“注释”选项卡

用于定义引线上的注释类型。

“注释类型”选项区域：

①“多行文字”单选项：用户能在引线末端加入多行文字。

②“复制对象”单选项：将其他注释文字复制到引线末端。

③“公差”单选项：打开“形位公差”对话框，快捷地标注几何公差。

④“块参照”单选项：在引线末端插入图块。

⑤“无”单选项：在引线末端不加入任何注释。

“多行文字选项”选项区域：

①“提示输入宽度”复选框：提示注释文字分布宽度。

②“始终左对正”复选框：注释文字采用左对齐方式。

③“文字边框”复选框：给注释文字添加矩形边框。

“重复使用注释”选项区域：

①“无”单选项：不重复使用注释内容。

②“重复使用下一个”单选项：把本次创建的注释文字复制到下一个引线标注中。

③“重复使用当前”单选项：把上次创建的注释文字复制到当前引线标注中。

（2）“引线和箭头”选项卡

用于控制引线和箭头的外部特征，如图 8-25 所示。

①“直线”单选项：用直线作引线。

②“样条曲线”单选项：用样条曲线作引线，输入点为控制点。

③“无限制”复选框：引线线段不受限制。提示“指定下一点：”反复出现，直到按 Enter 键为止。

④“最大值”文本框：微调文字框，设置决定引线线段数的顶点数，线段数加 1。

⑤“箭头”下拉列表：下拉列表框，单击右端箭头，打开列表清单，选取某种箭头。

⑥“角度约束第一段”下拉列表：下拉列表框，打开列表清单，选取约束角度，第一段的倾斜角度只允许为该角度的倍数。

⑦“角度约束第二段”下拉列表：下拉列表框，打开列表清单，选取约束角度，第二段的倾斜角度只允许为该角度的倍数。

（3）“附着”选项卡

只有当引线“注释类型”设置为“多行文字”时，“引线设置”对话框才显示“附着”选项卡，用于控制多行文字附着于引线末端的位置，如图 8-26 所示。

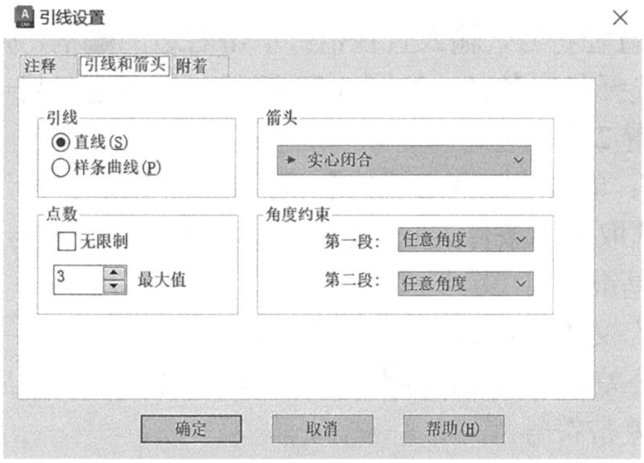

图 8-25 “引线和箭头”选项卡

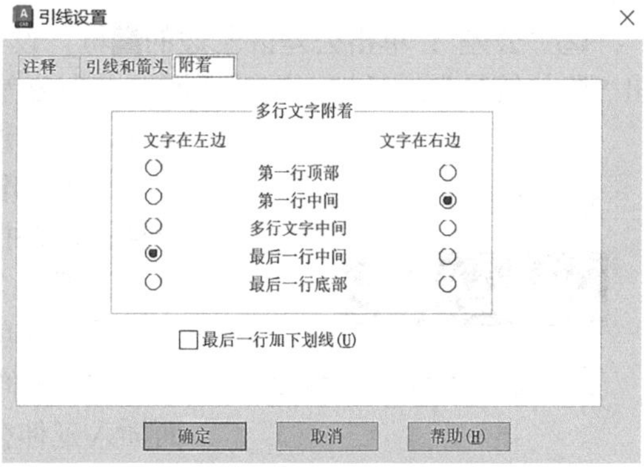

图 8-26 “附着”选项卡

①“第一行顶部”单选按钮：引线与第一行文字顶线对齐。

②“第一行中间”单选按钮：引线与第一行文字中线对齐。

③“多行文字中间”单选按钮：引线与多行文字中间对齐。

④“最后一行中间”单选按钮：引线与最后一行文字中线对齐。

⑤“最后一行底部”单选按钮：引线与最后一行文字底线对齐。

⑥“最后一行加下划线”复选框：勾选后在最后一行加下划线，否则不加。

8.3.7 几何公差标注

AutoCAD 提供“公差标注”及“快速引线标注”命令，用于标注几何公差。使用“公差标注”命令可标注不带引线的几何公差。

1）命令激活方式

① 命令行：**TOLERANCE** 或 **TOL**。
② 功能区：【注释】→【标注】→ ⊕1 。
③ 菜单栏：【标注】→【公差】。
④ 工具栏：【工具栏】→【标注】→【公差 ⊕1 】。

2）操作步骤

激活命令后，弹出“形位公差”对话框，如图 8-27 所示。

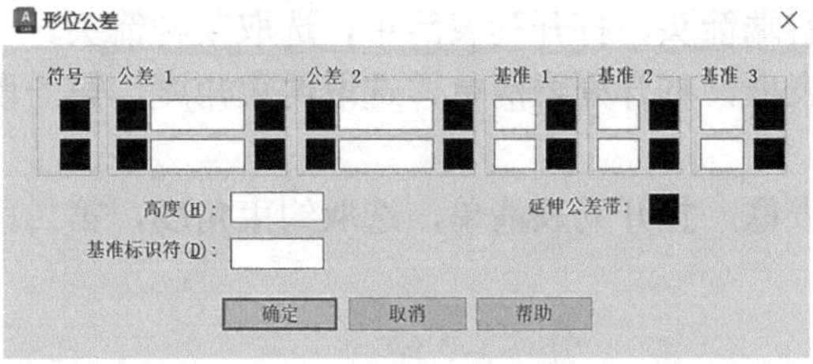

图 8-27 “形位公差”对话框

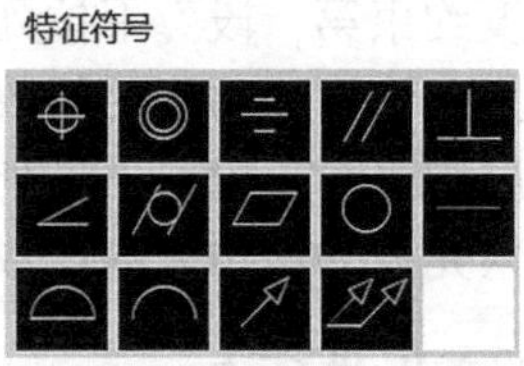

图 8-28 “特征符号”对话框

①“符号”：单击该列的■框，将弹出如图 8-28 所示的“特征符号”对话框。用户可以选择所需要的符号。

②“公差”：单击公差区左边的■框，设置直径符号，输入直径值；单击右边的■框，弹出“附加符号”对话框，该对话框用来为公差选择包容条件。如图 8-29 所示，从中选取某一条件，允许设置 2 个公差。

图 8-29 “附加符号”对话框

③“基准”：单击基准区右边黑色框，弹出“附加符号”对话框，从中选取某一条件，在其左边文本框输入基准代号，允许设置 3 个基准。

④“高度”文本框：设置形位公差高度值。

⑤“延伸公差带”：单击该■框，可在延伸公差带值的后面插入延伸公差带符号。

⑥“基准标识符”文本框：创建由参照字母组成的基准标识符。

按照以上操作标注圆直径的几何公差为： ◎|∅20|A 。

注意：选择“引线设置”对话框中的“公差”单选项，则使用“快速引线标注”命令标注几何公差更为便利，用户可一次完成引线标注和几何公差标注。

8.4 编辑标注对象

尺寸标注完成后，如果某些尺寸的标注样式、标注位置或者标注文字内容等需要调整，可通过尺寸编辑来实现。尺寸编辑可使用标注专用命令，如“编辑标注”“编辑标注文字”“标注更新”等；也可使用 AutoCAD 通用命令，如特性窗口、编辑文字及利用快捷菜单等。本节介绍尺寸编辑的方法。

注意：经过“编辑”调整的变量，将不随标注样式的调整而变化。

8.4.1 编辑标注样式

编辑命令往往是多功能的，本小节主要介绍编辑命令在编辑标注样式方面的功能。

1）编辑标注

用于调整标注文字的位置、修改标注文字的内容、旋转文字、倾斜尺寸界线等。主要用于将尺寸界线倾斜，如图 8-30 所示。

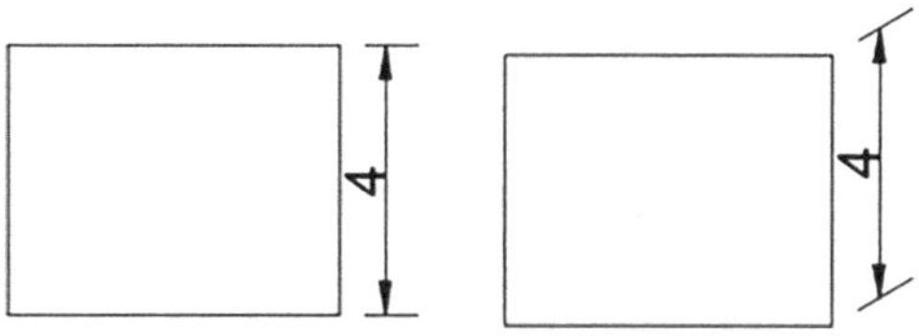

图 8-30 倾斜尺寸界线

（1）命令激活方式

① 命令行：**DIMEDIT**。

② 功能区：【注释】→【标注】→ 。

③ 菜单栏：【标注】→【倾斜】。

④ 工具栏：【工具栏】→【标注】→【编辑标注 】。

（2）操作步骤

激活命令后，命令行提示：

命令：DIMEDIT↙

输入标注编辑类型［默认（H）/新建（N）/旋转（R）/倾斜（O）］<默认>：O↙

选择对象：（选择需编辑的标注对象）

输入倾斜角度（按 Enter 表示无）：（输入倾斜角度）

各选项说明如下。

①“默认（H）”：按缺省位置、方向放置指定尺寸对象。

②“新建（N）”：修改指定尺寸对象的文本内容。

③“旋转（R）”：将指定尺寸对象的文字按指定角度旋转。

④“倾斜（O）”：将指定延伸线按指定角度旋转。

2）特性窗口

特性窗口实际上就是对已标注尺寸的标注样式进行“替代”修改，主要用于修改尺寸公差。

（1）命令激活方式

① 命令行：**PROPERTIES** 或 **DDMODIFY**。

② 功能区：【默认】→【特性】→ 。

③ 菜单栏：【修改】→【特性】。

（2）操作步骤

弹出“特性”选项板，如图 8-31，在选项板中可修改尺寸标注的大部分特性。激活“特性”选项板后，选择待修改的尺寸标注，选项板中给出尺寸标注有关特性，单击待修改特性处，出现闪动的光标竖条，输入新的特性值即可。显示为灰色的特性为只读，不能修改。

图 8-32 所示为利用特性窗口修改尺寸公差的效果图。图 8-32 中，左图为修改之前的公

差尺寸，右图为修改之后的公差尺寸。

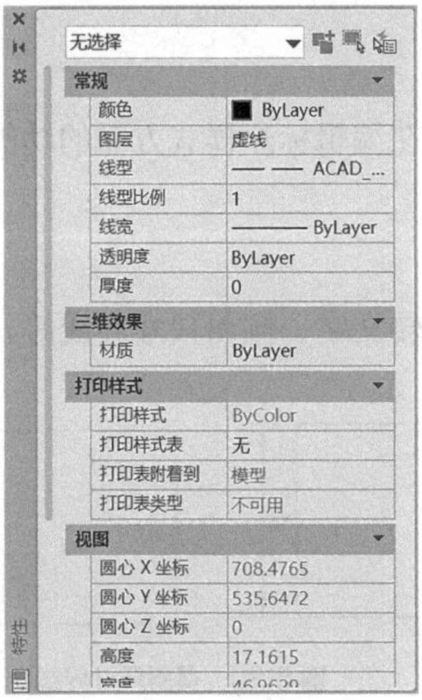

图 8-31 “特性”选项板

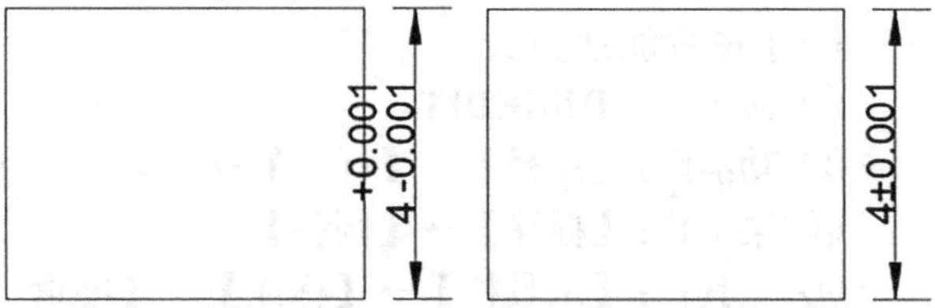

图 8-32 利用特性窗口修改尺寸公差

3）标注更新

用于将当前的标注样式更新到选定的标注对象上。

（1）命令激活方式

① 命令行：**DIMSTYLE**。
② 功能区：【注释】→【标注】→。
③ 菜单栏：【标注】→【更新】。
④ 工具栏：【工具栏】→【标注】→【标注更新】。

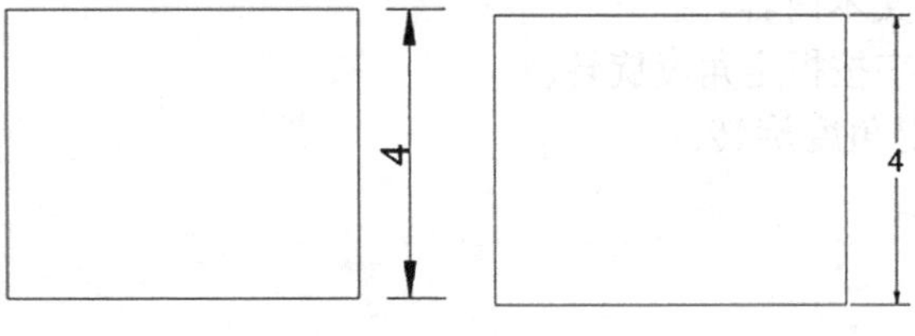

图 8-33 标注更新

（2）操作步骤

首先单击标注工具栏“标注样式”的下拉菜单，选择目标标注样式。激活“标注更新”命令后，连续选择需更新的标注，最后点击鼠标右键或按 Enter 键确定。

执行结果如图 8-33 所示。其中，左图为标注更新之前的尺寸，右图为标注更新之后的尺寸。

8.4.2 编辑标注文字的位置

1）调整标注文字位置的主要方式

（1）命令激活方式

① 命令行：**DIMTEDIT**。
② 功能区：【注释】→【标注】→。
③ 菜单栏：【工具栏】→【标注】→【对齐文字】。

（2）操作步骤

激活命令后，命令行提示：

命令：DIMTEDIT↙

选择标注：（选择需编辑的标注）

指定标注文字的新位置或［左对齐（L）/右对齐（R）/居中（C）/默认（H）/角度（A）]：（移动鼠标将文字放在适当位置或输入选项）

执行结果如图 8-34 所示。图 8-34 中，左图尺寸 15 与 39 间距太小，需调整，将 20 进行右对齐，调整结果如右图所示。

各选项说明如下。

①“左对齐（L）”：沿尺寸线左对正标注文字。

②“右对齐（R）”：沿尺寸线右对正标注文字。

③“居中（C）”：将标注文字放在尺寸线中间。

④“默认（H）”：将标注文字移回默认位置。

⑤“角度（A）”：将尺寸文本旋转指定角度。提示：“指定标注文字的角度：（输入旋转角度）”。

2）快捷菜单

它可作为对调整标注文字位置功能的补充，如“仅移动文字”等功能。

操作步骤：单击选定需编辑的标注后，光标放于中间夹点处，弹出快捷菜单，如图 8-35 所示。选择所需选项即可。

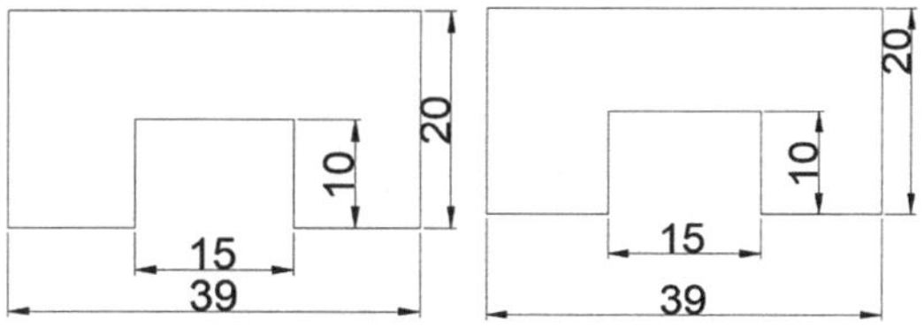

图 8-34　调整标注文字位置

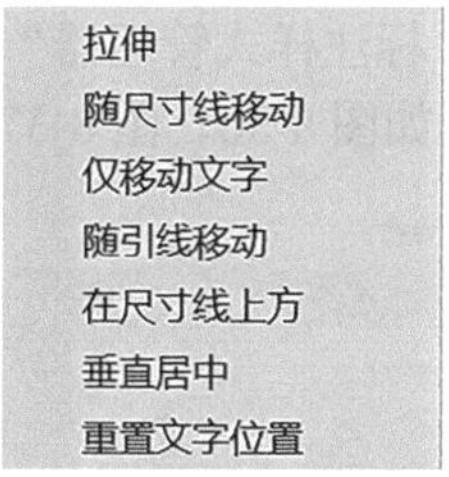

图 8-35　快捷菜单部分界面

8.4.3　编辑标注文字

利用“编辑标注”（DIMEDIT）和“编辑文字”（DDEDIT）命令均可编辑标注文字。而利用“编辑文字”（DDEDIT）命令编辑标注文字更为便利。

1）命令激活方式

① 命令行：**DDEDIT**。

② 菜单栏：【修改】→【对象】→【文字】→【编辑】。

2）操作步骤

激活命令后，命令行提示：

命令：DDEDIT↙
选择注释对象或［放弃（U）]:（选择需编辑的标注并修改标注文字）
选择注释对象或［放弃（U）]:（选择需编辑的标注并修改标注文字或按 Enter 键结束）

8.4.4 尺寸关联

尺寸关联是指尺寸标注随标注对象的变化而变化。AutoCAD 的默认状态是尺寸关联。若不希望尺寸关联，需通过“工具”菜单进行设置，如下所示。

菜单栏：【工具】→【选项】→【用户系统配置】→【关联标注】→【使新标注可关联】。

8.5 尺寸标注的技巧与实例

8.5.1 尺寸公差的标注

AutoCAD 不提供专门的尺寸公差标注命令。标注尺寸公差有多种方法，以下介绍常用的两种方法。

1）方法一

① 创建四种标注样式：对称型公差、极限偏差型公差、带前缀“ϕ”对称型公差、带前缀“ϕ”极限偏差型公差。

创建尺寸公差标注样式方法如下：

a. 打开“标注样式管理器”对话框，单击“新建”按钮，在“创建新标注样式”对话框内进行设置，如图 8-36、图 8-37 所示。

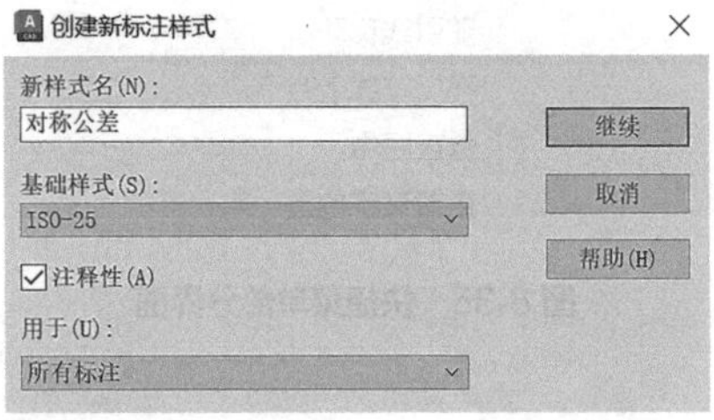

图 8-36 新建“对称公差”标注样式

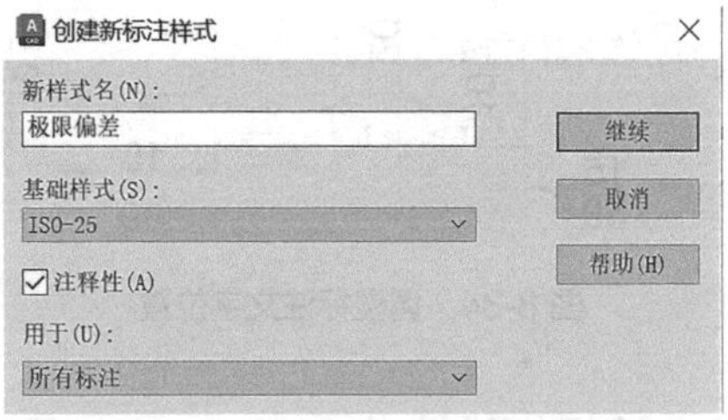

图 8-37 新建“极限偏差”标注样式

b. 单击“继续”按钮，打开“新建标注样式：对称公差”或“修改标注样式：极限偏差”对话框的“公差”选项卡对公差格式进行设置，如图 8-38、图 8-39 所示。

- “方式”：对称
- “精度”：0.000
- “上偏差”：0.0025
- “下偏差”：0.0025
- “高度比例”：1
- “垂直位置”：中

- “方式”：极限偏差
- “精度”：0.00
- “上偏差”：0.0021
- “下偏差”：0
- “高度比例”：0.5
- “垂直位置”：中

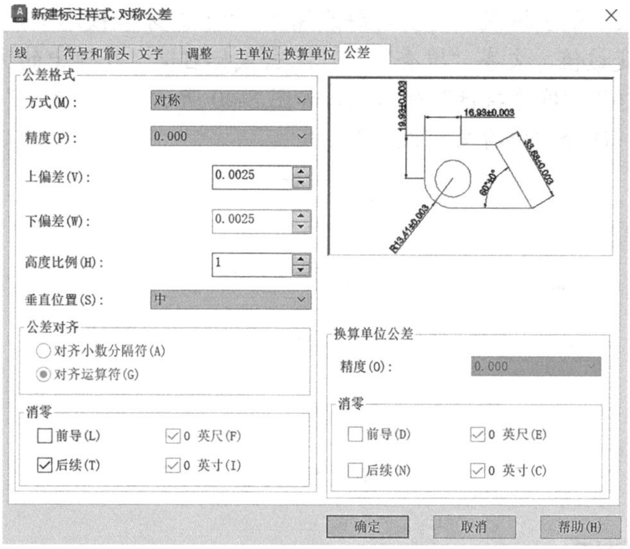

图 8-38 对称公差格式

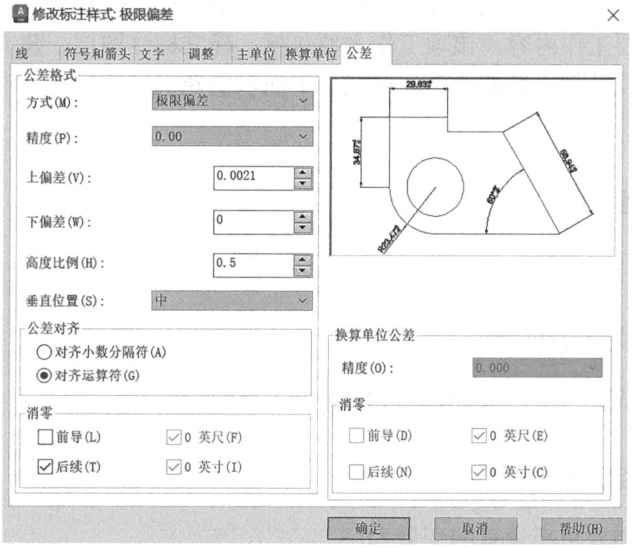

图 8-39 极限偏差格式

c. 带前缀“ϕ”对称型公差、带前缀“ϕ”极限偏差型公差还需在以上设置的基础上，在“主单位”选项卡的“线性标注→前缀”设置：%%C。

② 忽略尺寸公差的存在，按任意标注样式标注尺寸，在完成所有标注后，通过标注更新对该类尺寸进行编辑。或者通过“标注样式控制”的下拉菜单，选取相应的标注样式标注公差尺寸，不再进行标注更新。

③ 利用“特性”窗口修改公差值。

2）方法二

在标注尺寸时选择“多行文字（M）”选项，系统会在功能区打开“多行文字编辑器”，输入极限偏差值，如+0.345/12，选中并单击“文字堆叠 $\frac{b}{a}$ ”符号。

注意：上、下极限偏差格式一定要用斜线隔开，“$\frac{b}{a}$”才能被选中。“堆叠”文字默认高度为 70%。若想改变该值，文字“堆叠”后，点击鼠标右键，在弹出的快捷菜单中单击“堆叠特性”菜单项，打开“堆叠特性”对话框，如图 8-40 所示。将“大小”值设置为 50%，并单击“默认”按钮，选择“保存当前设置”。

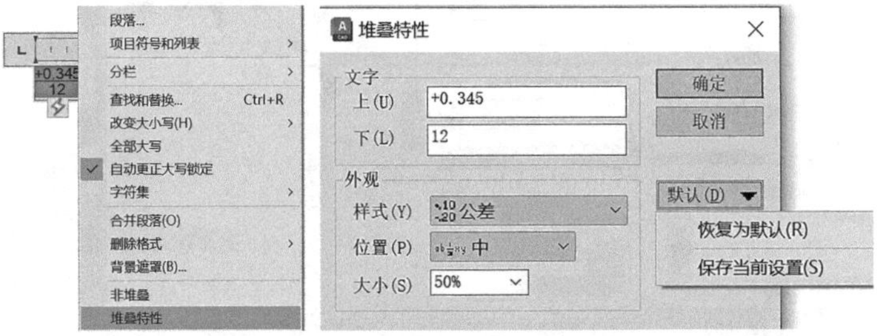

图 8-40 “堆叠特性”对话框

8.5.2 创建标注样板

为了提高绘图效率，用户应创建符合行业要求的绘图样板文件，而创建标注样板是创建绘图样板文件的重要工作内容。该项工作主要包括：建立标注图层、建立标注文字的样式、修改标准标注样板以及创建必要的标注样式。下面以创建机械图样的标注样板为例，介绍具体的创建方法。

1）建立标注图层

打开“图层特性管理器”，创建图层“标注尺寸”。

2）建立标注文字的样式

打开“文字样式管理器”，按国家标准要求创建“标注文字”样式。

3）修改标准标注样板

通常情况下，需要重新设置的变量为：

①【直线】→【尺寸界线】→【超出尺寸线】：3～5。

②【直线】→【尺寸界线】→【起点偏移量】：0。

③【文字】→【文字外观】→【文字样式】：标注文字。

④【文字】→【文字外观】→【文字高度】：3.5。

⑤【文字】→【文字位置】→【从尺寸线偏移】：1。

⑥【直线】→【尺寸线】→【基线间距】：5。

⑦【主单位】→【线性标注】→【“小数分隔符”句点】。

有时还应视具体情况，对标准标注样板进行适当修改，如“箭头大小”“圆心标记”“标注特征比例”“测量比例因子”等。

4）创建必要的标注样式

在机械图样的标注样板中，一般应创建“角度标注”“半径标注”“直径标注”“非圆直径标注”“公差标注”等标注样式。其中“角度标注”“半径标注”及“直径标注”等应创建为ISO-25 基础样式下的子样式。而“非圆直径标注”“公差标注”等则应创建为与 ISO-25 基础样式相对独立的新样式。利用“标注样式管理器”创建各种标注样式的方法见表 8-1。

表 8-1 创建典型标注样式的方法

项目	角度标注	半径标注	直径标注	非圆直径标注
新样式名	角度	半径	直径	非圆直径
基础样式	ISO-25			
用途	角度标注	半径标注	直径标注	所有标注
需要修改的变量	文字→文字对齐：水平	文字→文字对齐：ISO 标准	文字→文字对齐：ISO 标准调整→调整选项：箭头	主单位→线性标准→前缀：%%C

注意：由于“非圆直径标注”“公差标注”等创建后，与“ISO-25”保持相对独立，所以为了使标注样板的标注样式保持一致，如果修改基础样式“ISO-25”的某些变量，必须同时修改这些样式的相应变量。

8.5.3 非常规尺寸的标注

在图样尺寸中，有些尺寸形式出现的次数不多，如小尺寸的标注。如果专门为这类尺寸创建标注样式（小尺寸有三种形式），势必产生标注样式过多的麻烦。因此，这类尺寸应以“替代”的方式标注。

8.5.4 尺寸标注实例

例 8-1：对图 8-41 中的左图进行尺寸标注，要求达到右图效果。

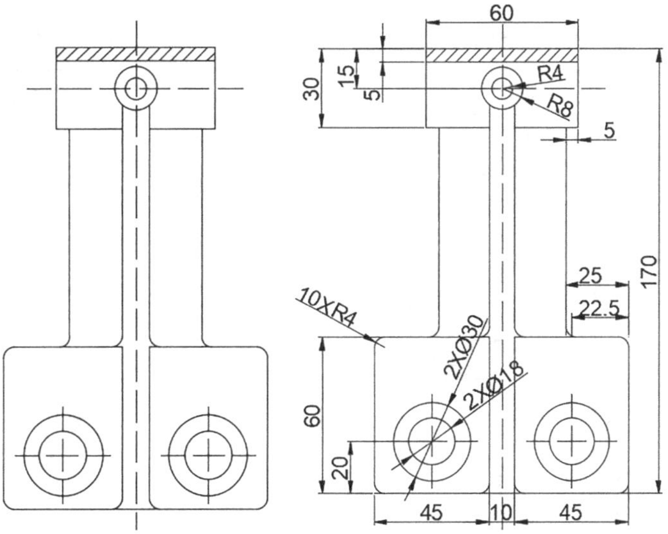

图 8-41 例图

操作步骤：

① 打开样板文件，将标注样式“ISO-25”置为当前。

② 如图 8-42 所示，应用连续快速标注命令完成连续尺寸 45、10、45 的标注；应用基线快速标注命令完成基线尺寸 60、20、30、15、5 的标注。

③ 如图 8-43 所示，应用线性标注命令完成尺寸 170、60、5、25、22.5 的标注。

④ 如图 8-44 所示，应用半径标注命令完成尺寸 *R*4、*R*4、*R*8 的标注；应用直径标注命令完成尺寸ϕ18、ϕ30 的标注。

⑤ 如图 8-45 所示，利用文字编辑命令将文字“*R*4”修改为“×*R*4”，“ϕ18”修改为“2×ϕ18”，“ϕ30”修改为“2×ϕ30”。

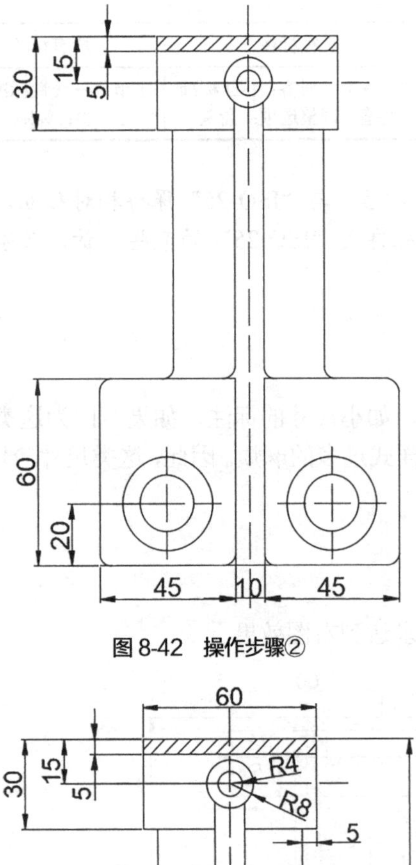

图 8-42 操作步骤②

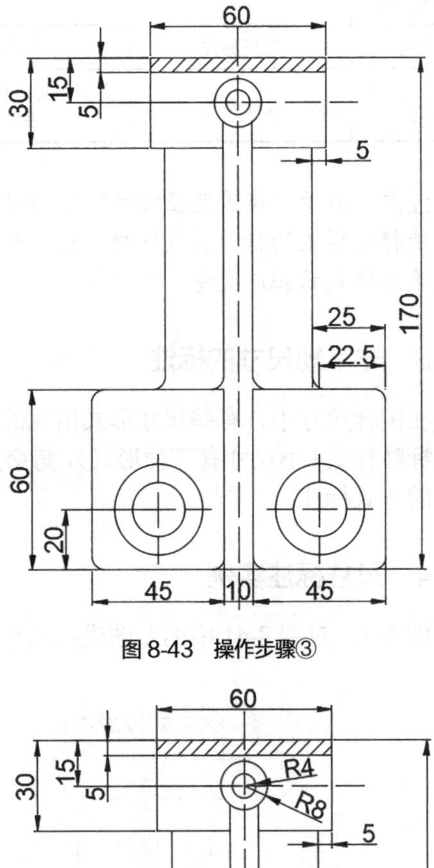

图 8-43 操作步骤③

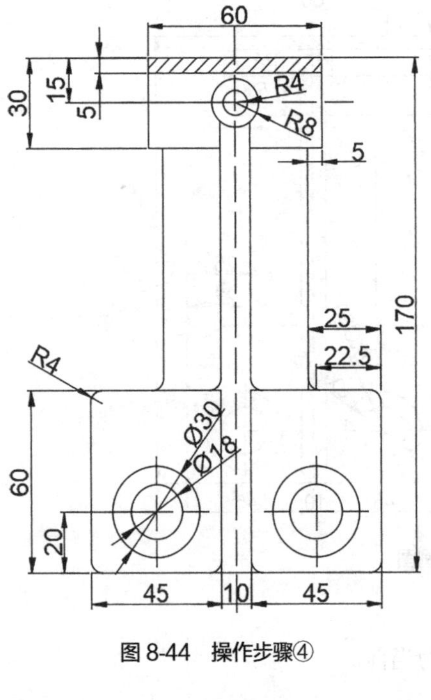

图 8-44 操作步骤④

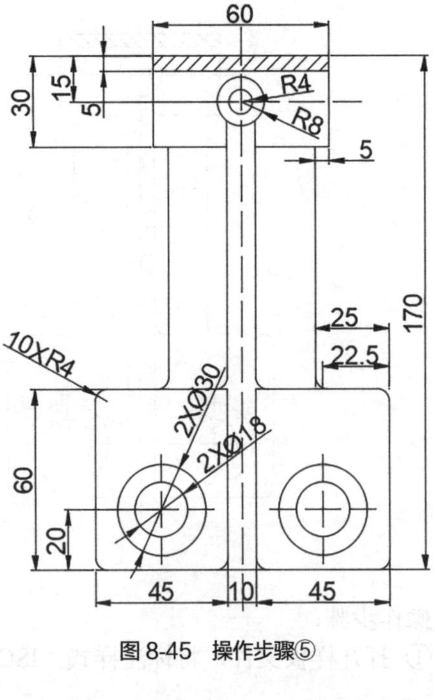

图 8-45 操作步骤⑤

习题

1. 在进行尺寸标注时，应遵守的基本规则是什么？
2. 一个尺寸标注对象由几部分组成？其每部分的意义是什么？
3. 简述尺寸标注的意义。AutoCAD 2023 提供多少种尺寸标注类型？
4. 什么是标注样式？
5. DIMEDIT 和 DIMTEDIT 命令的用途分别是什么？两者之间有何区别？
6. 什么是尺寸标注样式？如何使图中包含多种不同样式的尺寸标注？
7. 如附图 8-1 所示，按图中给定尺寸绘图并标注尺寸。
8. 绘制如附图 8-2 所示图形，并标注尺寸。

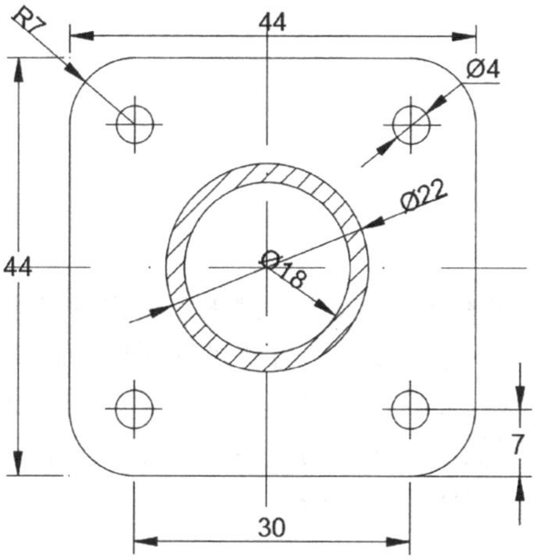

附图 8-1

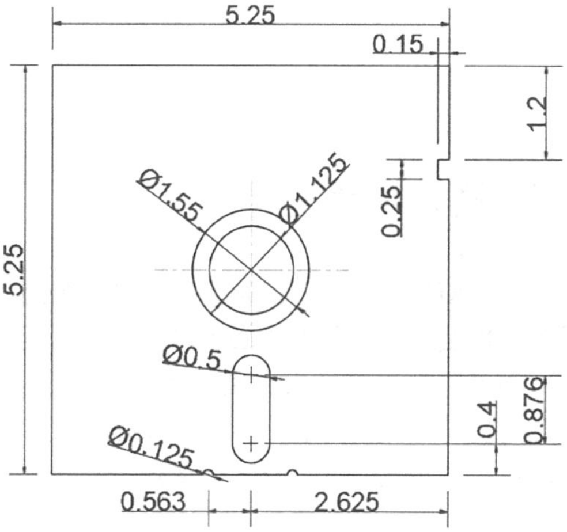

附图 8-2

绘图要求：

① 图形界限：12×9；绘图比例：1∶1。

② 设置三个图层：

- 0 层：颜色为白色；线型为实线；绘制磁盘图形部分。
- AID 层：颜色为绿色；线型为点画线；绘制中心辅助线。
- DIM 层：颜色为红色；线型为实线；标注尺寸。

③ 将图形按文件名“floppy.dwg”保存。

第9章 图块与属性、外部参照和设计中心

9.1 图块与属性

在 CAD 图形中，常需要绘制大量相同的或类似的图形对象，如标题栏、标准件图形、通用符号以及具有相同拓扑结构的几何对象等。这时除了采用复制等方式进行图形复制或编辑外，还可以把这些经常用到的图形预先定义成图块，并在使用时将其插入到当前图形或其他图形中，从而增加绘图的准确性，提高绘图速度，降低图形文件的大小。另外，在使用图块时，可以根据使用要求定义和编辑图块的属性，以反映图块的某些非图形信息。

9.1.1 图块的功能

图块是一组图形对象的集合，由多个图形对象组合而成，且与其他图形对象相互独立。图块需指定名称，可进行移动、复制、旋转、缩放、插入、阵列等编辑修改操作。图块可以嵌套，即图块中不但可以包含 AutoCAD 任意图形对象，甚至可以包含其他图块，组成复杂图块。

图块具有树形特征，可看成是一棵树的树干，组成图块的图形对象可看作是树的分支（树枝），树枝亦可作为图块，其上又可生长出新的树枝，以此类推。一个复杂图块类似一棵有多层分支的大树，如图 9-1 所示。

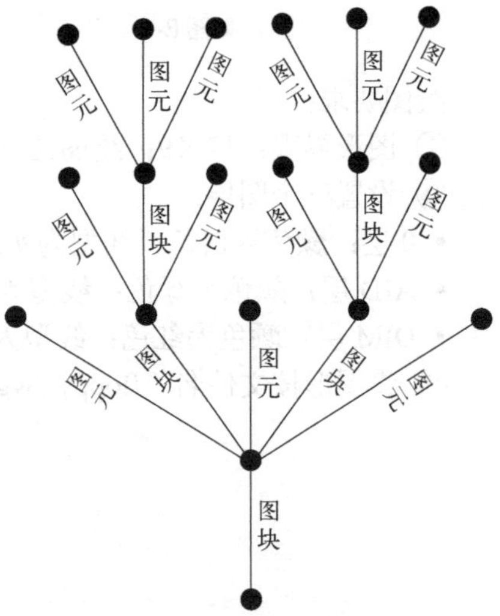

图 9-1 图块树

图块简化了绘图过程，具有如下特点：

① 提高绘图速度：对于多个重复图形，只需绘制一次。

② 适合建立图形库：可将一些标准图形（如门、窗、设备等）定义为图块，以文件形式（图形库）保存。

③ 便于修改图形：对于多个重复图形（图块），只需修改一次。

④ 缩小图形文件的大小：对于多个重复图形（图块），只需保存一个图形信息和少量图块信息。

⑤ 可为图块建立属性，提高可读性：通过属性提供详细描述性信息。

9.1.2 创建图块

1）命令激活方式

① 命令行：**BLOCK** 或 **B**。
② 功能区：【默认】→【块】→【创建块】。
【插入】→【块定义】→【创建块】。
③ 菜单栏：【绘图】→【块】→【创建】。
④ 工具栏：【工具栏】→【绘图】→【创建块】。

2）操作步骤

激活命令后弹出如图 9-2 所示的“块定义”对话框。

图 9-2 “块定义”对话框

“块定义”对话框各选项的功能如下。

①“名称”文本框：为便于图块的保存和调用，用户可在名称文本框中输入汉字、英文、数字等字符，作为图块的名称。

②“基点”选项区域：插入基点可以选取图块上的任何一点，但通常利用“拾取点”按钮选择图块中具有典型特征的点。选择插入基点还可在块定义对话框中直接输入基点的 X、Y、Z 坐标值来确定。

③“对象”选项区域：单击“选择对象”按钮，将切换到绘图区，选择构成图块的对象。另外，还可以通过按钮，弹出“快速选择”对话框，选择构成图块的对象。

在“对象”选项区域还有三个选项提供了创建图块后对构成图块的原图的处理方式：

a.“保留”单选项：在图形屏幕上保留原图，但把它们当作普通的单独对象。

b.“转换为块”单选项：在图形屏幕上保留原图，并将其转化为插入块的形式。

c.“删除”单选项：在图形屏幕上不保留原图。

④“块单位”下拉列表：通过下拉列表框可以选择块的一个插入单位。

⑤“说明”文本框：在该文本框中可以输入与块定义相关的说明部分。

3）绘制实例

激活创建块命令，在弹出的“块定义”对话框的“名称”文本框中输入“Q1”，如图 9-3 所示。单击“拾取点”按钮，拾取图形的左下角点为基点；单击“选择对象”按钮，选取图形；单击“确定”按钮，即创建了名称为 Q1 的图块。

图 9-3　定义图块

图块定义后，定义信息被保留在建立起来的图块中，当该图形文件再次被打开时，图块定义仍然存在。对于不再使用的图块，可以用 PURGE 命令清理图块定义。

9.1.3　插入图块

1）命令激活方式

① 命令行：**INSERT** 或 **I**。

② 功能区：【默认】→【块】→【插入】。

【插入】→【块】→【插入】。

③ 菜单栏：【插入】→【块】选项板。

④ 工具栏：【工具栏】→【绘图】→【插入】。

2）操作步骤

① 激活命令后，弹出如图 9-4 所示的“插入”对话框。

② 在当前图块中，选择图块名“Q1”；勾选“插入点”选项；“比例”选项区域中分别在“X”“Y”“Z”栏输入 1；勾选“旋转”选项或在“角度”文本框中直接输入准确的角度值；勾选“重复放置”选项；单击“确定”按钮，在图中选择适当的插入点，如图 9-5 所示。

插入的图块分两种情况：

a. 插入在当前图形中定义的图块。

b. 插入任意一个图形文件。此时，系统将首先在当前图形中查找指定的图块，若找不到则在文件夹中搜索具有该名的图形文件，并将该图形文件的图形以图块的形式调入当前图形中。若图形文件不在当前文件夹中，则可以单击“浏览”按钮，弹出“选择图形文件”对话框，通过该对话框选择其他文件夹或路径下的图形文件。图形文件插入后在当前图形中形成一个以文件名命名的图块。另外，在被插入的图形文件中定义的图块亦可在当前图形中使用。

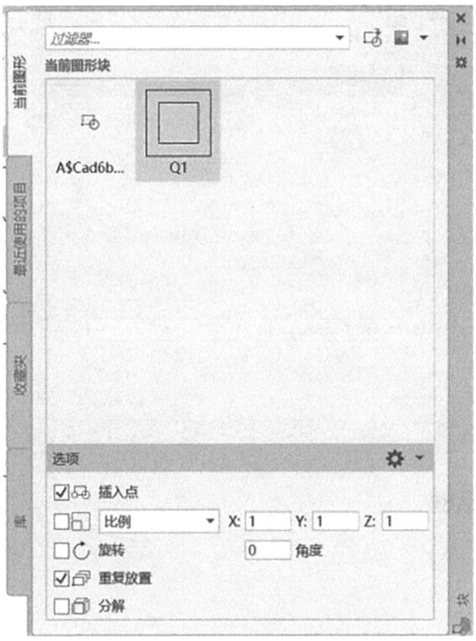

图 9-4 “插入”对话框

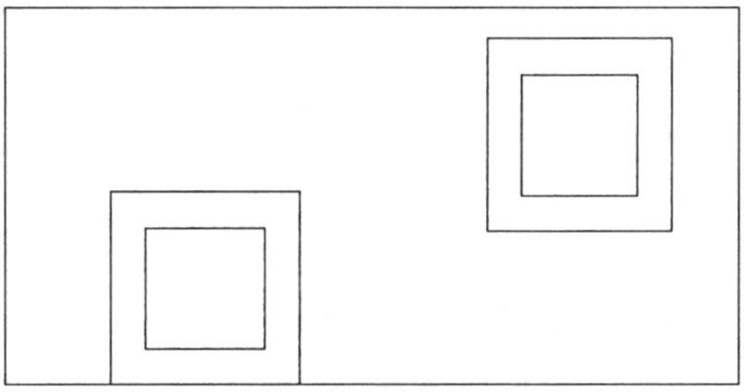
图 9-5 插入图块

“插入”对话框的各选项说明如下。

①“插入点”选项区域：根据插入图形的放置位置确定插入点。定义图块时所确定的插入基点，将与当前图形中选择的插入点重合。将图形文件的整幅图形作为图块插入时，它的插入基点即该图的原点。若想重新确定一个插入点，可以用 BASE 命令实现。

②“比例”选项区域：插入图块时 X、Y、Z 三个方向可以采用不同的缩放比例，也可以在“比例”的下拉列表选中“统一比例”，使得所插入图块的 X、Y、Z 三个方向使用相同的缩放比例。

③“旋转”选项区域：在该区域，用户可以指定图块插入时的旋转角度值，也可以直接在屏幕上指定。

④“分解”复选框：当前图形中插入的图块是作为一个整体存在的，因此不能对其中已失去独立性的某一基本对象进行编辑。若在“插入”对话框中选中“分解”复选框，则可将插入的图块分解成组成图块的各基本对象。

9.1.4 保存图块

将图形定义为图块后，只能在图形所在的图形文件中使用，这种块称为“内部块”。利用“保存图块”（WRITE BLOCK）命令，可以将图块保存为一个独立的文件，从而成为公共图块，能够被插入到其他图形文件中使用，这种块称为“外部块”。

1）命令激活方式

命令行：**WBLOCK** 或 **W**。

2）操作步骤

激活命令后，弹出“写块”对话框，如图 9-6 所示。

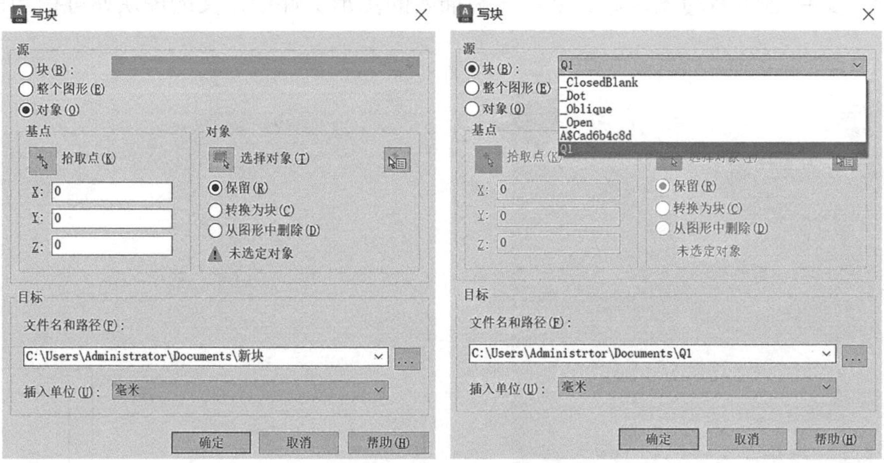

图 9-6 “写块”对话框

该对话框各选项的功能如下。

（1）“源”选项区域

①“块”单选项：表示要写入图形文件的对象是块，此时可从下拉列表中选择本图中已经创建的块名。

②“整个图形”单选项：表示将把整个图形作为一个图块写入图形文件。

③“对象”单选项：表示将把所选择的对象写入块文件，即直接将被选择的对象定义为外部块。用这种方式定义块与定义内部块的方法有相同之处，需要定义要写入图形文件的对象和插入点；不同的是作为一个独立的文件，它有保存的路径。

（2）“目标”选项区域

定义存储外部块的文件名、路径和插入单位。定义为外部块的图形对象将以文件（扩展名为.dwg）的形式保存起来以备调用。

完成上述操作后，在其他图形中就可以用插入块的方式，按写块的路径将其调入到当前图形文件中。

在“源”选项区域中选中“块”单选项，表示要写入图形的对象文件是块，如图 9-6 所示，单击块右侧的下拉列表，将显示当前图形中“创建块”命令生成的全部块名。在“块”后的下拉列表中选择“Q1”，并单击“目标”选项区域中的按钮…，选择该文件的图形文件名及保存路径。

单击“写块”对话框中“确定”按钮，完成该图块的保存，成为可调用的外部块。

3）外部块的调用

在任何新建的文件中，选择插入块命令，在弹出的“插入”对话框中，单击“浏览”按钮，弹出“选择要插入的文件”对话框，如图 9-7 所示。在此对话框中按外部块的保存路径，找到所要插入的外部块，输入外部块名，单击“打开”按钮，回到“插入”对话框，此时外部块“标题栏”被调入其中，单击“确定”按钮，进入插入图块操作。

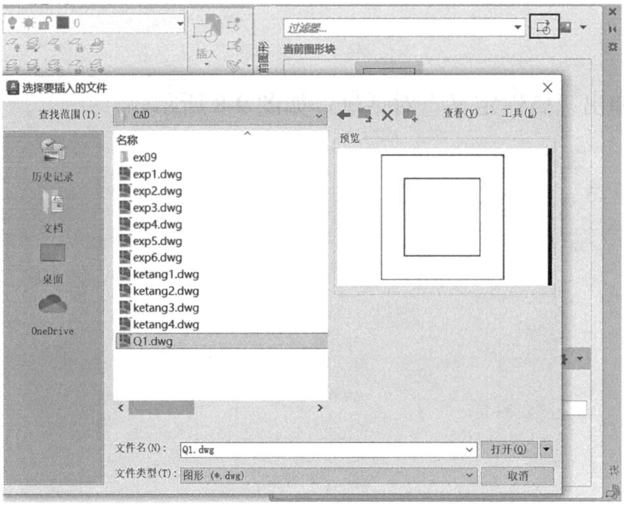

图 9-7 外部块的调用—选择要插入的文件

9.1.5 设置插入基点

选择【绘图】→【块】→【基点】菜单项，或在命令行输入“BASE”，可以设置当前图形的插入基点。当把某一图形文件作为块插入时，系统默认将该图的坐标原点作为插入基点，这样往往会给绘图带来不便。这时就可以使用基点命令，对图形文件指定新的插入基点。

执行 BASE 命令后，可以在命令行提示“输入基点：”时，指定作为块插入基点的坐标。

9.1.6 属性的定义

属性是从属于图块的非图形部分，是图块的组成部分。属性是独立的图形对象，但它一般从属于图块，用于对图块进行文字说明。一个完整图块应该含有属性，如门的图块可附加上大小、颜色、材料、价格等属性数据。

属性主要作用是：用作对图块的详细注释，提取属性数据生成数据文件，供其他程序或数据库使用和处理。

属性主要特点是：

- 属性包括标记和值，类似数据库中的字段名和值。
- 每个属性都包含定义和赋值，有定义没有赋值，属性就失去了存在的意义。
- 属性值在插入块时由用户输入。
- 属性值可显示也可不显示。

为了使用属性，必须首先定义属性，然后将包含属性在内的某一图形定义为图块，之后就可以在当前图形或其他图形中插入带有属性的图块了。

1）命令激活方式

① 命令行：**ATTDEF** 或 **ATT** 或 **DDATTDEF**。

② 功能区：【默认】→【块】→【定义属性】。

　　　　　【插入】→【块定义】→【定义属性】。

③ 菜单栏：【绘图】→【块】→【定义属性】。

2）操作步骤

激活命令后，弹出“属性定义”对话框，如图 9-8 所示。

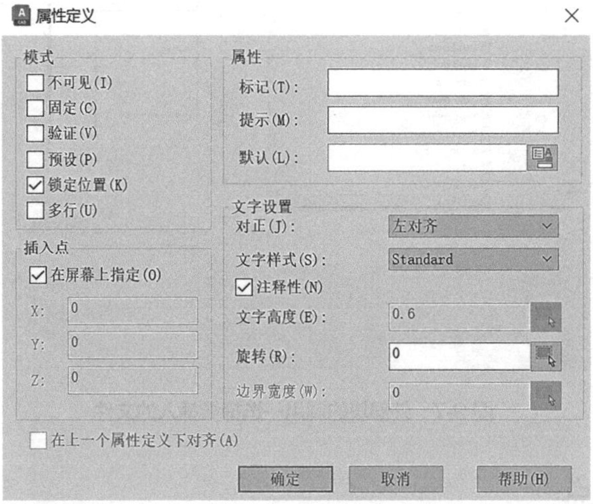

图 9-8 “属性定义”对话框

该对话框各选项的功能如下。

（1）“模式”选项区域

①“不可见”复选框：选中该复选框，表示在插入时不显示或不打印属性值。

②“固定”复选框：选中该复选框，表示在插入图块时给属性赋固定值。即在插入时不再提示属性信息，也不能对该属性值进行修改。

③“验证”复选框：选中该复选框，表示在插入图块时将提示验证属性值是否正确。如果发现错误，可以在该提示下重新输入正确的属性值。

④“预设”复选框：选中该复选框，表示在插入包含预置属性值的图块时，系统不再提示用户输入属性值，而是自动插入默认值（即“插入”对话框中“属性”选项区域“值”文本框中的内容）。

⑤“锁定位置”复选框：选中该复选框，将锁定块参照中属性的位置。

⑥“多行”复选框：指定属性值可以包含多行文字。

（2）“属性”选项区域

①“标记”文本框：是属性的名字，提取属性时要用此标记，它相当于数据库中的字段名。属性标记不能为空值，可以使用任何字符组合，最多可以选择 256 个字符。

②“提示”文本框：用于设置属性提示，在插入该属性图块时，命令提示行将显示相应的提示信息。

③“默认”文本框：属性文字，是插入块时显示在图形中的值或文字字符，该属性可以在块插入时改变。

（3）“插入点”选项区域

用于设置属性的插入点，即属性值在图形中的排列起点。插入点可在屏幕上指定，也可以通过在“X”“Y”“Z”文本框中输入相应的坐标值来确定。

（4）“文字设置”选项区域

可以设置属性文字的对正、文字样式、高度和旋转等。

（5）“在上一个属性定义下对齐”复选框

选中该复选框，表示使用与上一个属性文字相同的文字样式、文字高度以及旋转角度，并在上一个属性文字的下一行对齐。选中该复选框后，插入点和文字设置不能再定义。如果之前没有创建属性定义，则此选项不可用。

3）绘制实例

绘制办公室平面图，桌子上有职员的姓名。

① 在绘图区绘制桌子。

② 在下拉菜单中依次选择【绘图】→【块】→【定义属性】，弹出如图 9-9 所示的“属性定义”对话框。

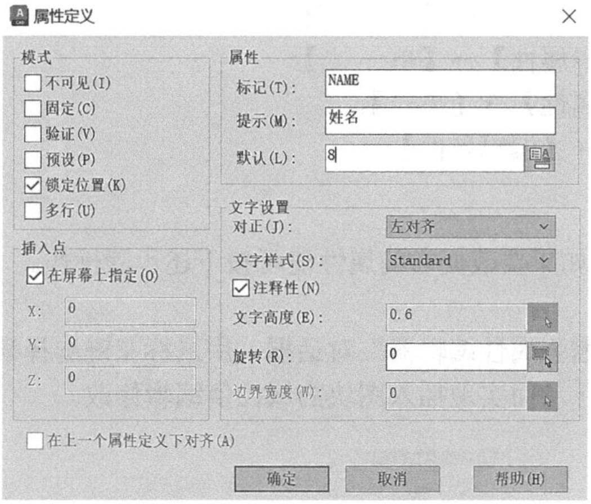

图 9-9 “属性定义”对话框

图 9-10 带属性的桌子符号

③ 设置块的生成模式，可选择为不可见、固定、验证、预设、锁定位置、多行六种方式；输入属性参数，即标记、提示、值；进行文字设置，包括对正、文字样式、高度、旋转等。单击“确定”按钮。返回绘图区，将属性插入桌子方框中，形成带属性的桌子符号，如图 9-10 所示。

④ 单击“创建块”图标按钮，弹出“块定义”对话框，输入块名；拾取左下角点作为基点；单击“选择对象”图标按钮后返回绘图区，选取的对象为绘制的桌子符号；按 Enter 键后返回“块定义”对话框，单击“确定”按钮，弹出如图 9-11 所示的“编辑属性”对话框；可在“编辑属性”对话框中的文本框内输入所需的相关值，单击“确定”按钮，便创建了带属性的图块，如图 9-12 所示。

9.1.7 属性的编辑

1）编辑图块单一属性

当属性定义被赋予图块并已经插入图形时，仍然可以编辑或修改图块对象的属性值。

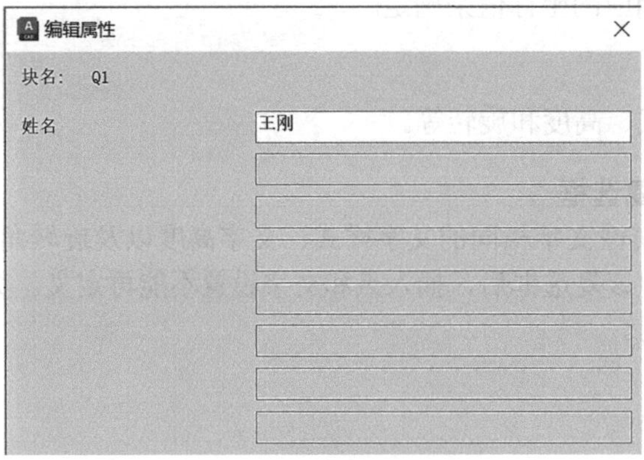

图 9-11 “编辑属性”对话框

图 9-12 属性定义示例—带属性的图块

(1) 命令激活方式

① 命令行：**EATTEDIT**。

② 功能区：【默认】→【块】→【编辑属性】→【单一】。

【插入】→【块】→【编辑属性】→【单一】。

③ 菜单栏：【修改】→【对象】→【属性】→【单一】。

④ 工具栏：【工具栏】→【修改Ⅱ】→【编辑属性】。

(2) 操作步骤

图 9-13 为已插入的定义了属性的块，如果要改变它的属性值可按下述步骤操作。

① 激活命令。

② 选择块，弹出如图 9-14 所示的“增强属性编辑器”对话框。用鼠标左键选择某一属性，输入新的属性值，单击“确定”按钮，从而实现插入图块的属性值编辑修改。

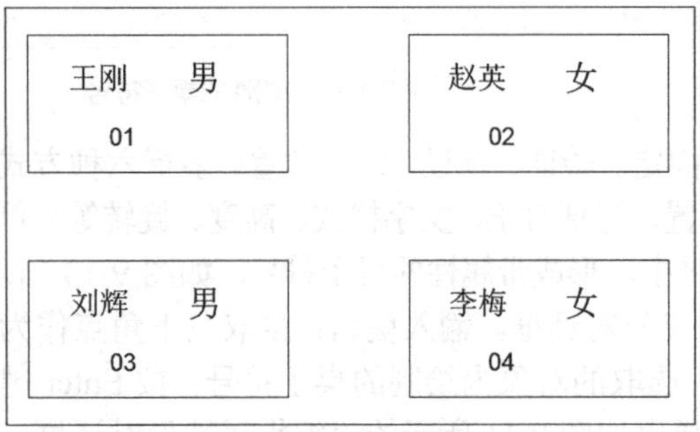

图 9-13 已定义属性的块

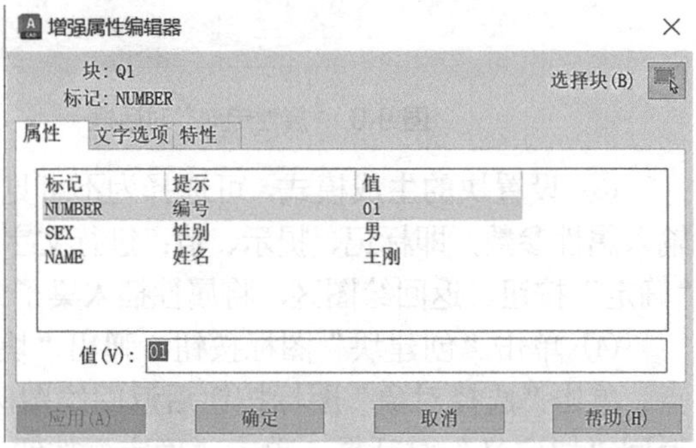

图 9-14 “增强属性编辑器”对话框 —“属性”选项卡

“增强属性编辑器”对话框有 3 个选项卡：

a.“属性”选项卡：显示当前图块中每个属性定义的标记、提示和值。如果选择某一个属性，系统就会在“值”文本框中显示其对应的属性值。用户可以通过该文本框对图块的属性值进行编辑修改。

b.“文字选项”选项卡：如图 9-15 所示，用于修改属性文字的格式。用户可以通过对应的文本框进行修改。

c.“特性”选项卡：如图9-16所示，用于修改属性对象的特性，包含属性所在的图层及其具有的线型、颜色和线宽等。

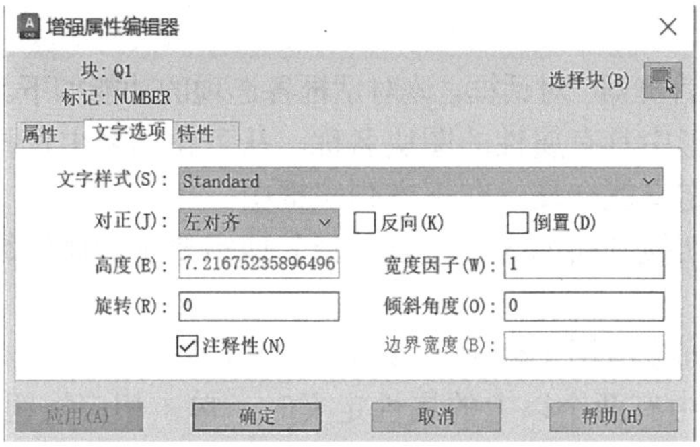

图9-15 “增强属性编辑器”对话框—“文字选项”选项卡

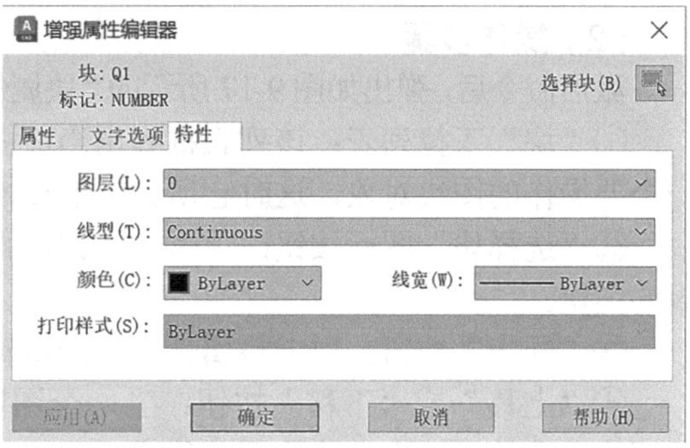

图9-16 “增强属性编辑器”对话框—“特性”选项卡

2）编辑图块全局属性

（1）命令激活方式

① 命令行：**ATTEDIT**。

② 功能区：【默认】→【块】→【编辑属性】→【全局】。

　　　　　【插入】→【块】→【编辑属性】→【全局】。

③ 菜单栏：【修改】→【对象】→【属性】→【全局】。

④ 工具栏：【工具栏】→【修改Ⅱ】→【编辑属性】。

（2）操作步骤

命令激活后，命令行提示：

命令：ATTEDIT↙

是否一次编辑一个属性？［是（Y）/否（N）］<Y>：（输入Y或N）

各选项的功能如下。

①“是（Y）”：允许一次编辑一个属性及有关参数。可编辑修改指定图块、属性标记、属性值的属性参数（值、位置、高度、角度、样式、图层、颜色）。

②“否（N）”：允许一次编辑多个属性及有关参数。可编辑修改指定图块、属性标记、属性值的属性参数。

3）块属性管理器

块属性管理器可在一个窗口下管理图块属性的所有特性。如编辑当前图块中的属性定义、从图块中删除属性以及更改插入图块时系统提示用户属性值的顺序等，而且能将这些修改快速反映到绘图区中。

（1）命令激活方式

① 命令行：**BATTMAN**。

② 功能区：【默认】→【块】→【管理属性】。

　　　　　【插入】→【块定义】→【管理属性】。

③ 菜单栏:【修改】→【对象】→【属性】→【块属性管理器】。

④ 工具栏:【工具栏】→【修改Ⅱ】→【块属性管理器】。

(2)操作步骤

激活命令后，弹出如图 9-17 所示的“块属性管理器”对话框。该对话框各选项的功能如下。

①“块”下拉列表：该列表框列出当前图形中具有属性的图块名称。从下拉列表中选择一个要操作的图块对象，这时它所具有的属性定义就会显示在下方列表框中。

②“选择块”图标按钮：单击该按钮，将切换到绘图区，可以选择其他需要进行属性编辑的图块。

③“同步”按钮：用于将属性定义的编辑同步应用于使用了该定义的其他图块对象。

④“上移”或“下移”按钮：当一个图块中有两个以上的属性定义时，单击相应按钮，即可将选中的属性定义的位置前移或后移。

⑤“编辑”按钮：单击该按钮，弹出“编辑属性”对话框。该对话框可以修改图块属性的有关特性。

⑥“删除”按钮：可以从图块定义中删除选定的属性。当定义的图块仅有一个属性定义时，该按钮不可以使用。

⑦“设置”按钮：单击该按钮，将打开如图 9-18 所示的“块属性设置”对话框，可以通过选中复选框，重新定义“块属性管理器”中列出属性信息的显示方式。

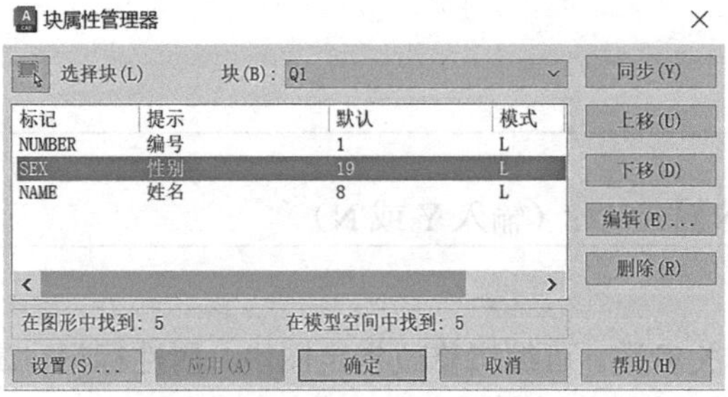

图 9-17 “块属性管理器”对话框

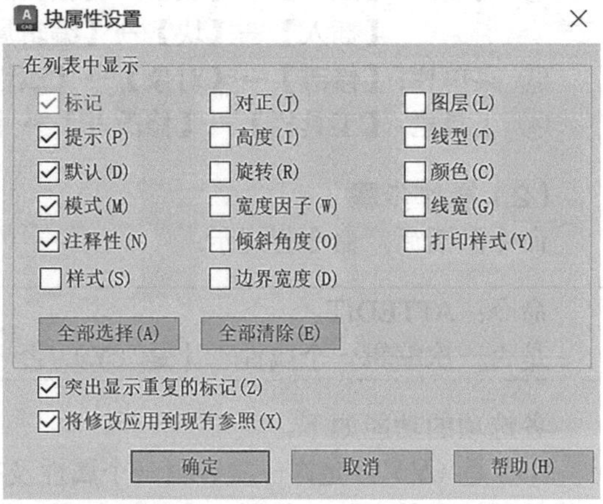

图 9-18 “块属性设置”对话框

4)块分解

选择下拉菜单【修改】→【分解】或单击“修改”功能区的图标按钮，选择要分解的图块对象，确认后图块就被分解为单个图素。

9.2 外部参照

外部参照是将其他图形（全部、部分）插入到当前图形中，即用一组子图形来构造复杂的主图形。外部参照可嵌套。

外部参照为用户提供一种高效绘图的有效手段和协同工作的良好环境，设计人员可相互配合完成绘图任务。

外部参照类似图块，是一个独立的图形对象，可对其进行缩放、移动、复制、镜像旋转等操作。可进行目标对象捕捉，改变图层可见性、颜色、线型等特性。

外部参照具有如下特点：

① 外部参照只记录引用信息，更加节省存储空间。

② 任何外部参照的改变都可以反映到当前图形文件中，即外部参照可以实时更新。如果外部参照文件改变了，在当前文件中可以反映出来，这可以方便多人同时设计一幅图。

③ 外部参照在绑定之前，不能编辑和分解。

④ 外部参照文件被改名或移动路径，需要重新指定文件和路径，以确保当前图形可以找到它。

⑤ 可以只显示外部参照的一部分，即剪裁外部参照。

⑥ 外部参照修改后，用户会立即得到通知，便于刷新参照，这使得合作完成设计任务更加方便。

图块与外部参照的主要区别：

图块的图形、属性、基点等信息保存在当前图形文件中，而外部参照图形文件只是与当前图形建立一种连接关系，只保存外部参照文件的名称和路径，不保存图形信息在当前图形文件中。

若图块原图形发生变化，须重新定义图块，才能更新插入的图块图形；而外部参照图形发生变化后，只需修改外部参照图形文件，打开主图形时会自动把外部参照新图形调入主图形。

9.2.1 使用外部参照

1）命令激活方式

① 命令行：**XATTACH** 或 **XA**。

② 功能区：【插入】→【参照】→【附着】。

③ 菜单栏：【插入】→【DWG 参照】。

④ 工具栏：【工具栏】→【参照】→【附着外部参照】。

2）操作步骤

激活命令后，弹出“选择参照文件”对话框，在对话框内选择外部参照文件。单击对话框中的“打开”按钮，弹出如图 9-19 所示的“附着外部参照”对话框，对各项进行设置后单击“确定”按钮，该文件就被参照到当前文件中。

“附着外部参照”对话框部分选项的功能介绍如下。

（1）“名称”文本框

从列表清单中选择外部参照文件名，也可单击“浏览”按钮，在“选择参照文件”对话框中选择外部参照文件。

（2）“参照类型”选项区域

选择“附着型”或“覆盖型”单选项，确定参照类型。

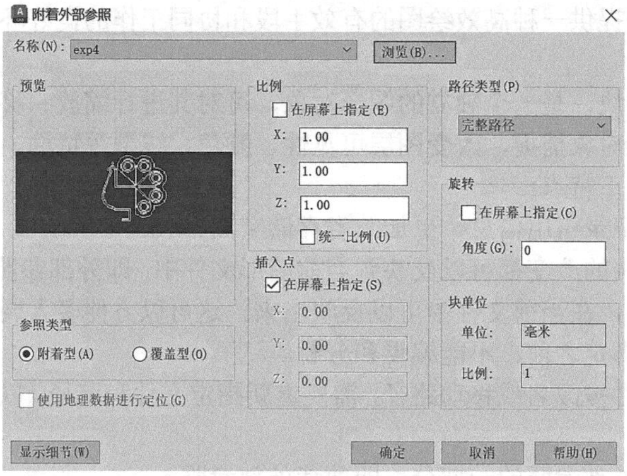

图 9-19 “附着外部参照”对话框

①“附着型”单选项：可实现外部参照的多级嵌套，以实现数据共享，但是不能循环嵌套。例如，A 图引用了 B 图，B 图又引用了 C 图，此时 C 图就不能再引用 A 图。

②“覆盖型”单选项：覆盖外部参照不能显示嵌套的附着或覆盖外部参照，即它仅显示一层深度。例如，A 图覆盖引用了 B 图，而 B 图又附着或覆盖引用了 C 图时，C 图在 A 图中是不可见的。正因为如此，覆盖引用才允许循环引用。

（3）“路径类型”选项区域

提供了以下三种路径类型供选择。

①“完整路径”是确定外部参照文件位置的完整的路径结构，即该文件的绝对路径。这是默认选项也是最明确的选项，但缺乏灵活性。

②“相对路径”是依靠主图形文件位置来指定该外部参照文件的路径，使用“相对路径”附着外部参照可以获得更大的灵活性。

③“无路径”是指外部参照文件没有保存路径信息。

（4）“插入点”“比例”“旋转”选项区域

选择外部参照中的插入点、比例因子及旋转角度，与图块插入时的相应操作相同。

9.2.2 编辑外部参照

在图形中加入外部参照后，用户还可根据需要剪裁、绑定、管理绑定及在位编辑外部参照。

1）剪裁外部参照

在当前图形中部分引入外部参照时，用户可使用 XCLIP 命令剪裁外部参照，定义剪裁边界，系统只显示剪裁边界内的外部参照部分。剪裁只对外部参照的引用起作用，而不对外部参照定义本身起作用。

注意：定义剪裁边界后，外部参照几何图形本身并没有改变，只是限制了它的显示范围。可通过以下任意方式实现剪裁外部参照。

（1）命令激活方式

① 命令行：**XCLIP** 或 **XC**。

② 功能区：【插入】→【参照】→【剪裁】。
③ 菜单栏：【修改】→【剪裁】→【外部参照】。
④ 工具栏：【工具栏】→【参照】→【剪裁外部参照】。

（2）操作步骤
激活命令后，命令行将提示。

命令：XCLIP↙
选择对象：（选择外部参照或图块）
输入剪裁选项［开（ON）/关（OFF）/剪裁深度（C）/删除（D）/生成多段线（P）/新建边界（N）］
<新建边界>：（输入 ON、OFF、C、D、P 或 N）

各选项的功能如下。
①“开（ON）”：剪裁功能有效。
②“关（OFF）”：剪裁功能无效。
③“剪裁深度（C）”：设置前景和背景平面，显示平面之间图形。
④“删除（D）”：取消所选外部参照或图块剪裁边界和剪裁深度。
⑤“生成多段线（P）”：按剪裁边界生成一条多义线。
⑥“新建边界（N）”：创建新的剪裁边界（多段线、矩形、多边形）。

（3）绘制实例
剪裁孔雀的下半部分，如图 9-20。

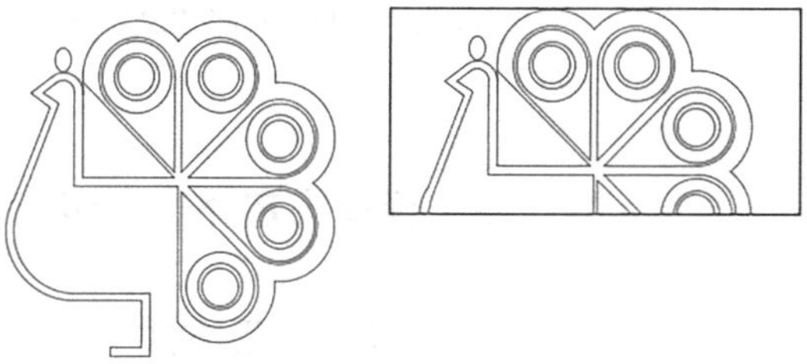

图 9-20 剪裁外部参照

2）绑定外部参照

外部参照中除了包括图形对象外，还可以包括图块、标注样式、图层、线型和文字样式这样的相关符号。附着外部参照时，AutoCAD 通过在名称前加外部参照图形名来区分相关符号名称和当前图形中的相应名称。

附着外部参照时，其相关符号的定义并不永久添加到图形中。相反，每次重载时这些定义从参照文件中重新加载。用户不能直接参照相关符号，例如不能将相关图层设为当前图层，并在其中创建新对象。

外部参照绑定是将外部参照中的某一部分相关符号绑定到当前图形中，成为当前图形中不可分割的组成部分。

（1）命令激活方式
① 命令行：**XBIND** 或 **XB**。

② 菜单栏：【修改】→【对象】→【外部参照】→【绑定】。
③ 工具栏：【工具栏】→【参照】→【外部参照绑定】。

(2) 操作步骤

激活命令后，弹出如图 9-21 所示的“外部参照绑定”对话框。

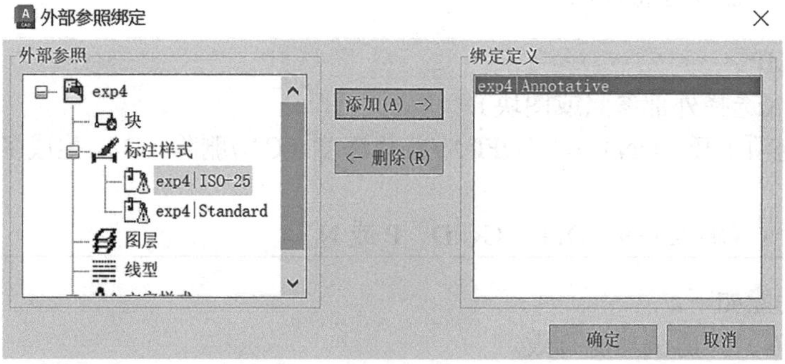

图 9-21 “外部参照绑定”对话框

在该对话框左边的列表中，列出了当前图形的全部外部参照文件。双击某外部参照文件名后，将进一步展开其相关符号。当项目前出现手形符号时，这时可选中某一相关符号，然后单击“添加”按钮，将选中的符号绑定到当前图形中。

相关符号绑定到当前图形后，系统将重新命名相关符号，用“\$n\$”（n 为一数字）代替原来的“|”。若 n=0，如果该名在图形中已存在，则将 n 自动加 1，直到不重名为止。

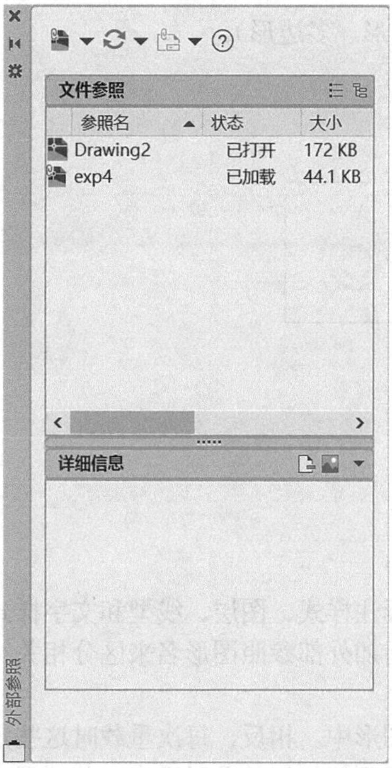

图 9-22 “外部参照”选项板

3）管理绑定外部参照

(1) 命令激活方式

① 命令行：**XREF** 或 **EXTERNALREFERENCES**。
② 功能区：【插入】→【参照】→【外部参照】。
③ 菜单栏：【插入】→【外部参照】。
④ 工具栏：【工具栏】→【参照】→【外部参照】。

(2) 操作步骤

命令激活后，弹出“外部参照”选项板，如图 9-22 所示。

4）在位编辑外部参照

所谓“在位编辑”，是指在当前图形中，能够直接编辑外部参照的图形。但要说明的是，在位编辑的过程较烦琐，只适合少量编辑的情况，若编辑工作量很大，最好还是回到原始图形中进行。

在位编辑同样适合于在当前图形中插入的图块（用 MINSERT 命令插入的图块例外），这样就可以避免如图块的分解及重定义等一些烦琐的操作，提高了绘图效率。

（1）命令激活方式

① 命令行：**REFEDIT**。

② 功能区：【插入】→【参照】→【编辑参照】。

③ 菜单栏：【工具】→【外部参照和块在位编辑】→【在位编辑参照】。

④ 工具栏：【工具栏】→【参照编辑】→【在位编辑参照】。

（2）操作步骤

命令激活后，命令行提示：

命令：REFEDIT↙
选择参照：（选择外部参照图形或图块）
选择嵌套层次［确定（O）/下一个（N）］<下一个>：（输入 O 或 N）
选择嵌套的对象：（选择外部参照图形中的待编辑图形对象）
显示属性定义［是（Y）/否（N）］<否>：（输入 Y 或 N）

选取要修改的特定外部参照或块作为在位编辑参照对象，弹出“参照编辑”对话框。它有“标识参照”（图 9-23）和“设置”（图 9-24）2 个选项卡。

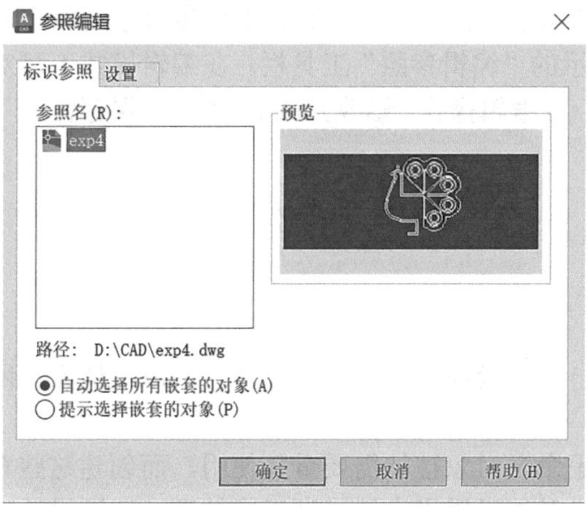

图 9-23 “参照编辑”对话框—“标识参照”选项卡

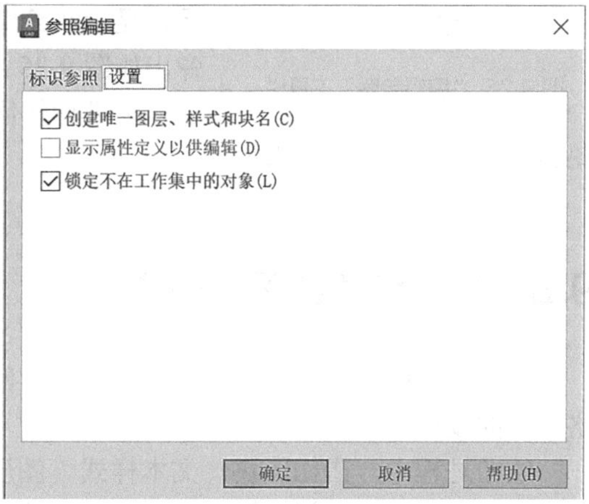

图 9-24 “参照编辑”对话框—“设置”选项卡

“标识参照”选项卡各选项说明如下。

①“参照名”列表框：在该列表框中显示用户选择的外部参照（或图块）的名称，如果选择的是嵌套的对象，则会以树状的形式显示出来。

②“路径”说明：显示所选择外部参照图形的路径，如果选择的是图块，则该项目不显示。

③“自动选择所有嵌套的对象”单选项：控制嵌套对象是否自动包含在参照编辑任务中。如果选中此选项，选定参照中的所有对象将自动包括在参照编辑任务中，将在“参照名”列表框中循环显示每个可以选择的外部参照对象。应特别注意的是只能编辑一个外部参照图形。

④“提示选择嵌套的对象”单选项：控制是否逐个选择包含在参照编辑任务中的嵌套对象。如果选中此项，关闭“参照编辑”对话框并进入参照编辑状态后，AutoCAD 将提示用户在要编辑的参照中选择特定的对象。

“设置”选项卡各选项说明如下。

①“创建唯一图层、样式和块名”复选框：该复选框控制从外部参照中选择出来的对象的图层及相关符号的名称是否唯一。如果该项设置为有效，则对象的图层及相关符号的名称是可变的，即在名称上加前缀“n”，与绑定相关符号一样；否则，这些对象的图层及相关符号的名称与参照图形中的名称相同。

②“显示属性定义以供编辑”复选框：该复选框控制在编辑图块期间是否提取、显示其属性。

③“锁定不在工作集中的对象”复选框：锁定所有不在工作集中的对象，从而避免用户在参照编辑状态时意外地选择和编辑主图形的对象。

如果在“参照编辑”对话框中选中“提示选择嵌套的对象”单选项，参照图形中将要编辑的一个或多个对象即被加入工作集中，系统进入参照编辑模式。在屏幕上看到参照工作集中的对象以正常的颜色显示，表示可以对其进行各种编辑操作；而外部参照图形中的其他对象则以灰色显示，表示暂时锁定，不可以对其进行编辑。

图 9-25 “编辑参照”工具栏

另外，如果在进行参照编辑操作前没有将“参照编辑”工具栏显示在绘图环境中，在结束选择编辑工作集时系统将自动弹出如图 9-25 所示的“编辑参照”工具栏。在编辑模式下可对工作集进行任何一种编辑操作。修改完成后，单击“保存修改”图标按钮，即可退出编辑模式。

9.3 AutoCAD 设计中心

通过设计中心，用户不仅可以查看、参照自己的设计，而且还可以方便地浏览他人（网络上）的设计。

绘图过程中，诸如图块、文本样式、图层等命名对象往往需要重复使用，而创建这些对象又需要花费很多时间，管理和组织好这些命名对象可以极大地提高工作效率。使用设计中心，可以非常方便地把命名对象从一个图形中拖放到另一个图形中，甚至可以提取硬盘驱动器、网络驱动器或互联网上的图形文件所包含的命名对象，而不需要重新创建它们。所以，设计中心是 AutoCAD 提供的除图块、外部参照之外的又一数据共享手段。

9.3.1 启动 AutoCAD 设计中心

AutoCAD 设计中心与 Windows 系统中的资源管理器很类似，是一个直观、高效的管理工具。

1）命令激活方式

① 命令行：**ADCENTER** 或 **ADC**。

② 菜单栏：【工具】→【选项板】→【设计中心】。

2）操作步骤

激活命令后，弹出如图9-26所示的“设计中心”（DESIGNCENTER）对话框。

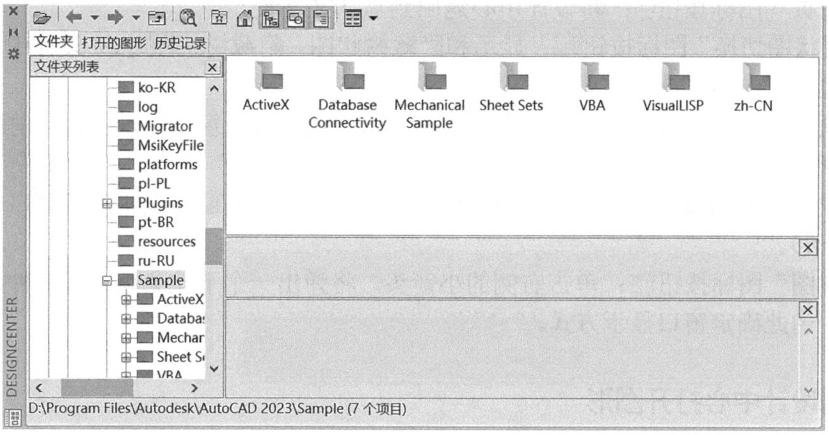

图9-26 “设计中心”对话框

“设计中心”对话框上各选项的功能如下。

（1）树状窗口

也称为导航窗格，用于显示计算机或网络驱动器中文件和文件夹的层次关系、打开的图形内容及自定义内容。

（2）控制板

用于显示树状视图中当前选定内容源的内容。

（3）预览窗口

用于显示选定图形、图块、填充图案或外部参照的预览。

（4）说明窗口

用于显示选定图形、图块、填充图案或外部参照的说明。

（5）“设计中心”工具栏

其上各选项的功能如下。

①“加载”图标按钮：显示“加载”对话框（标准的文件选择对话框）。使用“加载”对话框浏览本地计算机、网络服务器或互联网上的文件，然后选择内容加载到内容区域。

②“后退”图标按钮：返回到历史记录列表中最近一次的位置。

③“前进”图标按钮：返回到历史记录列表中下一次的位置。

④“上一级”图标按钮：显示当前文件夹或驱动器等的上一级的内容。

⑤“搜索”图标按钮：显示“搜索”对话框，从中可以指定搜索条件，以便在图形中查找图形、图块和非图形对象。利用“搜索”对话框查找系统资源时，可以节省时间、提高工作效率。

⑥“收藏夹”图标按钮：在内容区域中显示“收藏夹”文件夹的内容。“收藏夹”文件夹包含经常访问项目的快捷键。要为收藏夹添加项目，可以在内容区域或树状图中的

项目上点击鼠标右键弹出快捷菜单，然后选择“添加到收藏夹”菜单项。要删除收藏夹中的项目，可以使用快捷菜单中的“组织收藏夹”菜单项，然后使用快捷菜单中的“刷新”菜单项。

⑦“主页”图标按钮：将设计中心返回到默认文件夹。

⑧“树状图切换”图标按钮：显示和隐藏树状图。隐藏树状图时，“设计中心”对话框只显示右边窗口内容区域。

⑨“预览”图标按钮：显示和隐藏预览窗口。通过预览窗口可以预览当前选择的某一内容的图形。

⑩“说明”图标按钮：显示和隐藏说明窗口。通过说明窗口说明预览窗口图形的信息（如果有的话）。

⑪“视图”图标按钮：单击右侧的小箭头，将弹出一个下拉菜单，有 4 种显示方式供用户选择，由此确定窗口显示方式。

9.3.2 用设计中心打开图形

在 AutoCAD 设计中心可以很方便地打开所选的图形文件，具体有以下两种方法。

1）用右键菜单打开图形

在控制板的图形文件图标上点击鼠标右键，从弹出的快捷菜单中选择“在应用程序窗口中打开”菜单项，如图 9-27 所示，可将所选图形文件在应用程序窗口中打开并设置为当前图形。

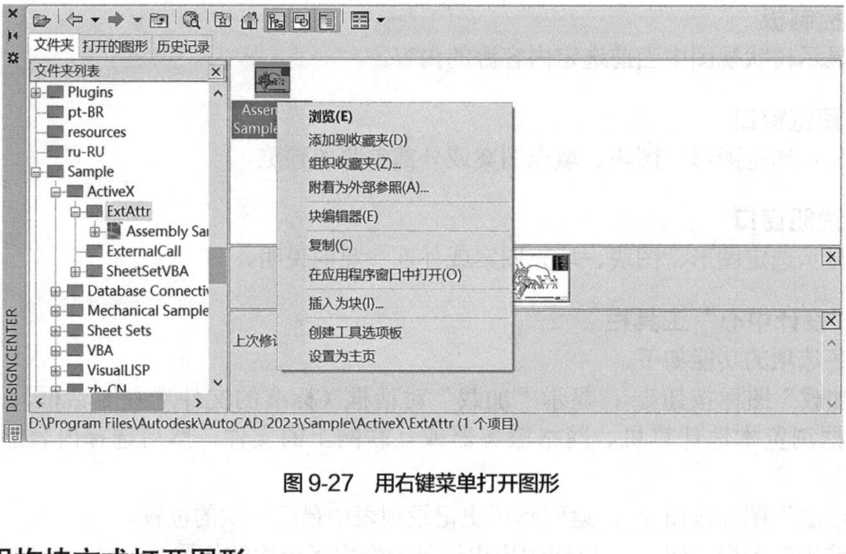

图 9-27　用右键菜单打开图形

2）用拖拽方式打开图形

在设计中心的控制板区，单击需要打开图形文件的图标，并按住鼠标左键将其拖拽到 AutoCAD 主窗口中除绘图区以外的任何地方（如工具区或命令区），松开鼠标左键，AutoCAD 可打开图形文件，并将其设置为当前图形。要利用设计中心打开图形，可首先在控制板中显示图形文件列表，然后将图形文件图标从控制板拖到工具栏区。

注意：如果拖拽图形文件到 AutoCAD 绘图区中，则是将该文件作为一个图块插入到当前的图形文件中，而不是打开该图形。

9.3.3 用设计中心查找及添加信息到图形中

利用设计中心的搜索工具可以打开如图 9-28 所示的“搜索”对话框。用户可在“搜索”对话框中设置搜索条件，可以实现快速地查找图层、图块、标注样式和图文等信息。

图 9-28 “搜索”对话框

操作步骤：

① 在“设计中心”工具栏上单击图标按钮，弹出“搜索”对话框，在“搜索”下拉列表中选择“块”选项。

② 单击“浏览”按钮，指定搜索的位置。

③ 在“搜索名称”文本框中输入搜索的图块名“Q1”。

④ 单击“立即搜索”，在对话框下方显示搜索结果，如图 9-29 所示。

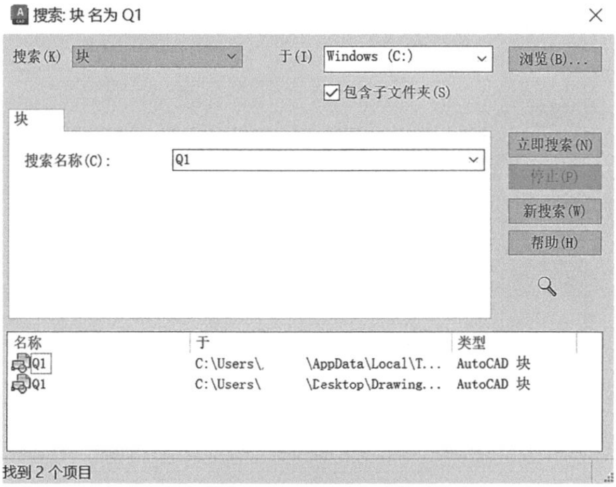

图 9-29 搜索图块

⑤ 可选择其中一个搜索结果，直接将其拖拽到绘图区，将块应用到当前图形。

注意：如果要查找新的内容则需单击“新搜索”按钮以清除以前的搜索设置。

习题

1. 试解释图块和属性，使用图块和属性的优点是什么？图块和属性有何关系？

2. 试解释外部参照功能，外部参照图形与图块有何异同点？两种方法在何种情况下使用，可产生最佳效果？

3. 绘制并定义附图 9-1 所示图块。

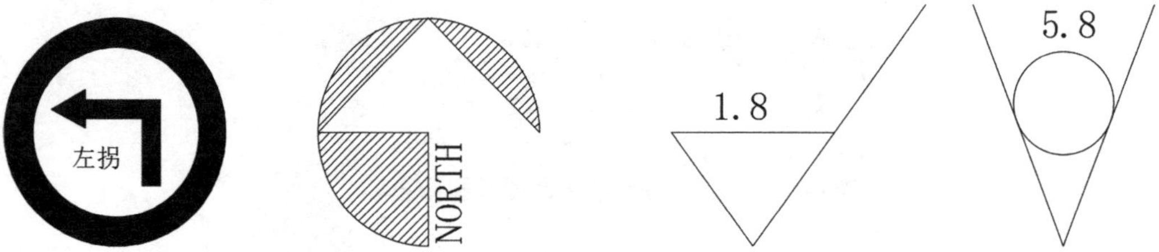

附图 9-1

4. 使用图块和属性功能绘制附图 9-2 所示电路图，元件用带属性的图块实现。

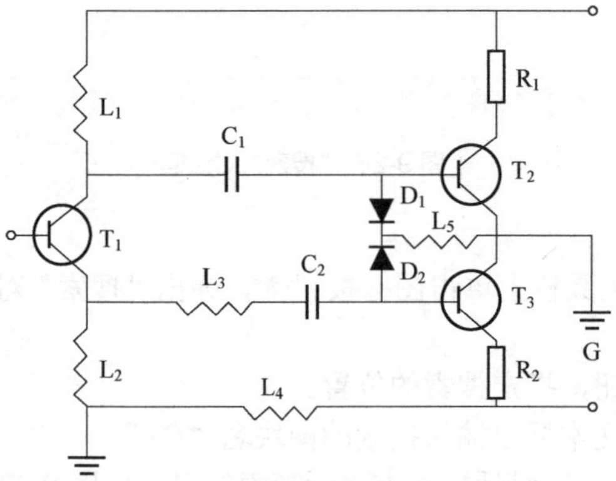

附图 9-2

第 10 章

三维绘图基础知识

10.1 三维坐标系

要创建和观察三维图形就一定要使用三维坐标系和三维坐标。创建三维对象时，可以使用笛卡儿坐标、圆柱坐标或球坐标定位。本章以三维建模为工作空间。

1）笛卡儿坐标

笛卡儿坐标系有 3 个坐标轴：已知点的三维笛卡儿坐标值（x, y, z）时只需分别输入 x，y，z 的值即可。AutoCAD 默认的世界坐标系是基于标准的笛卡儿坐标系，其 X 轴是水平的，Y 轴是垂直的，Z 轴垂直于 XY 平面。

2）圆柱坐标

圆柱坐标具有 3 个参数：三维点在 XY 平面的投影到坐标原点的距离（投影长度）、点在 XY 平面的投影和坐标原点的连线与 X 轴正向的夹角、点的 z 坐标值。其格式如下：投影长度<与 X 轴正向的夹角，z 坐标。

采用相对坐标：@投影长度<与 X 轴正向的夹角，z 坐标。

3）球坐标

球坐标使用以下 3 个参数表示：三维点到坐标原点的距离、两者连线在 XY 平面的投影与 X 轴正向的夹角、点和坐标原点的连线与 XY 平面的夹角。其格式如下：距离<与 X 轴正向的夹角<与 XY 平面的夹角。

若采用相对坐标，格式则为：@距离<与 X 轴正向的夹角<与 XY 平面的夹角。

10.2 三维模型的形式

AutoCAD 2023 支持线框模型、表面模型和实体模型 3 种类型的三维对象。

1）线框模型

线框模型是一个轮廓模型。线框模型法通过一系列三维点、曲线、直线等简单线条描述物体的形状特征来绘制三维图形。它没有面，只有描述对象边界的点、直线和曲线。由于构成线框模型的每个对象都必须单独绘制和定位，因此绘制线框模型比较耗时，图 10-1（a）所示为线框模型。

2）表面模型

表面模型比线框模型更为复杂，它不仅定义三维对象的边，还定义它的表面，它可以是不封闭的。表面模型法通过若干三维平面、曲面、网格面描述物体的形状特征来绘制三维图形。由于表面模型是不透明的，因此它可以被消隐显示。用户还可以从表面模型中获得相关的表面信息。图 10-1（b）所示为表面模型。

3）实体模型

实体模型表示整个对象的体积。实体模型法通过对基本实体进行组合或运算（交、并、差）描述物体的形状特征来绘制三维图形。在各类三维模型中，实体的信息最完整、歧义最少。在二维线框的视觉样式下，实体模型的显示和线框模型相似，但是实体模型可以进行体着色、渲染。图 10-1（c）所示为真实视觉样式下的实体模型。

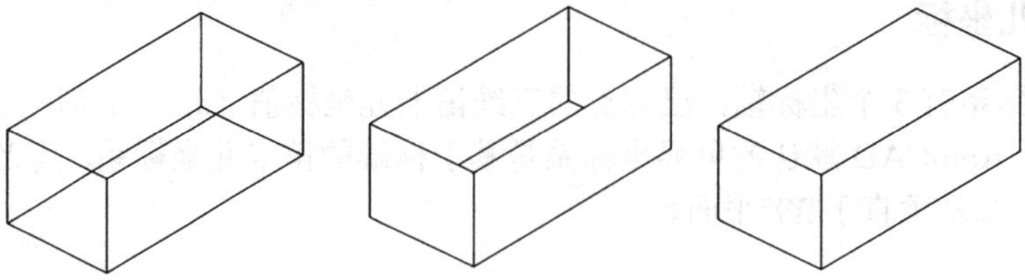

(a) 线框模型　　(b) 表面模型　　(c) 实体模型

图 10-1　三维模型的形式

10.3　绘制三维点和三维线

10.3.1　绘制三维点

选择【绘图】→【点】→【单点】菜单项，然后在命令行中直接输入三维坐标即可绘制三维点。除了可以使用笛卡儿坐标、圆柱坐标或球坐标绘制三维点外，还可以使用夹点和坐标过滤器来拾取三维点的位置。

1）命令行输入

执行 POINT 命令，即可绘制三维点。只需输入三维坐标（x，y，z）。

注意：

① 输入三维点坐标时，可用笛卡儿坐标、圆柱坐标或球坐标等多种方式输入。

② 可设置点的样式和大小，点样式图案平行于当前坐标系 *XOY* 平面。

2）坐标过滤器

使用 AutoCAD 坐标过滤器，可以方便地得到视图中任意一点的坐标值并为当前点所用。坐标过滤器在三维中的操作方式如下所示。

① 在命令行中输入一个句点以及一个或多个 X、Y 和 Z 字母指定过滤器。AutoCAD 接受以下过滤器选择：

- X（得到点的 *x* 坐标值）；
- Y（得到点的 *y* 坐标值）；
- Z（得到点的 *z* 坐标值）；
- XY（得到点的 *x*、*y* 坐标值）；
- XZ（得到点的 *x*、*z* 坐标值）；
- YZ（得到点的 *y*、*z* 坐标值）。

② 使用快捷方式。按住 Shift 键的同时点击鼠标右键，在弹出的快捷菜单中选择“点过滤器”子菜单来获得点的坐标值，如图 10-2 所示。

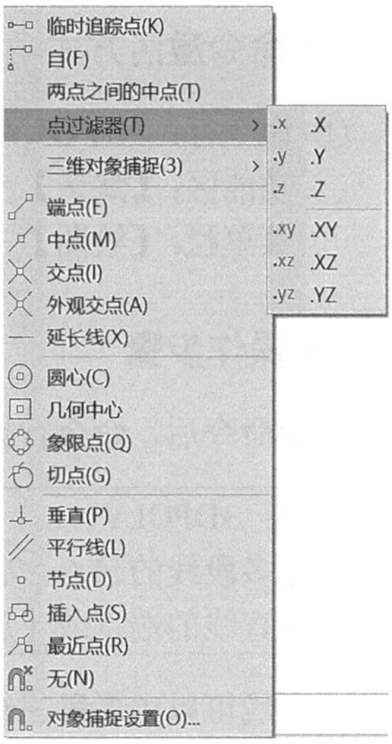

图 10-2 坐标过滤器

下面以使用坐标过滤器绘制直线为例说明操作过程。

执行“直线”命令，命令行提示：

指定第一点：.XY↙（使用.XY 坐标过滤器）
LINE 于（拾取要参考的点）（需要 Z)：（输入 *z* 坐标值）↙
指定下一点或 [放弃]：.YZ↙（使用.YZ 坐标过滤器）
于（拾取要参考的点）（需要 X)：（输入 *x* 坐标值）↙
指定下一点或 [放弃]：↙

执行结果：绘制了这样一条直线段，其起点的 *x*、*y* 坐标值与第一个拾取点相同，第二点的 *y*、*z* 坐标值与第二个拾取点相同。

3）对象捕捉

使用对象捕捉定位一个三维点时，不受当前标高设置的影响，完全使用捕捉点的 *x*、*y*、*z* 坐标值。另外，要尽量避免多个捕捉点重合。如有这种情况，可以旋转视图到另外一个能够分清楚各点的视图。

4）使用夹点

使用夹点来拾取三维点也是一种比较常见的方法，但需注意曲面没有夹点。

10.3.2 绘制三维线

绘制三维直线和绘制二维直线的命令和步骤相同。只是在输入点的坐标时，需指定 *z* 坐标值。如果不指定，AutoCAD 认为 *z* 坐标为 0。在三维基础空间使用【绘图】→【样条曲线拟合】命令，可以绘制 3D 样条曲线，但定义样条曲线的点不能共面。绘制三维多段线需要使用“三维多段线”命令。

1）命令激活方式

① 命令行：**3DPOLY**。
② 功能区：【默认】→【绘图】→【三维多段线 】。
③ 菜单栏：【绘图】→【三维多段线】。

2）操作步骤

激活命令后，命令行提示：

命令：3DPOLY↙
指定多段线的起点：（指定起点）↙
指定直线的端点或［放弃］：（指定端点）↙

多段线可以由多段三维直线组成，但其线宽是一定的。不能单独为每段线设置线宽，而且不能包含圆弧。

10.3.3 设置对象的标高和厚度

设置当前二维图形的标高（ELEV）、厚度（THICKNESS）。

1）命令激活方式

命令行：**ELEV**。

2）操作步骤

激活命令后，命令行提示：

命令：ELEV↙
指定新的默认标高<0.0000>：（输入构造平面高度）
指定新的默认厚度<0.0000>：（指定厚度数值）

设置标高相当于指定绘图平面的 z 坐标值。

在一个视口中指定一个标高设置后，上述标高在所有视口中成为当前标高，在此基础上绘制的对象均以该标高为起点。当改变坐标系时，标高重置为默认标高 0。

在设置标高的同时还可以设置对象厚度。厚度为二维对象增加了向上或向下的拉伸值。正值表示沿 Z 轴正方向拉伸，负值表示沿 Z 轴负方向拉伸。设置了非零厚度后，绘制二维点就会得到一条线，绘制圆会得到圆柱侧面。也可以直接使用 THICKNESS 命令设置对象的厚度。

ELEV 只对新对象起作用，不影响已经存在的对象。所以，要使用标高，必须提前设置。

10.3.4 绘制螺旋线

绘制三维螺旋线。

1）命令激活方式

① 命令行：**HELIX**。
② 功能区：【默认】→【绘图】→【螺旋】。
③ 菜单栏：【绘图】→【螺旋】。
④ 工具栏：【工具栏】→【建模】→【螺旋】。

2）操作步骤

激活命令后，命令行提示：

命令：HELIX↙
圈数 = 3.0000　　扭曲=CCW
指定底面的中心点：（拾取螺旋线底面中心点）↙
指定底面半径或［直径（D）］<1.0000>：（输入底面半径或直径）↙
指定顶面半径或［直径（D）］<1.0000>：（输入顶面半径或直径）↙
指定螺旋高度或［轴端点（A）/圈数（T）/圈高（H）/扭曲（W）］<1.0000>：

在该提示下，可以直接输入螺旋线的高度，按默认的圈数和旋向来绘制螺旋线。其他选项的功能如下。

①“指定螺旋高度”：按指定高度和默认圈数绘制螺旋线。

②“轴端点（A）”：指定螺旋轴（螺旋线中心轴线，起点为底面中心点）的另一端点（顶面中心点）位置。轴端点定义了螺旋的高度和方向。

③“圈数（T）”：指定螺旋线的螺旋圈数，默认情况下，螺旋线的圈数为 3。

④“圈高（H）”：设置螺旋内一个完整圈高度。圈数由该高度和螺旋高度确定。

⑤“扭曲（W）”：指定螺旋线的旋转方向是顺时针（CW）还是逆时针（CCW），默认值为逆时针。

10.4 用户坐标系

采用笛卡儿坐标系，称默认笛卡儿坐标系为通用坐标系（世界坐标系），简称 WCS。

允许用户根据需要创建新坐标系，即用户坐标系，简称 UCS。在新坐标系下，可简化绘图过程，提高绘图效率。

AutoCAD 支持世界坐标系（WCS）和用户坐标系（UCS）。用户坐标系是用于坐标输入、更改绘图平面的一种可移动的坐标系统。通过定义用户坐标系，可以更改原点位置、*XY* 平面及 *Z* 轴的方向。改变 UCS 并不改变视点，只改变坐标系的方向和倾斜度。系统的默认坐标系是世界坐标系。

10.4.1 新建用户坐标系

1）命令激活方式

① 命令行：**UCS**。

② 功能区：【三维工具】→【坐标】→【】。
③ 菜单栏：【工具】→【新建 UCS】→【世界】。
④ 工具栏：【工具栏】→【UCS】→【UCS 】。

2）操作步骤

激活命令后，命令行提示：

命令：UCS↙
当前 UCS 名称：*世界*
指定 UCS 的原点或［面（F）/命名（NA）/对象（OB）/上一个（P）/视图（V）/世界（W）/X/Y/Z/Z 轴（ZA）］
<世界>：

新建 UCS 时，输入的坐标值和坐标的显示均是相对于当前的 UCS。各选项的说明如下。

①“指定 UCS 的原点”：保持 *X*、*Y* 和 *Z* 轴方向不变，移动当前 UCS 的原点到指定位置。

②“面（F）”：将 UCS 与实体对象的选定面对齐。

③“命名（NA）”：为新的 UCS 命名。

④“对象（OB）”：根据选定的三维对象定义新的坐标系。该选项使得选择的对象位于新 UCS 的 *XY* 平面，选择的那条线就为 *X* 轴。

⑤“上一个（P）”：恢复上一个 UCS。AutoCAD 可以保存已创建的最后 10 个坐标系。重复“上一个”选项可以逐步返回到以前的一个 UCS。

⑥“视图（V）”：以平行于屏幕的平面为 *XY* 平面，建立新的坐标系，UCS 原点保持不变。

⑦“世界（W）”：将当前用户坐标系设置为世界坐标系。世界坐标系是所有用户坐标系的基准，不能被重新定义。它也是 UCS 命令的默认选项。

⑧“X/Y/Z”：绕指定轴旋转当前 UCS。

⑨“Z 轴（ZA）”：定义 *Z* 轴正半轴，从而确定 *XY* 平面。

10.4.2 “UCS”对话框

用户可以使用“UCS”对话框进行 UCS 管理和设置。

1）命令激活方式

① 命令行：**UCSMAN 或 UC**。
② 功能区：【默认】→【坐标】→。
③ 菜单栏：【工具】→【命名 UCS】。
④ 工具栏：【工具栏】→【UCSⅡ】→。

2）操作步骤

激活命令后，弹出“UCS”对话框。该对话框有“命名 UCS”“正交 UCS”和“设置”3 个选项卡。

①“命名 UCS”选项卡如图 10-3 所示。该选项卡列出了 AutoCAD 目前已有的坐标系。选中一个坐标系，并单击“置为当前”按钮，可以把它设置为当前坐标系。单击“详细信息”按钮可以查看该坐标系的详细信息。

②“正交 UCS”选项卡如图 10-4 所示。该选项卡列出了预设的正交 UCS，选中一个 UCS，单击“置为当前”按钮，可以设置为当前的 UCS，也可以单击“详细信息”按钮查看详细信息，还可以从“相对于”下拉列表中选择图形的 UCS 参考坐标系。

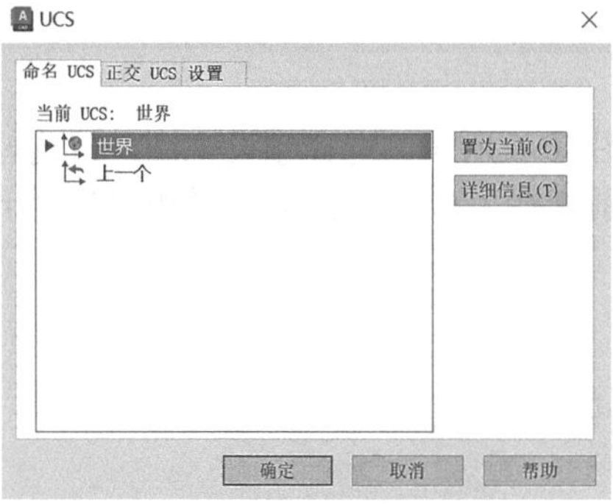

图 10-3 “命名 UCS”选项卡

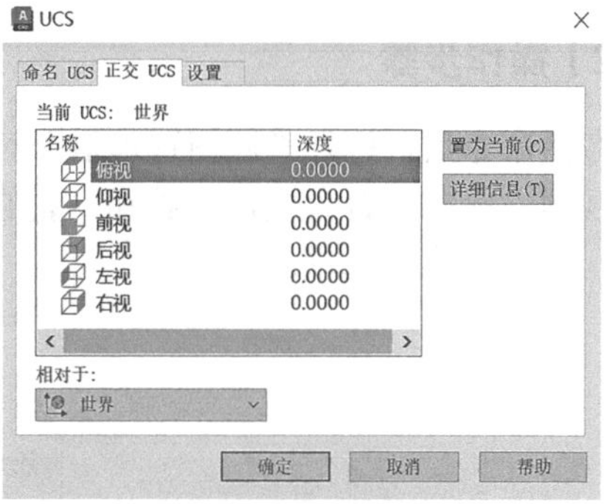

图 10-4 “正交 UCS”选项卡

③“设置”选项卡如图 10-5 所示。“UCS 图标设置”选项区域用于设置 UCS 图标。

“开”复选框：控制是否在屏幕上显示 UCS 图标。

“显示于 UCS 原点”复选框：控制 UCS 图标是否显示在坐标原点上。

“应用到所有活动视口”复选框：控制是否把当前 UCS 图标的设置应用到所有视口。

“允许选择 UCS 图标”复选框：控制 UCS 图标是否能够在屏幕上移动。

“UCS 设置”选项区域用于设置 UCS。

“UCS 与视口一起保存”复选框：把当前的 UCS 设置与视口一起保存。

“修改 UCS 时更新平面视图”复选框：当 UCS 改变时，是否恢复平面视图。

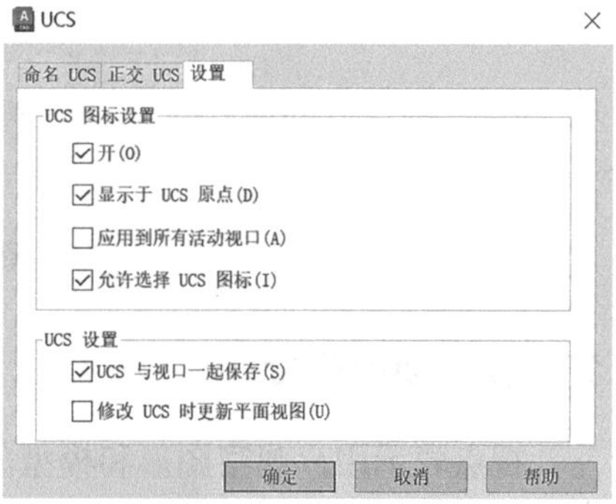

图 10-5 “设置”选项卡

10.5 三维显示功能

AutoCAD 2023 有全面的三维显示功能。可以在模型空间使用“视图”、“定义视点”和“三维轨迹球”等方式来观察图形。

10.5.1 视图

视图包括俯视、仰视、左视、右视、前视、后视 6 个基本视图和西南等轴测、东南等轴测、东北等轴测、西北等轴测 4 个轴测图。

1）命令激活方式

① 命令行：**VIEW**。

② 功能区：【视图】→【命名视图】→【视图管理器】。

③ 菜单栏：【视图】→【命名视图】。

④ 工具栏：【工具栏】→【视图】→。

2）操作步骤

激活命令后，打开“视图管理器”对话框，如图 10-6 所示。选择预设视图，再选择要显示的视图，单击“置为当前”按钮，把它设置为当前视图。也可以在菜单栏和工具栏上直接单击，选择相应的选项。

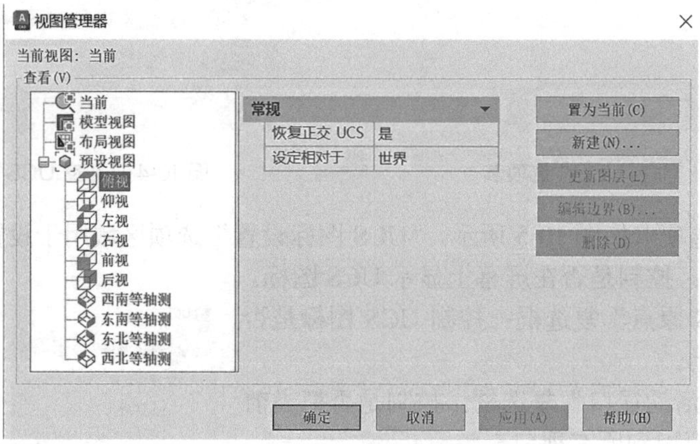

图 10-6 “视图管理器”对话框

10.5.2 视点预设

视点表示用户观察图形和模型的位置。默认的视点坐标是（0，0，1）。用户可以通过视点预设改变视点坐标。“视点预设”对话框使用两个参数定义视点：一是视点与坐标原点的连线在 *XY* 平面上的投影与 *X* 轴正向的夹角；二是连线与 *XY* 平面的夹角。

1）命令激活方式

① 命令行：**VPOINT** 或 **DDVPOINT** 或 **VP**。

② 菜单栏：【视图】→【三维视图】→【视点预设】。

2）操作步骤

激活命令后，屏幕弹出如图 10-7 所示的“视点预设”对话框。

在该对话框中左侧图形代表视点与坐标原点连线在 *XY* 平面上的投影与 *X* 轴正向的夹角。右侧图形代表连线与 *XY* 平面的夹角。

各选项的功能如下。

①“绝对于 WCS”单选项：选择该单选项，表示观测角是相对于世界坐标系的。

②“相对于 UCS”单选项：选择该单选项，表示观测角是相对于用户坐标系的。

③“X 轴”文本框：输入与 *X* 轴的夹角。

④“XY 平面”文本框：输入与 *XY* 平面的夹角。

⑤“设置为平面视图”按钮：显示平面视图。

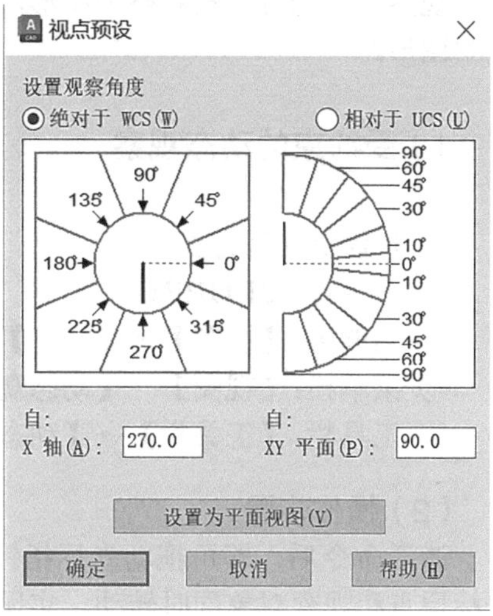

图 10-7 “视点预设”对话框

10.5.3 使用罗盘设置视点

1）命令激活方式

① 命令行：-**VPOINT**。

② 菜单栏：【视图】→【三维视图】→【视点】。

2）操作步骤

激活命令后，命令行提示：

命令：-VPOINT↙
指定视点或［旋转（R）］<显示指南针和三轴架>：

各选项的说明如下。

①“指定视点”：指定视点的坐标值。

②“旋转（R）”：通过视点与坐标原点连线在 *XY* 平面上的投影与 *X* 轴的夹角以及连线与 *XY* 平面的夹角定义视点。

③“显示坐标球和三轴架”：使用指南针和三轴架确定视点。

激活命令后，屏幕显示如图 10-8（a）所示。十字光标代表视点在 *XY* 平面的投影。罗盘的中心是 *Z* 轴正向。第一个圆代表与 *XY* 平面夹角为 0°～90°，在第一个圆上代表与 *XY* 平面夹角为 0°；第二个圆代表与 *XY* 平面夹角为 0°～-90°，在第二个圆上代表与 *XY* 平面夹角为-90°。如图 10-8（b）所示。

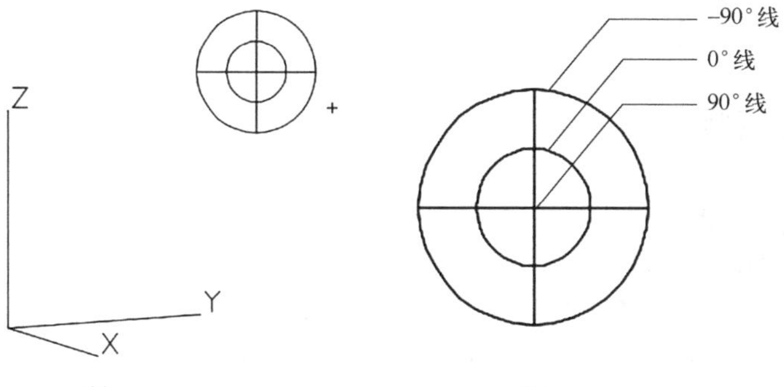

(a) (b)

图 10-8 使用罗盘和三轴架确定视点

10.5.4 三维动态观察

前面介绍的几种显示模式操作比较精确，但是视点设置烦琐。为此，系统提供了交互的动态观察器，既可以查看整个图形，又可以从不同方向查看模型中的任意对象，还可以连续观察图形。

1）受约束的动态观察

（1）命令激活方式

① 命令行：**3DORBIT**。

② 功能区：【视图】→【导航】→【动态观察】。

③ 菜单栏：【视图】→【动态观察】→【受约束的动态观察】。

④ 工具栏：【工具栏】→【动态观察】→【受约束的动态观察】。

（2）操作步骤

激活命令后，即可拖动光标指针来动态观察模型。按住鼠标左键，上下左右拖动鼠标，坐标原点和观察对象同时转动，实现动态观察。放开鼠标左键，可得到观察画面。处于动态观察状态时，单击鼠标右键可弹出相关快捷菜单，切换至其他操作。按 Enter 键可结束 3DORBIT 命令。

观察视图时，视图的目标位置保持不变，相机位置（或观察点）围绕该目标移动。默认情况下，观察点会被约束为沿着世界坐标系的 *XY* 平面或 *Z* 轴移动。

2）自由动态观察

（1）命令激活方式

① 命令行：**3DFORBIT**。

② 功能区：【视图】→【导航】→【自由动态观察】。

③ 菜单栏：【视图】→【动态观察】→【自由动态观察】。

④ 工具栏：【工具栏】→【动态观察】→【自由动态观察】。

（2）操作步骤

激活命令后，屏幕上显示一个弧线球，一个整圆被几个小圆划分成四个象限。此时在屏幕上移动光标即可旋转观察三维模型。

3）连续动态观察

（1）命令激活方式

① 命令行：**3DCORBIT**。

② 功能区：【视图】→【导航】→【连续动态观察】。

③ 菜单栏：【视图】→【动态观察】→【连续动态观察】。

④ 工具栏：【工具栏】→【动态观察】→【连续动态观察】。

（2）操作步骤

激活命令后，光标的形状变为两条实线环绕的球形。在绘图区单击，并沿任何方向拖动光标，使对象沿拖动方向开始移动。释放后，对象在指定的方向上继续它们的轨迹运动。光标移动的速度决定了对象的旋转速度。再次单击并拖动鼠标可以改变旋转轨迹的方向。也可以在绘图区点击鼠标右键，在弹出的快捷菜单中选择一个菜单项来修改连续轨迹的显示。

10.6 多视口管理

为了更好地观察和编辑三维图形，根据需要可以把屏幕分割成几个视口，可以分别控制各个视口的显示方式。在模型空间可以通过对话框和命令行进行多视口设置。

10.6.1 通过对话框设置多视口

1）命令激活方式

① 命令行：**VPORTS**。
② 功能区：【可视化】→【模型视口】→【命名】。
③ 菜单栏：【视图】→【视口】→【命名视口】。
④ 工具栏：【工具栏】→【视口】→【视口】对话框。

2）操作步骤

激活命令后，打开“视口”对话框，如图 10-9 所示。该对话框包括“新建视口”和“命名视口”两个选项卡。

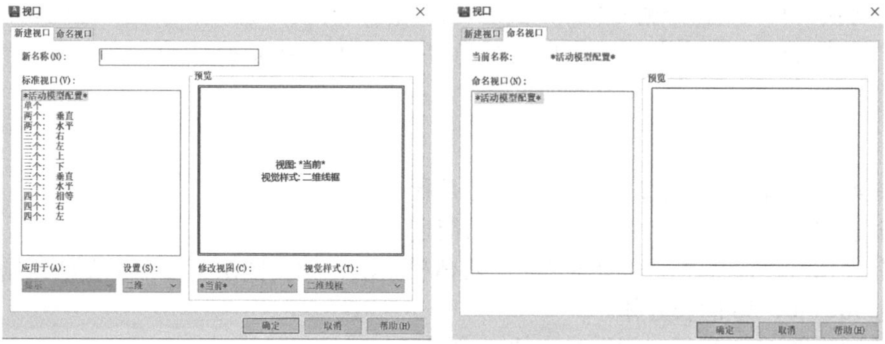

图 10-9 “视口”对话框

（1）“新建视口”选项卡

显示标准视口配置列表和配置平铺视口。
①“新名称”文本框：输入新创建的平铺视口的名称。
②“标准视口”列表框：列出了可用的标准视口配置，其中包括当前配置。
③“预览”列表框：预览选定视口的图像，以及在配置中被分配到每个独立视口的默认视图。
④“应用于”下拉列表：将平铺的视口配置应用到整个显示窗口或当前视口。
⑤“设置”下拉列表：用来指定使用二维或三维设置。如果选择二维，则在所有视口中使用当前视图来创建新的视口配置。如果选择三维，则可以用一组标准正交三维视图配置视口。
⑥“修改视图”下拉列表：选择一个视口配置来代替已选定的视口配置。
⑦“视觉样式”下拉列表：用于选择需要的视觉样式。

(2)“命名视口”选项卡

显示图形中所有已保存的视口配置。“当前名称”显示当前视口配置的名称。

10.6.2 使用命令行设置多视口

如果在模型空间，从命令行输入“-VPORTS”，则命令行提示：

命令：-VPORTS↙

输入选项［保存（S）/恢复（R）/删除（D）/合并（J）/单一（SI）/？/2/3/4/切换（T）/模式（MO）］<3>：

各选项的说明如下。

①“保存（S）”：使用指定的名称保存当前视口配置。

②“恢复（R）”：恢复以前保存的视口配置。

③“删除（D）”：删除命名的视口配置。

④“合并（J）”：将两个邻接的视口合并为一个较大的视口，得到的视口将继承主视口的视图。

⑤“单一（SI）”：将图形返回到单一视口的视图中，该视图使用当前视口的视图。

⑥“？”：显示活动视口的标识号和屏幕位置。

⑦“2”：将当前视口拆分为大小相同的两个视口。

⑧“3”：将当前视口拆分为大小相同的三个视口。

⑨“4”：将当前视口拆分为大小相同的四个视口。

⑩“切换（T）”：重复输入“T”，图形可在光标所在的单视口和多视口之间切换。

⑪“模式（MO）”：将视口配置应用至当前视口（C）或显示（D）。

习题

1. 三维图形有几种类型？各自的优缺点是什么？

2. 创建用户坐标系的方法有多少种？试简述。

3. 分别用线框模型法、表面模型法、实体模型法、轴测图法、二维半图法绘制长、宽、高分别为 50、40、30 的长方体。

4. 绘制附图 10-1 所示三视图确定的三维图形。

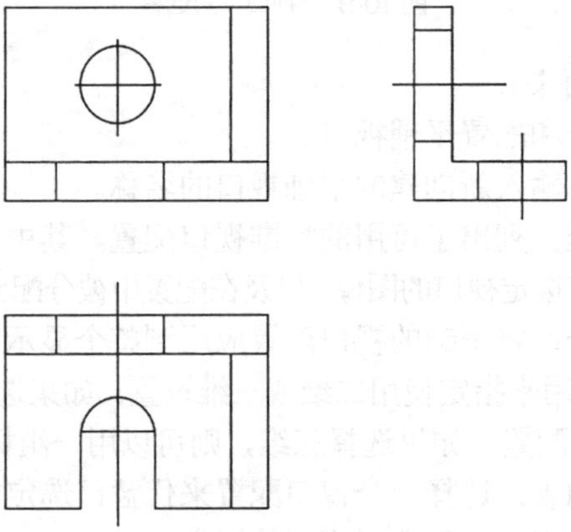

附图 10-1

第 11 章

三维实体绘制及应用

11.1 绘制三维表面

11.1.1 绘制平面曲面

1）命令激活方式

① 命令行：**PLANESURF**。
② 功能区：【三维工具】→【曲面】→【平面曲面】。
③ 菜单栏：【绘图】→【建模】→【曲面】→【平面曲面】。
④ 工具栏：【工具栏】→【建模】→【平面曲面】。

2）操作步骤

激活命令后，命令行提示：

命令：PLANESURF↙
指定第一个角点或［对象（O）］<对象>：（指定第一点）↙
指定其他角点：（选择封闭边界对象）

选项“对象（O）”：把选择的对象转换为平面曲面。

说明：

① 指定两对角点，绘制矩形平面曲面。

② 选择封闭边界对象，可绘制非矩形平面曲面。封闭边界对象可以是直线、圆、圆弧、椭圆、椭圆弧、二维多段线、平面三维多段线、平面样条曲线。

③ 系统变量 SURFU 和 SURFV 控制平面曲面网格行列数（图 11-1）。

11.1.2 绘制三维平面

在三维空间的任意位置绘制平面。

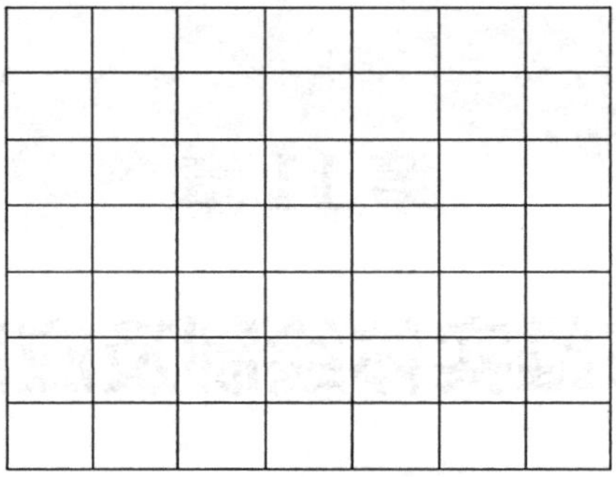

图 11-1　平面曲面

1）命令激活方式

① 命令行：**3DFACE** 或 **3F**。

② 菜单栏：【绘图】→【建模】→【网格】→【三维面】。

2）操作步骤

激活命令后，命令行提示：

命令：3DFACE↙

指定第一点或［不可见（I）］：（输入第一点或 I）

指定第二点或［不可见（I）］：（输入第二点或 I）

指定第三点或［不可见（I）］<退出>：（按 Enter 键可退出三维平面的绘制，并不能生成三维平面。如果指定了第三点，按 Enter 键，系统会继续提示）

指定第四点或［不可见（I）］<创建三侧面>：（指定第四点后按 Enter 键，则生成四边平面；按 Enter 键，直接生成一个三边平面）

指定第三点或［不可见（I）］<退出>：

说明：

① 三维平面的顶点最多有四个。

② 四个顶点按顺时针或逆时针方向输入，系统自动形成封闭平面。

③ 在“指定第四点：”处按 Enter 键，则绘制三角形平面。

④ 前一平面的 3、4 顶点分别为下一平面的 1、2 顶点。

⑤ 绘制多边形，按多个四边形或三角形绘制。

⑥ 若要求某边不显示，则在输入该边始点前先输入“I”再拾取点。

⑦ 在 3DFACE 命令之前或之后，必须用 VPOINT 命令才能显示出立体的三维线框图形。若组成平面的四个点共面，则用 HIDE 命令消隐，否则不能消隐。

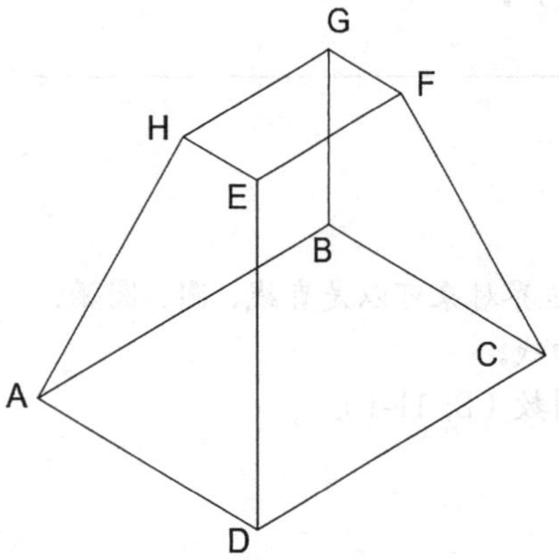

图 11-2　绘制三维平面

3）绘制实例

绘制四棱台立体图，如图 11-2 所示。其中点 A（20，50，0）、B（60，50，0）、C（60，20，0）、D（20，20，

0)、E（30，30，30)、F（50，30，30)、G（50，40，30)、H（30，40，30)。

```
命令：3DFACE↙
指定第一点或［不可见（I)］：20，50，0↙
指定第二点或［不可见（I)］：60，50，0↙
指定第三点或［不可见（I)］<退出>：60，20，0↙
指定第四点或［不可见（I)］<退出>：20，20，0↙    ——绘制平面 ABCD
指定第三点或［不可见（I)］<退出>：30，30，30↙
指定第四点或［不可见（I)］<退出>：50，30，30↙   ——绘制平面 CDEF
指定第三点或［不可见（I)］<退出>：50，40，30↙
指定第四点或［不可见（I)］<退出>：30，40，30↙   ——绘制平面 EFGH
指定第三点或［不可见（I)］<退出>：20，50，0↙
指定第四点或［不可见（I)］<退出>：60，50，0↙    ——绘制平面 GHAB
指定第三点或［不可见（I)］<退出>：↙
```

11.1.3 绘制其他三维表面

1）三维网格面

绘制三维网格，可根据指定的 M 行 N 列顶点和每一个顶点的位置生成三维多边形网格。M 和 N 值的最小值为 2，最大值为 256，类似于由行和列组成的栅格。

（1）命令激活方式

① 命令行：**3DMESH**。

② 菜单栏：【绘图】→【建模】→【网格】→【三维网格】。

（2）操作步骤

激活命令后，命令行提示：

```
命令：3DMESH↙
输入 M 方向上的网格数量：（输入 M 方向的顶点数）
输入 N 方向上的网格数量：（输入 N 方向的顶点数）
指定顶点（0，0）的位置：（输入第 1 行，第 1 列顶点）
……
指定顶点（M-1，N-1）的位置：（输入第 M 行，第 N 列顶点）
```

选择【修改】→【对象】→【多段线】菜单项，则可以编辑绘制的网格。例如，使用该命令的“平滑曲面”选项可以对曲面进行平滑操作，如图 11-3 所示。

（3）绘制实例

绘制 4×3 的三维网格，如图 11-3 所示。

```
命令：3DMESH↙
输入 M 方向上的网格数量：4↙
输入 N 方向上的网格数量：3↙
```

指定顶点（0，0）的位置：50，40，3↙
指定顶点（0，1）的位置：50，45，5↙
指定顶点（0，2）的位置：50，50，3↙
指定顶点（1，0）的位置：55，40，2↙
指定顶点（1，1）的位置：55，45，0↙
指定顶点（1，2）的位置：55，50，0↙
指定顶点（2，0）的位置：60，40，-1↙
指定顶点（2，1）的位置：60，45，-1↙
指定顶点（2，2）的位置：60，50，0↙
指定顶点（3，0）的位置：65，40，-1↙
指定顶点（3，1）的位置：65，45，0↙
指定顶点（3，2）的位置：65，50，-1↙

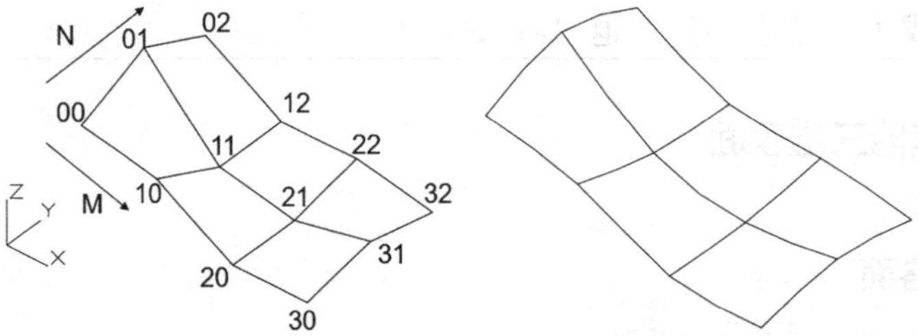

图 11-3　绘制三维网格及对绘制的三维网格进行平滑处理后的效果

2）直纹曲面

直纹网格是指用直线连接两个边界对象构造成的网格。其构造直线的数量由系统变量 SURFTAB1 的值决定，直线与边界对象所形成的许多直纹网格平面就构成了网格。

要创建直纹网格，首先需要创建两个边界对象，这两个边界对象可以是直线、点、圆、圆弧、二维多段线、三维多段线或样条曲线，两个边界对象要么同时开放，要么同时封闭；但如果一个边界对象是点的话，则另一个边界对象可以开放，也可以封闭。

（1）命令激活方式

① 命令行：**RULESURF**。
② 功能区：【三维工具】→【建模】→【直纹曲面】。
③ 菜单栏：【绘图】→【建模】→【网格】→【直纹网格】。

（2）操作步骤

激活命令后，命令行提示：

命令：RULESURF↙
当前线框密度：SURFTAB1=12
选择第一条定义曲线：（指定第一条线）
选择第二条定义曲线：（指定第二条线）

创建直纹网格时，如果边界曲线是开放的对象，那么直线从距离边界拾取点最近的一端开始绘制，因此拾取边界时的拾取点不同，所生成的直纹网格也可能不同。对于闭合曲线，无需考虑选择的对象。如果曲线是一个圆，直纹网格将从 0°象限点开始绘制，此象限点由当前 X 轴加上 SNAPANG 系统变量的当前值确定。对于闭合多段线，直纹网格从最后一个顶点开始并反向沿着多段线的线段绘制。在圆和闭合多段线之间创建直纹网格可能会造成乱纹。不同边界曲线的直纹网格如图 11-4 所示。

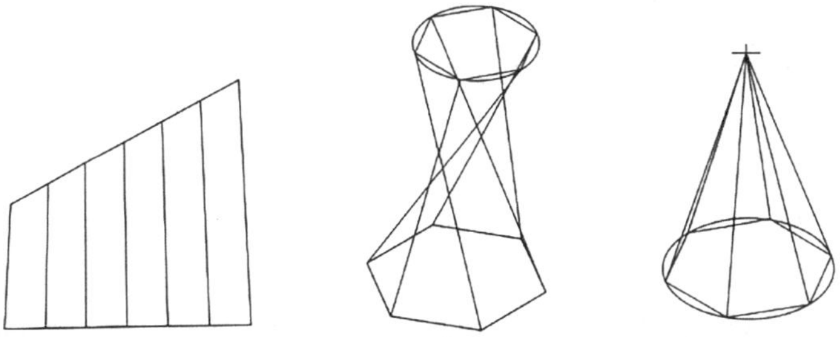

(a) 边界曲线为两条直线　(b) 边界曲线为圆及正六边形　(c) 边界曲线为圆及点

图 11-4　不同边界曲线的直纹网格

3）边界曲面

边界网格是通过连接四条相邻的边线来形成构造网格，所形成的网格是由小网格平面拼合而成，网格的密度取决于系统变量 SURFTAB1 及 SURFTAB2 的大小。

边界网格的构造边线可以是直线、圆弧、样条曲线或开放的二维或三维多段线，这些边线必须在端点处相交形成一个封闭环，边界网格是在这四条边线间形成的插值型的立体表面。边线必须在调用边界网格命令之前事先绘出。

（1）命令激活方式

① 命令行：**EDGESURF**。

② 功能区：【三维工具】→【建模】→【边界曲面】。

③ 菜单栏：【绘图】→【建模】→【网格】→【边界网格】。

（2）操作步骤

激活命令后，命令行提示：

命令：EDGESURF↙

当前线框密度：SURFTAB1=6 SURFTAB2=6

选择用作曲面边界的对象 1：（指定第一条线）

选择用作曲面边界的对象 2：（指定第二条线）

选择用作曲面边界的对象 3：（指定第三条线）

选择用作曲面边界的对象 4：（指定第四条线）

说明： 第一条边的方向为 M 方向，邻边方向为 N 方向，M 方向分段数由 SURFTAB1 确定，N 方向分段数由 SURFTAB2 确定。

（3）绘制实例

已知四条首尾相连的线条，绘制边界曲面，如图 11-5 所示。

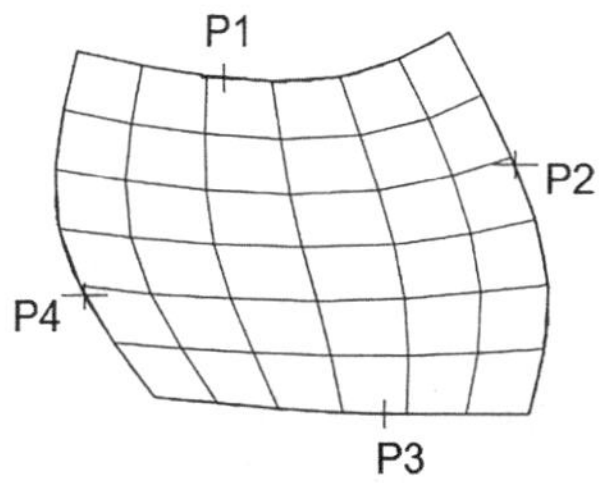

图 11-5　绘制边界曲面

命令：EDGESURF↙
当前线框密度：SURFTAB1=6 SURFTAB2=6
选择用作曲面边界的对象 1：（拾取 P1 点）
选择用作曲面边界的对象 2：（拾取 P2 点）
选择用作曲面边界的对象 3：（拾取 P3 点）
选择用作曲面边界的对象 4：（拾取 P4 点）

4）平移曲面

平移网格是通过将一条轮廓线沿一个方向矢量平移构造成的网格曲面，网格密度由系统变量 SURFTAB1 决定。

轮廓曲线定义多边形网格的曲面形状，它可以是直线、圆弧、圆、椭圆、二维或三维多段线，若是由这些线中两种以上的线绘制的轮廓曲线，平移前要先把对象转化为多段线。系统从轮廓曲线上离拾取点最近的端点开始绘制曲面。可以选择直线或开放的多段线作为方向矢量，而且 AutoCAD 只以多段线的起点和终点的连线来确定方向矢量，而忽略中间的顶点。方向矢量决定曲面形状的平移方向和长度，平移起点为方向矢量距拾取点最近的端点。

在绘制平移网格之前，必须事先绘制出轮廓曲线及方向矢量。

（1）命令激活方式

① 命令行：**TABSURF**。
② 功能区：【三维工具】→【建模】→【平移曲面 】。
③ 菜单栏：【绘图】→【建模】→【网格】→【平移网格】。

（2）操作步骤

激活命令后，命令行提示：

命令：TABSURF↙
当前线框密度：SURFTAB1=6
选择用作轮廓曲线的对象：（指定轮廓曲线）
选择用作方向矢量的对象：（指定方向矢量）

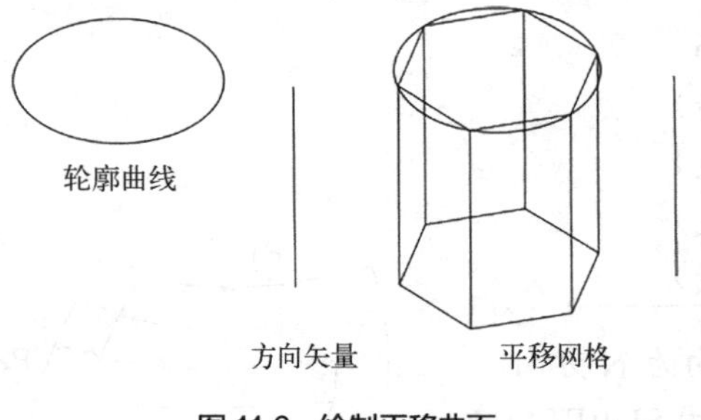

图 11-6 绘制平移曲面

（3）绘制实例

已知圆、直线，绘制平移曲面，如图 11-6 所示。

5）旋转曲面

旋转网格是指将一条轮廓曲线绕一条旋转轴旋转一定的角度而构造成的回转曲面，所生成的曲面也是一种网格，网格的密度取决于系统变量 SURFTAB1 及 SURFTAB2 的当前值。如旋转角达到 360°，则可生成封闭的回转面。

生成旋转网格时，轮廓曲线可以是直线、圆、圆弧、椭圆、椭圆弧、闭合多段线、多边形、闭合样条曲线或圆环。旋转轴可以是直线或开放的二维或三维多段线。

在调用旋转网格命令之前，先要绘制出轮廓曲线及旋转轴。

（1）命令激活方式

① 命令行：**REVSURF**。

② 菜单栏：【绘图】→【建模】→【网格】→【旋转网格】。

（2）操作步骤

激活命令后，命令行提示：

命令：REVSURF↙
当前线框密度：SURFTAB1=6 SURFTAB2=6
选择要旋转的对象：（选择轮廓曲线）
选择定义旋转轴的对象：（选择旋转轴）
指定起点角度<O>：（输入起始角）
指定包含角度（+=逆时针，−=顺时针）<360>：（输入旋转角）

输入值是正值表示沿逆时针方向旋转；输入值是负值表示沿顺时针方向旋转。

（3）绘制实例

已知轮廓曲线、旋转轴，绘制旋转曲面，如图 11-7 所示。

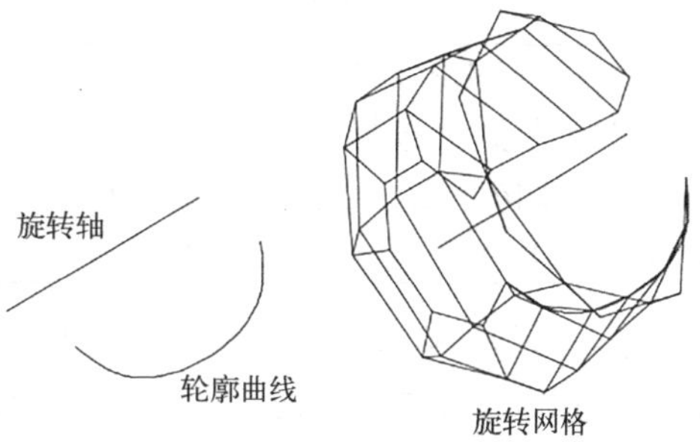

图 11-7 绘制旋转曲面

11.1.4 三维表面模型的编辑

AutoCAD 的一些二维编辑命令可以直接用于三维对象的编辑，如 ERASE、COPY、MOVE、SCALE 等；另外一些编辑命令可以用于对三维对象进行二维的操作（在当前坐标系的 *XY* 平面内），如 MIRROR、ROTATE、ARRAY 等；还有一些编辑命令不能操作三维对象，如 TRIM、EXTEND、OFFSET 等命令。因此，AutoCAD 提供了一些专门用于在三维空间编辑三维对象的编辑命令，主要有三维移动（3DMOVE）、三维镜像（MIRROR3D）、三维旋转（3DROTATE）、三维阵列（3DARRAY）和对齐（3DALIGN）五个命令。

1）三维移动

在三维空间移动三维对象。

（1）命令激活方式

① 命令行：**3DMOVE**。

② 功能区：【三维工具】→【选择】→ 。

③ 菜单栏：【修改】→【三维操作】→【三维移动】。

④ 工具栏：【建模】→ 。

（2）操作步骤

激活命令后，命令行提示：

命令：3DMOVE↙
选择对象：（选择对象）

选择对象：↙
指定基点或［位移（D）］<位移>：（选定基点）↙
MOVE
指定移动点或［基点（B）/复制（C）/放弃（U）/退出（X）］：

2）三维镜像

创建相对于某一空间平面的镜像对象。

（1）命令激活方式

① 命令行：**MIRROR3D**。
② 菜单栏：【修改】→【三维操作】→【三维镜像】。

（2）操作步骤

激活命令后，命令行提示：

命令：MIRROR3D↙
选择对象：（选择对象）↙
指定镜像平面（三点）的第一点或［对象（O）/最近的（L）/Z 轴（Z）/视图（V）/XY 平面（XY）/YZ 平面（YZ）/ZX 平面（ZX）/三点（3）］<三点>：

三维镜像命令与二维镜像命令类似。不同的是调用二维镜像命令时，需要指定一条镜像线，而调用三维镜像命令时需要指定一个镜像平面，这个镜像平面可以是空间中的任意平面，AutoCAD 为定义镜像平面提供了以下方式。

①“三点”：由不在同一条直线上的三点可以确定一个镜像平面，这是定义镜像平面的默认方式。在指定第一点以后，系统会继续提示指定第二点和第三点，以完成操作。

②“对象（O）”：选择该选项后，命令行提示“选择一直线、圆、圆弧或二维多段线线段：”。此时，可选择图形中现有的平面对象所在的平面作镜像平面，这些平面对象只能是直线、圆、圆弧或二维多段线。

③“最近的（L）”：使用上一个镜像操作的镜像平面作为此次镜像操作的镜像平面。

④“Z 轴（Z）”：使用定义平面法线的方式来定义镜像平面。输入“Z”后，命令行提示：

在镜像平面上指定一点：（指定一点）↙
在镜像平面的 Z 轴（法向）上指定一点：（输入第二点）↙

这两点的连线可确定镜像平面的法线（*Z* 轴），从而可以定义一个通过第一点并与法线垂直的平面。

⑤“视图（V）”：定义与当前视图（屏幕）投影面平行的平面作为镜像平面。输入“V”后，命令行提示“在视图平面上指定点<0, 0, 0>：（输入需要的点）”。这样可以定义一个过指定点并与当前视图投影面平行的平面作为镜像平面。这种镜像效果在当前视图观察方向上是看不出来的，在改变视图观察方向后才能观察到。

⑥“XY 平面（XY）/YZ 平面（YZ）/ZX 平面（ZX）”：定义一个与当前坐标系的 *XY* 平面（或 *YZ* 平面或 *ZX* 平面）平行的平面作为镜像平面。输入“XY（或 YZ 或 ZX）”后，命令行提示“指定 *XY* 平面上的点<0, 0, 0>：（输入需要的点）”。这样可以定义一个过指定点并与当前坐标系的 *XY* 平面（或 *YZ* 平面或 *ZX* 平面）平行的平面作为镜像平面。

在定义了镜像平面后，系统会继续提示“是否删除源对象？［是（Y）/否（N）］<否>：”。

如果选择“Y”，则删除源对象；如果选择“N”，则不删除源对象。最后显示出镜像结果。图 11-8 展示了三维镜像操作的结果。

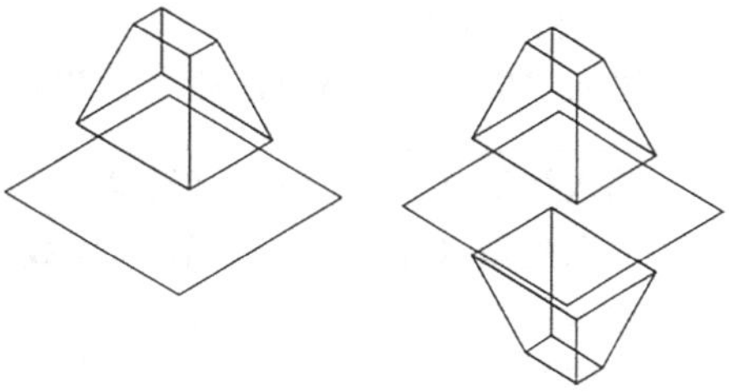

图 11-8 三维镜像

3）三维旋转

相对于某一空间轴旋转对象。

（1）命令激活方式

① 命令行：**3DROTATE**。

② 菜单栏：【修改】→【三维操作】→【三维旋转】。

③ 工具栏：【工具栏】→【建模】→。

（2）操作步骤

激活命令后，命令行提示：

```
命令：3DROTATE↙
UCS 当前的正向角度：ANGDIR=逆时针  ANGBASE=0
选择对象：（选择对象）↙
选择对象：
指定基点：（指定旋转轴基点）↙
拾取旋转轴：（选取旋转轴）↙
指定角的起点或键入角度：（指定角度的起点，也可键入角度值）↙
指定角的端点：（指定角的端点）↙
正在重生模型
```

以圆的轴心线为旋转轴旋转 90°，图 11-9 展示了三维旋转操作的结果。

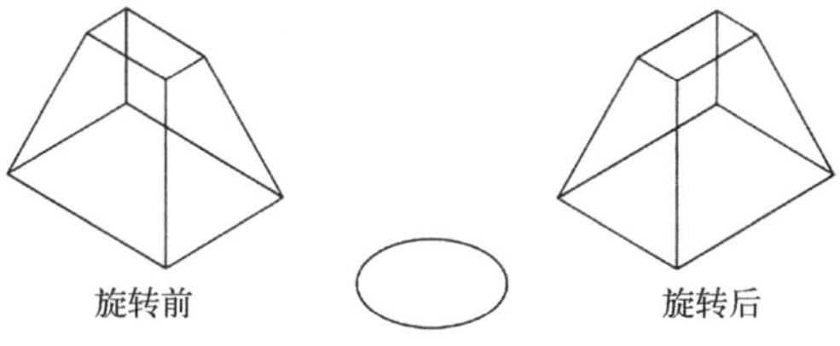

图 11-9 三维旋转

4）三维阵列

在三维空间中以阵列方式复制对象。

（1）命令激活方式

① 命令行：**3DARRAY** 或 **3A**。

② 菜单栏：【修改】→【三维操作】→【三维阵列】。

③ 工具栏：【工具栏】→【建模】→。

（2）操作步骤

激活命令后，命令行提示：

```
命令：3DARRAY↙
选择对象：（选择对象）↙
输入阵列的类型［矩形（R）/环形（P）］<矩形>：
```

① 矩形阵列：

输入“R”，按 Enter，命令行提示：

输入行数（---）<1>：（输入行数）↙
输入列数（|||）<1>：（输入列数）↙
输入层数（...）<1>：（输入层数）↙
指定行间距（---）：（输入行间距）↙
指定列间距（|||）：（输入列间距）↙
指定层间距（...）：（输入层间距）↙↙

---

② 环形阵列：

输入“P”，按 Enter，命令行提示：

输入阵列中的项目数目：（输入项目数目）↙
指定要填充的角度（+=逆时针，-=顺时针）<360>：（输入填充角度）↙

如输入值是正数值表示沿逆时针方向旋转，输入值是负数值表示沿顺时针方向旋转。

旋转阵列对象？［是（Y）/否（N）］<Y>：（输入 Y/N）↙
指定阵列的中心点（同时确定阵列轴上的第一点）：（确定中心点）↙
指定阵列轴上的第二点：（确定第二点）↙

三维阵列与二维阵列的原理相同，只是三维阵列在三维空间中进行，因而比二维阵列增加了一些参数。在矩形阵列中，行、列、层的方向分别与当前坐标系的坐标轴方向相同，间距值可以为正值，也可以为负值，分别对应坐标轴的正向和负向。图 11-10 展示了三维阵列操作的结果。

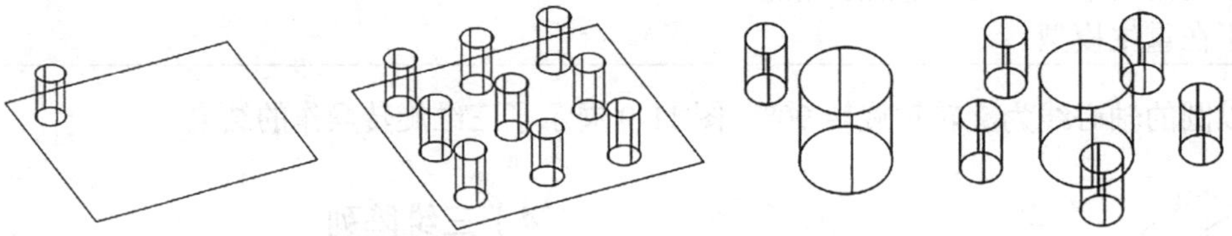

矩形阵列　　环形阵列

图 11-10　三维阵列

5）对齐

在二维平面或三维空间将选定的对象与其他对象对齐。

对齐操作允许在二维平面或三维空间中移动、旋转、缩放对齐的源对象以使其对齐到目标对象。

（1）命令激活方式

① 命令行：**3DALIGN** 或 **3AL**。

② 菜单栏：【修改】→【三维操作】→【对齐】。

③ 工具栏：【工具栏】→【建模】→。

（2）操作步骤

激活命令后，命令行提示：

命令：3DALIGN↙
选择对象：（选择对象）↙
选择对象：↙
指定源平面和方向...
指定基点或［复制（C）］：（指定第一个源点）↙
指定第二个点或［继续（C）］：（指定第二个源点）↙
指定第三个点或［继续（C）］：（指定第三个源点）↙
指定目标平面和方向...
指定第一个目标点：（指定第一个目标点）↙
指定第二个目标点或［退出（X）］：（指定第二个目标点）↙
指定第三个目标点或［退出（X）］：（指定第三个目标点）↙

对齐对象时，源对象［图 11-11（a）］的三个选择点应与目标对象［图 11-11（b）］的三个选择点对应。对齐操作的结果如图 11-11（c）所示。

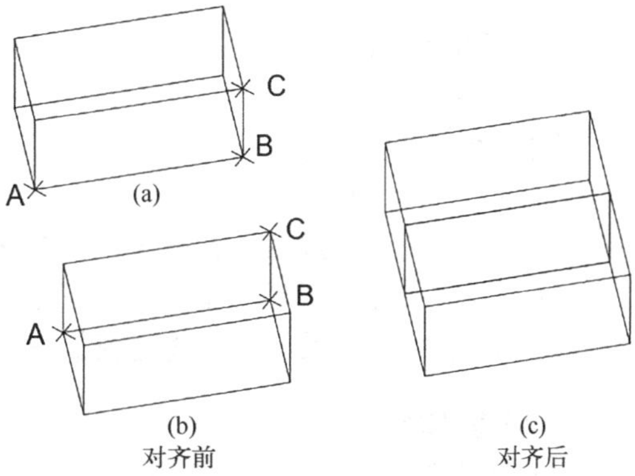

图 11-11 对齐操作

11.2 绘制三维实体

11.2.1 绘制三维基本实体

AutoCAD 2023 提供的三维基本实体有多段体（POLYSOLID）、长方体（BOX）、楔体（WEDGE）、圆锥体（CONE）、球体（SPHERE）、圆柱体（CYLINDER）、圆环体（TORUS）和棱锥体（PYRAMID）。

1）绘制多段体

（1）命令激活方式

① 命令行：**POLYSOLID**。
② 功能区：【三维工具】→【建模】→。
③ 菜单栏：【绘图】→【建模】→【多段体】。
④ 工具栏：【工具栏】→【建模】→。

（2）操作步骤

激活命令后，命令行提示：

命令：POLYSOLID↙
指定起点或［对象（O）/高度（H）/宽度（W）/对正（J）］<对象>：

各选项说明如下。

①“对象（O）”：将图形对象转换为实体。
②“高度（H）”：可以设置实体的高度。
③“宽度（W）”：可以设置实体的宽度。
④“对正（J）”：可以设置实体的对正方式，如左对正、居中和右对正，默认为居中。当设置了高度、宽度和对正方式后，可以通过指定点来绘制实体，结果如图 11-12 所示。

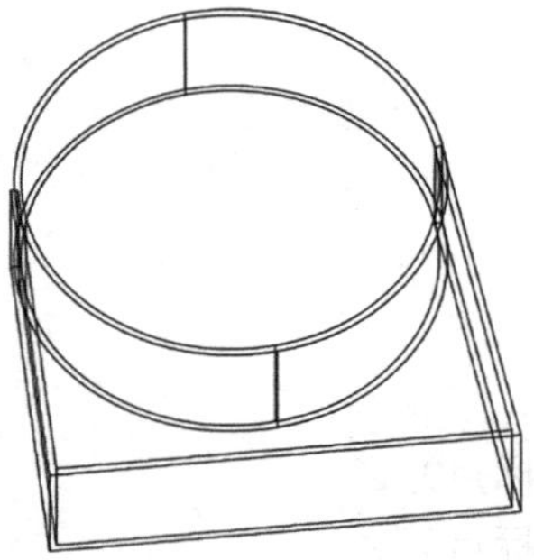

图 11-12　绘制多段体

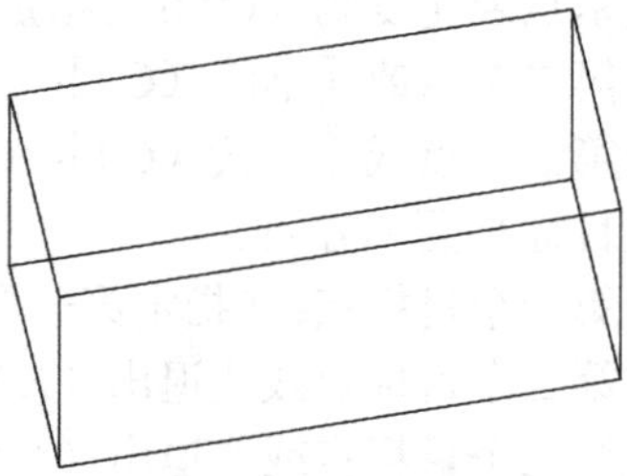

图 11-13　绘制长方体

2）绘制长方体

（1）命令激活方式

① 命令行：**BOX**。
② 功能区：【三维工具】→【建模】→。
③ 菜单栏：【绘图】→【建模】→【长方体】。
④ 工具栏：【工具栏】→【建模】→。

（2）操作步骤

AutoCAD 提供了以长方体的角点或长方体的中心点为基准创建长方体的多种方法。
① 通过指定长方体的角点创建长方体。
激活命令后，命令行提示：

命令：BOX↙
指定第一个角点或［中心（C）]：（指定一点）↙
指定其他角点或［立方体（C）/长度（L）]：（输入第二点）↙

如果该角点的 z 坐标值与第一个角点的 z 坐标值不同，系统将以这两个角点作为长方体的对角点直接创建出长方体，否则系统将提示“指定高度或［两点（2P）]：（输入高度）”。
执行结果如图 11-13 所示。
若此时不输入高度而输入一点，则这一点与上一点之间的距离即为长方体的高度。
其他各选项说明如下。
a.“立方体（C）”：用长方体的一个角点及长度创建立方体。
b.“长度（L）”：用长方体的一个角点及长、宽、高创建长方体。
② 通过指定长方体的中心点创建长方体。
激活命令后，命令行提示：

命令：BOX↙
指定第一个角点或［中心（C）］：C↙
指定中心：（确定中心）↙
指定角点或［立方体（C）/长度（L）］：（输入一点）↙
指定高度或［两点（2P）］：（输入高度）↙

执行结果如图 11-13 所示。其他各选项说明如下。

a.“立方体（C）”：用长方体的中心点及长度创建立方体。

b.“长度（L）”：用长方体的中心点及长、宽、高创建长方体。

3）绘制球体

（1）命令激活方式

① 命令行：**SPHERE**。

② 功能区：【三维工具】→【建模】→◯。

③ 菜单栏：【绘图】→【建模】→【球体】。

④ 工具栏：【工具栏】→【建模】→◯。

（2）操作步骤

激活命令后，命令行提示：

命令：SPHERE↙
指定中心点或［三点（3P）/两点（2P）/切点、切点、半径（T）］：（指定中心点）↙
指定半径或［直径（D）］：（输入半径或直径值）↙

其他各选项说明如下。

① “三点（3P）”：用球面上的三点创建球体。

② “两点（2P）”：用球直径的两个端点创建球体。

③“切点、切点、半径（T）”：用球半径和两个与球具有相切关系的对象创建球体。

执行结果如图 11-14 所示。

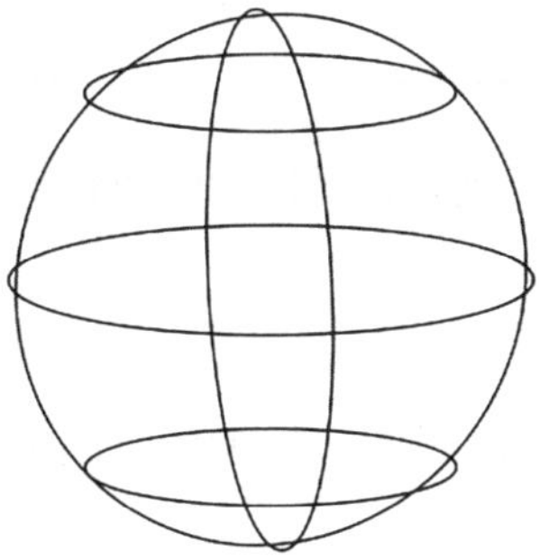

图 11-14 绘制球体

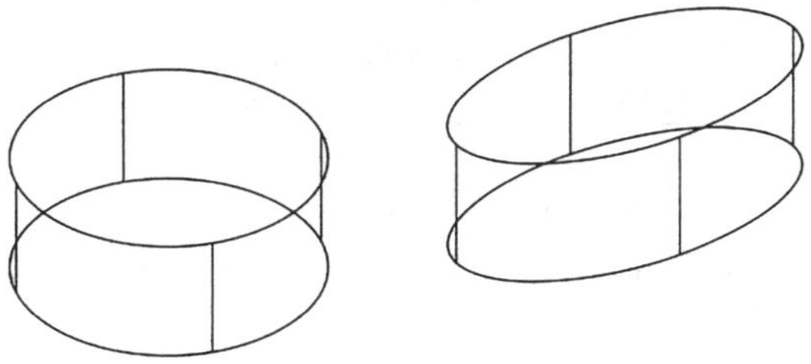

图 11-15 绘制圆柱体和椭圆柱体

4）绘制圆柱体

创建圆柱体或椭圆柱体。

(1) 命令激活方式

① 命令行：**CYLINDER**。

② 功能区：【三维工具】→【建模】→ 。

③ 菜单栏：【绘图】→【建模】→【柱体】。

④ 工具栏：【工具栏】→【建模】→ 。

(2) 操作步骤

AutoCAD 提供了多种方法来创建圆柱和椭圆柱体。

① 通过指定底面中心等创建圆柱。

激活命令后，命令行提示：

命令：CYLINDER↙
指定底面的中心点或［三点（3P）/两点（2P）/切点、切点、半径（T）/椭圆（E）]：（输入底面中心点）↙

各选项说明如下。

a.“指定底面的中心点”：由中心和半径或直径确定底面圆。

b.“三点（3P）”：由圆周上的三点确定底面圆。

c.“两点（2P）”：由圆直径的两个端点确定底面圆。

d.“切点、切点、半径（T）”：由半径和与底面圆相切的两个对象确定底面圆。

e.“椭圆（E）”：绘制椭圆柱。

输入底面中心点后，系统继续提示：

指定底面半径或［直径（D）]：（输入半径值或直径值）↙
指定高度或［两点（2P）/轴端点（A）]：（输入高度）↙

执行结果为如图 11-15 所示的圆柱体。

其他各选项说明如下。

a.“两点（2P）”：通过指定两个点确定圆柱的高度，从而创建圆柱。

b.“轴端点（A）”：通过指定另一端面的中心（轴端点）创建圆柱。

② 通过指定底面上椭圆的形状创建椭圆柱。

激活命令后，命令行提示：

命令：CYLINDER↙
指定底面的中心点或［三点（3P）/两点（2P）/切点、切点、半径（T）/椭圆（E）]：E↙
指定第一个轴的一个端点或［中心（C）]：（输入一点）↙

各选项的功能如下。

a.“指定第一个轴的一个端点”：由第一个轴的两个端点和第二个轴的一个端点确定底面椭圆。

b.“中心（C）”：由中心点和其到第一个轴的距离以及第二个轴的端点确定底面椭圆。

输入第一个轴的一个端点后，命令行提示：

指定第一个轴的其他端点：（输入第二点）↙
指定第二个轴的端点：（输入一点）↙
指定高度或［两点（2P）/轴端点（A）]：（输入高度）↙

执行结果为如图 11-15 所示的椭圆柱体。

5）绘制圆锥体

创建一个圆锥体或椭圆锥体。

（1）命令激活方式
① 命令行：**CONE**。
② 功能区：【三维工具】→【建模】→ △ 。
③ 菜单栏：【绘图】→【建模】→【圆锥体】。
④ 工具栏：【工具栏】→【建模】→ △ 。

（2）操作步骤
创建圆锥和椭圆锥体的方法与创建圆柱和椭圆柱体相似。只是圆锥和椭圆锥体把最后指定的点作为锥顶。图 11-16 是绘制的圆锥体与椭圆锥体实例。

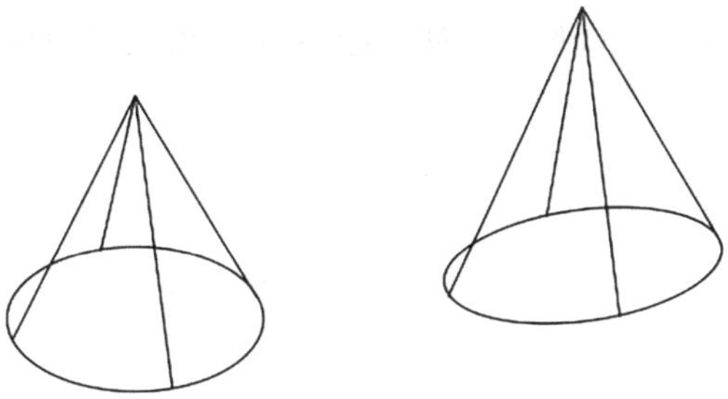

图 11-16　绘制圆锥体和椭圆锥体

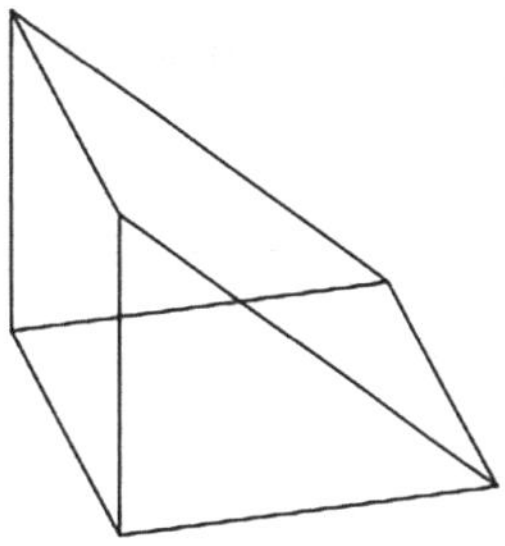

图 11-17　绘制楔体

6）楔体

（1）命令激活方式
① 命令行：**WEDGE**。
② 功能区：【三维工具】→【建模】→ ◁ 。
③ 菜单栏：【绘图】→【建模】→【楔体】。
④ 工具栏：【工具栏】→【建模】→ ◁ 。

（2）操作步骤
楔体的创建方法与长方体的比较类似，它相当于把长方体沿体对角线切去一半后得到的实体。具体创建方法可参照 BOX 命令的使用。图 11-17 是绘制楔体的例子。

7）圆环体

（1）命令激活方式
① 命令行：**TORUS** 或 **TOR**。
② 功能区：【三维工具】→【建模】→ ◎ 。
③ 菜单栏：【绘图】→【建模】→【圆环体】。
④ 工具栏：【工具栏】→【建模】→ ◎ 。

（2）操作步骤

激活命令后，命令行提示：

命令：TORUS↙

指定中心点或［三点（3P）/两点（2P）/切点、切点、半径（T）］：（指定中心）↙

---

①“指定中心点”：由中心和半径或直径确定圆环体。

②“三点（3P）”：由母线圆中心轨迹上的三点确定圆环体。

③“两点（2P）”：由母线圆中心轨迹直径的两个端点确定圆环体。

④“切点、切点、半径（T）”：由半径和与母线圆中心轨迹相切的两个对象确定圆环体。

输入中心点后，命令行继续提示：

指定半径或［直径（D）］：（输入半径值）↙

指定圆管半径或［直径（D）］：（输入半径值）↙

执行结果如图 11-18 所示。

如果圆管半径大于圆环半径，则圆环体无中心孔，就像一个两极凹陷的球体，如图 11-19 所示。

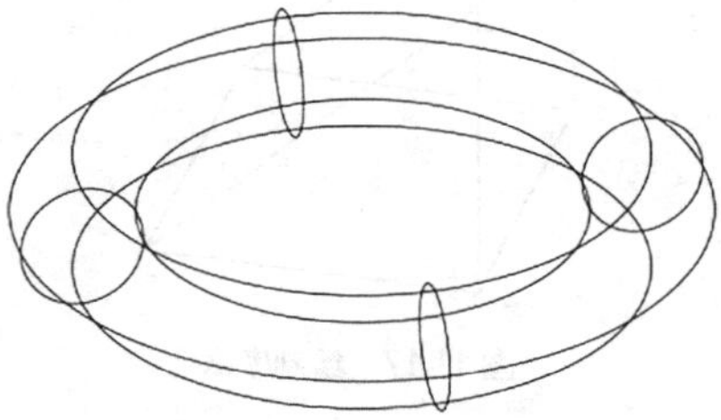

图 11-18　绘制圆环体

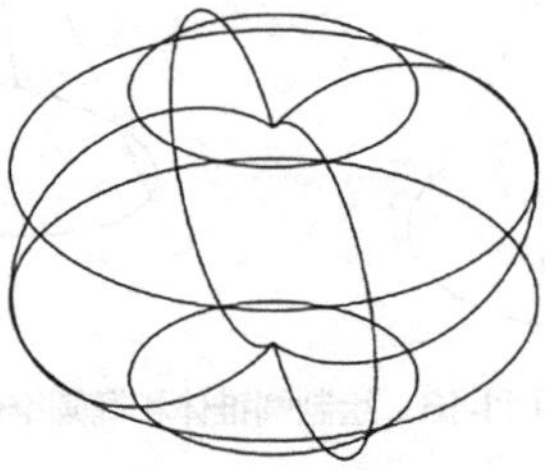

图 11-19　绘制特殊圆环体

8）棱锥体

（1）命令激活方式

① 命令行：**PYRAMID**。

② 功能区：【三维工具】→【建模】→△。

③ 菜单栏：【绘图】→【建模】→【棱锥体】。

④ 工具栏：【工具栏】→【建模】→△。

（2）操作步骤

激活命令后，命令行提示：

命令：PYRAMID↙

指定底面的中心点或［边（E）/侧面（S）］：（指定棱锥底面的中心）↙

各选项说明如下。

①“边（E）”：指定底面一边的起点。

②“侧面（S）”：指定棱锥侧面的个数。

执行结果如图 11-20 所示。

11.2.2 由二维对象创建三维实体

利用基本实体创建三维实体方便、简单，但是生成的实体模型种类却有限。AutoCAD 2023 可以通过对二维对象进行拉伸或旋转操作生成更为复杂多样的三维实体。

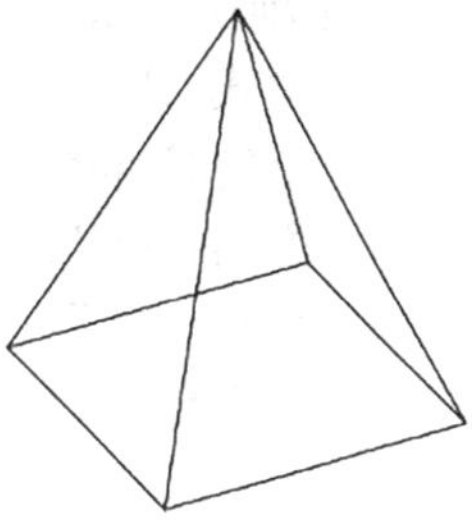

图 11-20 绘制棱锥体

1）绘制面域

面域是使用形成闭合环的对象创建的二维闭合区域。

（1）命令激活方式

① 命令行：**REGION** 或 **REG**。
② 功能区：【默认】→【绘图】→ 。
③ 菜单栏：【绘图】→【面域】。
④ 工具栏：【工具栏】→【绘图】→ 。

（2）操作步骤

激活命令后，命令行提示：

命令：REGION↙
选择对象：（可选择多个对象）↙

组成面域的环可以是直线、多段线、圆、圆弧、椭圆、椭圆弧和样条曲线的组合。组成环的对象必须闭合或通过与其他对象共享端点而形成闭合的区域。也可以使用边界创建面域，可以对面域进行布尔运算，创建新的对象。

2）拉伸二维对象创建实体

为二维对象添加厚度，创建三维实体。可以按指定高度或沿指定路径拉伸对象。

（1）命令激活方式

① 命令行：**EXTRUDE** 或 **EXT**。
② 功能区：【三维工具】→【建模】→【拉伸 】。
③ 菜单栏：【绘图】→【建模】→【拉伸】。
④ 工具栏：【工具栏】→【建模】→ 。

（2）操作步骤

有两种方法可以实现对二维对象的拉伸。
① 按指定高度拉伸。
激活命令后，命令行提示：

当前线框密度：ISOLINES=4，闭合轮廓创建模式=实体
选择要拉伸的对象或［模式（MO）］：（可选择多个）↙
选择要拉伸的对象：↙
指定拉伸的高度或［方向（D）/路径（P）/倾斜角（T）/表达式（E）］：（输入高度）↙

各选项说明如下。

a.“模式（MO）”：选择闭合轮廓的创建模式，有实体和曲面两种。

b.“指定拉伸的高度”：沿当前 Z 坐标轴拉伸。正值为正向拉伸，负值为负向拉伸。

c.“方向（D）”：由指定的两点确定拉伸方向。

d.“路径（P）”：沿选定的路径拉伸。

e.“倾斜角（T）”：设置侧面的倾斜角度。

f.“表达式（E）”：根据表达式的值决定拉伸高度。

可以拉伸多段线、多边形（多边形命令形成的）、圆、椭圆、样条曲线、圆环和面域。拉伸的对象必须是封闭的。不能拉伸包含在块中的对象，也不能拉伸具有相交或自相交线段的对象。如果要拉伸由直线或弧创建的对象，在使用 EXTRUDE 命令前先用 PEDIT 命令把它们转换成多段线。多段线包含的顶点数不能少于 3 个，不能多于 500 个。

AutoCAD 2023 允许在拉伸时加入一个值在−90°和 90°之间的倾斜角度。正角度表示向内倾斜，负角度则表示向外倾斜。默认倾斜角度为 0°。如果倾斜角度不合适，使得在没有到达指定高度之前，有相交发生，则不能生成对象。对圆弧进行带有倾斜角的拉伸时，圆弧的半径会改变。此外样条曲线的倾斜角只能为 0°。

图 11-21 为倾角为 0°、30°、−30°的拉伸结果。

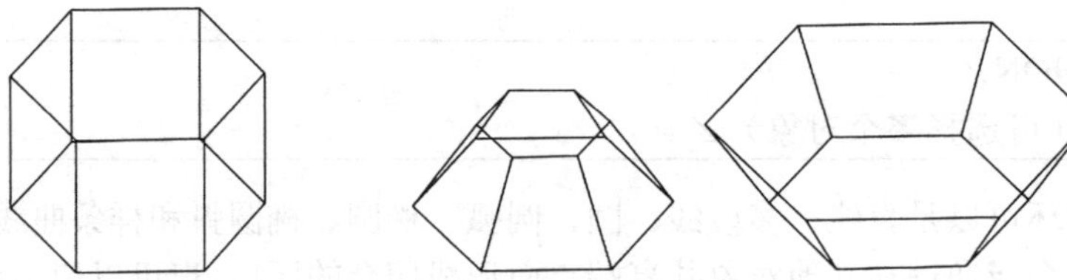

图 11-21　按指定倾角拉伸的二维对象

② 沿指定路径拉伸。

激活命令后，命令行提示：

当前线框密度：ISOLINES=4，闭合轮廓创建模式=实体

选择要拉伸的对象或［模式（MO）］：(可选择多个)

选择要拉伸的对象：

指定拉伸的高度或［方向（D）/路径（P）/倾斜角（T）/表达式（E）］：P↙

选择拉伸的路径或［倾斜角］：(选择路径）↙

该选项允许选择一个对象作为拉伸路径。拉伸对象沿路径运动形成实体。这个路径可以是直线、圆、圆弧、椭圆、椭圆弧、多段线和样条曲线等。

路径不能与要拉伸的对象在同一个平面内，但路径应该有一个端点在拉伸对象所在的平面上，否则，系统将按照路径端点在对象中心生成实体。

如果路径是样条曲线，那么路径的一个端点应垂直于拉伸对象所在的平面。否则，系统将旋转拉伸对象以使其与样条曲线的端点垂直。如果样条曲线的一个端点在拉伸对象所在的平面上，那么系统默认绕该点旋转对象，否则样条曲线路径将移动到拉伸对象的中心处，然后绕中心旋转拉伸对象。图 11-22 为沿直线拉伸路径得到的三维实体。

如果路径是封闭的，拉伸对象所在平面应该垂直于该路径所在平面。否则系统将旋转拉伸对象使它垂直于路径平面。

3）旋转二维对象创建实体

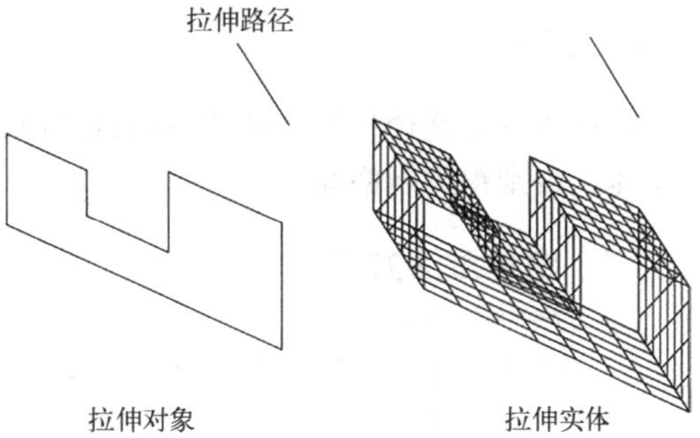

图 11-22 沿路径拉伸

通过绕一个轴旋转二维对象来创建三维实体。

（1）命令激活方式

① 命令行：**REVOLVE** 或 **REV**。

② 功能区：【三维工具】→【建模】→【旋转】。

③ 菜单栏：【绘图】→【建模】→【旋转】。

④ 工具栏：【工具栏】→【建模】→。

（2）操作步骤

激活命令后，命令行提示：

命令：REVOLVE↙
当前线框密度：ISOLINES=4，闭合轮廓创建模式=实体
选择要旋转的对象：（可选择多个）
选择要旋转的对象：↙
指定轴起点或根据以下选项之一定义轴［对象（O）/X/Y/Z］<对象>:

各选项说明如下。

①“指定轴起点”：这个选项以指定的两点的连线为旋转轴。轴的正方向从第一个点指向第二个点。

②“对象（O）”：选择已有的直线或非闭合多段线定义轴。如果选择的是多段线，则轴为多段线两端点的连线。轴的正方向是从这条直线上距选择点较近的端点指向较远的端点。

③“X”：使用当前 UCS 的 *X* 轴作为旋转轴，*X* 轴正向作为旋转轴的正方向。

④“Y”：使用当前 UCS 的 *Y* 轴作为旋转轴，*Y* 轴正向作为旋转轴的正方向。

⑤“Z”：使用当前 UCS 的 *Z* 轴作为旋转轴，*Z* 轴正向作为旋转轴的正方向。

如果旋转对象不在 *XY* 平面上，AutoCAD 将把 *X*、*Y* 轴向旋转对象所在平面投射，并把投影作为旋转轴。指定好旋转轴之后，系统继续提示：

指定旋转角度或［起始角度（ST）/反转（R）/表达式（EX）］<360>:（输入旋转角）

各选项说明如下。

①“起始角度（ST）”：先定义某一角度作为旋转起始位置。

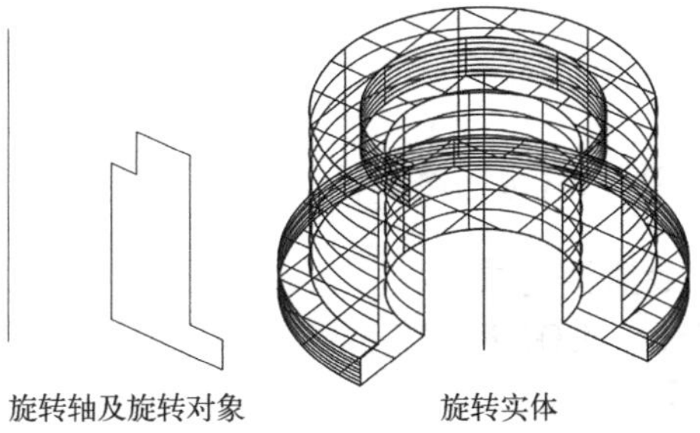

图 11-23 旋转二维对象（旋转角度 270°）

②“反转（R）”：默认旋转以右手定则为正方向，反转方向为其逆方向。

③“表达式（EX）”：根据表达式的值决定旋转的角度。

旋转时根据右手定则判定旋转的正方向。任何一封闭的多段线、多边形、圆、椭圆、样条曲线、圆环和面域都可以作为旋转对象。但是不能旋转包含在块中的对象，也不能旋转具有相交或自相交线段的对象。图 11-23 是旋转角度为 270° 的结果。

4）扫掠

通过按指定路径扫掠来创建网格或三维实体。如果扫掠对象是封闭的，则扫掠后得到三维实体，否则得到网格面。

（1）命令激活方式

① 命令行：**SWEEP**。

② 功能区：【三维工具】→【建模】→【扫掠】。

③ 菜单栏：【绘图】→【建模】→【扫掠】。

④ 工具栏：【工具栏】→【建模】→。

（2）操作步骤

激活命令后，命令行提示：

命令：SWEEP↙

当前线框密度：ISOLINES=4，闭合轮廓创建模式=实体

选择要扫掠的对象：（选择扫掠对象）↙

选择要扫掠的对象：↙

选择扫掠路径或［对齐（A）/基点（B）/比例（S）/扭曲（T）］：S↙

各选项说明如下。

①“选择扫掠路径”：选择此选项后，按选择的路径进行扫掠。

②“对齐（A）”：用于设置扫掠前是否对齐垂直于路径的扫掠对象。

③“基点（B）”：用于设置扫掠的起点，即扫掠对象从该点开始扫掠。

④“比例（S）”：用于设置从扫掠起点到扫掠终点扫掠对象的放大比例。

⑤“扭曲（T）”：用于设置扭曲角度（扫掠终点的扫掠对象相对于扫掠起点绕扫掠路径的旋转角度）或允许非平面扫掠路径倾斜。

输入“S”，按 Enter 键，命令行继续提示：

输入比例因子或［参照（R）/表达式（E）］<1.0000>：（输入比例因子）↙

选择扫掠路径或［对齐（A）/基点（B）/比例（S）扭曲（T）］：（选择直线）

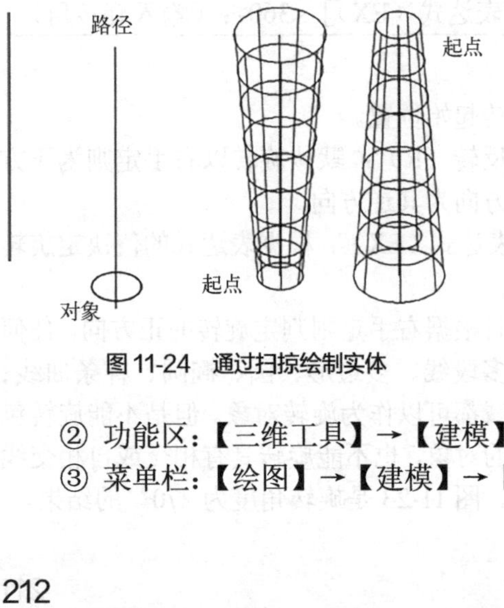

图 11-24 通过扫掠绘制实体

扫掠之前要先绘制扫掠对象和扫掠路径，并且扫掠效果与单击扫掠路径的位置有关。如图 11-24 所示，右边两个图形分别为单击扫掠路径的下方和上方的效果。

5）放样

将二维图形放样成三维实体。

（1）命令激活方式

① 命令行：**LOFT**。

② 功能区：【三维工具】→【建模】→【放样】。

③ 菜单栏：【绘图】→【建模】→【放样】。

④ 工具栏：【工具栏】→【建模】→ 。

(2) 操作步骤

激活命令后，命令行提示：

命令：LOFT↙

按放样次序选择截面或［点（PO）/合并多条边（J）/模式（MO）］：（顺次选择两个以上的截面）↙

输入选项［导向（G）/路径（P）/仅横截面（C）/设置（S）］<仅横截面>：

各选项说明如下。

①“导向（G）”：用于使用导向曲线控制放样，每条导向曲线必须与每一个截面相交，并且起始于第一个截面，终于最后一个截面。

②“路径（P）”：用于使用一条简单的路径控制放样，该路径必须与全部或部分截面相交。

③“仅横截面（C）”：用于只使用横截面放样。放样结果如图 11-25 所示。

④“设置（S）”：选择此选项后，按 Enter 键，将打开“放样设置”对话框，可以设置放样横截面上的曲面选项，如图 11-26 所示。

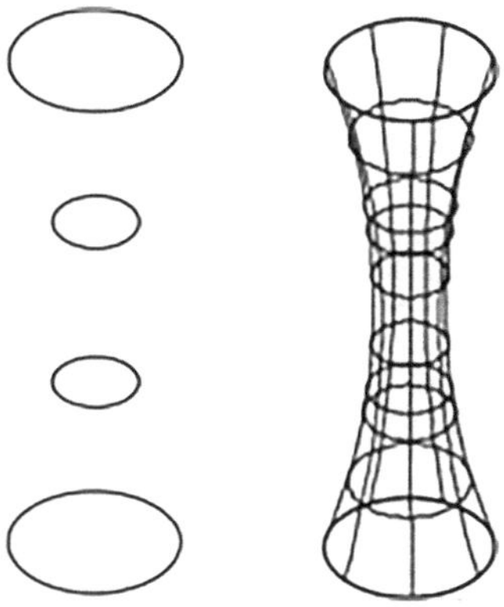

图 11-25 使用横截面得到的放样图形

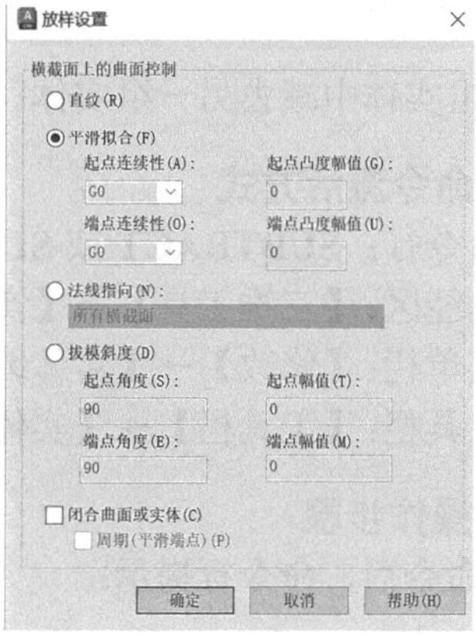

图 11-26 “放样设置”对话框

11.3 实体编辑

在三维模型中除了可以利用三维移动、三维旋转、三维阵列、对齐、三维镜像对实体进行操作，还可以通过倒角、圆角、切割、分解操作来修改模型，同时也可以编辑实体模型的面、边和体。另外，还可以在实体之间进行布尔运算（并集、差集、交集），生成复杂三维实体。能够进行布尔运算也是实体模型区别于表面模型的一个重要特征。

11.3.1 实体的布尔运算

1）并集运算

把两个或两个以上的三维实体合并为一个三维实体。

(1)命令激活方式

① 命令行：**UNION** 或 **UNI**。

② 功能区：【三维工具】→【实体编辑】→【并集】。

③ 菜单栏：【修改】→【实体编辑】→【并集】。

④ 工具栏：【工具栏】→【实体编辑】→。

(2)操作步骤

激活命令后，命令行提示：

命令：UNION↙

选择对象：(可选择多个对象)

选择对象：↙

UNION 命令可以完成实体之间的组合。所选择的实体之间可以相交，也可以不相交。重新组合的实体由选择的所有实体组成。所以新生成实体的体积等于或小于原来各实体对象的体积之和，如图 11-27 所示。

2)差集运算

从一组实体中减去另一组实体。

(1)命令激活方式

① 命令行：**SUBTRACT** 或 **SU**。

② 功能区：【三维工具】→【实体编辑】→【差集】。

③ 菜单栏：【修改】→【实体编辑】→【差集】。

④ 工具栏：【工具栏】→【实体编辑】→。

(2)操作步骤

激活命令后，命令行提示：

命令：SUBTRACT↙

选择要从中减去的实体或面域...

选择对象：(选择对象)

选择对象：↙

选择要减去的实体或面域...

选择要减去的对象：(选择对象)

选择要减去的对象：↙

如果选择的被减对象的数目多于一个，系统在执行 SUBTRACT 命令前会自动运行 UNION 命令先将它们合并。同样，AutoCAD 也会对多个减去对象进行合并。

使用 SUBTRACT 命令，从选择的第一组实体对象中减去与第二组实体对象的重合部分。同时第二组对象也一起被删除。如果两者之间没有交集则只删除第二组对象。选择时如果颠倒了选择的先后顺序会有不同的结果。图 11-28 为长方体和圆柱体的差集运算。

3)交集运算

用两个或两个以上实体的公共部分创建复合实体。

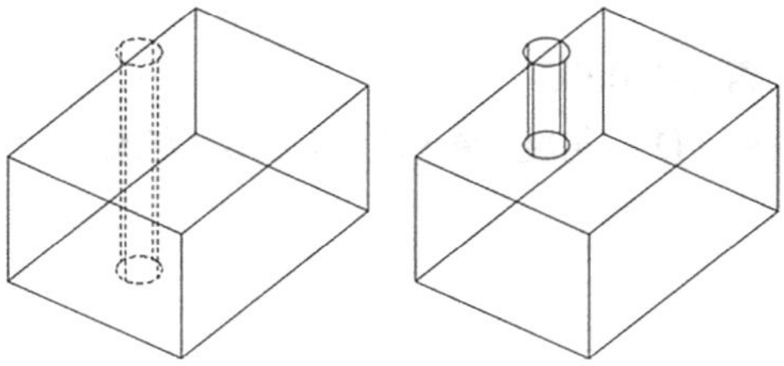

图 11-27　并集运算

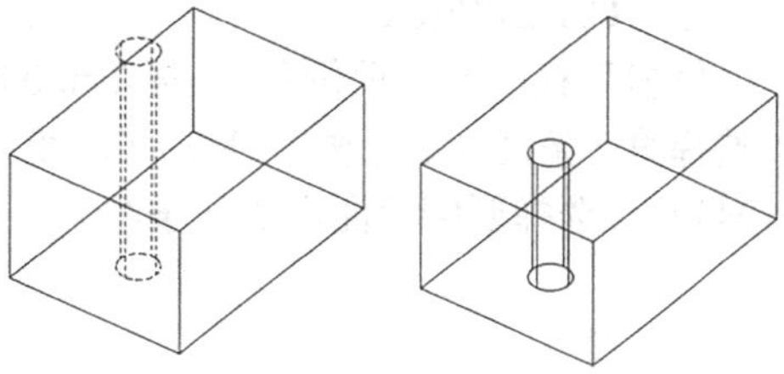

图 11-28　差集运算

（1）命令激活方式

① 命令行：**INTERSECT** 或 **IN**。
② 功能区：【三维工具】→【实体编辑】→【交集】。
③ 菜单栏：【修改】→【实体编辑】→【交集】。
④ 工具栏：【工具栏】→【实体编辑】→。

（2）操作步骤

激活命令后，命令行提示：

命令：INTERSECT↙
选择对象：（选择对象）
选择对象：↙

参加交集运算的多个实体之间必须有公共部分。对于两两相交的图形，求交集会得到空集。图 11-29 显示了长方体和圆柱体交集运算的结果。

实体对象进行了布尔运算后不再保留原来各对象。只能执行 UNDO 命令恢复运算前的实体形状。因此，可以在进行布尔运算之前把原实体复制或做成块保留起来。

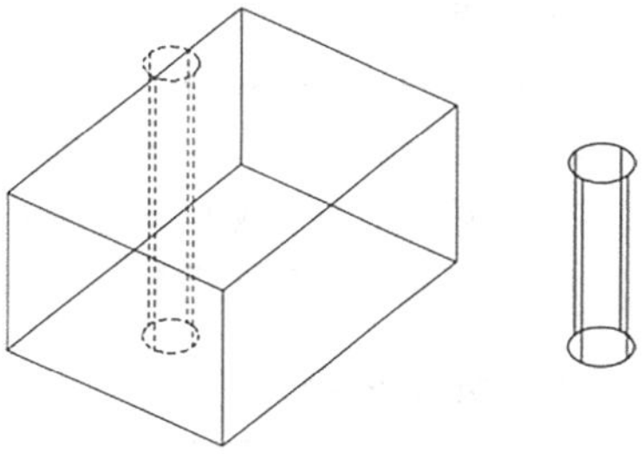

图 11-29　交集运算

11.3.2　对实体倒角和圆角

1）倒角

CHAMFER 命令可以对实体的边进行倒角。这个命令除可以对二维对象进行操作外，还可以对三维实体进行操作，这里介绍该命令对三维实体的操作。

（1）命令激活方式

① 命令行：**CHAMFER**。
② 功能区：【默认】→【修改】→【倒角】。
③ 菜单栏：【修改】→【倒角】。
④ 工具栏：【工具栏】→【修改】→。

（2）操作步骤

激活命令后，命令行提示：

命令：CHAMFER↙
（“修剪”模式）当前倒角 距离 1=0.0000，距离 2=0.0000
选择第一条直线或［放弃（U）/多段线（P）/距离（D）/角度（A）/修剪（T）/方式（E）/多个（M）]：（选择要倒角面内的一条线）

基面选择...
输入曲面选择选项［下一个（N）/当前（OK）] <当前>：↙（亮显的面为要倒角的面）或N↙（亮显的面不为要倒角的面）

指定基面的倒角距离或［表达式（E）]：（输入倒角值）↙
指定其他曲面的倒角距离或［表达式（E）] <5.0000>：（输入倒角值）↙
选择边或［环（L）]：（选择要倒角的边）

这里的基面可以是平面也可以是曲面。选择了第一条边时，AutoCAD 以虚线将默认基面加亮显示。只能在基面上选择要倒角的边。

2）圆角

FILLET 命令也可以对实体进行倒圆角。

（1）命令激活方式

① 命令行：**FILLET**。
② 功能区：【默认】→【修改】→【圆角】。
③ 菜单栏：【修改】→【圆角】。
④ 工具栏：【工具栏】→【修改】→。

（2）操作步骤

激活命令后，命令行提示：

命令：FILLET↙
当前设置：模式=修剪，半径=0.0000
选择第一个对象或［放弃（U）/多段线（P）/半径（R）/修剪（T）/多个（M）]：（选择要倒圆角的边）
输入圆角半径或［表达式（E）]：（输入半径）↙
选择边或［链（C）/环（L）/半径（R）]：（选择要倒圆角的边）

图 11-30 是对一个长方体倒直角（左）和倒圆角（右）的结果。

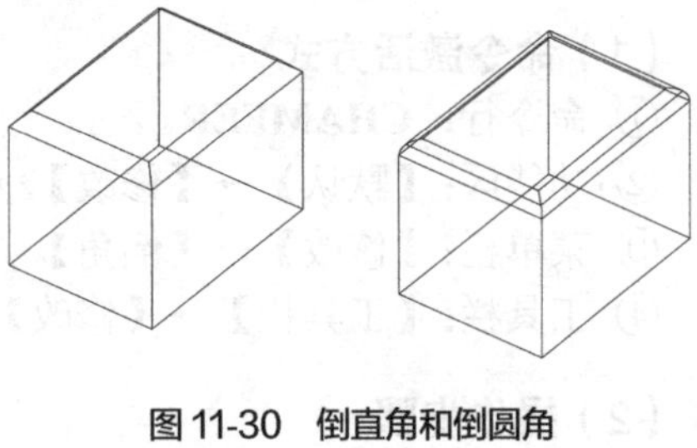
图 11-30 倒直角和倒圆角

11.3.3 剖切实体

沿某平面把实体一分为二，保留被剖切实体的一半或全部并生成新实体。

1）命令激活方式

① 命令行：**SLICE** 或 **SL**。
② 功能区：【三维工具】→【实体编辑】→【剖切实体】。
③ 菜单栏：【修改】→【三维操作】→【剖切】。

2）操作步骤

激活命令后，命令行提示：

命令：SLICE↙
选择要切割的对象：（选择对象）
选择要切割的对象：
指定切面的起点或由以下方式创建切面［平面对象（O）/曲面（S）/Z 轴（Z）/视图（V）/XY/YZ/ZX/三点（3）］<三点>：

各选项说明如下。

① “指定切面的起点”：由不同 x、y 坐标的两点定义与 Z 轴平行的切面。
② “平面对象（O）”：以圆、椭圆、二维样条曲线或二维多段线等对象所在的平面为切面。
③ “曲面（S）”：以曲面为切面。
④ “Z 轴（Z）”：通过指定两点定义切平面的法线。其中第一点属于切平面。
⑤ “视图（V）”：通过一个指定点并且平行于当前视口的平面。
⑥ “XY、YZ、ZX”：切面通过一个指定点并分别平行于当前 UCS 的 *XY*、*YZ*、*ZX* 平面。
⑦ “三点（3）”：用三点确定剖切平面的位置。

定义了切面后，系统继续提示：

在所需的侧面上指定点或［保留两个侧面（B）］<保留两个侧面>：

选择一点得到单侧图形，输入“B”并按 Enter 键，则保留两侧图形。

SLICE 命令在修改实体时非常有用，可以用剖切的方法对基本实体进行编辑，从而产生新的实体。图 11-31 所示为一个长方体被剖切后的实体。

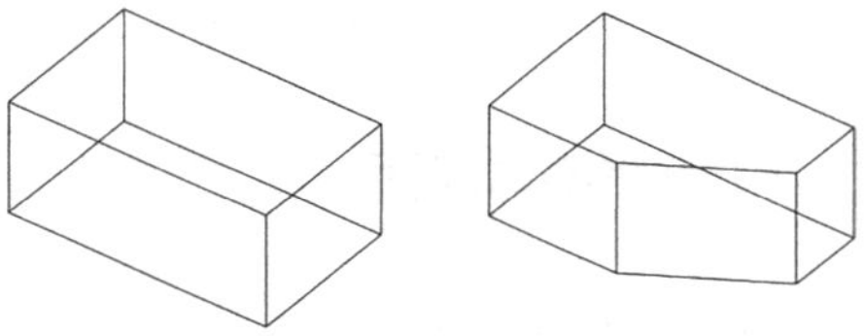

图 11-31 剖切实体

11.3.4 分解实体

将实体分解为一系列面域和主体。其中，实体中的平面被转换为面域，曲面被转换为主体。还可以继续使用该命令，将面域和主体分解为它们的基本元素，如直线、圆、圆弧等。

1）命令激活方式

① 命令行：**EXPLODE**。
② 功能区：【默认】→【修改】→【分解】。
③ 菜单栏：【修改】→【分解】。

④ 工具栏：【工具栏】→【修改】→ 。

2）操作步骤

激活命令后，命令行提示：

命令：EXPLODE↙
选择对象：（选择对象）↙
选择对象：↙

图 11-32 展示了一个棱锥体被分解后的情况。

11.3.5 编辑实体的面和边

使用实体编辑命令可以对实体表面、边、体进行编辑。常用的编辑命令如图 11-33 所示。

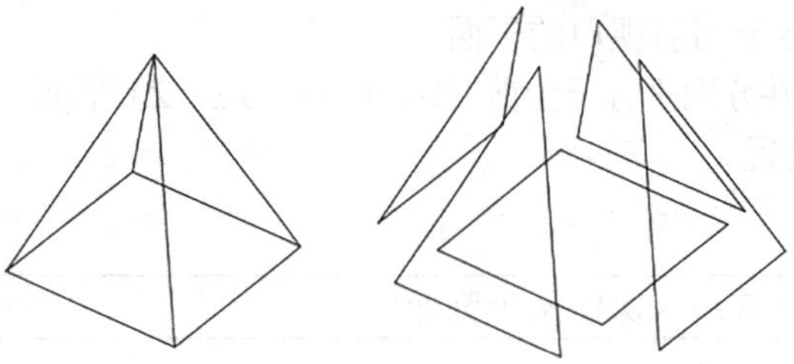

图 11-32 分解实体

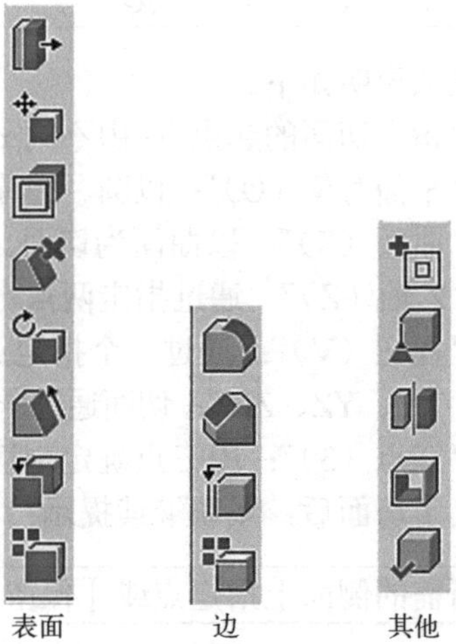

图 11-33 实体表面、边和其他的常用编辑工具栏

1）编辑实体表面

（1）命令激活方式

① 命令行：**SOLIDEDIT**。
② 功能区：【三维工具】→【实体编辑】。
③ 菜单栏：【修改】→【实体编辑】。

（2）操作步骤

激活命令后，命令行提示：

命令：SOLIDEDIT↙
实体编辑自动检查：SOLIDCHECK=1
输入实体编辑选项［面（F）/边（E）/体（B）/放弃（U）/退出（X）］<退出>：F↙
输入面编辑选项［拉伸（E）/移动（M）/旋转（R）/偏移（O）/倾斜（T）/删除（D）/复制（C）/颜色（L）/材质（A）/放弃（U）/退出（X）］<退出>：

部分选项说明如下。

①“拉伸（E）”：沿指定高度或路径拉伸实体表面。

②“移动（M）”：利用这个命令可以移动实体表面，尤其是可以方便地移动实体上的孔。

③“旋转（R）”：绕指定的轴旋转一个或多个面或实体的某些部分，当旋转孔时，如果旋转轴或旋转角度选取不当，就会导致孔旋转出实体范围。

④“偏移（O）”：按指定的距离或通过指定的点均匀地偏移面，正值增大实体尺寸或体积，负值减小实体尺寸或体积。

⑤“倾斜（T）”：按角度倾斜面，角度的正方向由右手定则决定。大拇指指向为从基点指向第二点。

⑥“删除（D）”：删除面，该命令可以删除实体上的圆角和倒角。

⑦“复制（C）”：可以复制实体表面，如果选择了实体的全部表面则产生一个曲面模型。

⑧“颜色（L）”：修改面的颜色。

⑨“材质（A）”：修改面的材质。

图 11-34 是使用表面编辑命令的例子。

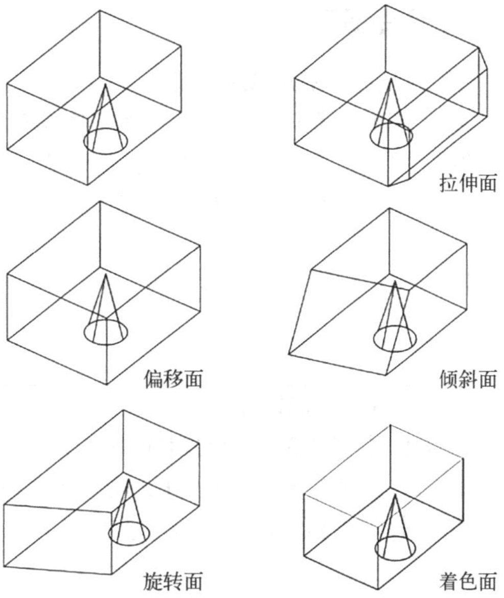

图 11-34 编辑实体表面

2）编辑实体边

（1）命令激活方式

① 命令行：**SOLIDEDIT**。

② 功能区：【三维工具】→【实体编辑】→【着色边】。

③ 菜单栏：【修改】→【实体编辑】→【着色边】。

④ 工具栏：【工具栏】→【实体编辑】→ 。

（2）操作步骤

激活命令后，命令行提示：

命令：SOLIDEDIT↙

实体编辑自动检查：SOLIDCHECK=1

输入实体编辑选项［面（F）/边（E）/体（B）/放弃（U）/退出（X）］<退出>：E↙

输入边编辑选项［复制（C）/着色（L）/放弃（U）/退出（X）］<退出>：

部分选项说明如下。

①“复制（C）”：复制三维边，所有三维实体的边可被复制为直线、圆弧、椭圆或样条曲线。使用边复制可以从一个实体模型中产生它的线框模型。

②“着色（L）”：修改边的颜色。可以为每条边指定不同的颜色。

11.3.6 实体其他编辑方法

编辑整个实体对象，包括在实体上压印其他几何图形，将实体分割为独立实体对象，抽壳、清除或检查选定的实体。

1）命令激活方式

① 命令行：**SOLIDEDIT**。
② 功能区：【三维工具】→【实体编辑】→【压印】。
③ 菜单栏：【修改】→【实体编辑】→【压印】。
④ 工具栏：【工具栏】→【实体编辑】→。

2）操作步骤

激活命令后，命令行提示：

命令：SOLIDEDIT↙
实体编辑自动检查：SOLIDCHECK=1
输入实体编辑选项［面（F）/边（E）/体（B）/放弃（U）/退出（X）］<退出>：B↙
输入体编辑选项［压印（I）/实体分割（P）/抽壳（S）/清除（L）/检查（C）/放弃（U）/退出（X）］
<退出>：

部分选项说明如下。

①“压印（I）”：在选定的 3D 对象表面上留下另一个对象的痕迹，为了使压印操作成功，被压印的对象必须与选定对象的一个或多个面相交，被压印对象可以是圆弧、圆、直线、二维和三维多段线、椭圆、样条曲线、面域、体及三维实体。

②“实体分割（P）”：用不相连的体将一个三维实体对象分割为几个独立的三维实体对象。

③“抽壳（S）”：创建一个等壁厚的壳体或薄壳零件，操作时可通过指定移出面选择壳的开口，但不能移出所有的面，如果输入的壳厚度为负值则沿现有实体向外按壳厚生成实体，正值则向内生成。

④“清除（L）”：删除所有多余的边和顶点、压印的以及不使用的几何图形。

⑤“检查（C）”：校验三维实体对象是否为有效的实体，如果三维实体无效，则不能编辑对象。

图 11-35 为压印和抽壳示意图。

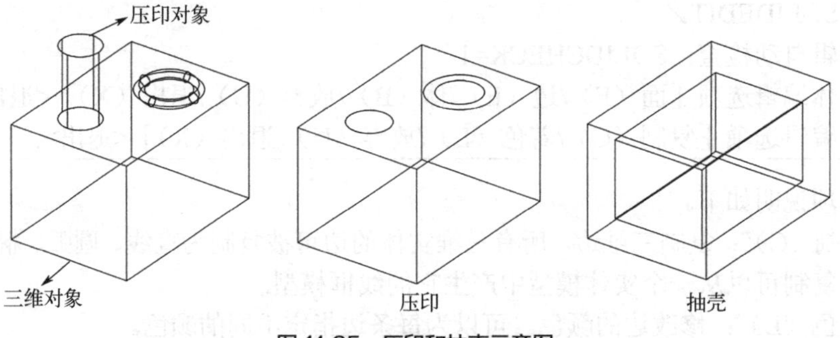

图 11-35 压印和抽壳示意图

11.4 控制实体显示的系统变量

影响实体显示的变量有三个。ISOLINES 控制显示线框弯曲部分的素线数量。FACETRES 系统变量调整着色和消隐对象的平滑程度。DISPSILH 系统变量控制线框模式下实体对象轮廓曲线的显示以及实体对象隐藏时是禁止还是绘制网格。

1）ISOLINES 系统变量

ISOLINES 系统变量是一个整数型变量。它指定实体对象每个曲面上轮廓素线的数目。它的有效取值范围为 0～2047。默认值是 4。它的值越大，线框弯曲部分的素线数目就越多，曲面的过渡就越光滑，也就越有立体感。但是增加 ISOLINES 的值，会使显示速度降低。图 11-36 是 ISOLINES=4 和 ISOLINES=12 时圆柱体显示的不同结果。

2）FACETRES 系统变量

FACETRES 控制曲线实体着色和渲染的平滑度。该变量是一个实数型的系统变量。FACETRES 的默认值是 0.5。它的有效范围为 0.01～10。当进行消隐、着色或渲染时，该变量就会起作用。该变量的值越大，曲面表面会越光滑，显示速度越慢，渲染时间也越长。图 11-37 显示了改变 FACETRES 系统变量对实体显示的影响。

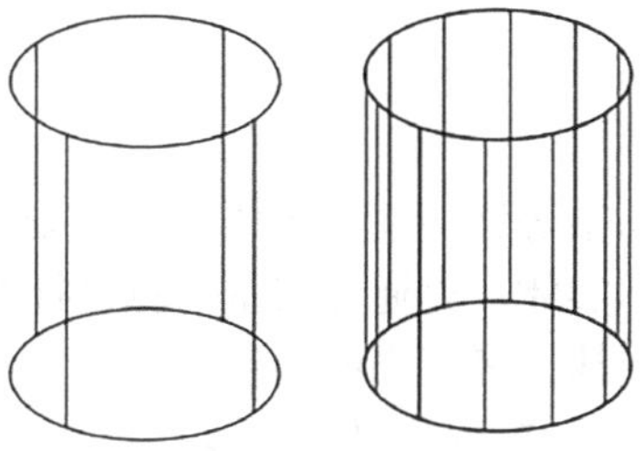

图 11-36 改变 ISOLINES 变量的影响

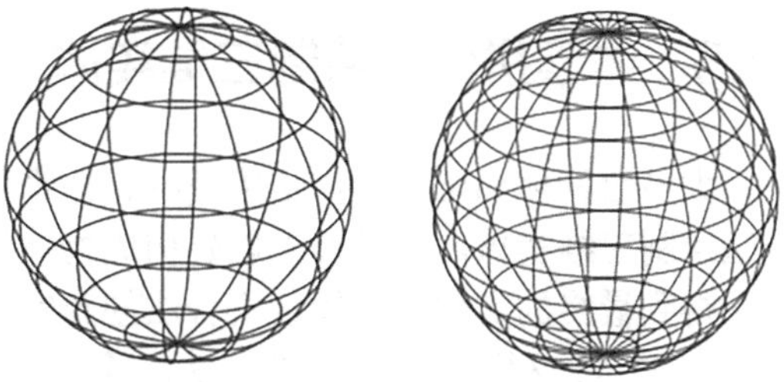

图 11-37 改变 FACETRES 变量的影响

3）DISPSILH 系统变量

DISPSILH 系统变量控制线框模式下实体对象轮廓曲线的显示以及实体对象隐藏时是禁止还是绘制网格。该变量是一个整型数，有 0、1 两个值，0 代表关，1 代表开。默认设置是 0。当该变量打开时，使用 HIDE 命令消隐图形，将只显示对象的轮廓边，当改变这个选项后，必须更新视图显示。图 11-38 为改变 DISPSILH 变量对实体显示的影响，该变量值还会影响 FACETRES 变量的显示。如果要改变 FACETRES 得到比较光滑的曲面效果，必须把 DISPSILH 的值设为 0。

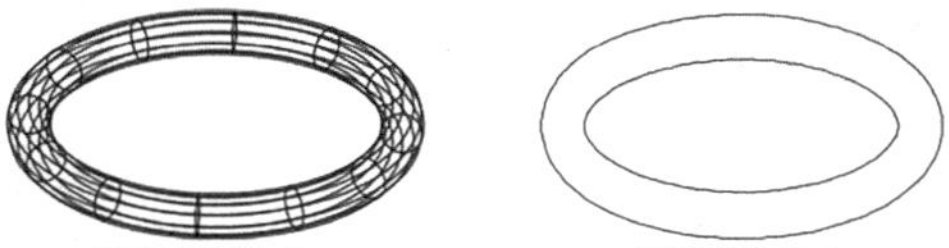

图 11-38 改变 DISPSILH 变量的影响

这三个变量也可以在如图 11-39 所示的“选项”对话框的“显示”选项卡中更改。“渲染对象的平滑度”文本框控制 FACETRES 变量，“每个曲面的轮廓素线”文本框控制 ISOLINES 变量，“仅显示文字边框”复选框可控制 DISPSILH 变量。

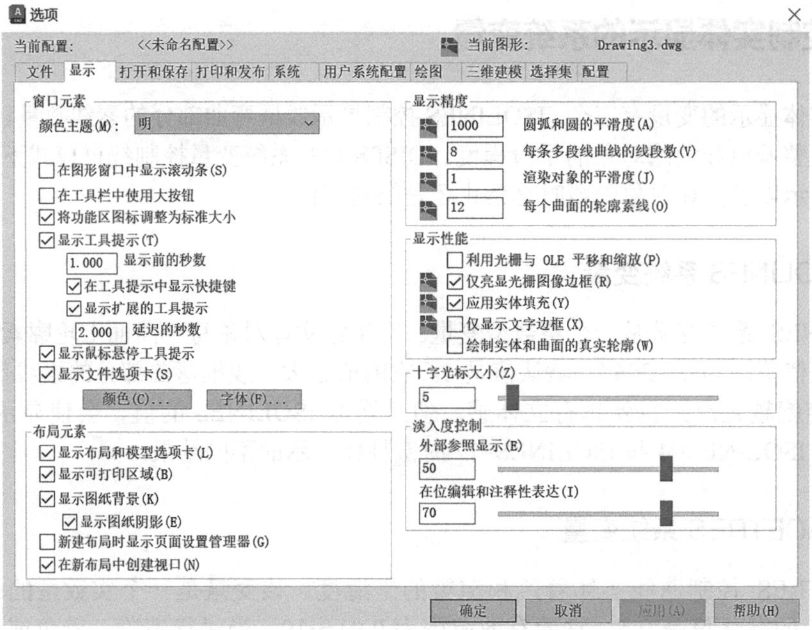

图 11-39 “选项”对话框 —“显示”选项卡

11.5 体素拼合法绘制三维实体

大多数物体都可以看作是由棱柱、棱锥、圆柱、圆锥等这些基本实体组合而成。体素拼合法绘制三维实体，就是首先创建构成物体的一些基本实体，再通过布尔运算进行叠加或挖切，得到最终的实体。用体素拼合法创建实体简单、快捷，有较强的实用性。

例 11-1：利用体素拼合的方法，绘制如图 11-40 所示的三维实体模型。

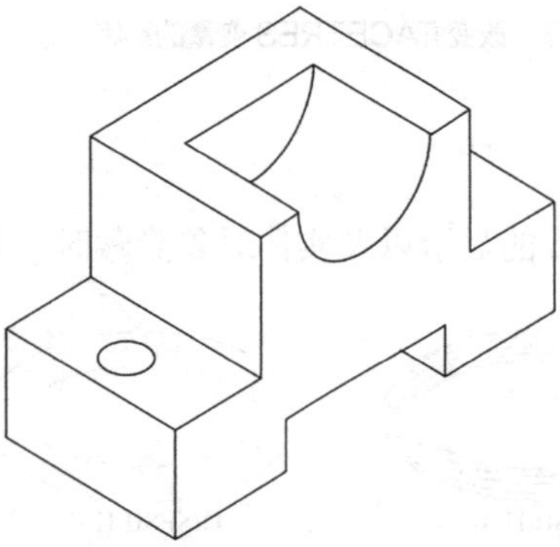

图 11-40 三维实体

步骤如下：

① 绘制实体的主、俯视图，如图 11-41（a）所示。

② 通过形体分析，从图 11-41（a）中分解出组成实体的各体素的平面图形，并用 COPY 命令把它复制出来，如图 11-41（b）所示。

③ 使用 PEDIT 命令把各体素的轮廓线编辑成二维多段线或面域。

④ 使用 EXTRUDE 命令，对应图 11-41（a）的投影图，拉伸出基本体素的三维实体，如图 11-41（c）所示。

⑤ 使用 3DROTATE 和 3DMOVE 命令将各基本体素的相对位置关系进行配置。

⑥ 用布尔运算的方法从中间的主要形体中减去下方的两个小圆柱、上面的一个半圆柱，得到如图 11-41（d）所示的三维实体。

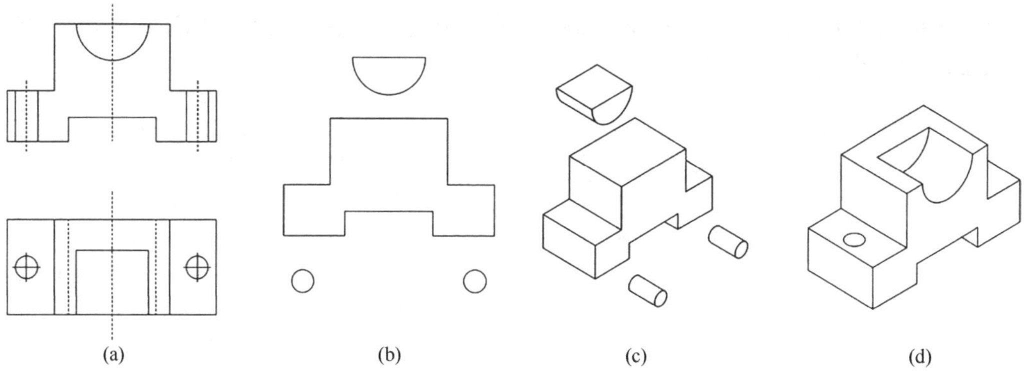

图 11-41 体素拼合法绘制三维实体

11.6 标注三维对象的尺寸

第 8 章介绍的“尺寸标注”命令不仅可以标注二维对象的尺寸，还可以标注三维对象的尺寸。由于 AutoCAD 所有的尺寸标注都只能在当前坐标系的 *XY* 平面内进行，因此为了标注三维对象中各部分的尺寸，需要不断地变换坐标系。

例 11-2：标注如图 11-42 所示图形的尺寸。

① 激活“图层”命令，打开“图层特性管理器”对话框，将“标注尺寸”图层设置为当前层。

② 在命令行输入“DISPSILH”后按 Enter 键，将该变量设为 1，然后在“视图”选项板上选择“隐藏”，消隐图形，结果如图 11-43 所示。

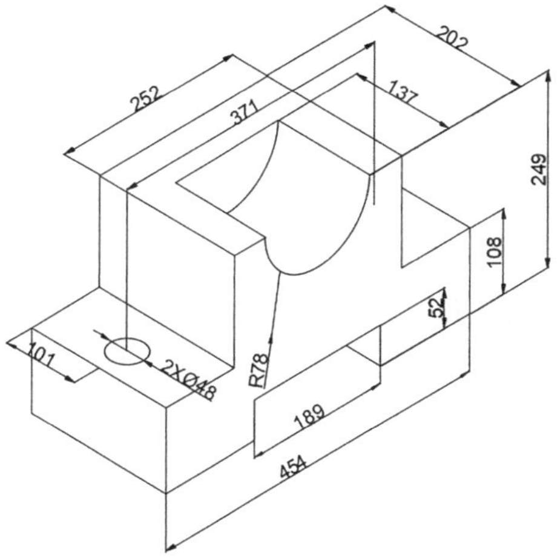

图 11-42 标注图形尺寸

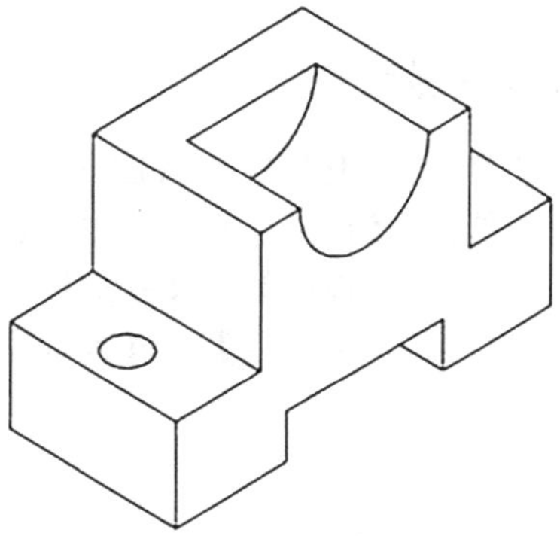

图 11-43 消隐图形

③ 执行“原点”命令（单击“三维工具”选项面板上“坐标”选项卡中的“原点”图标按钮），将坐标原点移到半圆孔的圆心位置。执行“线性”命令，标注线性尺寸 189、454、52、108、249；执行“半径”命令，标注半圆孔的半径 *R*78。如图 11-44 所示。

④ 执行“X”命令（单击“三维工具”选项面板上“坐标”选项卡中的“X”图标按钮），将坐标系绕 *X* 轴旋转-90°，执行“Z”命令（单击“三维工具”选项面板上“坐标”选项卡中

的“Z”图标按钮)，将坐标系再绕 Z 轴旋转-90°。执行“线性”命令，标注线性尺寸 252、137 及 202。结果如图 11-45 所示。

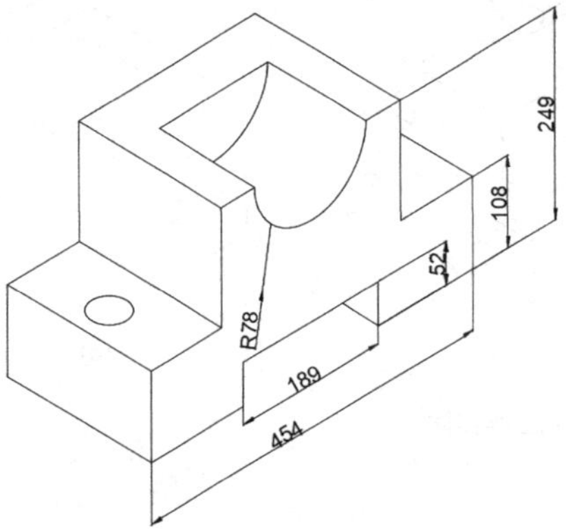

图 11-44 标注线性尺寸和半径

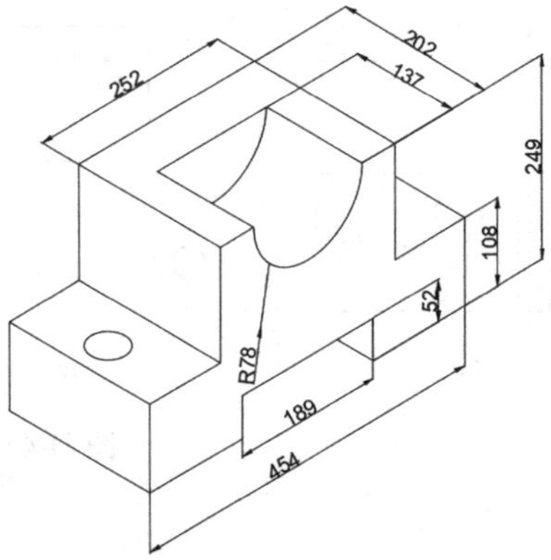

图 11-45 标注线性尺寸

⑤ 执行“原点”命令，将坐标原点移到小圆孔的圆心位置。执行“线性”命令，标注线性尺寸 101；执行“直径”命令，标注小圆孔的直径 2×ϕ48。执行“Y”命令（单击“三维工具”选项面板上“坐标”选项卡中的“Y”图标按钮)，将坐标系绕 Y 轴旋转 90°。执行“线性”命令，标注线性尺寸 371。关闭坐标系图标。结果如图 11-42 所示。

11.7 视觉样式与渲染

用户既可以使用“视觉样式”观察对象，又可以使用“渲染”功能对对象进行渲染。

11.7.1 视觉样式

1）命令激活方式

① 命令行：**VISUALSTYLES**。
② 功能区：【视图】→【选项板】→【视觉样式】。
③ 菜单栏：【视图】→【视觉样式】。
④ 工具栏：【工具栏】→【视觉样式】→。

2）操作步骤

图 11-46 所示的“视觉样式”子菜单中，部分命令的功能如下。

①“二维线框”：显示用直线和曲线表示边界的对象。光栅和 OLE 对象、线型和线宽都是可见的。即使系统变量 COMPASS 设为开，在二维线框视图中也不显示坐标球。

②“线框”：将三维图形以线框模式显示。

③“消隐”：显示用三维线框表示的对象，同时消隐被遮挡的线条。该命令与【视图】→【消隐】命令效果相似。

④“真实”：该选项实现对象真实着色。

⑤“概念”：该选项不仅对各面着色，而且对图形的边界作光滑处理。

⑥“视觉样式管理器”：选择此选项，打开“视觉样式管理器”选项板，可以对视觉样式进行管理，如图 11-47 所示。图 11-48 给出了几种常用视觉样式的显示效果。

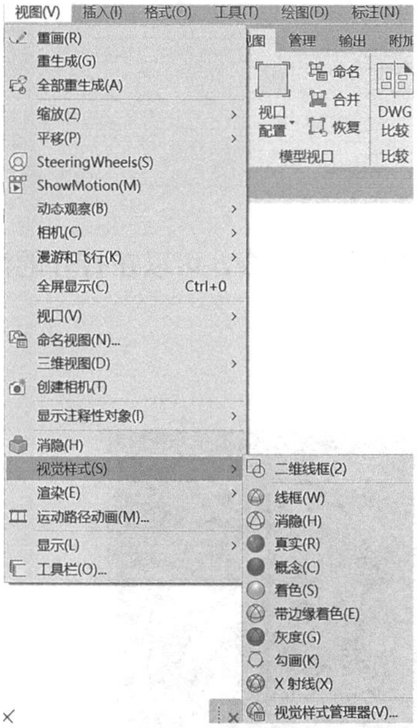

图 11-46 视觉样式子菜单

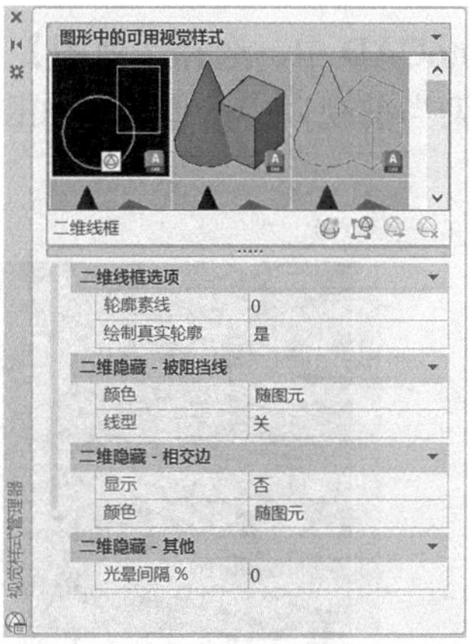

图 11-47 “视觉样式管理器”选项板

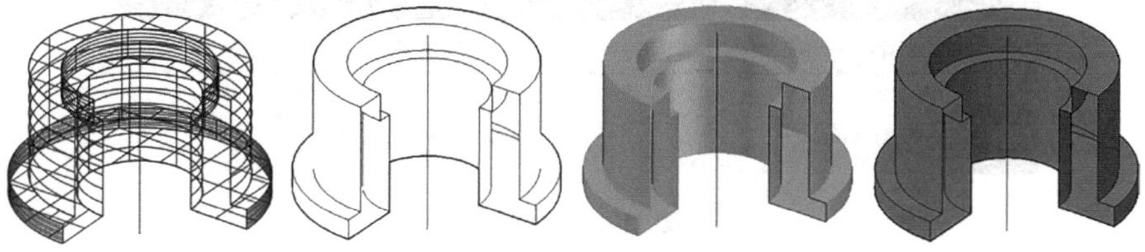

二维线框　　消隐　　真实　　概念

图 11-48 常用视觉样式

在“视觉样式管理器”选项板上的“图形中的可用视觉样式”列表框中，显示了当前图形中的可用视觉样式。当选中某一视觉样式后，单击“将选定的视觉样式应用到当前视口”图标按钮，可以将该样式应用到视口；单击“将选定的视觉样式输出到工具选项板”图标按钮，可以将该样式添加到工具选项板。

在“视觉样式管理器”选项板的参数选项区中，可以设置选定样式的面设置、环境设置、边设置等参数。也可以单击“创建新的视觉样式”图标按钮，创建新的视觉样式并在参数选项区设置其相关参数。

11.7.2 渲染

渲染后的图形比简单的消隐或着色图像更加清晰。使用【视图】→【视觉样式】命令中的子命令为对象应用视觉样式时，并不能执行产生亮显、移动光源或添加光源的操作。要更全面地控制光源，必须使用渲染。

1）命令激活方式

① 命令行：**RENDER**。

② 功能区：【可视化】→【渲染】→【渲染】。

③ 菜单栏：【视图】→【渲染】。

④ 工具栏：【工具栏】→【渲染】→ 。

2）在渲染窗口中快速渲染对象

在 AutoCAD 中，选择【视图】→【渲染】→【渲染】菜单命令，可以在打开的渲染窗口中快速渲染当前视口中的图形，如图 11-49 所示。

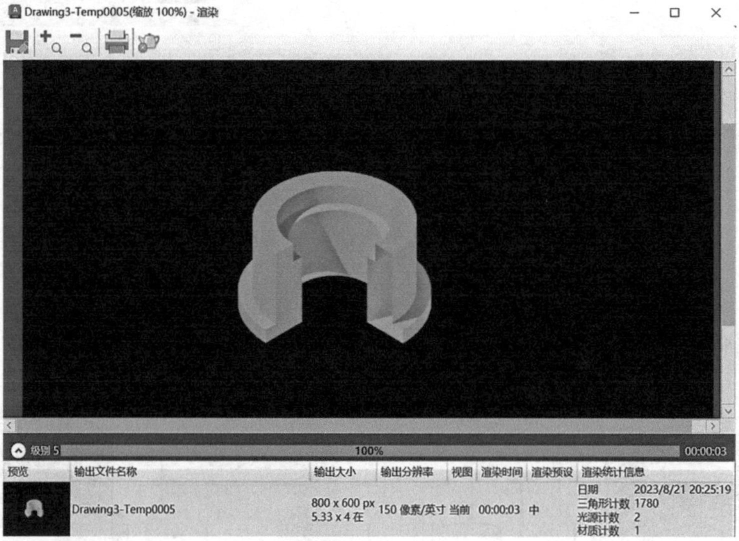

图 11-49　渲染图形

渲染窗口中显示了当前视图中图形的渲染效果。在其下面的文件列表中，显示了图像的质量、光源和材质等详细信息及当前渲染图形的文件名称、大小、渲染时间等信息。可以右击某一渲染图形下面的文件列表中的一个文件，这时将弹出一个快捷菜单，可以选择其中的命令保存、删除渲染图形，如图 11-50 所示。

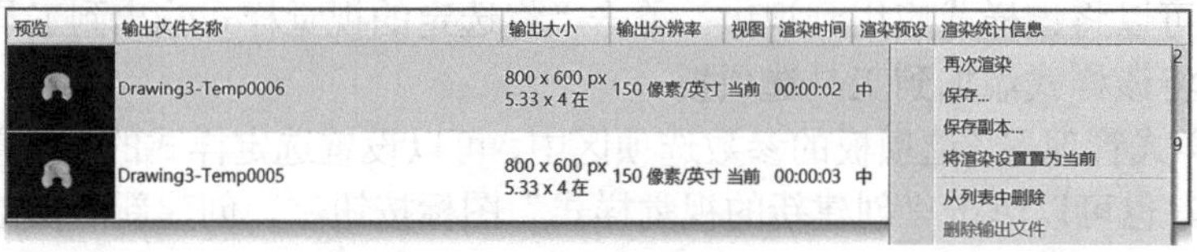

图 11-50　渲染图形的快捷菜单

3）设置光源

在渲染过程中，光源的应用非常重要，它由强度和颜色两个因素决定。在 AutoCAD 中，不仅可以使用自然光（环境光），也可以使用点光源、平行光及聚光灯光源，以照亮物体的特殊区域。

选择【视图】→【渲染】→【光源】菜单命令，可以创建和管理光源，如图 11-51 所示。

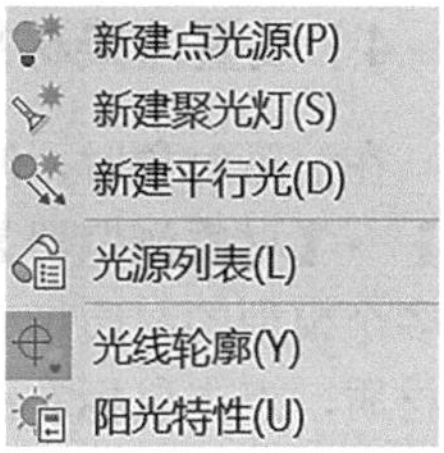

图 11-51 “光源”子菜单

(1) 创建光源

选择【可视化】→【光源】→【新建点光源】、【新建聚光灯】和【新建平行光】命令，可以分别创建点光源、聚光灯和平行光。

①“新建点光源”：当指定了光源位置后，还可以设置光源的名称、强度、状态、阴影、衰减、颜色等选项。此时命令行显示如下提示信息：

输入要更改的选项［名称（N）/强度因子（I）/状态（S）/光度（P）/阴影（W）/衰减（A）/过滤颜色（C）/退出（X）］<退出>:

---

②“新建聚光灯”：当指定了光源位置和目标位置后，还可以设置光源的名称、强度、状态、聚光角、照射角、阴影、衰减、颜色等选项。此时命令行显示如下提示信息：

输入要更改的选项［名称（N）/强度因子（I）/状态（S）/聚光角（H）/照射角（F）/阴影（W）/衰减（A）/过滤颜色（C）/退出（X）］<退出>:

---

③“新建平行光”：当指定了光源的矢量方向后，还可以设置光源的名称、强度、状态、阴影、颜色等选项。此时命令行显示如下提示信息：

输入要更改的选项［名称（N）/强度因子（I）/状态（S）/光度（P）/阴影（W）/过滤颜色（C）/退出（X）］<退出>:

---

(2) 查看光源列表

当创建了光源后，可以选择【视图】→【渲染】→【光源】→【光源列表】菜单命令，也可以单击功能区中【可视化】选项卡→【光源】→↘，打开“模型中的光源”选项板，查看创建的光源，如图 11-52 所示。

选择【视图】→【渲染】→【光源】→【阳光特性】菜单命令或功能区中【可视化】选项卡→【阳光和位置】→↘，打开“阳光特性”选项板，可以编辑阳光特性，如图 11-53 所示。

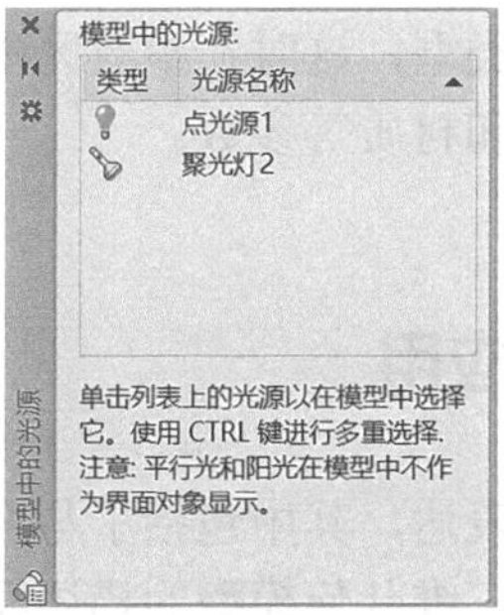

图 11-52 “模型中的光源”选项板

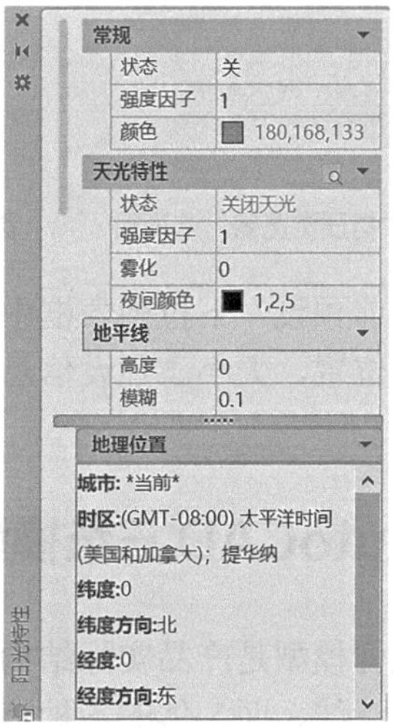

图 11-53 “阳光特性”选项板

4）设置渲染材质

在渲染对象时，使用材质可以增强模型的真实感。在 AutoCAD 中，选择【视图】→【渲染】→【材质浏览器】菜单命令，可以为对象选择材质，如图 11-54 所示。材质浏览器可执行多个模型的材质指定操作。单击“创建新材质”图标按钮，在弹出的列表框中选择相应的材质，点击鼠标右键，选择“指定给当前选择”，即可为所选模型对象赋予新创建的材质。

在“材质编辑器”选项板中，可以更改材质预览形状，显示材质的基本信息，还可以显示并设置材质的颜色、光泽度、反射率、自发光等参数，如图 11-55 所示。

5）设置贴图

在渲染图形时可以将材质映射到对象上，称为贴图。选择【视图】→【渲染】→【贴图】菜单命令，可以创建平面贴图、长方体贴图、柱面贴图和球面贴图。

6）高级渲染设置

在 AutoCAD 中，选择【视图】→【渲染】→【渲染预设管理器】菜单命令，打开“渲染预设管理器”选项板，可以管理渲染预设，如图 11-56 所示。

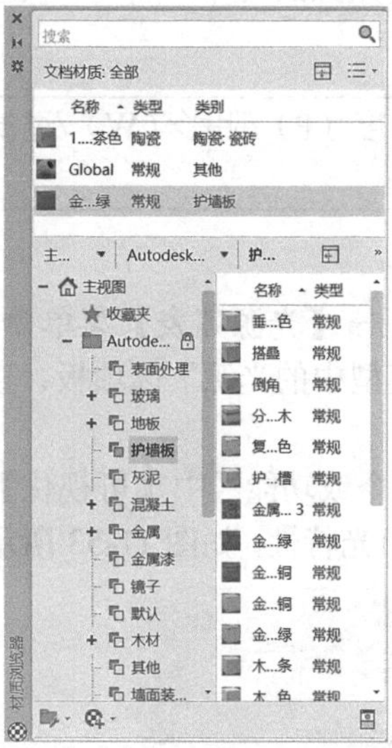

图 11-54 “材质浏览器”选项板

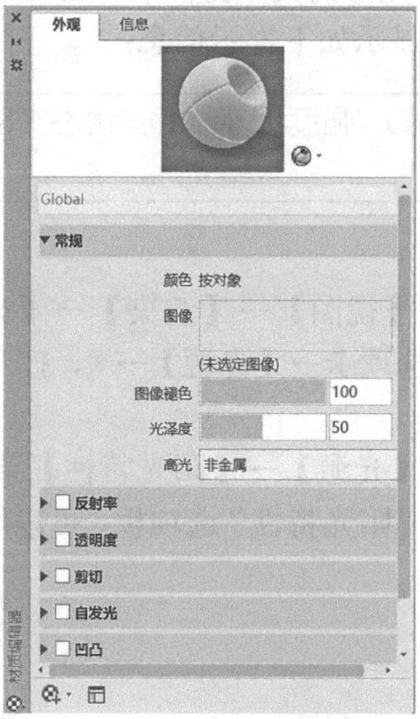

图 11-55 “材质编辑器”选项板

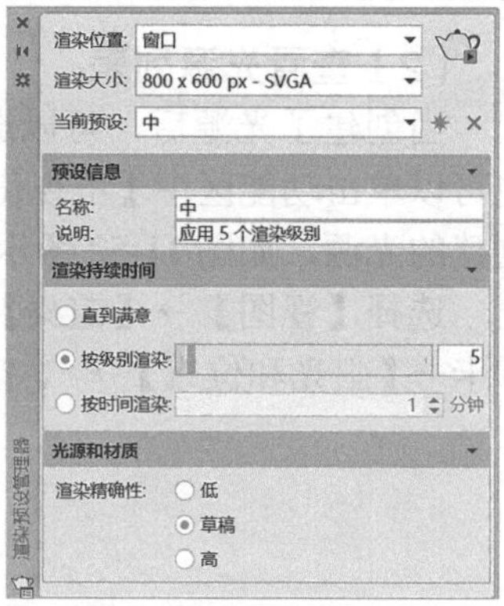

图 11-56 “渲染预设管理器”选项板

在“当前预设”下拉列表框中，可以选择预设的渲染类型，这时在参数区中可以设置该渲染类型的位置、大小、预设信息、渲染持续时间、光源和材质等参数。

11.8 AutoCAD 三维模型在 3D 打印中的应用

三维几何模型是产品实际结构形状在计算机中的三维表达，其中包括了与产品几何体结构有关的点、线、面、体的各种信息。在计算机中，产品三维几何模型的描述经历了从线框模型、表面模型到实体模型的发展历程，所能表示的几何体信息越来越完整和准确，能解决的设计问题的范围也越来越广。三维几何模型发展到实体模型阶段后，封闭的几何表面构成了一定的体积，形成了几何体的概念，如同在几何体的中间填充了一定的物质，使之具有了如质量、密度等特性，并且可以检查两个几何体的碰撞和干涉情况。由于三维几何模型包括了更多的实际结构特征，用户在采用三维几何模型进行产品结构设计时，能够更加准确地反映实际产品的构造和制造加工过程。

快速原型制造是一种将零件的三维几何模型应用于制造过程的方法。到目前为止已出现了多种不同的快速原型制造方法，但它们所依据的基本原理是一致的，就是逐层把合成材料堆积起来生成原型。快速原型制造方法的最大优点是可以直接利用零件的三维几何模型把原型制造出来，整个过程不需要进行复杂的工艺过程规划，不需要对所使用的原料进行预先的处理，也不需要在几个加工母机间移动和传输工件。3D 打印技术，就是快速原型制造技术的一种，它是以数字模型文件为基础，运用粉末状金属或塑料等可黏合材料，通过逐层打印的方式来构造物体的技术。起初在模具制造、工业设计等领域被用于制造模型，后逐渐用于一些产品的直接制造，目前该技术在珠宝、鞋类、工业设计、建筑、汽车、航空航天、医疗产业、教育、地理信息系统、枪支以及其他领域都有应用。与 NC（数控加工）的“减材制造技术”不同的是，3D 打印是“增材制造技术”。“增材”是指 3D 打印通过将原材料沉积或黏合为材料层以构成三维实体的打印方法，“制造”是指 3D 打印机通过某些可测量、可重复、系统性的过程制造材料层。

11.8.1 3D 打印过程

3D 打印技术，实际上是利用光固化和纸层叠等技术的快速原型制造技术。3D 打印过程首先要通过计算机建模软件创建零件的三维模型，再将建成的三维模型“分区”成逐层的面，即切片，然后利用 3D 打印机进行逐层打印获得实体零件。3D 打印机与普通打印机的工作原理基本相同，3D 打印机内装有液体或粉末等“打印材料”，通过计算机控制把“打印材料”一层层叠加起来，最终把计算机上的三维模型变成实物。

3D 打印针对不同的材料有不同的成型方式。表 11-1 给出了一些常见的 3D 打印类型、累积技术及材料。

表 11-1 常见的 3D 打印类型、累积技术及材料

类型	累积技术	基本材料
挤压	熔融沉积式（FDM）	热塑性塑料、共晶系统金属、可食用材料
线	电子束自由成型制造（EBF）	几乎任何合金
粒状	直接金属激光烧结（DMLS）	几乎任何合金
	电子束熔化成型（EBM）	钛合金
	选择性激光熔化成型（SLM）	钛合金、钴铬合金、不锈钢、铝
	选择性热烧结（SHS）	热塑性粉末
	选择性激光烧结（SLS）	热塑性塑料、金属粉末、陶瓷粉末、尼龙
粉末层喷头 3D 打印	石膏 3D 打印（PP）	石膏
层压	分层实体制造	纸、金属膜、塑料薄膜
光聚合	立体平板印刷（SLA）	光硬化树脂、光敏树脂
	数字光处理（DLP）	光硬化树脂、红蜡

STL 文件格式是设计软件和打印机之间协作的标准文件格式。一个 STL 文件是用三角面来近似模拟物体的表面，三角面越小，其生成的表面分辨率越高。3D 打印机通过读取文件中的横截面信息，用液态、粉状或片状的材料将这些截面逐层地打印出来，再将各层截面以各种方式黏合起来，从而制造出一个实体。这种技术的特点在于其几乎可以造出任何形状的物品。打印机打出的截面的厚度（即 *Z* 方向）以及平面方向（即 *X-Y* 方向）的分辨率是以 dpi（每英寸点数）或者 μm 来计算的。一般的厚度为 100μm，即 0.1mm。传统的制造技术如注塑法可以以较低的成本大量制造聚合物产品，而 3D 打印技术则可以以更快、更有弹性以及更低成本的办法生产数量相对较少的产品。

11.8.2 3D 打印技术中常用的文件格式

在进行 3D 打印之前，必须得到零件的三维几何模型，一个合适的实体建模或表面建模系统是应用 3D 打印进行快速原型制造的前提。通常，零件的三维几何模型可以被存储成各种格式的文件，这主要取决于用户所使用的 CAD 软件类型。但对 3D 打印设备来讲，目前它们只能接收一种固定格式的文件，即 STL 格式文件。所有其他格式的数据文件必须转换成 STL 格式文件才能被用于快速原型制造过程。

STL 格式文件是由 3D System 公司于 1987 年提出的，它将物体表示为相互连接的三角形网格。在 STL 文件中，每个三角形的顶点被按照一定的顺序排列，以表明三角形的哪一侧包含有实体。表 11-2 给出了 STL 文件的二进制格式。

表 11-2 STL 文件的二进制格式

字节位	类型	描述
80	字符串	头信息，如所用 CAD 系统
4	无符号长整型	三角面数量
第 1 个三角面定义		
4	浮点型	法线 *x*
4	浮点型	法线 *y*
4	浮点型	法线 *z*
4	浮点型	顶点 1*x*
4	浮点型	顶点 1*y*
4	浮点型	顶点 1*z*
4	浮点型	顶点 2*x*
4	浮点型	顶点 2*y*
4	浮点型	顶点 2*z*
4	浮点型	顶点 3*x*
4	浮点型	顶点 3*y*
4	浮点型	顶点 3*z*
2	无符号长整型	设为 0 属性字节位的数量
第 2 个三角面定义		
……		

11.8.3 基于 AutoCAD 三维模型的 STL 文件形成及应用实例

缺省状态下，AutoCAD 系统将零件的三维几何模型存储成*.dwg 格式，同时具有将三维几何模型以*.stl 格式文件输出的功能。实现 AutoCAD 模型的 3D 打印，须先创建一个零件的三维几何模型，然后通过如图 11-57 所示的下拉菜单，选择【文件】→【输出】，AutoCAD 系统会弹出如图 11-58 所示的对话框。通过列表框选择输出文件格式为*.stl（平板印刷），系统会在命令行上提醒用户“_export 选择实体或无间隙网格：”，此时可以通过鼠标来点选一个需要进行 3D 打印的三维模型，然后按 Enter 键，这样就得到一个 STL 格式文件。

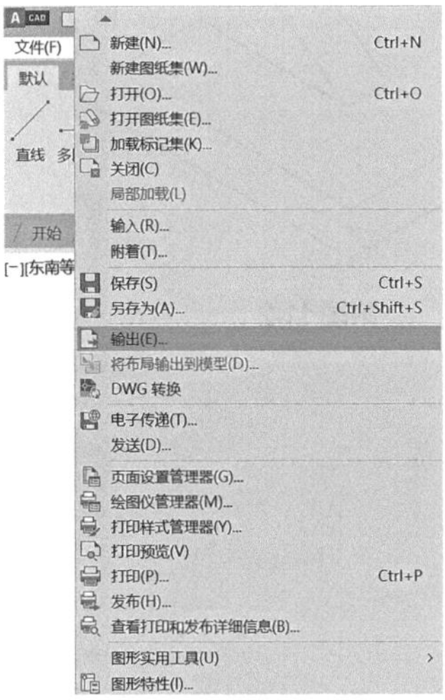

图 11-57 从菜单文件输出 STL 文件

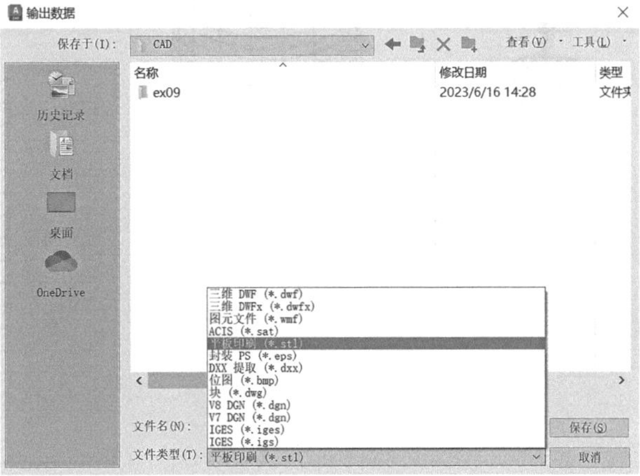

图 11-58 “输出数据”对话框

除了上述从菜单命令中得到 STL 文件的方法外，还可以通过单击【应用程序】图标按钮→【输出】→【其他格式】，弹出图 11-59 所示的下拉菜单。也可以在命令行上输入 STLOUT 命令来获得 STL 格式文件，具体步骤如下：

图 11-59 利用应用程序图标按钮输出 STL 文件

① 在命令行上输入“STLOUT”，然后按 Enter 键。

② 系统将在命令行上提示“选择实体或无间隙网格：”，选择后系统会继续提示“选择实体或无间隙网格：”，此时如果不需要继续选择就可以按 Enter 键，然后系统将出现“创建二进制 STL 文件？[是（Y）/否（N）] <是>：”。输入“Y”或按 Enter 键创建二进制文件；如果输入“N”，则系统弹出对话框并创建 STL 文件的 ASCII 格式，它显示的是零件的 STL 文件的一部分数据。

③ 用户在系统弹出的对话框中输入文件名和对应的存储路径保存文件。

习题

1. 创建两个基本实体，对它们进行布尔运算。

2. 绘制如附图 11-1 所示的旋转曲面。
3. 用长方体及对齐命令绘制一段楼梯。
4. 用体素拼合法绘制附图 11-2 所示图形。

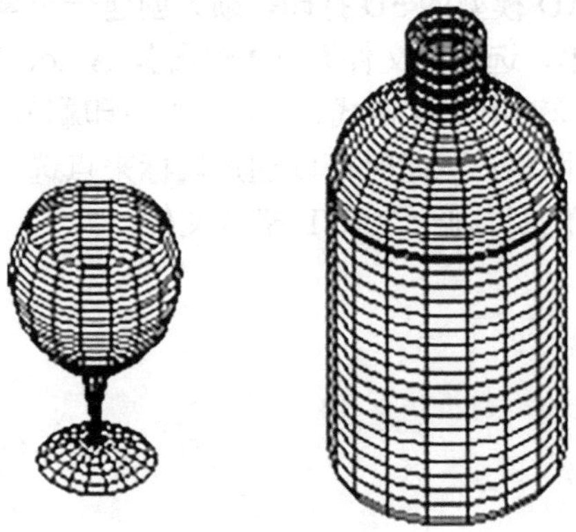

附图 11-1

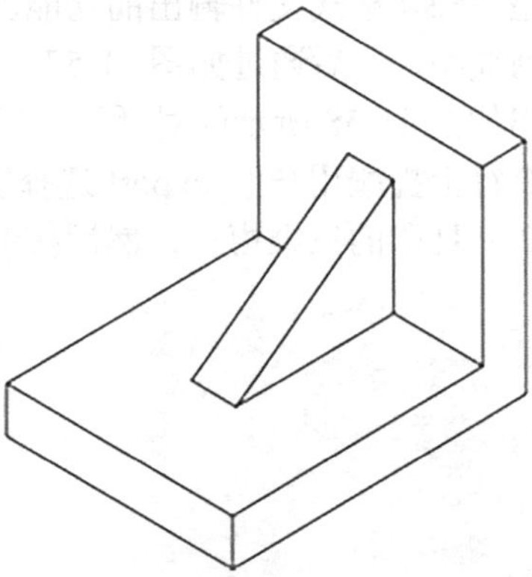

附图 11-2

第 12 章

图形数据输出和打印

AutoCAD 中绘制好图形后，用户可以利用数据输出功能把图形保存为特定的文件类型，以便把它们的信息传递给其他应用程序，也可以打印输出。

12.1　数据输出

1）命令激活方式

① 命令行：**EXPORT** 或 **EXP**。

② 菜单栏：【文件】→【输出】。

③ 应用程序图标：A→【输出】→【其他格式】。

2）操作步骤

激活该命令后弹出“输出数据”对话框，如图 12-1 所示。在“文件名”文本框中输入要创建文件的名称。在“文件类型”下拉列表中选择文件输出的类型。AutoCAD 允许使用以下

图 12-1 “输出数据”对话框

输出类型：三维 DWF（*.dwf）、三维 DWFx（*.dwfx）、图元文件（*.wmf）、ACIS（*.sat）、平板印刷（*.stl）、封装 PS（*.eps）、DXX 提取（*.dxx）、位图（*.bmp）、块（*.dwg）等。

12.2 布局

AutoCAD 可以创建多种布局，布局用于构造或设计图纸以便进行打印，每个布局都代表一张可单独打印的输出图纸。它可以由一个标题栏、一个或多个视口和注释组成。一个图形文件可以有多个布局。创建布局后就可以在布局中创建浮动视口。视口中的各个视图可以使用不同的比例打印，并能控制视口中图层的可见性。

12.2.1 模型空间与图纸空间的切换

模型空间是完成绘图和设计工作的工作空间。用户可以在模型空间中创建二维图形或三维模型。在模型空间中进行设计的方法是根据图形或物体的实际尺寸、形状及方向，在某一坐标系中绘制图形，并进行必要的尺寸标注和注释等工作。在模型空间可以创建多个不重叠的平铺视口以展示不同的视图。

图纸空间可以认为是与工程图纸相对应的绘图空间，用来创建最终供打印机或绘图仪输出图纸所用的平面图。在图纸空间中，视口被作为对象来看待，并且可以用 AutoCAD 的标准编辑命令对其进行编辑。用户可以通过移动视口或改变视口的尺寸，在图纸空间中排列视图。在图纸空间可以创建多个浮动视口以达到排列视图的目的。

在设计绘图的过程中经常需要在模型空间与图纸空间之间切换，切换方法有以下两种：

① 图纸空间和模型空间可相互切换，由系统变量 TILEMODE 控制。TILEMODE=1（ON）时，则切换到模型空间（激活“模型”标签）；当 TILEMODE=0（OFF）时，则切换到图纸空间（激活“布局”标签）。

② 通过单击绘图区下方“模型/布局”标签，或单击状态栏上“模型/图纸”按钮，或执行 MSPACE/PSPACE 命令完成切换。

12.2.2 利用向导创建布局

1）命令激活方式

① 命令行：**LAYOUTWIZARD**。

② 菜单栏：【插入】→【布局】→【创建布局向导】。

【工具】→【向导】→【创建布局】。

2）操作步骤

激活命令后，屏幕弹出如图 12-2 所示的“创建布局”对话框。利用该对话框创建布局的步骤如下。

① 在“开始”对话框中，输入新布局的名称。

② 在“打印机”对话框中，选择新布局要使用的打印机。

③ 在“图纸尺寸”对话框中，确定打印时使用的图纸尺寸、绘图单位。

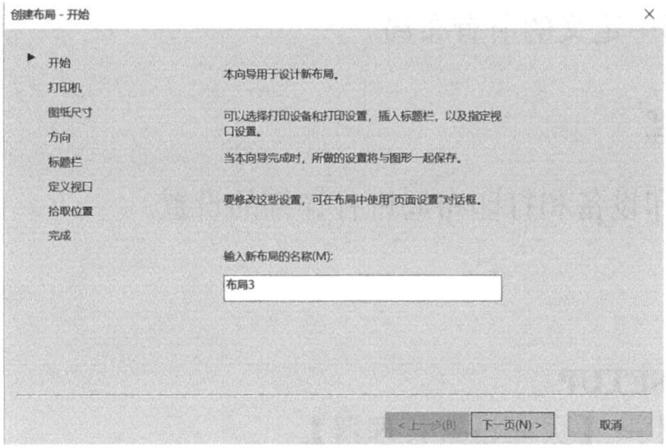

图 12-2 “创建布局”对话框

④ 在“方向”对话框中，确定打印方向为纵向还是横向。

⑤ 在“标题栏”对话框中，选择要使用的标题栏。

⑥ 在“定义视口”对话框中，设置布局中浮动视口的个数和视口比例。

⑦ 在“拾取位置”对话框中，单击“选择位置”按钮，切换到绘图区，指定视口的大小和位置。

⑧ 在“完成”对话框中，单击“完成”按钮，完成新布局的创建。

12.2.3 布局管理

1）命令激活方式

① 命令行：**LAYOUT** 或 **LO**。

② 菜单栏：【插入】→【布局】→【新建布局】。

③ 工具栏：【工具栏】→【布局】→【新建布局】。

2）操作步骤

激活命令后，命令行提示：

命令：LAYOUT↙

输入布局选项 [复制（C）/删除（D）/新建（N）/样板（T）/重命名（R）/另存为（SA）/设置（S）/?]

<设置>：(输入 C、D、N、T、R、SA、S 或？)

各选项功能如下。

①“复制（C）”：由已建布局复制并创建新的布局。

②“删除（D）”：删除布局。

③“新建（N）”：创建一个新的布局选项卡。

④“样板（T）”：基于样板（DWT）或图形文件（DWG）中现有的布局创建新样板。

⑤“重命名（R）”：给布局重新命名。

⑥“另存为（SA）”：保存布局。

⑦“设置（S）”：设置当前布局。

⑧“？”：列出图形中定义的所有布局。

12.2.4 页面设置管理

页面设置可以对打印设备和打印布局进行详细的设置。

1）命令激活方式

① 命令行：**PAGESETUP**。
② 菜单栏：【文件】→【页面设置管理器】。
③ 工具栏：【工具栏】→【布局】→。

2）操作步骤

激活命令后，屏幕弹出如图 12-3 所示的“页面设置管理器”对话框。
单击“新建”按钮，打开如图 12-4 所示的“新建页面设置”对话框。

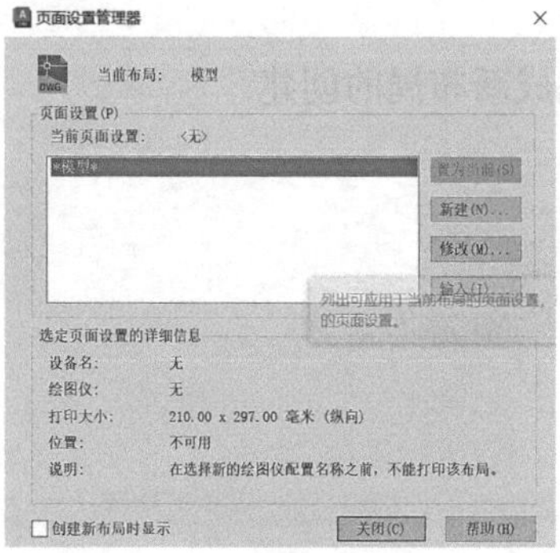

图 12-3 “页面设置管理器”对话框

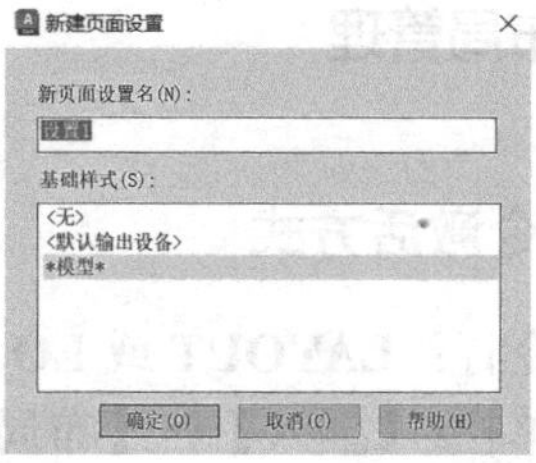

图 12-4 “新建页面设置”对话框

单击“页面设置管理器”对话框中的“修改”按钮，打开如图 12-5 所示的“页面设置”对话框。其主要选项的功能如下。

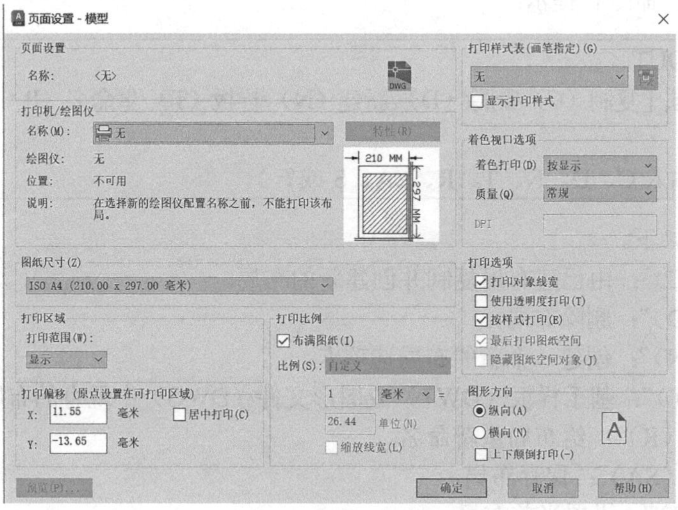

图 12-5 “页面设置”对话框

①“打印机/绘图仪”选项区域：指定要使用的打印机的名称、位置和说明。单击“名称”下拉列表框可以选择配置各种类型的打印设备。如果要查看或修改打印设备的配置信息，可以单击“特性”按钮，在打开的如图 12-6 所示的“绘图仪配置编辑器”对话框中进行设置。

②“打印样式表”选项区域：为当前的布局设置、编辑打印样式表，或者创建新的打印样式表。当在下拉列表框中选择一个打印样式后，单击“编辑”按钮，便可打开如图 12-7 所示的“打印样式表编辑器”对话框，使用该对话框可以查看或修改打印样式。当在下拉列表框中选择“新建”选项时，将打开“添加颜色相关打印样式表”向导对话框，如图 12-8 所示，用于创建新的打印样式表。另外在“打印样式表”选项区域中，“显示打印样式”复选框用于确定是否在布局中显示打印样式。

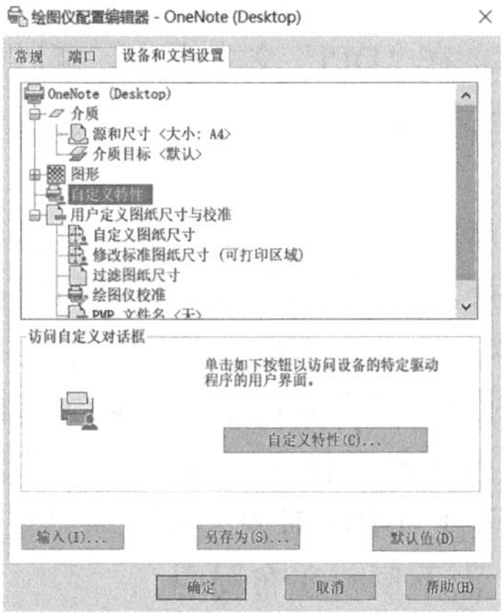

图 12-6 “绘图仪配置编辑器”对话框

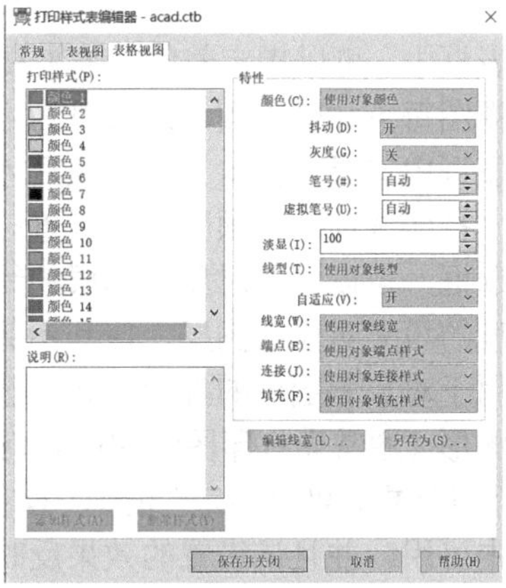

图 12-7 “打印样式表编辑器”对话框

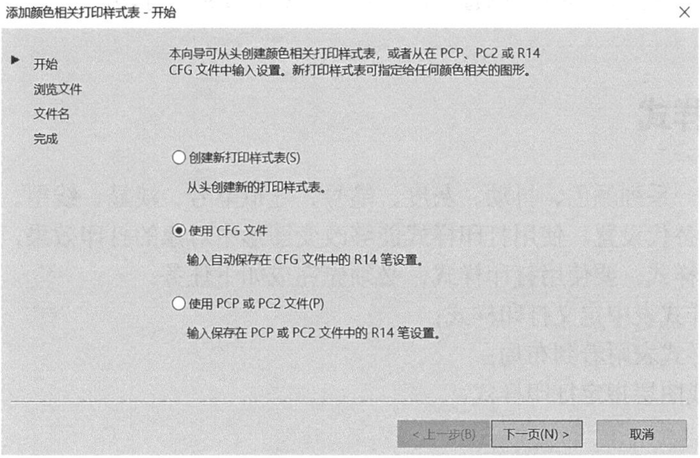

图 12-8 “添加颜色相关打印样式表”对话框

③“图纸尺寸”选项区域：指定图纸的尺寸大小。

④“打印区域”选项区域：设置布局的打印区域。在“打印范围”下拉列表框中，可以选择要打印的区域，包括布局、视图、显示和窗口。默认设置为布局，表示针对“布局”选项卡，打印图纸尺寸边界内的所有图形，或表示针对“模型”选项卡，打印绘图区中所有显示的几何图形。

⑤“打印偏移”选项区域：显示、指定打印区域偏离图纸左下角的偏移值。在布局中，

可打印区域的左下角点，由图纸的左下边距决定，用户可以在“X”和“Y”文本框中输入偏移量。如果选中“居中打印”复选框，则 AutoCAD 可以自动计算相应的偏移值，以便居中打印。

⑥“打印比例”选项区域：用来设置打印时的比例。在“比例”下拉列表框中可以选择标准缩放比例，或者输入自定义值。图纸空间的默认比例为 1∶1。模型空间的默认比例为“按图纸空间缩放”。如果要按打印比例缩放线宽，可选中“缩放线宽”复选框。图纸空间的打印比例一般为 1∶1。如果要缩小为原尺寸的一半，则打印比例为 1∶2，线宽也随比例缩放。

⑦“着色视口选项”选项区域：指定着色和渲染视口的打印方式，并确定它们的分辨率大小和 DPI 值。其中，在“着色打印”下拉列表框中，可以指定视图的打印方式。在“质量”下拉列表框中，可以指定着色和渲染视口的打印分辨率。在“DPI”文本框中，可以指定着色和渲染视图每英寸的点数，最大可为当前打印设备分辨率的最大值，该选项只有在“质量”下拉列表框中选择“自定义”选项后才可用。

⑧“打印选项”选项区域：设置打印选项。如打印对象线宽等。如果选中“打印对象线宽”复选框，可以打印对象和图层的线宽；选中“使用透明度打印”复选框，可以打印设置了透明度的填充对象或图层，使其不遮挡底图上的内容；选中“按样式打印”复选框，可以打印应用于对象和图层的打印样式；选中“最后打印图纸空间”复选框，可以先打印模型空间几何图形（通常先打印图纸空间几何图形，再打印模型空间几何图形）；选中“隐藏图纸空间对象”复选框，可以指定“消隐”操作应用于图纸空间视口中的对象，该选项仅在“布局”选项卡中可用，并且该设置的效果反映在打印预览中，而不反映在布局中。

⑨“图形方向”选项区域：指定打印机图纸上图形的方向是纵向还是横向。“纵向”指用图纸的短边作为图纸的顶部。“横向”指用图纸的长边作为图纸的顶部。选中“上下颠倒打印”复选框，可以指定图形在图纸上倒置打印，相当于旋转 180° 打印。

12.3 打印样式

打印样式是一系列颜色、抖动、灰度、笔号、虚拟笔号、淡显、线型、线宽、端点、连接、填充样式的替代设置。使用打印样式能够改变图形中对象的打印效果，可以给任何对象或图层指定打印样式。要使用打印样式，必须先完成如下任务：

① 在打印样式表中定义打印样式；

② 将打印样式表附着到布局；

③ 为对象或图层指定打印样式。

12.3.1 打印样式表

打印样式表包含打印时应用到图形对象中的所有打印样式，它控制打印样式定义。AutoCAD 包含命名和颜色相关两种打印样式表。用户可以添加新的命名打印样式，也可以更改命名打印样式的名称。颜色相关打印样式表包含 255 种打印样式。每一个样式表示一种颜色。不能添加或删除颜色相关打印样式，或改变它们的名称。

用户可以使用【工具】→【向导】→【添加打印样式表】菜单命令来添加打印样式表，并使用【文件】→【打印样式管理器】菜单命令来管理打印样式表。

12.3.2 使用打印样式

要使用打印样式，首先要把打印样式附着到“模型”选项卡和布局的打印样式表中。在“页面设置”对话框的“打印样式表（画笔指定）”列表中选择打印样式表，这样就可以把打印样式附着到模型或布局中。用户还可以利用【工具】→【选项】菜单命令打开“选项”对话框，在该对话框的“打印和发布”选项卡中单击“打印样式表设置”按钮。在打开的“打印样式表设置”对话框中选择“使用命名打印样式”或“颜色相关打印样式”单选项。该设置在新建文件时生效。

AutoCAD 中每个对象、图层都具有打印样式特性。为图形指定了打印样式后，可以利用“特性”修改对象的打印样式或利用“图层特性管理器”修改图层的打印样式。

这里用户要注意，如果使用的是命名打印样式，则可以随时修改对象或图层的打印样式。如果使用颜色相关打印样式，对象或图层的打印样式由它的颜色确定。因此，修改对象或图层的打印样式只能通过修改它的颜色来实现。

12.4 打印图形

创建完图形之后，通常要打印到图纸上。打印的图形可以包含图形的单一视图，或者更为复杂的视图排列。根据不同的需要，可以打印一个或多个视口，或设置选项以决定打印的内容在图纸上的布置。

12.4.1 打印预览

在打印输出图形之前可以预览输出结果，以检查各项设置是否正确。例如，图形是否都在有效的输出区域内等。在“页面设置”对话框和“打印”对话框中，选定打印机/绘图仪后，单击“预览”按钮即可预览要打印的内容。也可以按照以下方式激活命令后进行预览。

1）命令激活方式

① 命令行：**PREVIEW** 或 **PRE**。

② 应用程序图标：A→【打印】→【打印预览】。

③ 菜单栏：【文件】→【打印预览】。

2）操作步骤

激活该命令后，就可以在屏幕上预览输出结果。在预览窗口中，光标变成了带有加号和减号的放大镜形状，向上拖动光标可以放大图形，向下拖动光标可以缩小图形。按 Esc 键可结束预览。

12.4.2 打印输出图形

AutoCAD 提供多种打印输出方法：PLOT 方法、PUBLISH 方法。这些打印输出方法与页面设置、打印样式结合可提供多种选择，满足各种打印输出需要。

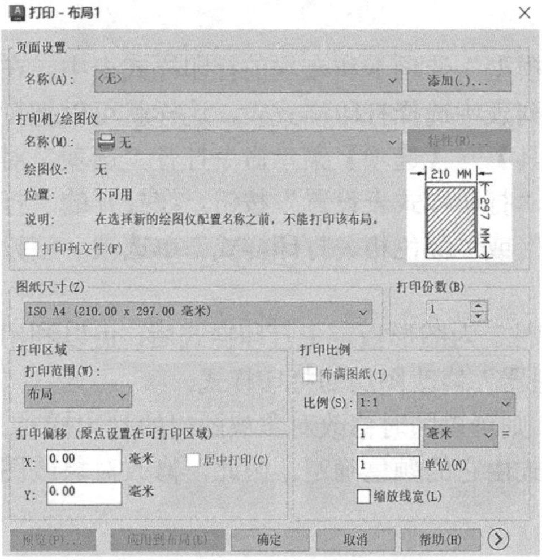

图 12-9 “打印-布局 1”对话框（展开前）

1）PLOT

（1）命令激活方式

① 命令行：**PLOT** 或 **PRINT**。

② 应用程序图标：→【打印】。

③ 菜单栏：【文件】→【打印】。

④ 工具栏：【工具栏】→【标准】→。

⑤ 快速访问工具栏：。

（2）操作步骤

激活命令后显示如图 12-9 所示的“打印-布局 1”对话框。单击其右下角的按钮，展开后对话框如图 12-10 所示。该对话框与“页面设置”对话框中的内容基本一致，此外还可以设置以下选项。

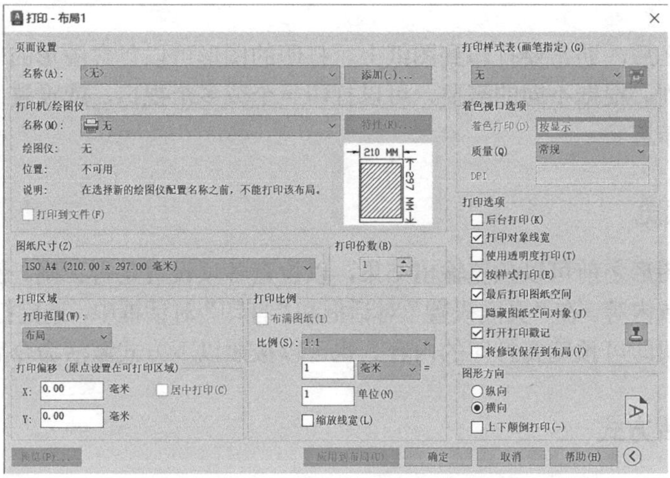

图 12-10 “打印-布局 1”对话框（展开后）

①“页面设置”选项区域：使用“名称”下拉列表框可以选择打印设置，并能够随时保存、命名和恢复“打印”对话框中的所有设置。单击“添加”按钮，打开如图 12-11 所示的“添加页面设置”对话框，可以从中添加新的页面设置。

②“打印机/绘图仪”选项区域：选中“打印到文件”复选框，可以将选定的布局发送到打印文件，而不是发送到打印机。

③“打印份数”文本框：可以设置每次打印图纸的份数。

④“打印选项”选项区域：选中“后台打印”复选框，可以在后台打印图形；选中“将修改保存到布局”复选框，可以将“打印”对话框中改变的设置保存到布局中；选中“打开打印戳记”复选框，可以在每个输出图形的某个角落上显示绘图标记，以及生成日志文件，此时单击其后的“打印戳记设置”图标按钮，将打开如图 12-12 所示的“打印戳记”对话框，可以设置打印戳记字段，包括图形名、布局名称、日期和时间、登录名、设备名、图纸尺寸及打印比例等，还可以定义自己的字段。

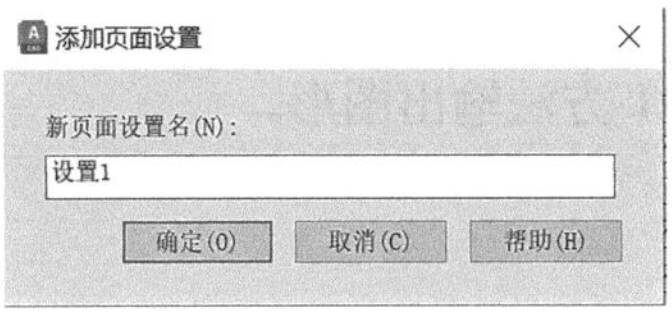

图 12-11 “添加页面设置”对话框

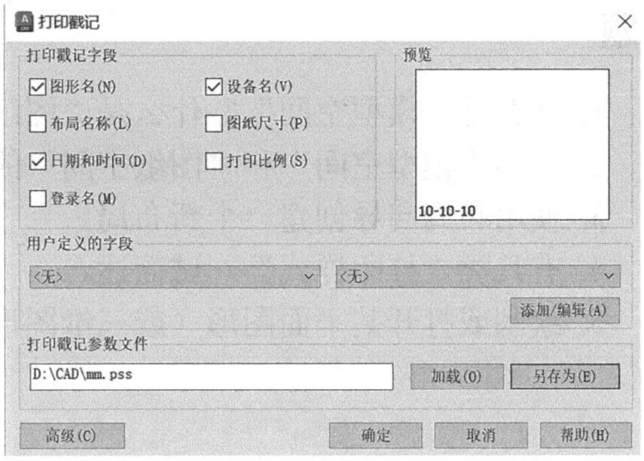

图 12-12 “打印戳记”对话框

各部分设置完成后，在“打印”对话框中单击“确定”按钮，AutoCAD 将开始打印输出图形并动态显示绘图进度。如果图形输出时出现错误或要中断打印，可按 Esc 键结束打印输出图形。

2）PUBLISH

（1）命令激活方式

① 命令行：**PUBLISH**。

② 功能区：【输出】→【打印】→【批处理打印】。

③ 菜单栏：【文件】→【发布】。

④ 工具栏：【工具栏】→【标准】→。

（2）操作步骤

激活命令后显示如图 12-13 所示的“发布”对话框。将一组希望打印的 AutoCAD 图形文件添加到窗口中，可直接打印这组图形，也可将其保存为“.bp3”文件（批量打印列表文件），以后根据需要调出打印。每个待打印图形可指定布局、页面设置、打印设备和打印设置，也可指定图层是否打印。

批量打印功能的优点是：可一次性输出大量图形，提高图形输出效率。

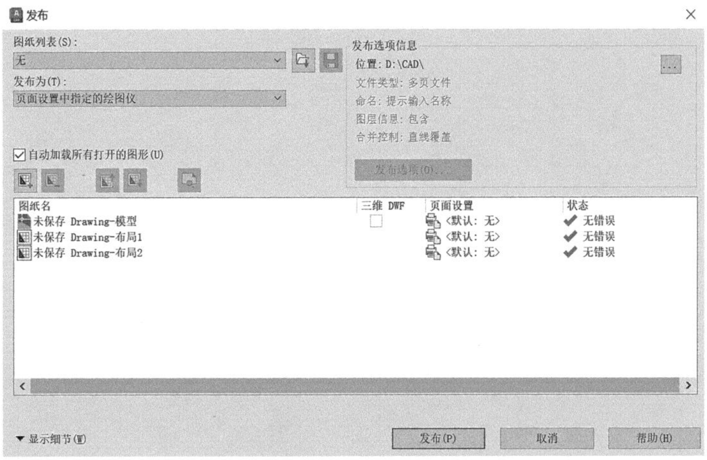

图 12-13 “发布”对话框

习题

1. 什么是“模型空间”？什么是“图纸空间”？
2. 简述“模型空间”和“图纸空间”的区别、联系及如何切换。
3. 使用布局向导创建一个新布局。
4. 有几类“打印样式”？试简述。
5. 绘制或打开某平面图形（或三维图形），以 PLOT 方法输出图形。

第13章

城市规划图绘制

城市规划具有战略性、整体性，事关城市未来发展的道路、城市布局以及城市设施建设，城市规划中使用的信息大多数展现出明显的空间属性、时间变化性和多维度特性。作为城市未来发展指南，城市规划必须预测并可靠地设定城市发展的趋势、规模与结构，平衡发展过程中各个方面的相互作用，全面规划建设活动，以此确保城市建设和发展能够为居民提供更优质的生活环境。AutoCAD 软件因其具有绘图便利、显示直观等特点，在城市规划行业中的应用始终占据主导地位。

13.1 城市规划图概述

城市规划图通常包括特定的专题要素和一般要素。前者根据专题特征的不同而有所不同，后者通常包括标题、指北针、风玫瑰图、比例尺、图例、落款、编制日期等。就规划图而言，其专题要素通常包括规划用地要素、道路交通设施要素、市政设施要素。规划图用地要素的绘制应参照《城市用地分类与规划建设用地标准》（GB 50137—2011）的相关要求。

13.1.1 专题要素

1）规划用地要素

根据中华人民共和国住房和城乡建设部主编的《城市用地分类与规划建设用地标准》(GB 50137—2011)，用地分类包括城乡用地分类、城市建设用地分类两部分，其中城乡用地共分 2 个大类、9 个中类、14 个小类，城市建设用地共分 8 个大类、35 个中类、43 个小类。大类采用英文字母表示，中类和小类采用英文字母和阿拉伯数字组合表示，表 13-1 和表 13-2 为城乡用地和城市建设用地大、中类分类示例。

表 13-1 城乡用地大、中类分类表

代码	用地名称	含义
建设用地（H）		包括城乡居民点建设用地、区域交通设施用地、区域公用设施用地、特殊用地、采矿用地及其他建设用地等

续表

代码	用地名称	含义
H1	城乡居民点建设用地*	城市、镇、乡、村庄建设用地
H2	区域交通设施用地	铁路、公路、港口、机场和管道运输等区域交通运输及其附属设施用地，不包括城市建设用地范围内的铁路客货运站、公路长途客货运站以及港口客运码头
H3	区域公用设施用地	为区域服务的公用设施用地，包括区域性能源设施、水工设施、通信设施、广播电视设施、殡葬设施、环卫设施、排水设施等用地
H4	特殊用地	特殊性质的用地
H5	采矿用地	采矿、采石、采沙、盐田、砖瓦窑等地面生产用地及尾矿堆放地
H9	其他建设用地	除以上之外的建设用地，包括边境口岸和风景名胜区、森林公园等的管理及服务设施等用地
非建设用地（E）		水域、农林用地及其他非建设用地等
E1	水域 *	河流、湖泊、水库、坑塘、沟渠、滩涂、冰川及永久积雪
E2	农林用地	耕地、园地、林地、牧草地、设施农用地、田坎、农村道路等用地
E9	其他非建设用地	空闲地、盐碱地、沼泽地、沙地、裸地、不用于畜牧业的草地等用地

* 大类建设用地（H）中城乡居民点建设用地（H1）中类可分为城市建设用地（H11）和镇建设用地（H12）等小类；非建设用地（E）中类水域（E1）可分为自然水域（E11）、水库（E12）和坑塘沟渠（E13）小类。

表 13-2　城市建设用地大、中类分类表

代码	用地名称	含义
居住用地（R）		住宅和相应服务设施的用地
R1	一类居住用地*	设施齐全、环境良好，以低层住宅为主的用地
R2	二类居住用地	设施较齐全、环境良好，以多、中、高层住宅为主的用地
R3	三类居住用地	设施较欠缺、环境较差，以需要加以改造的简陋住宅为主的用地，包括危房、棚户区、临时住宅等用地
公共管理与公共服务设施用地（A）		行政、文化、教育、体育、卫生等机构和设施的用地，不包括居住用地中的服务设施用地
A1	行政办公用地	党政机关、社会团体、事业单位等办公机构及其相关设施用地
A2	文化设施用地	图书、展览等公共文化活动设施用地
A3	教育科研用地*	高等院校、中等专业学校、中学、小学、科研事业单位及其附属设施用地，包括为学校配建的独立地段的学生生活用地
A4	体育用地	体育场馆和体育训练基地等用地，不包括学校等机构专用的体育设施用地
A5	医疗卫生用地	医疗、保健、卫生、防疫、康复和急救设施等用地
A6	社会福利用地	为社会提供福利和慈善服务的设施及其附属设施用地，包括福利院、养老院、孤儿院等用地
A7	文物古迹用地	具有保护价值的古遗址、古墓葬、古建筑、石窟寺、近代代表性建筑、革命纪念建筑等用地。不包括已作其他用途的文物古迹用地
A8	外事用地	外国驻华使馆、领事馆、国际机构及其生活设施等用地
A9	宗教用地	宗教活动场所用地
商业服务业设施用地（B）		商业、商务、娱乐康体等设施用地，不包括居住用地中的服务设施用地
B1	商业用地	商业及餐饮、旅馆等服务业用地

续表

代码	用地名称	含义
B2	商务用地	金融保险、艺术传媒、技术服务等综合性办公用地
B3	娱乐康体用地	娱乐、康体等设施用地
B4	公用设施营业网点用地	零售加油、加气、电信、邮政等公用设施营业网点用地
B9	其他服务设施用地	业余学校、民营培训机构、私人诊所、殡葬、宠物医院、汽车维修站等其他服务设施用地
工业用地（M）		工矿企业的生产车间、库房及其附属设施用地，包括专用铁路、码头和附属道路、停车场等用地，不包括露天矿用地
M1	一类工业用地	对居住和公共环境基本无干扰、污染和安全隐患的工业用地
M2	二类工业用地	对居住和公共环境有一定干扰、污染和安全隐患的工业用地
M3	三类工业用地	对居住和公共环境有严重干扰、污染和安全隐患的工业用地
物流仓储用地（W）		物资储备、中转、配送等用地，包括附属道路、停车场以及货运公司车队的站场等用地
W1	一类物流仓储用地	对居住和公共环境基本无干扰、污染和安全隐患的物流仓储用地
W2	二类物流仓储用地	对居住和公共环境有一定干扰、污染和安全隐患的物流仓储用地
W3	三类物流仓储用地	易燃、易爆和剧毒等危险品的专用物流仓储用地
道路与交通设施用地（S）		城市道路、交通设施等用地，不包括居住用地、工业用地等内部的道路、停车场等用地
S1	城市道路用地	快速路、主干路、次干路和支路等用地，包括其交叉口用地
S2	城市轨道交通用地	独立地段的城市轨道交通地面以上部分的线路、站点用地
S3	交通枢纽用地	铁路客货运站、公路长途客运站、港口客运码头、公交枢纽及其附属设施用地
S4	交通场站用地	交通服务设施用地，不包括交通指挥中心、交通队用地
S9	其他交通设施用地	除以上之外的交通设施用地，包括教练场等用地
公用设施用地（U）		供应、环境、安全等设施用地
U1	供应设施用地	供水、供电、供燃气和供热等设施用地
U2	环境设施用地	雨水、污水、固体废物处理等环境保护设施及其附属设施用地
U3	安全设施用地	消防、防洪等保卫城市安全的公用设施及其附属设施用地
U9	其他公用设施用地	除以上之外的公用设施用地，包括施工、养护、维修等设施用地
绿地与广场用地（G）		公园绿地、防护绿地、广场等公共开放空间用地
G1	公园绿地	向公众开放，以游憩为主要功能，兼具生态、美化、防灾等作用的绿地
G2	防护绿地	具有卫生、隔离和安全防护功能的绿地
G3	广场用地	以游憩、纪念、集会和避险等功能为主的城市公共活动场地

* 大类居住用地（R）中中类的一类居住用地（R1）可分为住宅用地（R11）和服务设施用地（R12）两个小类；大类公共管理与公共服务设施用地（A）中教育科研用地（A3）中类可分为高等院校用地（A31）、中等专业学校用地（A32）和中小学用地（A33）等小类。

在用 AutoCAD 绘制规划图时，用地要素的图面多以彩色表示，各类用地彩色图例的选用可参考表 13-3。

表 13-3　用地彩色图例

代码	颜色图示	CAD 颜色索引号	用地性质说明	代码	颜色图示	CAD 颜色索引号	用地性质说明
R		50	居住用地	H1		40	城乡居民点建设用地
A		231	公共管理与公共服务设施用地	H2		9	区域交通设施用地
B		240	商业服务业设施用地	H3		156	区域公用设施用地
M		35	工业用地	H4		87	特殊用地
W		193	物流仓储用地	H5		34	采矿用地
S		8	道路与交通设施用地	E1		140	水域
U		154	公用设施用地	E2		82	农林用地
G		90	绿地与广场用地	E9		53	其他非建设用地

2）道路交通设施要素

城市规划中道路交通设施要素包括公路、公路客运站、广场、公共停车场、公交车站与换乘枢纽、铁路等，在 AutoCAD 中道路交通设施要素的图示、名称及说明如表 13-4 所示。

彩图表 13-3

表 13-4　道路交通设施要素

图示	名称	说明
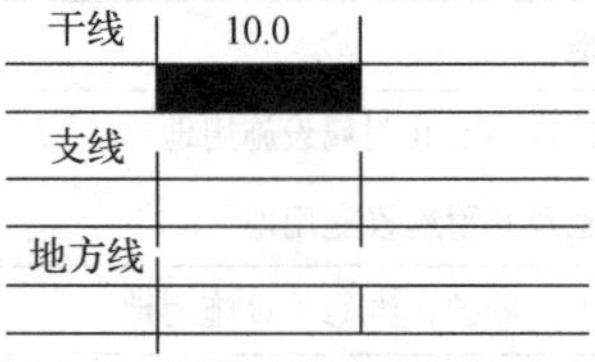	铁路	站场部分加宽
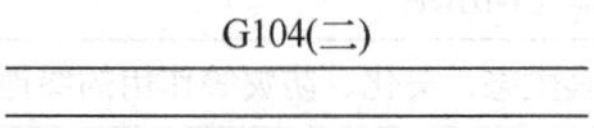	公路	G：国道（省、县道写省、县） 104：公路编号 （二）：公路等级（高速、一、二、三、四）
	公路客运站	
	广场	应标明广场名称
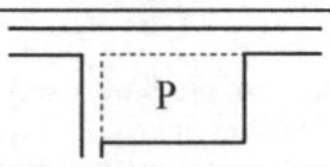	停车场	应标明停车场名称
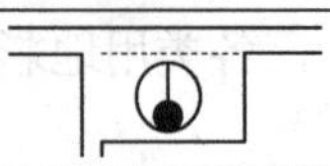	加油站	

续表

图示	名称	说明
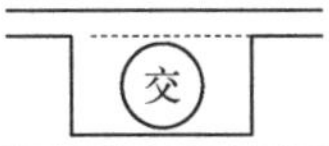	公交车站	应标明公交车站名称
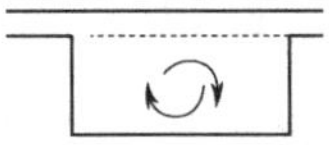	换乘枢纽	应标明换乘枢纽名称

3）公用设施要素

公用设施要素主要包括电源厂、变电站、高压走廊、水厂、给水泵站、污水处理厂等，表 13-5 为部分设施的图示、名称及说明。

表 13-5 部分公用设施要素的图示、名称及说明

图示	名称	说明
	电源厂	kW 之前应写上电源厂的规模容量值
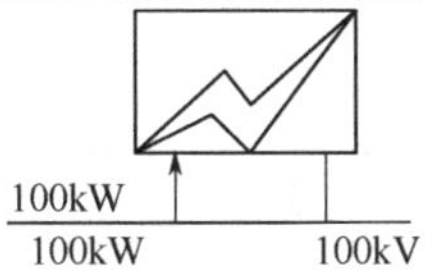	变电站	kW 之前应写上变电总容量 kV 之前应写上前后电压值
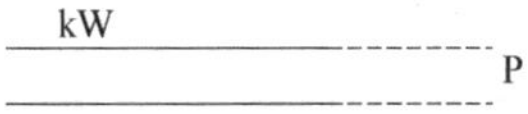	高压走廊	P 宽度按高压走廊宽度填写 kW 之前应写上线路电压值
	水厂	应标明水厂名称、制水能力
	给水泵站 （加压站）	应标明泵站名称
	雨、污泵站	应标明泵站名称
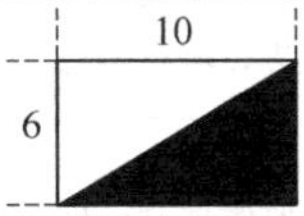	污水处理厂	应标明污水处理厂名称

13.1.2 一般要素

一般要素是指在城市总体规划系列图则中各图件所共有的元素，主要包括基础地理要素（如地形要素）和河流水体要素，以及标题（包含规划起止年限）、指北针、风玫瑰图、比例尺、图例、图签、编制日期等，其中风玫瑰图、图签等要素是规划图所具有的区别于一般地图的独特要素。

1）风玫瑰图

风玫瑰图用于表示风向和风向频率。风向频率是指在一定时间内各种风向出现的次数占所有观察次数的百分比。根据各方向风的出现频率，以相应的比例长度，按风向从外向中心吹，描在用 8 个或 16 个方位所表示的图上，然后将各相邻方向的端点用直线连接起来，绘成一个形式宛如玫瑰的闭合折线，就是风玫瑰图。

2）比例尺

地图比例尺是地图上某一线段长度与地面上相应线段的实际水平长度之比，通常分为小比例尺（1∶1000000、1∶500000 和 1∶200000）、中比例尺（1∶100000、1∶50000 和 1∶25000）和大比例尺（1∶10000、1∶5000、1∶2000、1∶1000 和 1∶500）。一般情况下，大比例尺地图内容详细，几何精度高。在 AutoCAD 中，比例尺常用数字比例尺和图示比例尺（图 13-1）表示。

图 13-1　图示比例尺

3）相关界线要素

城市规划中，界线要素主要是指各类行政边界、规划用地界线、城市中心区范围等，各类界线的绘制可参考表 13-6。

表 13-6　各类界线符号及适用情形

图示	名称	说明
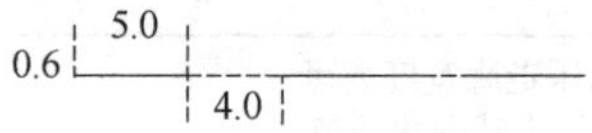	省界	也适用于直辖市、自治区界
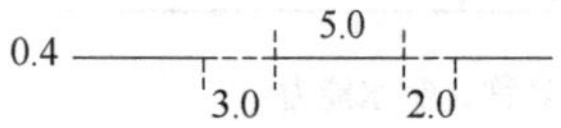	地区界	也适用于地级市、盟、州界
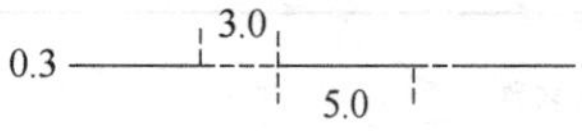	县界	也适用于县及市、旗、自治县界
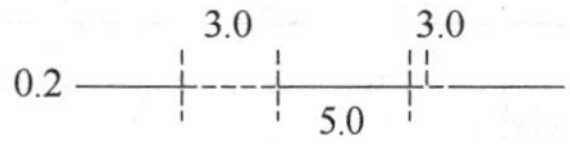	镇界	也适用于乡界、工矿区界
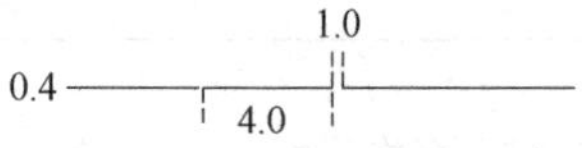	通用界线（1）	适用于城市规划区界、规划用地界、地块界、开发区界、文物古迹用地界、历史地段界、城市中心区范围等
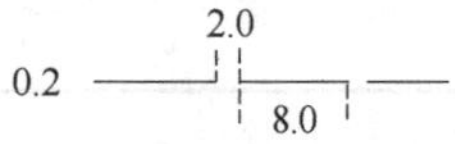	通用界线（2）	适用于风景名胜区、风景旅游地等，地名要写全称

13.1.3　图幅与文字注记

城市规划图的图幅规格可分为规格幅面的规划图（0 号、1 号、2 号、3 号、4 号规格幅面绘制）和特型幅面的规划图（不直接使用 0 号、1 号、2 号、3 号、4 号规格幅面绘制的规划图）两类。如果需要制作规格幅面的蓝图，请参见《城市规划制图标准》（CCJ/T 97—2003）中对图幅的相关要求，并在打印输出的时候做好比例调整。

在城市规划图中，文字、数字、代码均应清晰易认、编排整齐、书写端正。中文注记应使用宋体、仿宋体、楷体、黑体、隶书体等，不得使用篆体和美术体。外文注记应使用印刷体、书写体等，不得使用美术体等字体。数字注记应使用标准体、书写体。

13.1.4 城市规划图绘制流程

1）新建规划图文件

新建一个 CAD 文件，将其保存并命名为“规划图.dwg”。

2）图层设置

在新建的 CAD 文件中添加一些新图层，以便于绘图时对图形按特征进行统一管理。应添加的新图层一般包括地形层、道路层、各类用地边界层、各类用地填充层、文字标注层、标题标签层等。

3）底图引入

在规划图绘制前，应引入规划区域地形图，矢量图可用“外部参照”（XREF）命令或插入块文件（INSERT）方式引入，光栅图用插入光栅图像的方式（使用 IMAGEATTACH 命令）引入。若采用后一种方式引入底图，插入时应设置合适的比例，比例设置以规划图一个绘图单位的实际距离是 1m 为宜。

4）规划范围界线划定

在地形图或规划底图上确定规划范围，并绘制规划区范围界线。

5）风玫瑰图、指北针、比例尺绘制

如果采用的是矢量地形图，一般情况下此三项均已经存在。如果是光栅地形图，那么就需要进行相应要素的绘制。风玫瑰图应按照当地的风向频率绘制。指北针的绘制可参考一般地图的指北针样式。比例尺绘制可采用数字比例尺和图示比例尺两种方式。

6）道路网绘制

根据规划设计方案在地形图上确定道路中心线，绘制城市道路骨架，并对道路交叉口进行修剪。

7）地块分界线

在规划区域内完成道路网绘制后，根据规划方案绘制区分不同用地类型地块的分界线。

8）创建各类用地

根据规划方案，在不同的用地边界层上创建公共设施用地、居住用地、工业用地、仓储用地、绿地与广场用地等规划建设用地的相应面域对象。

9）计算各类用地面积并检查用地平衡情况

在符合《城市用地分类与规划建设用地标准》（GB 50137—2011）的基础上，计算统计各类

用地面积并计算人均用地指标，居住用地、公共管理与公共服务设施用地、工业用地、道路与交通设施用地和绿地与广场用地五大类主要用地占城市建设用地的比例宜符合表 13-7 的规定。

表 13-7 城市建设用地结构规划

类别名称	占城市建设用地的比例/%
居住用地	25.0～40.0
公共管理与公共服务设施用地	5.0～8.0
工业用地	15.0～30.0
道路与交通设施用地	10.0～25.0
绿地与广场用地	10.0～15.0

除满足上述城市建设用地比例要求外，人均单项城市建设用地面积指标也应符合下列规定：

• 规划人均居住用地面积指标应符合表 13-8 的规定。

表 13-8 人均居住用地面积指标 单位：m^2/人

建筑气候区划	Ⅰ、Ⅱ、Ⅵ、Ⅶ气候区	Ⅲ、Ⅳ、Ⅴ气候区
人均居住用地面积	28.0～38.0	23.0～36.0

• 规划人均公共管理与公共服务设施用地面积不应小于 5.5m^2/人。

• 规划人均道路与交通设施用地面积不应小于 12.0m^2/人。

• 规划人均绿地与广场用地面积不应小于 10.0m^2/人，其中人均公园绿地面积不应小于 8.0m^2/人。

10）用地色块填充

规划内容确定后，应在相对应的用地填充层上进行色块填充。在设置填充层的时候，各层的颜色应参照各地相关的制图标准。

11）地块文字标注

选择合适的汉字输入方式，在地块文字标注层上进行地块文字标注。

12）图例、图框、图签制作

图例是对规划图中所用图形符号的说明，以便用户能正确理解规划图所包含的信息。规划图内应添加与主要图形符号相对应的图例，主要的图形符号包括建设用地符号、重要的基础设施符号、规划区范围界线符号等。

规划图绘制时应当反映审核人、审定人、项目负责人、制图人员等信息。

13.1.5 注意事项

1）地形图

当规划区范围较大时，通常需要拼接多张地形图。

当拼接而成的矢量地形图由于分幅过多而影响操作时，一般将矢量地形图转换为一张或几张光栅地形图后插入光栅图作为规划底图，以提高工作效率。转换一般采用光栅打印的方式，将矢量地形图打印成 pcx 格式（或其他图像格式）的光栅文件，pcx 格式的优点在于其在 CAD 中可以进行透明设置。

2）绘图单位

在规划图中，当一个绘图单位是 1m 时，插入光栅地形图需计算插入比例，以确保在 CAD 环境下量算地形图上目标物的长度为其真实尺寸。

3）图层设置

规划图所包含的要素较多，在具体的图层设置操作过程中应遵循：具有相同特征的要素对象放置在同一图层上，具有不同特征的要素对象放置在不同的图层上，通过对图层的操作实现对其所包含的所有图元的编辑和特性修改，图层的名字应与其所包含的图元具有对应的逻辑关系。

4）创建封闭地块

提取地块边界和进行色块填充均要求地块为封闭地块。在绘制各类地块的分割线时，分割线之间或分割线与道路边界线必须相交，以便构成封闭地块。如果有些复杂地块无法创建面域或填充时，需要检查其是否封闭或重新勾绘边界。

5）图的修改

在图绘制过程中，当规划用地无法平衡，即各类建设用地的比例和人均用地指标不符合国家标准时，应当调整用地，重复图绘制流程中的步骤 6 至步骤 8，并重新汇总统计，保证规划用地方案符合国家标准。

6）及时保存

在绘图过程中，为避免某些不可控因素的出现而导致工作进程的丢失，要养成及时保存文件的良好习惯。

13.2 相关命令、工具和设置

13.2.1 常用命令

1）绘图

PLINE（多段线）、HATCH（图案填充）、CIRCLE（圆）、RECTANG（矩形）、BLOCK（块）、ELLIPSE（椭圆）、MTEXT（多行文字）。

2）修改

ERASE（删除）、MIRROR（镜像）、COPY（复制）、TRIM（修剪）、ROTATE（旋转）、EXTEND（延伸）、STRETCH（拉伸）、BREAK（打断）、SCALE（缩放）、MOVE（移动）、CHAMFER（倒直角）、FILLET（倒圆角）、EXPLODE（分解）、OFFSET（偏移）、PROPERTIES（特性）。

3）视图

REGEN（重生成）、ZOOM（窗口缩放）、PAN（平移）。

4）其他命令

WBLOCK（写块）、DIST（测距离）、MATCHPROP（特性匹配）、PURGE（清理）、DRAWORDER（绘图次序）、PELLIPSE（数学椭圆与多义线椭圆的转换）、INSERT（插入块）、XREF（外部参照）。

13.2.2 光栅图像引入

利用 AutoCAD 进行城市规划设计时，通常需要将扫描的地形图、遥感数据、数码照片或计算机渲染图等光栅图像加载到当前图形文件中作为背景。需要指出的是，AutoCAD 可以引用（参照）光栅图像并将它们放在图形文件中，但它们不是图形文件的实际组成部分。

1）参照（引用或插入）光栅图像

所参照（或引用）的光栅图像通过路径名链接到图形文件，用户可以随时更改或删除链接的图像路径。每个插入的图像都可以单独设置剪裁边界、亮度、对比度、淡入度和透明度等特征。与其他许多图形对象类似，它们也可以被复制或移动。

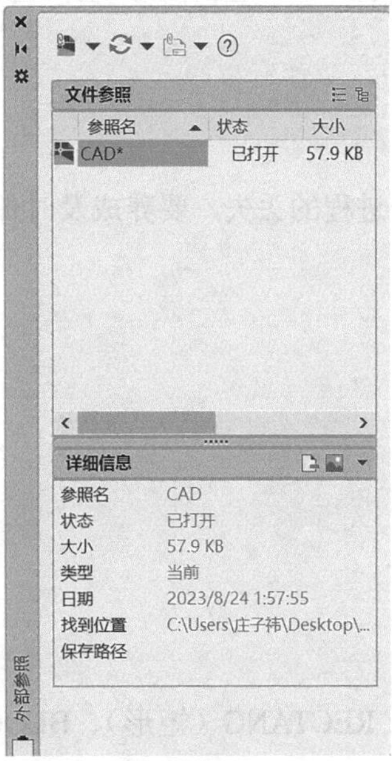

图 13-2 “外部参照”对话框

AutoCAD 2023 支持的图像文件格式包括 BMP、GIF、JPEG/JPG、PCX、PICT、PNG、TGA、TIFF 等。图像文件可以是双色、8 位灰度、8 位颜色或 24 位颜色的图像，16 位颜色的图像除外。

（1）附着光栅图像

可以用“外部参照”命令（EXTERNALREFERENCES 或 XREF）和“图像附着”命令（IMAGEATTACH）将光栅图像附着于当前图形文件中。

使用以上任意一种方式激活外部参照命令，将弹出“外部参照”对话框（见图 13-2），点击左上角“附着”按钮右边的三角形，在弹出的下拉列表中选择“附着图像”，即弹出“选择参照文件”对话框，附着光栅图像的操作步骤与下面“图像附着”（IMAGEATTACH）相同。

“图像附着”命令激活方式：

① 命令行：**IMAGEATTACH**。

② 菜单栏：【插入】→【光栅图像参照】。

③ 工具栏：【工具栏】→【参照】→ 。

系统将弹出“选择参照文件”对话框，点击“打开”按钮，用户可对其进行如下设置：

- 选择要附着的文件，单击“打开”按钮。
- 在弹出的“附着图像”对话框中，输入插入点、缩放比例或旋转角度；或者勾选“在屏幕上指定”复选框，以便使用鼠标在图形窗口中设置上述参数。
- 要查看图像测量单位，请单击“详细信息”。
- 单击“确定”按钮，完成光栅图像附着。

（2）更改光栅图像的文件路径

使用“外部参照”对话框，用户可以更改参照光栅图像文件的路径，或在未找到参照图像时通过“浏览”按钮搜索该图像，如图 13-3 所示。

当打开带有附着图像的图形时，选定图像的路径显示在“外部参照”对话框底部“详细信息”的“保存路径”输入框中，显示的路径是查找到该图像文件的实际路径。当实际路径与原先的图像附着路径不一致时，可通过“保存路径”输入框后面的“浏览”按钮更新附着路径。

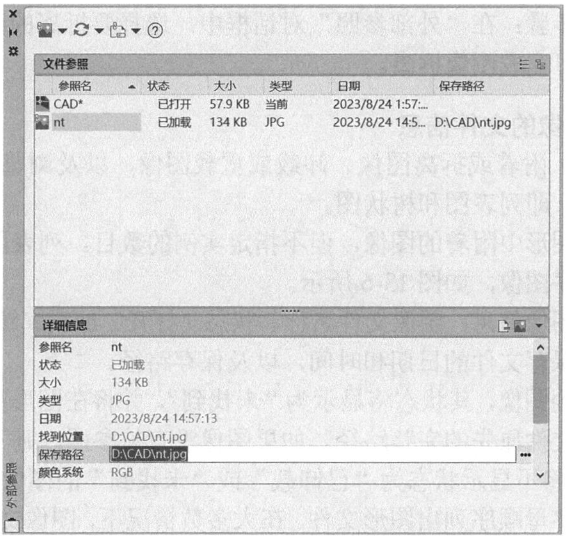

图 13-3 附着图像后的外部参照对话框

（3）卸载和重载图像

在 AutoCAD 中可以“卸载”图形中暂时不用的图像，在需要使用时再“重载”该图像。“卸载”和“重载”图像时并没有清除图像定义和删除图像链接，这与“拆离”图像操作有明显的不同。

“卸载”和“重载”图像的操作如下：在“外部参照”对话框中，在“文件参照”列表中选择暂时不用的图像单击鼠标右键，在弹出的菜单中选择“卸载”，完成光栅图像的卸载，如图 13-4 所示；选择已卸载的图像单击鼠标右键，在弹出的菜单中选择“重载”，可完成光栅图像重载，如图 13-5 所示。

（4）拆离图像

可以拆离图形中不再需要的图像。拆离图像时，将从图形中删除图像的所有实例，同时清除图像定义并删除图像链接，但是图像文件本身不受影响。删除图像的单个实例与拆离图像并不一样。只有拆离图像时，才能真正删除图形到图像文件的链接。

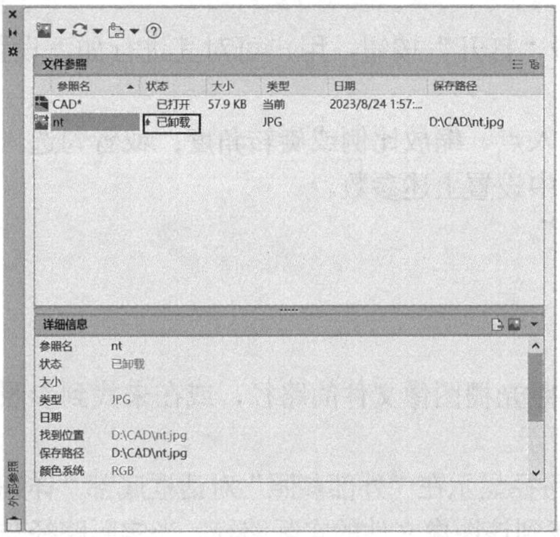

图 13-4　卸载图像

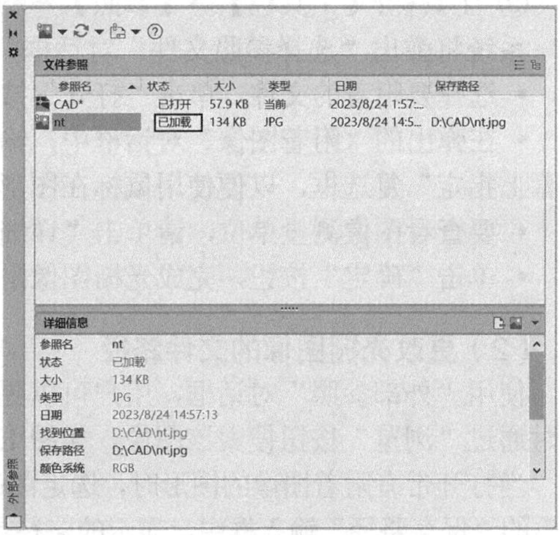

图 13-5　重载图像

拆离图像的操作步骤：在“外部参照”对话框中，选择要拆离的图像名单击鼠标右键，选择“拆离”命令即可完成图像拆离。

（5）查看光栅图像的文件信息

为显示图像信息、附着或拆离图像、卸载或重载图像，以及浏览和保存新的搜索路径，可使用以下两种视图，即列表图和树状图。

列表图显示当前图形中附着的图像，但不指定实例的数目。列表图是默认的视图。单击列标题可以按类别排序图像，如图 13-6 所示。

列表图显示以下图像信息：图像文件名称、状态（打开、加载、卸载或未找到）、文件大小、文件类型、上次保存文件的日期和时间，以及保存路径。

如果程序没有找到图像，其状态将显示为“未找到”，并将在图形窗口中显示一行文本，文本的内容为此图像文件原先的完整路径。如果图像没有被参照，则不会附着图像实例。在 AutoCAD 图形窗口中将不显示状态为“已卸载”或“未找到”的图像。

树状图的顶层按字母顺序列出图形文件。在大多数情况下，图像文件直接与图形相链接，并且列于顶层（见图 13-7）。但是，外部参照或块包含链接的图像时，将显示附加层。

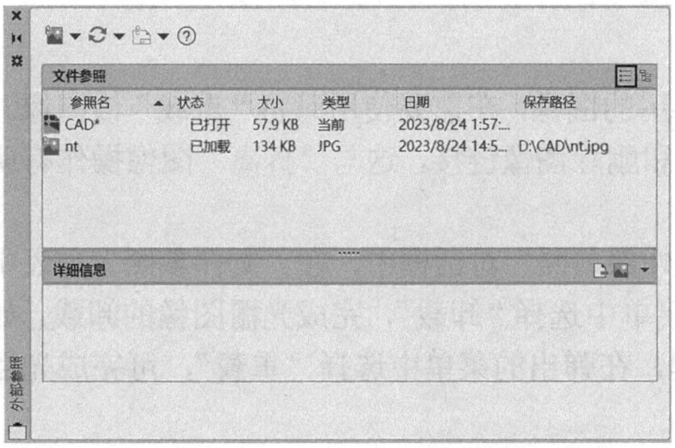

图 13-6　以列表图方式显示已附着图像的清单

图 13-7　以树状图方式显示已附着图像的清单

在“外部参照”对话框中，选中要预览的图像，将显示选定的图像文件的详细信息（见图 13-8），包括：参照名、状态、大小、类型、日期、保存路径、找到位置、颜色深度（每一个图元的比特数）、像素宽度、像素高度、分辨率和默认尺寸等。

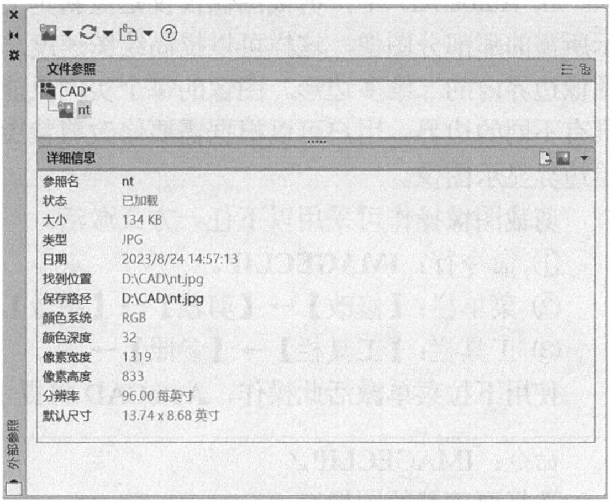

图 13-8 显示图像文件详细信息

（6）为光栅图像指定描述性名称

如果光栅图像文件的名称不足以识别图像，可以使用图像管理器添加描述性的名称。

2）光栅图像编辑

常用的光栅图像编辑操作包括调节光栅图像显示质量、显示或关闭图像边框等。为拼接光栅图像，用户还需要使用包括光栅图像剪裁、光栅图像的亮度/对比度调节、显示或隐藏被剪裁图像区域等操作。

（1）光栅图像显示质量调节

要提高图像的显示速度，可以将图像的显示质量从默认高质量更改为草稿质量。草稿质量的图像显得更颗粒化（与图像文件的类型有关），但显示速度比高质量的图像快。

可采用以下任意一种方式激活更改图像显示质量的命令：

① 命令行：**IMAGEQUALITY**。

② 菜单栏：【修改】→【对象】→【图像】→【质量】。

③ 工具栏：【工具栏】→【参照】→ 。

AutoCAD 的命令行将提示：“输入图像质量设置［高（H）/草稿（D）］<高>：”，键入“D”（草稿）或“H”（高质量），图像将以指定的质量进行显示。

（2）显示或关闭图像边框

缺省情况下，图像引入到图形文件中时总是显示图像的边界。在某些情形下，用户需要关闭图像边框或隐藏图像边界。隐藏图像边界后，可确保不会因误操作而移动或修改图像，但剪裁图像仍然显示在指定的边界界限内，只有边界会受到影响。在 AutoCAD 2023 环境下，显示和隐藏图像边界的操作将影响图形中附着的所有图像，而不能针对单个图像设置其边界的显示或隐藏。当图像边框关闭时，不能使用 SELECT 命令的“拾取”或“窗口”选项选择图像。

图像边框是否显示取决于 IMAGEFRAME 变量的值，可通过以下方式来激活此变量的设置：

① 命令行：**IMAGEFRAME**。

② 菜单栏：【修改】→【对象】→【图像】→【边框】。

③ 工具栏：【工具栏】→【参照】→ 。

激活该命令后，当提示“输入图像边框设置［0/1/2］<2>：”时，键入“0”，按 Enter 键确认。

上述提示信息中，“0”表示不显示和打印图像边框，“1”表示显示并打印图像边框，“2”表示显示图像边框但不打印，用户可根据需要选择相应的选项。

需要注意的是，只有当 FRAMESELECTION 变量值设置为 0 时，以上关于图像边框是否显示的操作才有效。

(3) 剪裁光栅图像

在 AutoCAD 中，剪裁图像仅仅是重新定义图像的显示范围，剪裁图像使图形文件仅显示所需的那部分图像，这样可以提高绘图速度。剪裁边界可以是矩形，也可以是顶点限制在图像边界内的二维多边形。图像的每个实例只能有一个剪裁边界。同一图像的多个实例可以具有不同的边界。用户可以根据需要修改剪裁图像的边界，也可隐藏或删除剪裁边界而用原始边界显示图像。

剪裁图像操作可采用以下任一方式激活。

① 命令行：**IMAGECLIP**。

② 菜单栏：【修改】→【剪裁】→【图像】。

③ 工具栏：【工具栏】→【参照】→。

使用下拉菜单激活此操作，AutoCAD 将提示：

命令：IMAGECLIP↙

选择要剪裁的图像：

输入图像剪裁选项［开（ON）/关（OFF）/删除（D）/新建边界（N）］<新建边界>：N

是否删除旧边界？［否（N）/是（Y）］<是>：Y（若之前未设置剪裁边界，则没有该行提示）

输入剪裁类型［多边形（P）/矩形（R）］<矩形>：

指定对角点：(用鼠标拾取一个矩形窗口)

部分选项的含义如下。

①“ON”：表示打开图像新边界，图像按新边界显示。

②“OFF”：表示关闭图像新边界，原始图像边界将得到恢复。

③“D”：表示删除剪裁图像的边界，同时原始图像边界将得到恢复。

④“N”：表示新建图像边界，图像按新边界显示。

图 13-9 使用“特性”选项板设置是否显示图像剪裁

(4) 用“特性”选项板显示或隐藏图像剪裁部分

用户也可以使用特性选项板显示或隐藏图像剪裁部分，操作过程如下。

① 选择要显示或隐藏的剪裁图像。

② 在绘图区中单击鼠标右键，在弹出的菜单中单击“特性”。

在“特性”选项板的“显示图像”和“显示剪裁”列表框中选择“是”或“否”，如图 13-9 所示。

(5) 更改光栅图像亮度、对比度和淡入度

用户可以使用 IMAGEADJUST 命令来调整图像显示和打印输出的亮度、对比度和淡入度，但不影响原始光栅图像文件和图形中该图像的其他实例。用户可调整亮度使图像变暗或变亮，也可调整对

比度使低质量的图像更易于观看，调整淡入度可使整个图像中的几何线条更加清晰，并在打印输出时创建水印效果。需要注意的是，两色图像不能调整亮度、对比度或淡入度。

命令激活方式：

① 命令行：**IMAGEADJUST**。

② 菜单栏：【修改】→【对象】→【图像】→【调整】。

③ 工具栏：【工具栏】→【参照】→ 。

当系统提示“选择图像”时选择要修改的图像，系统将弹出“图像调整”对话框，在此对话框中适当调节滑块或输入合适的值以调整图像的亮度、对比度和淡入度，单击“确定”按钮，完成图像调整。其中，亮度和对比度的默认值都是 50，取值范围都是 0～100，而淡入度的默认值是 0，最大也可调整到 100。

（6）修改两色光栅图像的颜色和透明度

两色光栅图像是指包括一个前景颜色和一个背景色的图像。当附着两色图像时，图像中的前景像素继承当前颜色设置。除了可执行以上所述的图像操作外，用户还可以通过修改前景颜色和打开或关闭背景透明度来修改两色图像。

修改两色图像的颜色和透明度的步骤如下所示。

① 选择要修改的图像。

② 在图形窗口任意位置右击鼠标，在弹出的菜单栏中单击“特性”，系统将弹出“特性”选项板。

③ 若要更改图像颜色，在“特性”选项板中单击“颜色”下拉列表，选择一种颜色；或单击“选择颜色”打开“选择颜色”对话框，在“选择颜色”对话框中指定颜色，单击“确定”。

④ 要将选定图像的背景变为透明，可将“特性”选项板的“其他”列表中的“背景透明度”选项设置为“是”。

关于两色图像透明度的修改也可以采用以下任意一种方式：

① 命令行：**TRANSPARENCY**。

② 菜单栏：【修改】→【对象】→【图像】→【透明度】。

③ 工具栏：【工具栏】→【参照】→ 。

当提示“选择图像：”时选择透明图像，AutoCAD 进而提示“输入透明模式［开（ON）/关（OFF)］<OFF>：”，键入“ON”，打开透明模式，使图像下的对象可见，图像下的图形就显示出来了。

3）光栅图像参照和编辑实例

当一个光栅图像引入到 CAD 文件中时，需调节光栅图像的大小使其满足一个绘图单位的实际距离为 1m。一张标准的规划图通常包含标题、图框、标尺等要素，在规划设计和打印成图阶段，需满足用户对这些要素所对应的图像区域不显示的要求。下面将通过一个实例来说明。

① 选取任一比例插入光栅地形图，检查地形图是否倾斜，若是，需执行必要的旋转操作。

② 获取待引入地形图图幅比例。标准的地形图上设有比例尺，本例中所用的地形图比例尺为 1∶10000。

③ 获取地形图图幅宽度信息。可以通过量测对应的纸质地图，或通过图像处理软件来获取地形图的图幅宽度（假定扫描后的图像未调整大小）。本例中，地形图的图幅宽度为 348.985mm。

④ 假定当前图形的每一个单位为 1m，则在“附着图像”对话框的“缩放比例”输入框中键入 3489.85（348.985mm×10000）；单击“确定”，将该图引入。

⑤ 光栅图比例微调。由于光栅地形图通常是由纸质图扫描得到的，而纸质图本身的形变以及扫描所引起的误差会导致在 CAD 环境下量测得到的距离与实际距离有一些差异。在 CAD 中，量测图上的整个比例尺（见图 13-10），其长度为 996.3656 个单位，相当于 996.3656m，而实际的距离应为 1000m。相应地，使用 SCALE 命令，以 1.0036476（1000/996.3656）为缩放因子，对光栅图进行缩放。缩放后光栅图上的整个比例尺长度将被调整为 1000m。

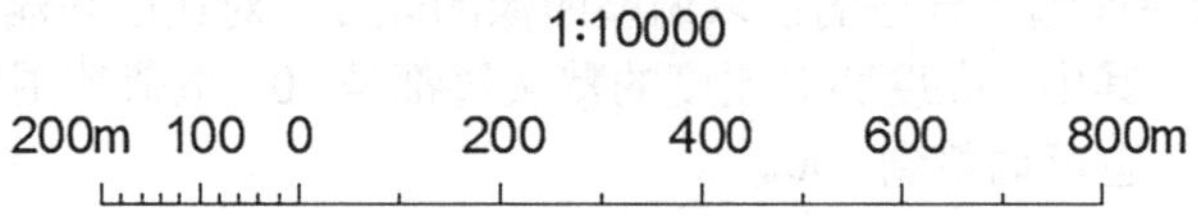

图 13-10　地形图比例尺

⑥ 图像剪裁边界。用户可用 IMAGECLIP 命令，定义图像剪裁边界，进而剪裁掉不需要或无需显示的图像区域。

4）光栅图像参照拼接实例

在很多情形下，用户需要将多张光栅地形图拼接成规划设计底图。可以使用 Photoshop 等图像处理软件或 CAD 二次开发软件拼接光栅图像，也可以在引入多张光栅图像后剪裁并将其移动至合适位置拼接而成。在 AutoCAD 中，多张光栅图像拼接操作步骤如下所示。

① 按照相邻地形图的位置关系，重复光栅图像参照和编辑实例中所采用的 5 个步骤，分别引入 4 张光栅图像，并进行光栅图像比例微调。

② 绘制剪裁边界。在“边框”层分别绘制光栅地形图剪裁边界。

③ 依次对 4 张光栅地形图进行边界剪裁。

④ 移动剪裁边界后的光栅图像，拼接地形图，并关闭图像的边框显示。

13.2.3　图案填充

用户可使用 AutoCAD 预定义的填充图案，也可以使用自己定义的图案（如果已经定义的话）。在 AutoCAD 中，有以下两种填充方式。

① 图案填充。此填充方式下，用户可采用预定义的、由当前线型所定义的简单线图案，也可以使用实体颜色作为填充图案。根据需要，用户可定义自己的线图案和实体颜色。

② 渐变填充。渐变填充是实体图案填充的一种特例，能够体现出光照在平面上产生的过渡颜色效果，可以使用渐变填充在二维图形中表示实体。渐变填充在一种颜色的不同灰度之间或两种颜色之间使用过渡色进行填充，渐变色可以从浅色到深色再到浅色，或者从深色到浅色再到深色。

具体操作步骤可参考第 6 章的相关内容。

13.2.4　建立边界或面域

在规划图的绘制过程中，用户在填充用地色块前需事先创建边界层，并提取各建设用地地块的边界。为便于各类建设用地面积的汇总统计，边界类型宜选择面域。

面域是使用形成闭合环的对象创建的二维闭合区域。环可以是直线、多段线、圆、圆弧、椭圆、椭圆弧和样条曲线的组合。组成环的对象必须闭合或通过与其他对象共享端点而形成闭合的区域。

面域是具有物理特性（如形心或质量中心）的二维封闭区域，可以利用布尔运算将现有面域组合成单个、复杂的面域来计算面积。在 AutoCAD 中，用户可通过点击下拉菜单【工具】→【查询】→【面域/质量特性】来查询所选择的面域集合的面积。

边界或面域可通过如下方式创建：

① 命令行：**BOUNDARY** 或 **BO**。

② 菜单栏：【绘图】→【边界】。

采用以上任意一种方式激活此命令，将显示如图 13-11 所示的“边界创建”对话框。其中，在“对象类型”下拉列表中可以选择将边界创建为“面域”或“多段线”对象。有关此对话框中其他选项的详细信息，请参见“图案填充”命令中的相关内容。

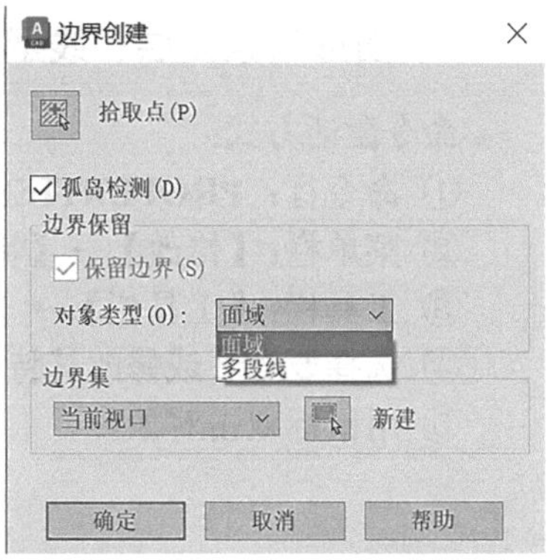

图 13-11 “边界创建”对话框

13.2.5 实用命令

1）实用查询命令

（1）查询坐标值

命令激活方式：

① 命令行：**ID**。

② 菜单栏：【工具】→【查询】→【点坐标】。

③ 工具栏：【工具栏】→【查询】→ 。

（2）查询距离

命令激活方式：

① 命令行：**DIST** 或 **DI**。

② 菜单栏：【工具】→【查询】→【距离】。

③ 工具栏：【工具栏】→【查询】→ 。

以下是量测两个指定点的距离后显示的结果：

命令：DIST↙

指定第一点：（拾取第一个待量测点）

指定第二点：（拾取第二个待量测点）

距离=300.0000，XY 平面中的倾角=37，与 XY 平面的夹角=0

X 增量=240.3529，Y 增量=179.5285，Z 增量=0.0000

其中，*X* 增量和 *Y* 增量分别表示第二点相对于第一点在 *X* 方向与 *Y* 方向上的位移量。

（3）查询区域

在规划地块划分过程中需要频繁使用该命令以确保所划分的地块大小合适。命令激活方式：

① 命令行：**AREA**。

② 菜单栏：【工具】→【查询】→【面积】。

③ 工具栏：【工具栏】→【查询】→【下拉箭头】→。

利用 AREA 命令，可以获取由选定对象或点序列所定义的面积和周长。激活 AREA 命令时，采用“加（A）”选项，可以计算多个对象的组合面积；采用“减（S）”则表明将从系统变量 AREA 当前值中减去即将选取的对象或点序列所围合的面积。在操作过程中，当提示用户选择对象时，只能用鼠标拾取而不能用窗口选择或窗交选择的方式来选择对象。

2）图形对象图层、线型等特征修改

命令激活方式：

① 命令行：**PROPERTIES** 或 **PR**。

② 菜单栏：【修改】→【特性】。

③ 工具栏：【工具栏】→【标准】→。

④ 选择要查看或修改其特性的对象，在绘图区中单击鼠标右键，然后单击“特性”。

⑤ 用鼠标双击对象。

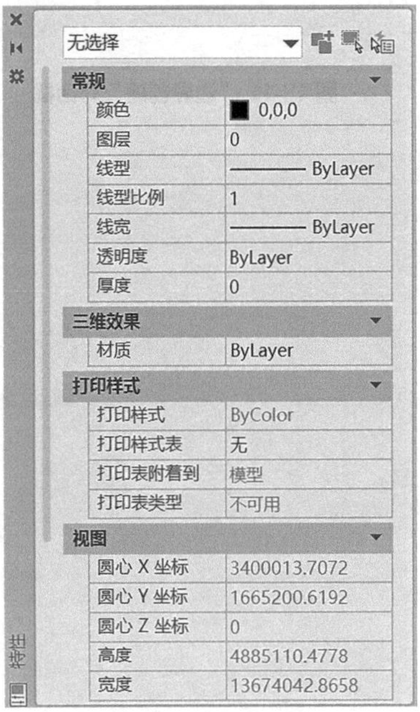

图 13-12 “特性”选项板

激活后将显示“特性”选项板，如图 13-12 所示。“特性”选项板可列出某个选定对象或一组对象的特性。选择多个对象时，“特性”选项板只显示所有对象的公共特性；如果未选择对象，“特性”选项板只显示当前图层的基本特性、图层附着的打印样式表的名称、查看特性以及关于坐标系（UCS）的信息。

所有对象共有的基本特性有 7 个（颜色、图层、线型、线型比例、线宽、透明度、厚度），其他对象特性都专属于其对象类型。

3）特性匹配

使用“特性匹配”命令（MATCHPROP），可以将一个对象的某些或所有特性复制到其他对象，可复制的特性包括：颜色、图层、线型、线型比例、线宽、图案填充、打印样式和厚度等。

默认情况下，所有可应用的特性都自动地从选定的第一个对象复制到其他对象。如果不希望复制特定的特性，可使用“设置”选项禁止复制该特性。可以在执行该命令的过程中随时选择“设置”选项。

（1）命令激活方式

① 命令行：**MATCHPROP** 或 **MA** 或 **PAINTER**。

② 菜单栏：【修改】→【特性匹配】。

③ 工具栏：【工具栏】→【标准】→。

（2）操作步骤

① 激活“特性匹配”命令。

② 当提示“选择要复制其特性的对象：”时，选择此操作的源对象。

③ 当提示“选择目标对象或［设置（S）］：”时，键入 S，在弹出的“特性设置”对话框

（见图 13-13）中选择那些需要复制到目标对象上的特性。默认情况下，将选择“特性设置”对话框中的所有对象特性进行复制。

④ 当提示“选择目标对象或［设置（S）]：”时，选择要将源对象的特性复制到其上的目标对象，可以继续选择目标对象或按 Enter 键结束该命令。

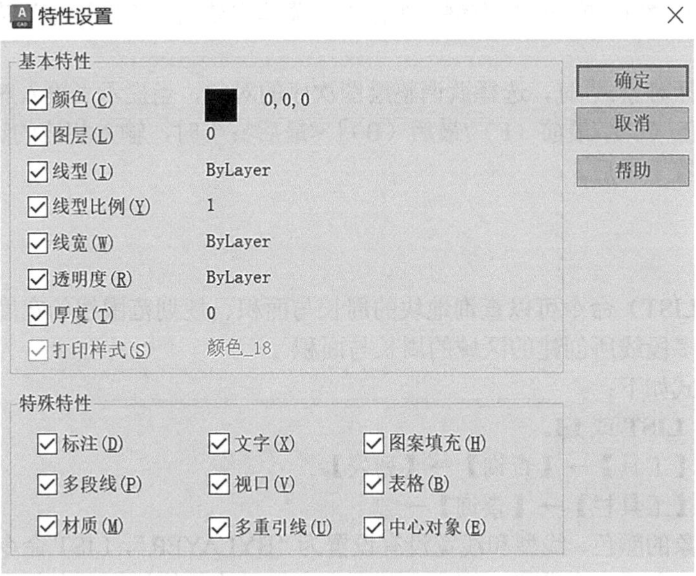

图 13-13 “特性设置”对话框

4）对象显示次序控制

通常情况下，各图层和重叠对象（如文字、多段线和实体填充多边形）按其创建的次序显示，新创建的对象在现有对象的前面。规划图绘制和打印对图层显示次序有一定要求，例如文字标注层在最上面，地块边界和道路边界在地形图上面，而地形图在用地色块层的上面。可以使用“绘图次序”命令（DRAWORDER）来改变任何对象的绘图次序（显示和打印次序），而使用 TEXTTOFRONT 命令可以修改图形中所有文字和标注的绘图次序。不能在模型空间和图纸空间之间控制重叠的对象，而只能在同一空间内控制它们。

如图 13-14 所示，依次创建对象 1、对象 2、对象 3 和对象 4，显示次序的优先度按从高到低，依次为对象 4、对象 3、对象 2 和对象 1，如图 13-14（a）所示。通过对象显示次序命令，可以将显示次序调整为对象 3、对象 4、对象 2 和对象 1，如图 13-14（b）所示。

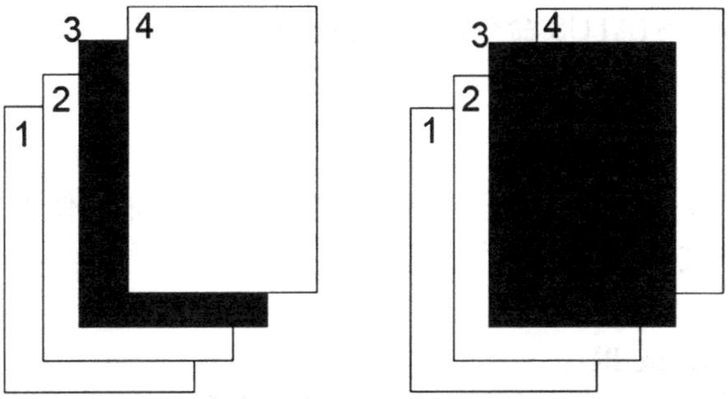

(a) (b)

图 13-14 对象显示次序控制

可以使用以下方式修改绘图（显示）次序：

① 命令行：**DRAWORDER** 或 **DR**。

② 菜单栏：【工具】→【绘图次序】。

③ 工具栏：【工具栏】→【绘图次序】。

④ 选择对象，然后单击鼠标右键，在弹出的菜单中单击“绘图次序”菜单项，并单击相应的子菜单项。

当提示“选择对象：”时，选择欲调整绘图次序的对象，当提示“输入对象排序选项［对象上（A）/对象下（U）/最前（F）/最后（B）］<最后>：”时，输入相应的选项或按 Enter 键将所选择的对象置于最后。

5）列表

利用列表（LIST）命令可以查询地块的周长与面积、规划范围线的宽度和线型、道路中心线的长度以及多段线所创建的区域的周长与面积。

命令激活方式如下：

① 命令行：**LIST** 或 **LI**。

② 菜单栏：【工具】→【查询】→【列表】。

③ 工具栏：【工具栏】→【查询】→。

若所选择对象的颜色、线型和线宽没有设置为“BYLAYER”，LIST 命令将列出这些项目的相关信息。若对象厚度为非零，则列出其厚度。如果输入的拉伸方向与当前 UCS 的 *Z* 轴（0，0，1）不同，LIST 命令也会以 UCS 坐标报告拉伸方向。

LIST 命令还显示与特定的选定对象相关的特定附加信息。若选定对象为多段线，将显示“线型比例，起点宽度和坐标，端点宽度和坐标”等特定信息。若选定对象为“面域”，则将显示“边界框”等特定信息。

6）系统状态显示

“系统状态”命令（STATUS）将报告当前图形中图形界限、当前图层、当前颜色、当前线型、捕捉和栅格设置等信息。特别是，在 DIM 提示符下使用时，将报告当前标注样式及所有与尺寸标注相关的系统变量的值。

命令激活方式如下：

① 命令行：**STATUS**。

② 菜单栏：【工具】→【查询】→【状态】。

图 13-15 显示了激活 STATUS 命令后列出的系统状态。

7）清理

清理命令（PURGE）的目的是清理当前图形文件中一些未被使用的项目，包括样式、图层和块等，以减小图形文件，提高操作效率。

命令激活方式如下：

① 命令行：**PURGE** 或 **PU**。

② 菜单栏：【文件】→【图形实用工具】→【清理】。

采用以上任意一种方式激活 PURGE 命令后，出现如图 13-16 所示的“清理”对话框。

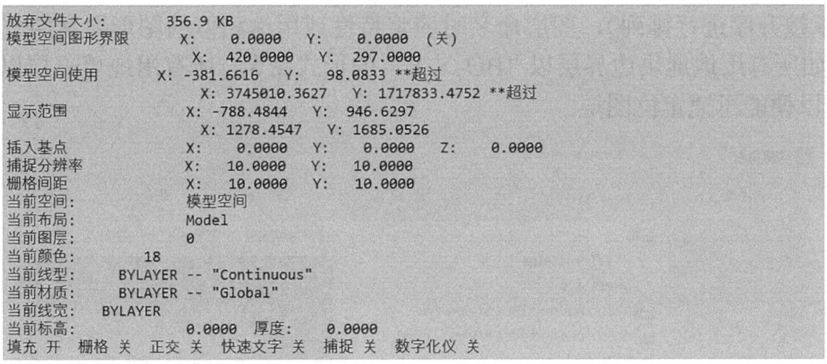

```
放弃文件大小:       356.9 KB
模型空间图形界限        X:    0.0000   Y:    0.0000  (关)
                        X:  420.0000   Y:  297.0000
模型空间使用          X: -381.6616   Y:   98.0833 **超过
                        X: 3745010.3627   Y: 1717833.4752 **超过
显示范围                X: -788.4844   Y:  946.6297
                        X: 1278.4547   Y: 1685.0526
插入基点                X:    0.0000   Y:    0.0000   Z:    0.0000
捕捉分辨率              X:   10.0000   Y:   10.0000
栅格间距                X:   10.0000   Y:   10.0000
当前空间:               模型空间
当前布局:               Model
当前图层:               0
当前颜色:        18
当前线型:      BYLAYER -- "Continuous"
当前材质:      BYLAYER -- "Global"
当前线宽:    BYLAYER
当前标高:               0.0000  厚度:    0.0000
填充 开  栅格 关  正交 关  快速文字 关  捕捉 关  数字化仪 关
```

图 13-15　系统状态信息列表

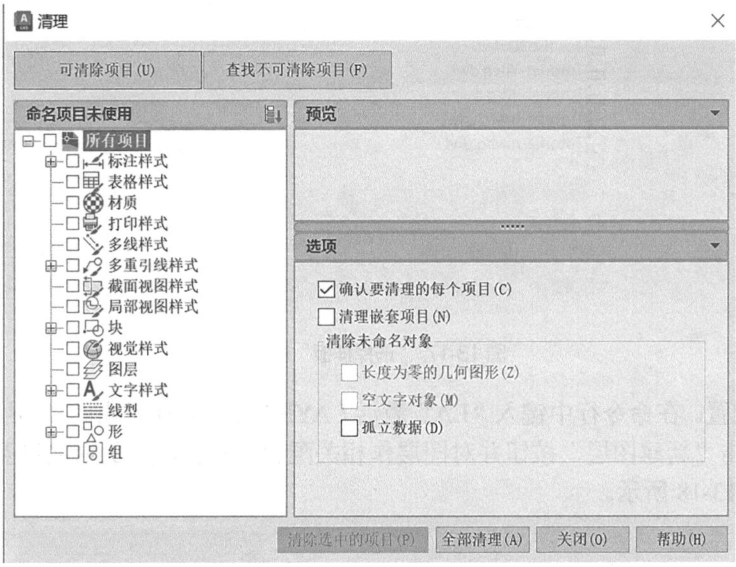

图 13-16　“清理”对话框

13.3　城市规划图实例绘制

13.3.1　前期准备阶段

1）文件的新建

新建 AutoCAD 文件，可以使用下拉菜单【文件】→【新建】，或者使用快捷键 Ctrl+N，弹出“选择样板”对话框后选择合适的样板（或模板），也可以单击“打开”右侧的按钮，在弹出的下拉列表中选择“无样板打开—公制（M）”。如图 13-17 所示。

2）图层设置

① 图层命名。“图层特性管理器”中的图层列表是按照图层名称的升序或降序进行排列

（缺省情况下按升序进行排列），图层命名时应将特性或用途相似的图形要素层分布在相近的命名区域，如所有用地地块边界层以“BO-××”的形式命名，所有用地填充层以“H-××”形式命名，以便能迅速定位图层。

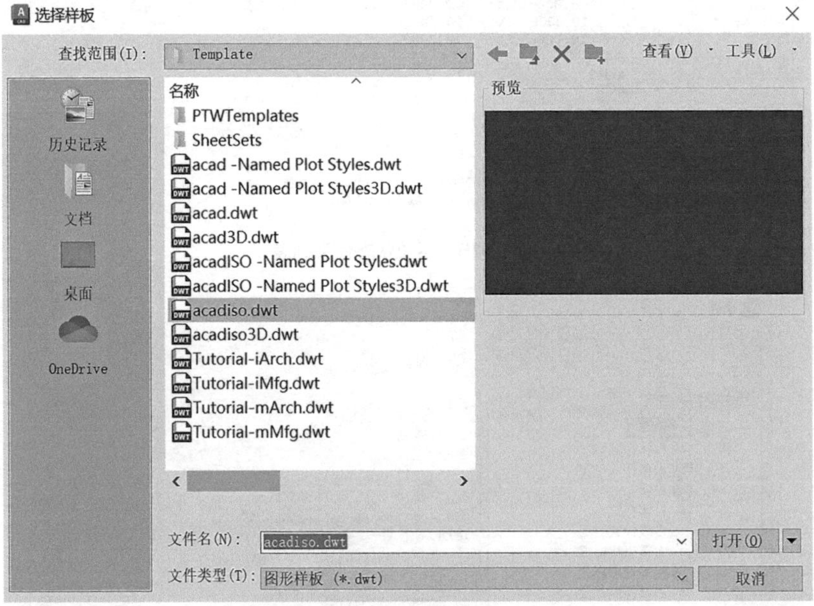

图 13-17 “选择样板”对话框

② 图层配置。在命令行中键入“LA”激活 LAYER 命令。在弹出的“图层特性管理器”对话框中，单击“新建图层”按钮并对图层作相关配置，包括图层的命名以及相关图层属性的配置，如图 13-18 所示。

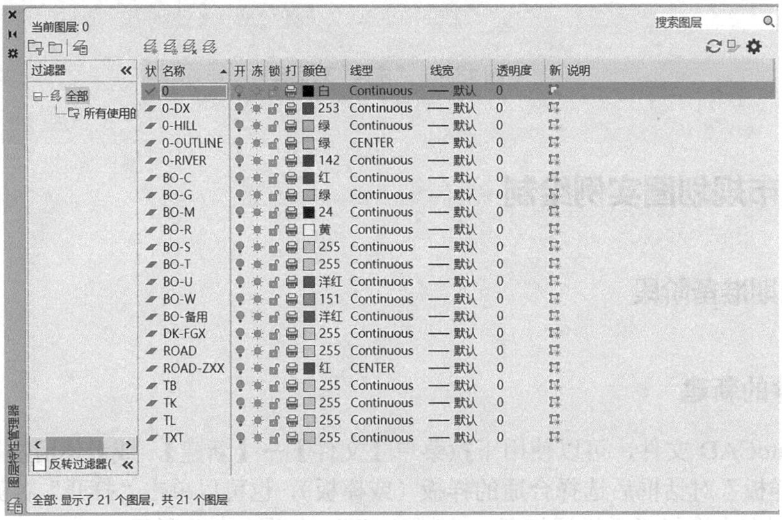

图 13-18 前期图层的相关配置

需要注意的是，在开始绘制规划图时仅设置需用到的基本图层，无需一并设置使用不频繁的色块填充等图层。为避免图层过多导致图层操作效率低下的问题，建议仅在需要的时候才添加相应的图层。

将新建文件保存为“城市总体规划图.dwg”，也可将这个文件保存为后缀为“.dwt”的模板文件，便于日后绘制相同类型的规划图时使用。

3）地形图导入

相对而言，矢量地形图的导入较为简单。可以直接使用 INSERT 命令，以坐标（0，0，0）为插入点，*X*、*Y*、*Z* 三个维度上的缩放比例均采用缺省值 1，勾选“分解”复选框，将地形图文件插入到当前文件“城市总体规划图.dwg”中。

操作过程如下。

① 选择“0-DX”层作为当前层，使用下拉菜单【插入】→【光栅图像参照】，在弹出的“选择参照文件”对话框中，选择需要导入的地形图文件，点击“打开”按钮后，系统弹出“附着图像”对话框，设置对话框参数后单击“确定”按钮，完成光栅图的导入。

② 根据 13.2.2“光栅图像参照和编辑实例”所介绍的方法调整所插入的光栅地形图，确保在插入的光栅图上所量测的地物大小与其实际尺寸（以米为单位）一致。

③ 使用 IMAGECLIP 命令对光栅图进行必要的剪裁操作。

④ 使用 TRANSPARENCY 命令，将“透明模式”设置为“打开”状态。

⑤ 使用 IMAGEFRAME 命令，键入“0”，关闭图像边框的显示。

4）其他要素绘制或导入

打开图例层（TL 层），制作或导入风玫瑰图、指北针及比例尺，相关要求可以参见 13.1.2 的内容。另外，在图层“0-HILL”“0-RIVER”和“0-RANGE”中分别对山体等高线、河流及规划范围线进行导入或者勾绘操作。

（1）要素导入

通过使用下拉菜单【文件】→【另存为】，将现状图另存为“规划图.dwg”，保留河流、等高线等现状要素，并删除无关的图形要素，即完成要素导入。用户也可通过“写块”命令将现状要素从现状图中导出，再通过插入块的方式将这些要素导入到“规划图.dwg”中。

（2）要素绘制

若无现成可导入的等高线、河流等矢量要素，则需要人工勾绘上述要素。等高线的勾绘，需要根据等高线密集程度及图面效果，选择适当的高差进行绘制；河流勾绘时，可在满足相关规范和当地水利主管部门要求的情况下，结合规划设计方案构思，对河道岸线进行适当的调整；范围线显示规划区范围，线型宜采用虚线线型如“ACAD_ISO02W100”，一般在设置相应图层时就进行线型配置。

为确保正确显示现状要素的线型，还需对这些要素的线型比例进行设置。默认情况下，全局比例因子与当前线型比例均设置为 1.0，该比例越小，每个绘图单位中生成的重复图案就越多。线型比例过大或过小都不能达到正确显示线型的目的。

① 全局的线型比例修改。键入“LT”激活“线型”命令（LINETYPE），在弹出的“线型管理器”对话框中（见图 13-19），单击“显示细节”，通过对“全局比例因子”值的修改达到全局改变线型比例的目的。修改此值将影响图形文件中所有使用该线型的图元。

② 局部对象线型比例修改。当用户需要修改图层上部分对象的线型比例时，可使用“Ctrl+1”组合键或使用下拉菜单【修改】→【特性】以打开“特性”窗口（或选项板），并在该窗口的“线型比例”选项中设置合适的值，如图 13-20 所示。

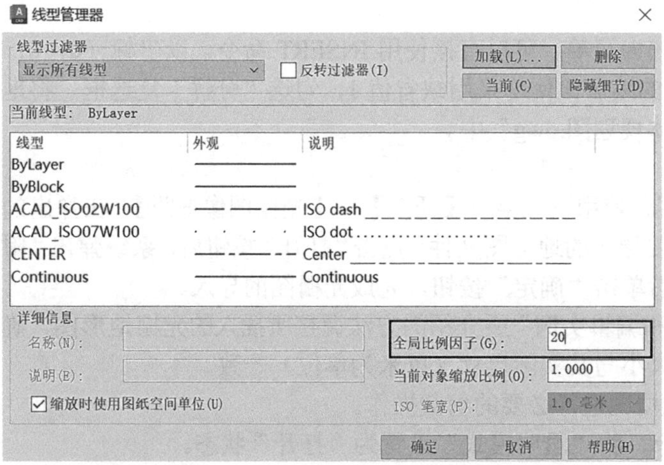

图 13-19 “线型管理器”对话框

图 13-20 “特性”窗口

对于多段线的范围线，线型能否正确显示还取决于“线型生成”选项是否设置为“启用”状态。图 13-21 示例了“线型生成”选项设置为“禁用”和“启用”状态的多段线图形。其中，图 13-21（a）在多段线的相邻顶点间生成线型，图 13-21（b）在整条多段线上生成线型。

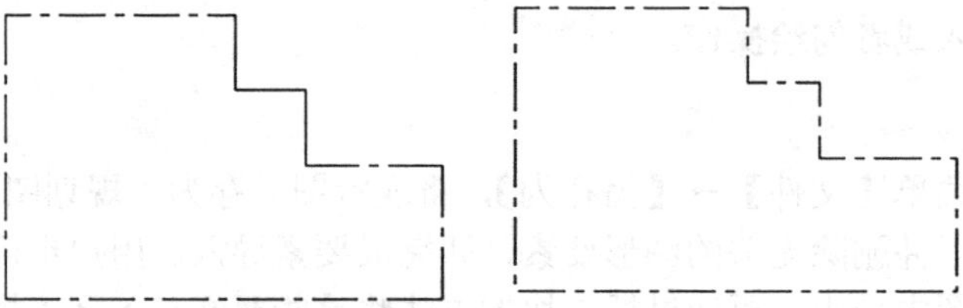

(a) (b)

图 13-21 “线型生成”禁用和启用时的图形

多段线“线型生成”特性的设置，需要用到“编辑多段线”（PEDIT）命令，可选用以下任一方法激活：

① 命令行：**PEDIT** 或 **PE**。

② 菜单栏：【修改】→【对象】→【多段线】。

③ 工具栏：【工具栏】→【修改Ⅱ】→ 。

激活命令后，键入“L”以选择“线型生成”选项，再键入“ON”以打开“线型生成”，确定后退出即可，具体过程如下：

命令：PEDIT↙

PEDIT 选择多段线或［多条（M）］：↙

输入选项［闭合（C）/合并（J）/宽度（W）/编辑顶点（E）/拟合（F）/样条曲线（S）/非曲线化（D）/线型生成（L）/放弃（U）］：L↙

输入多段线线型生成选项［开（ON）/关（OFF）］<关>：ON

输入选项［闭合（C）/合并（J）/宽度（W）/编辑顶点（E）/拟合（F）/样条曲线（S）/非曲线化（D）/线型生成（L）/放弃（U）］：↙

5）其他说明

一般在规划图绘制之前，现状图已经绘制完毕，地形图、等高线、河流等要素均已存在。除了上述的要素导入方法，也可以用“另存为”命令将现状图直接转化为规划图，删除规划图中不需要的图形要素，并进行“清理”（PURGE）操作，然后对图层和图形要素进行相应的修改。

13.3.2 方案绘制阶段

1）路网绘制

主要有偏移绘制和多线绘制两种方法。

（1）偏移绘制法

偏移绘制包括道路中心线、道路边界和交叉口绘制。

① 道路中心线绘制。将“ROAD-ZXX”层置为当前层，锁定除当前层和“ROAD”（道路边界）层以外的其他图层，键入“PL”激活“多段线”（PLINE）命令，在当前图层上绘制道路中心线。

使用 PLINE 命令绘制道路中心线时，若遇到曲线路段，可以使用“圆弧”选项。当道路宽度有变化时，应结束当前中心线的绘制，并重复“多段线”命令绘制后续的道路中心线，此举的目的是便于后续的偏移操作。另外，绘制某些曲线道路可使用“倒圆角”命令。

② 道路边界绘制。将“ROAD”（道路边界）层置为当前层，键入“O”以激活“偏移”（OFFSET）命令，将偏移对象的图层选项设置为“当前”，设置偏移距离为道路宽度的一半，选择需要偏移的中心线，分别单击道路中心线的两侧，得到分布在中心线两侧的两条偏移线。

③ 交叉口绘制。修剪或打断交叉口的道路边界线是为下一步在交叉口倒圆角做准备，可任选一种或将两者结合起来使用。

a. 修剪操作：冻结除“ROAD”（道路边界）层以外的其他图层。键入“TR”以激活“修剪”命令，选择交叉的道路边界线，按 Enter 键结束道路边界线的选择，点击内部的交叉线从而将其修剪掉。在选择需要修剪掉的线段时，可以使用“栏选”选项以提高修剪效率。

对图 13-22（a）中的图形进行修剪，使用“栏选”选项的结果如图 13-22（b）所示。

(a) 操作前

(b) 操作后

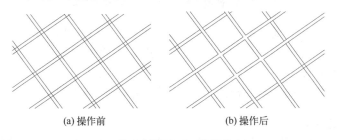

图 13-22 使用“栏选”选项修剪道路交叉口

b. 打断操作：键入“BR”激活“打断”（BREAK）命令，在需要打断的部位单击两下，或者使用“修改”工具栏上的按钮，用鼠标在交叉口处单击，将道路边界在单击处一分为二。

c. 倒圆角操作：键入“F”激活“倒圆角”命令（FILLET），根据道路的等级和功能设置相应的圆角半径，使用“多个”选项以连续多次倒圆角，依次点击需要倒圆角的相邻道路边界线，直至相同半径的转角全部操作完成。

（2）多线绘制法

利用多线绘制路网时，首先需要对多线样式进行设置，然后采用新设置的多线样式绘制多线，进而利用多线编辑工具修剪多线，将多线炸开后进行道路边界线倒圆角，便可完成规划路网的绘制。

① 多线设置。根据 4.8 节所介绍的多线样式设置方法，创建名为“道路线”的多线样式，道路线的外观如图 13-23 所示。

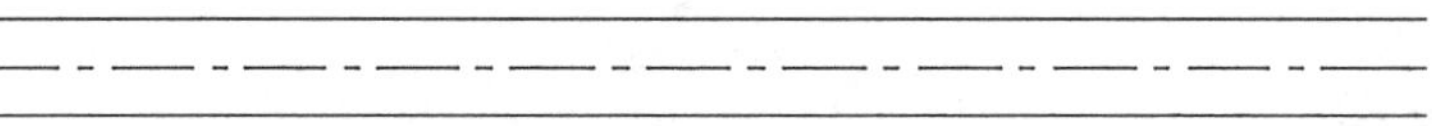

图 13-23 “道路线”外观

② 多线绘制。将“ROAD”层设置为当前层，键入“ML”以激活“多线”（MLINE）命令，将对正类型设置为“无”，根据道路的宽度设置多线的比例，绘制具有相同宽度的多条城市道路。继续使用 MLINE 命令，为具有不同宽度的道路设置不同的多线比例，完成所有道路的绘制。

③ 多线修剪。当所有道路线绘制完毕后，需要首先对交叉口进行修剪，才能进行倒圆角操作。使用下拉菜单【修改】→【对象】→【多线】，在弹出的“多线编辑工具”对话框中根据多线相交的不同情况选择“十字合并”或“T 形合并”，并选择待处理的多线。图 13-24（a）为两条呈十字交叉的多线，使用“多线编辑工具”对话框中的“十字合并”选项，依次点击两条多线，结果如图 13-24（b）所示。

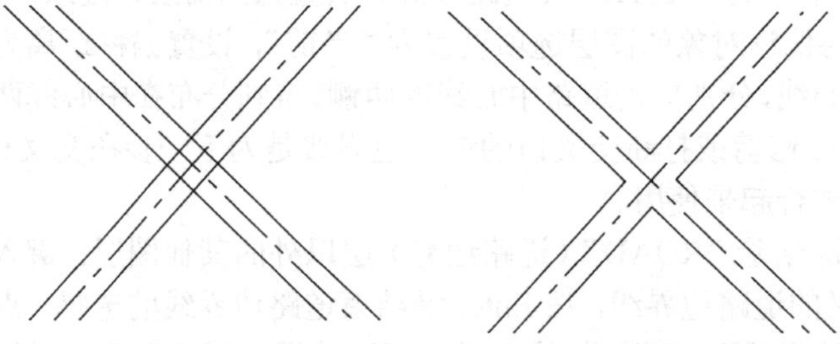

(a) 操作前　　(b) 操作后

图 13-24 使用“十字合并”选项编辑道路多线

④ 多线炸开或分解。通过键入“X”以激活“分解”（EXPLODE）命令，或者点击“修改”栏上的按钮，选择所有多线后按 Enter 键以分解多线，并将中线选中后置于“ROAD-ZXX”层。

⑤ 倒圆角。当道路中心线和道路边界线绘制完成，道路交叉口已经打断后，可直接利用“倒圆角”命令进行道路倒圆角的操作，具体步骤参见本节“偏移绘制法”中相关倒圆角操作。

（3）曲线道路绘制

如图 13-25 所示为两条道路的中心线，道路的宽度为 40m，假定转弯处曲线道路的半径为 30m，采用偏移绘制法，具体的绘制步骤如下。

① 选择“ROAD-ZXX”层，键入“PL”激活“多段线”（PLINE）命令，按要求绘制好

圆曲线两端的道路中心线。

② 键入“F”以激活“倒圆角”命令，设置圆角半径为 30，依次点击两条道路中心线，之后得到一条连续完整的道路中心线，其图元类型为 PLINE。

③ 利用偏移命令，通过在中心线两侧各偏移 20 个单位完成曲线道路边界的绘制，可得到如图 13-26 所示的结果。

若采用多线绘制法，对分解后的多线分别进行倒圆角，其结果如图 13-27 所示。图中的曲线路段的宽度大于直线路段的宽度，并且曲线路段的宽度也不一致。

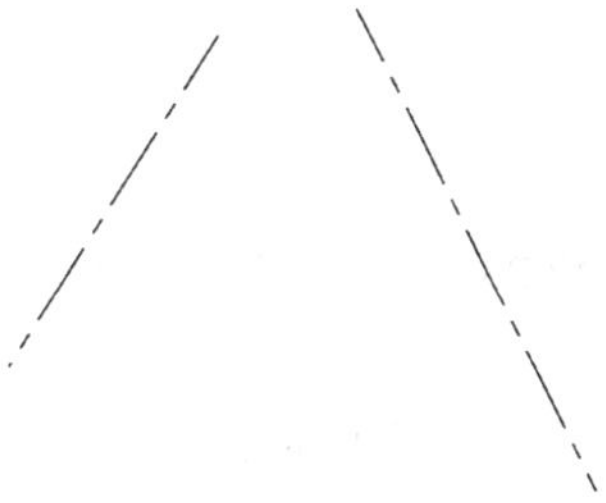

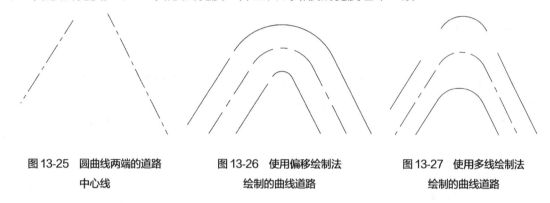

图 13-25 圆曲线两端的道路中心线

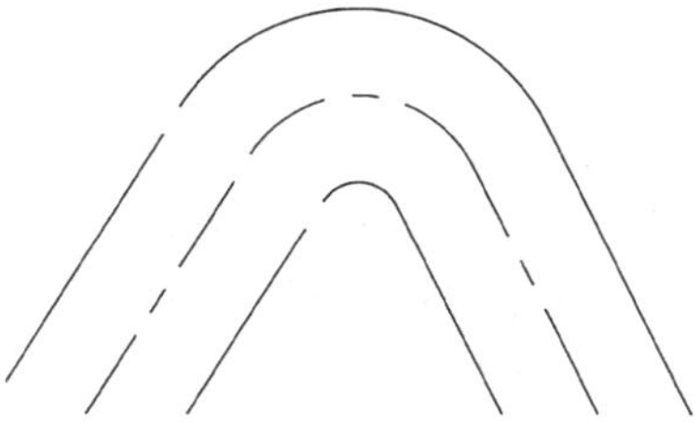

图 13-26 使用偏移绘制法绘制的曲线道路

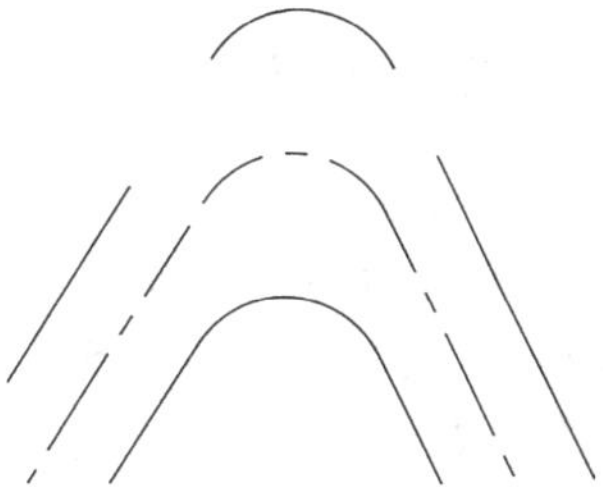

图 13-27 使用多线绘制法绘制的曲线道路

总体来说，当路网比较规整、交叉口较多时，路网的绘制宜采用多线绘制法；当路网中曲线道路较多时，建议采用偏移绘制法。也可结合两者灵活使用，即规整的路网部分及交叉口用多线绘制并进行相应的“十字合并”或“T 形合并”，然后再用偏移绘制法绘制曲线道路，最后进行倒圆角操作。

2）各类用地的绘制

（1）地块分割线

虽然受路网分割的影响，城市建设用地的地块明显变小，但是很多时候这些地块需要进一步细分以区分不同的用地类型。因此，需要在“DK-FGX”（地块分割线）层中绘制地块分割线。

在将“DK-FGX”层设为当前层后，根据不同地块的分割要求，结合目前的用地情况，用直线或多段线等绘制地块分割线，也可以利用偏移命令借助于既有要素（如道路边界等）进行绘制，并进行相应的修剪。注意：分割线绘制时需打开对象捕捉功能以保证能形成封闭区域，以便在后续阶段能顺利创建面域。

（2）用地面域生成

利用路网与地块分割线及河流等边界所围合的范围，进行各类用地面域的创建，应将不同类型用地的面域创建在相应的用地边界图层上。

创建用地面域的过程如下所示。

① 仅打开“ROAD”（道路边界）层、“DK-FGX”（地块分割线）层、“0-RIVER”（河流）层以及“BO-R”（居住边界）层，并将“BO-R”层置为当前层，键入“BO”以激活“创建边界”（BOUNDARY）命令，在弹出的“边界创建”对话框中，将“边界保留”组合框中的“对象类型”设置为“面域”（见图 13-28）。

② 点击按钮，AutoCAD 提示用户“拾取内部点：”，在道路边界线和地块分割线所围

合的居住地块内部的任意位置拾取一个点，当围合用地的边界或分割线变成虚线且没有出现错误提示时，表示该地块已经被选中且可以创建为相应的面域，继续拾取其他居住地块的内部点以选中多个区域，或者按 Enter 键结束命令，所选中的区域被创建为面域。

③ 使用 BOUNDARY 命令依次在各居住地块内部拾取点，完成所有居住地块面域的创建。

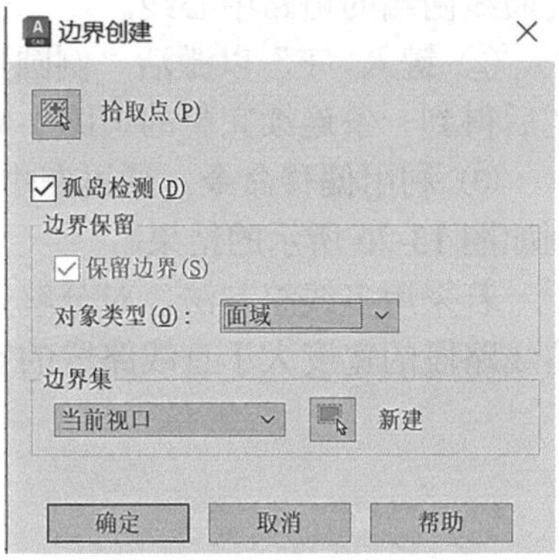

图 13-28 “边界创建”对话框

13.3.3 用地汇总统计阶段

应按规划用地的类别进行用地的分类统计。以计算居住用地为例，单项建设用地汇总过程如下：关闭除“BO-R”层以外的其他图层，使用下拉菜单【工具】→【查询】→【面域/质量特性】以激活 MASSPROP 命令，选择当前图层中的所有面域，按 Enter 键确认后出现如图 13-29 所示的窗口。

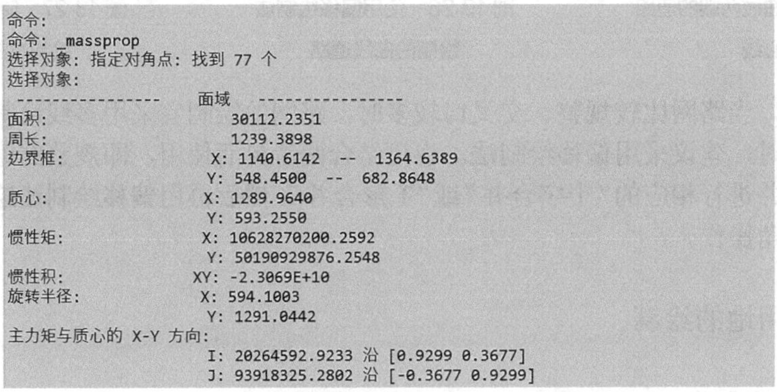

```
命令:
命令: _massprop
选择对象: 指定对角点: 找到 77 个
选择对象:
 ----------------    面域   ----------------
面积:                30112.2351
周长:                1239.3898
边界框:            X: 1140.6142  --  1364.6389
                   Y: 548.4500  --  682.8648
质心:              X: 1289.9640
                   Y: 593.2550
惯性矩:            X: 10628270200.2592
                   Y: 50190929876.2548
惯性积:           XY: -2.3069E+10
旋转半径:          X: 594.1003
                   Y: 1291.0442
主力矩与质心的 X-Y 方向:
                   I: 20264592.9233 沿 [0.9299 0.3677]
                   J: 93918325.2802 沿 [-0.3677 0.9299]
```

图 13-29 由“面域/质量特性”激活“AutoCAD 文本窗口”

图 13-29 中所显示的面域特性列表中，面积一栏显示的是所选择面域的总面积。利用此方法可得各类用地的面积，并可生成用地平衡表。平衡表中各类建设用地的比例和人均建设用地指标应满足表 13-7 和表 13-8 的规定，若未能满足用地平衡的要求，须做必要的用地调整并重新分类汇总用地。

13.3.4 后期完善阶段

1）用地色块填充

若前期未创建色块填充图层，那么现在首先需增设相关图层，图名和图层颜色的设置宜参考 7.2 节的相关内容，继而依次对每类用地进行色块填充。对于道路图层，暂不考虑色块填充。

（1）建设用地色块填充

下面以居住用地为例，说明用地色块的填充过程。

① 将“H-R”（居住填充）层设为当前层，并关闭除“H-R”和“BO-R”以外的所有层。

② 键入“H”以激活“图案填充”（HATCH）命令，弹出“图案填充和渐变色”对话框，

单击该对话框的“样例”编辑框中的图案，在弹出的“填充图案选项板”中，选择“其他预定义”选项卡下的 SOLID 图案，单击“确定”按钮后，返回“图案填充和渐变色”对话框，如图 13-30 所示。

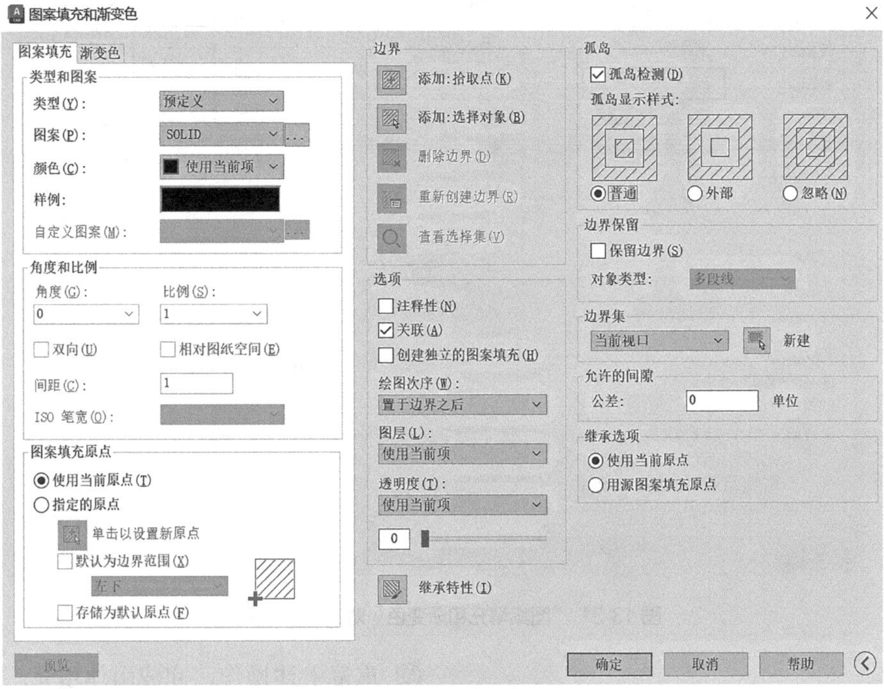

图 13-30 居住色块填充相关设置

③ 单击“边界”组合框中的“添加：选择对象”按钮，选择“BO-R”（居住边界）层上的所有面域对象，按 Enter 键结束选择并返回到“图案填充和渐变色”对话框。

④ 在当前对话框的“选项”组合框中的“绘图次序”下拉列表中选择后置选项，单击“确定”按钮，完成居住用地色块的填充。

（2）山体和河流填充

山体和河流填充的主要目的之一是美化规划图的图面，提高规划图的可读性。通常，山体宜分层（高程）设色，具体步骤如下。

新建图层“H-HILL”并将其设置为当前层，冻结除当前层和“0-HILL”层外的其他图层，键入“H”激活“图案填充”（HATCH）命令，在弹出的“图案填充和渐变色”对话框中做如图 13-31 所示的设置。

① 在“图案填充”选项卡中，将填充图案设置为 SOLID 图案。

② 山体的主色为绿色，为体现山体的层次感，宜分层设色。按照由浅到深的原则分别设置色块的颜色，高程最低处如采用 90 号索引颜色，随着高度的增加可依次选择 92、94、96、98 号索引颜色作为填充色。颜色的选择用户可根据需要灵活配置，可在“选择颜色”对话框中的“真彩色”选项卡中选择合适的颜色作为填充色，如图 13-32 所示。

③ 在“图案填充和渐变色”对话框的“孤岛”组合框中，将“孤岛显示样式”设置为“外部”，以确保色块仅填充两条等高线之间的区域。

④ 单击“添加：拾取点”按钮，回到图形窗口，在两条等高线之间的空白处单击，按 Enter

键后返回至“图案填充和渐变色”对话框，按“确定”按钮完成两条等高线之间的色块填充。

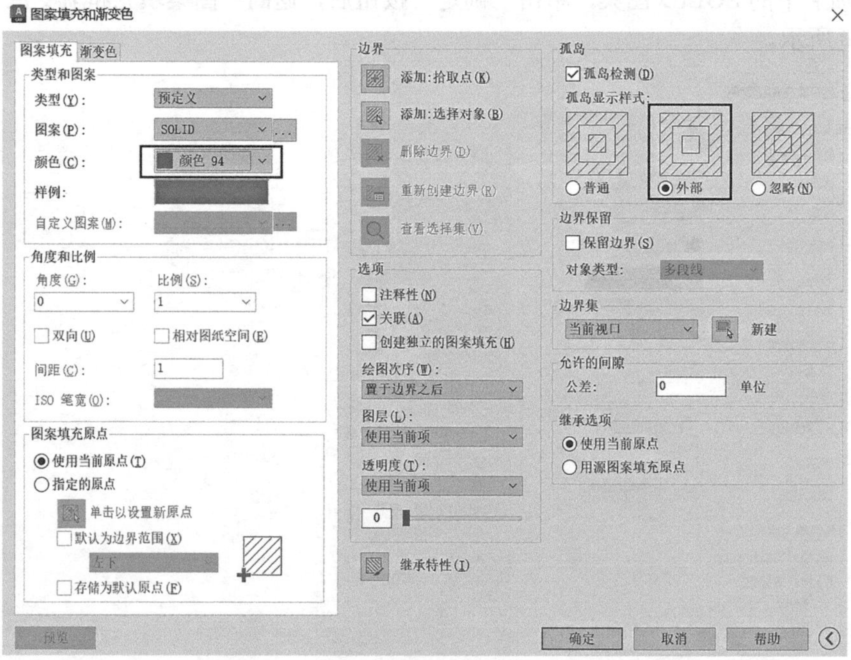

图 13-31 “图案填充和渐变色”对话框中的设置

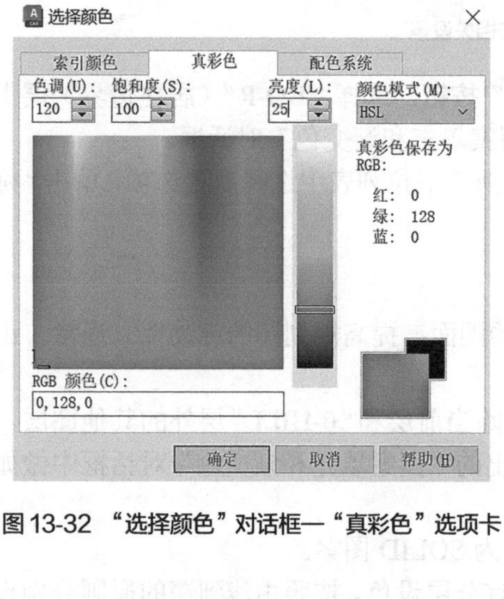

图 13-32 “选择颜色”对话框—“真彩色”选项卡

⑤ 重复上述操作，完成山体填充。

2）地块文字标注

地块文字标注采用大写英文字母加数字的方式进行标注，大写英文字母表示用地大类，第一个数字表示中类，第二个数字表示小类。通常，地块文字仅标注到大类，部分用地可按需标注到中类。

3）图例、图表制作

规划图图例包括各类用地、需要明确的各类设施以及基础要素图例（河流、范围线）等，制作比较简单，基本可以包括四个步骤：【制作矩形框】→【填充矩形框】→【标注文字】→【调整显示次序】。

用地平衡表中包括用地大小、比例、人均用地等数据，将用地平衡表绘制在规划图上可使得规划内容更加明晰。

4）图框等的制作

规划图需要有图名、图框和图签。其中，图签一般采用规划设计院所提供的模板，图名与图框等制作相对较为简单，此处不再赘述。有时为了美观起见，图框等要素在最后成图环节用 Photoshop 或 CorelDRAW 软件制作。

5）绘图次序调整

色块填充完毕后，需对图层的绘图次序作适当的调整。在图层次序安排上，从上到下宜按【文字】→【线条】→【底图】→【色块】的顺序安排，先前在图案填充时，已将色块后置，这里就省去一道工序。

键入“DR”激活“绘图次序”（DRAWORDER）命令，出现 4 个选项（对象上、对象下、最前、最后），按照图层顺序的要求，选择合适的方式进行调整。就色块而言，只要选中需要调整的色块并选择“最后”选项，就能将其置于底层。

此外，更快捷的方式是直接从“绘图次序”工具栏中选择相应的图标按钮进行操作（图 13-33），4 个选项从左到右依次是：置于前置、置于后置、置于对象之上、置于对象之下。

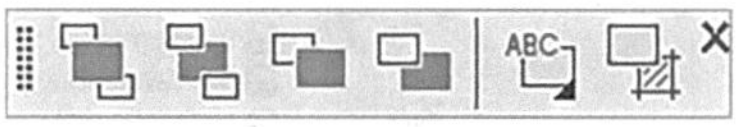

图 13-33 “绘图次序”工具栏

13.4 规划图光栅输出与后处理

为改善规划图的视觉效果，可将 CAD 矢量图转换成光栅图，利用 Photoshop 或 CorelDRAW 进行后处理。

13.4.1 添加光栅打印机

光栅打印有多种输出格式，本节以常用的 TIFF 格式为例介绍 CAD 的光栅打印功能。安装一台 TIFF 格式的光栅打印机的步骤如下：

① 使用下拉菜单【工具】→【选项】，在弹出的“选项”对话框中选择“打印和发布”选项卡，对话框如图 13-34 所示。

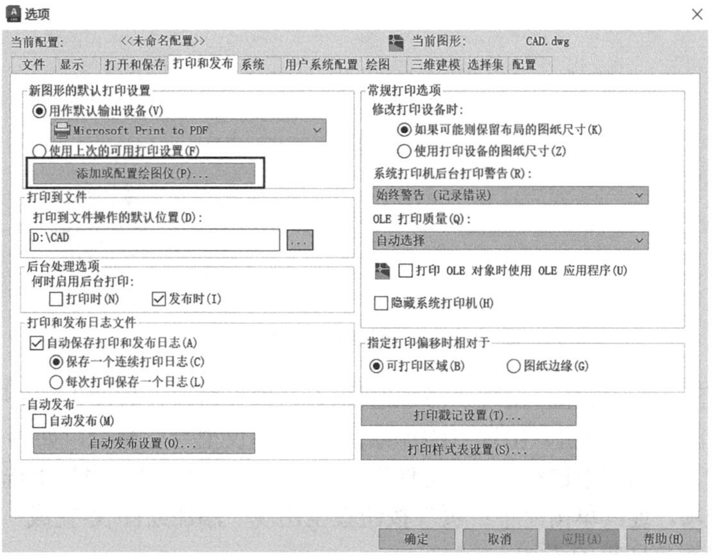

图 13-34 “选项”对话框—“打印和发布”选项卡设置

② 点选“新图形的默认打印设置”组合框中的“添加或配置绘图仪”按钮，出现如图 13-35 所示的窗口。

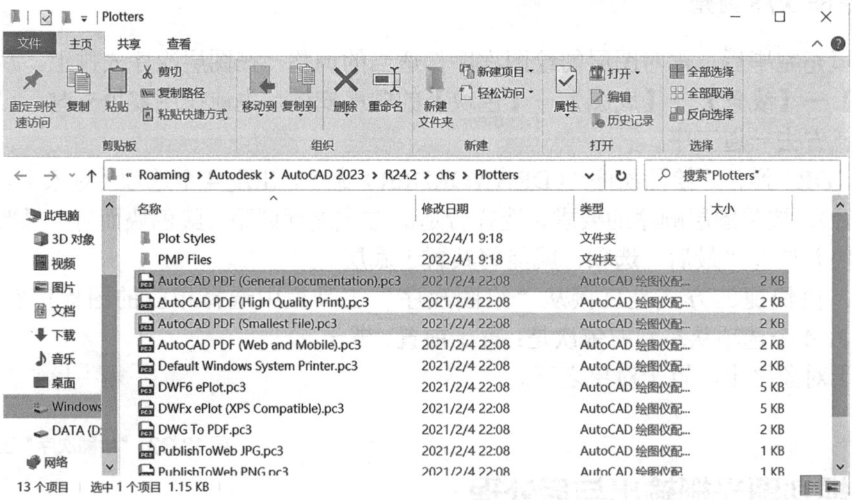

图 13-35　绘图仪添加向导界面

③ 双击“添加绘图仪向导”快捷方式，出现如图 13-36 所示窗口。

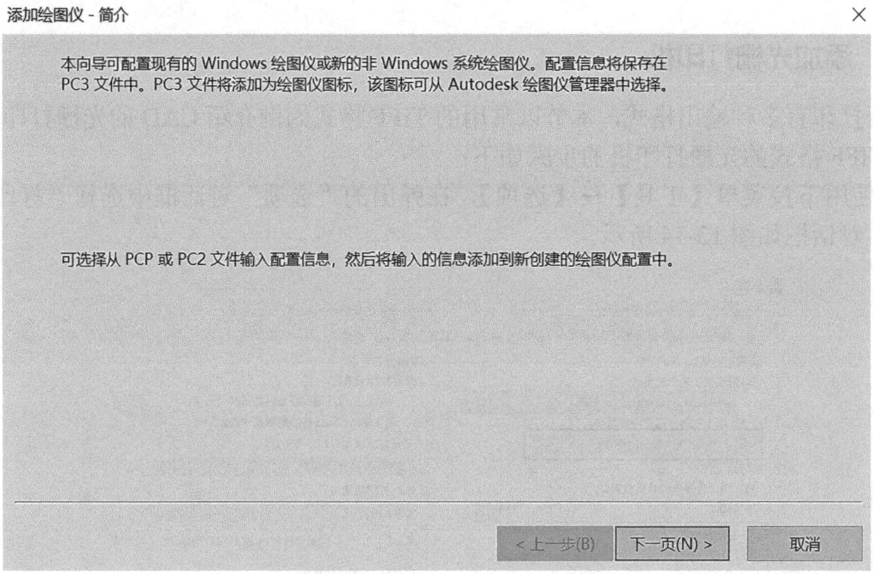

图 13-36　“添加绘图仪-简介”窗口

④ 单击“下一页”按钮，出现“添加绘图仪-开始”窗口，如图 13-37 所示。

⑤ 单击“下一页”按钮，出现“添加绘图仪-绘图仪型号”窗口，如图 13-38 所示。

⑥ 在“生产商”列表中选择“光栅文件格式”，然后在“型号”列表框中选择“TIFF Version 6（不压缩）”选项，连续单击“下一页”按钮直至出现“添加绘图仪-完成”窗口，单击“完成”按钮完成光栅打印机的添加。

完成上述步骤后，在“Plotters”窗口将会出现一个新文件“TIFF Version 6（不压缩）.pc3”，如图 13-39 所示。

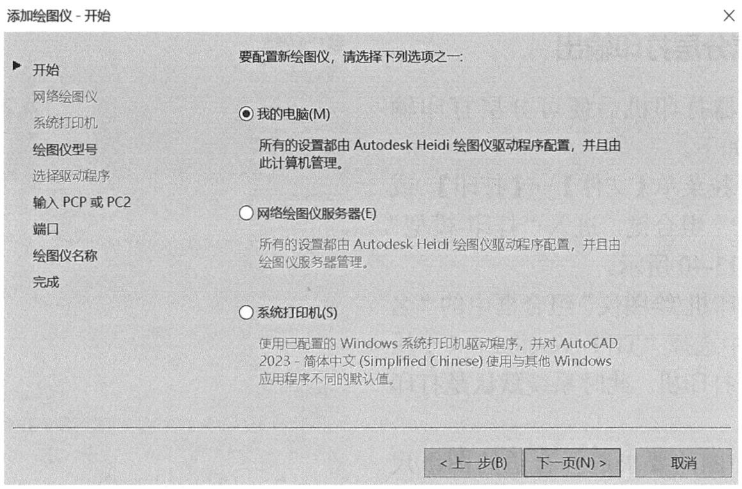

图 13-37 “添加绘图仪-开始”窗口

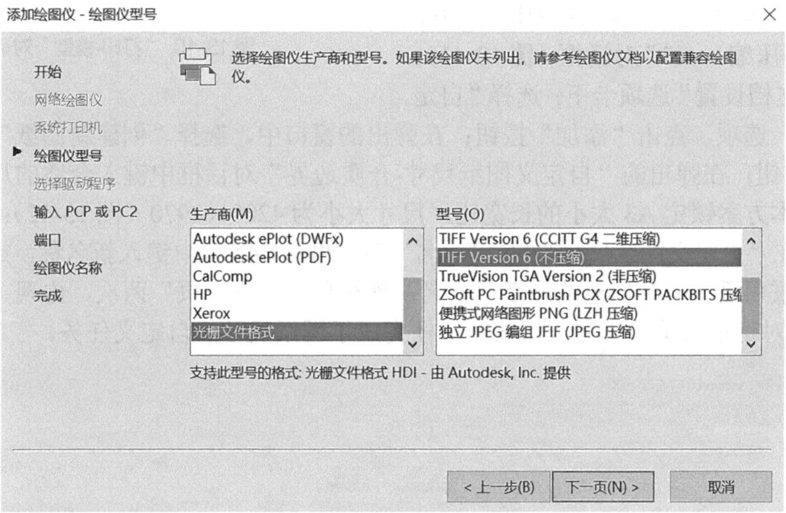

图 13-38 “添加绘图仪-绘图仪型号”窗口

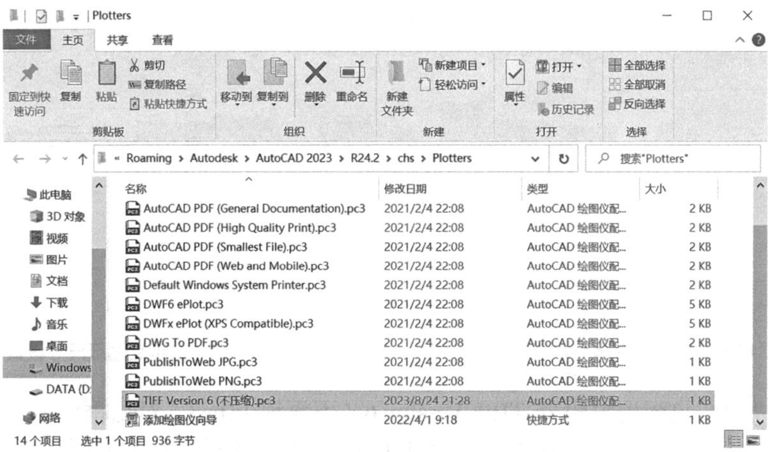

图 13-39 完成打印机添加后的打印机列表窗口

13.4.2 要素分层打印输出

设置好光栅打印机后便可分层打印输出，具体过程如下。

① 使用下拉菜单【文件】→【打印】，或者使用“Ctrl+P”组合键，进入“打印-模型”对话框，如图 13-40 所示。

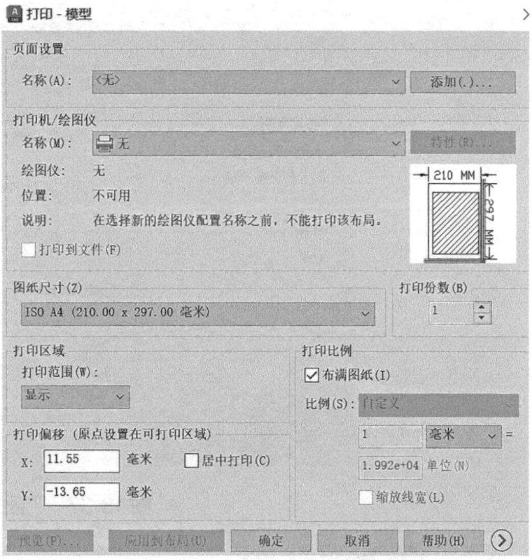

图 13-40 “打印-模型”对话框

② 在“打印机/绘图仪”组合框中的“名称”下拉列表中选择“TIFF Version 6（不压缩）.pc3”光栅打印机，此时系统默认是打印到文件。

③ 根据出图的要求选择合适的图纸尺寸。若无合适的图纸尺寸，可自定义图纸尺寸。单击“打印机/绘图仪”组合框中的“特性”按钮，出现“绘图仪配置编辑器-TIFF Version 6（不压缩）.pc3”对话框（图 13-41）；在“设备和文档设置”选项卡下，选择“自定义图纸尺寸”选项，点击“添加”按钮；在弹出的窗口中，选择“创建新图纸”选项，单击“下一步”按钮；在弹出的“自定义图纸尺寸-介质边界”对话框中键入合适的尺寸大小，为方便起见，本方案锁定 A3 大小的长宽比，尺寸大小为 4200×2970（图 13-42）；单击“下一页”按钮，在“自定义图纸尺寸-图纸尺寸名”对话框的输入框中键入新名称，或单击“下一页”按钮以采用系统自动创建的图纸尺寸名；连续单击“下一页”两次，出现“自定义图纸尺寸-完成”对话框时单击“完成”按钮，便完成了图纸尺寸的自定义任务。

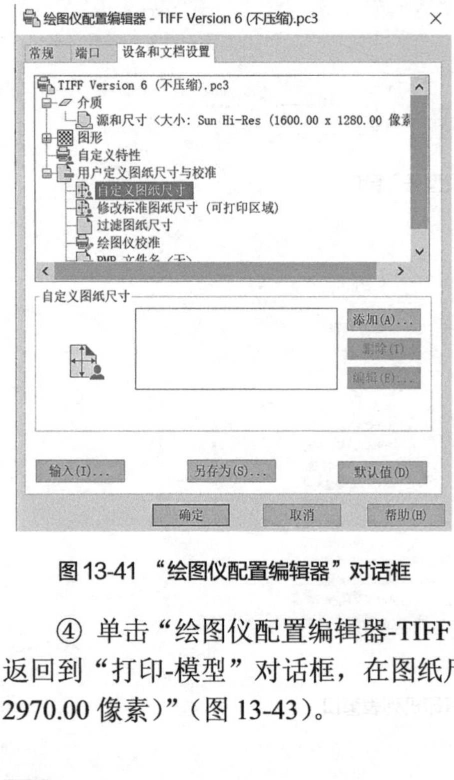

图 13-41 “绘图仪配置编辑器”对话框

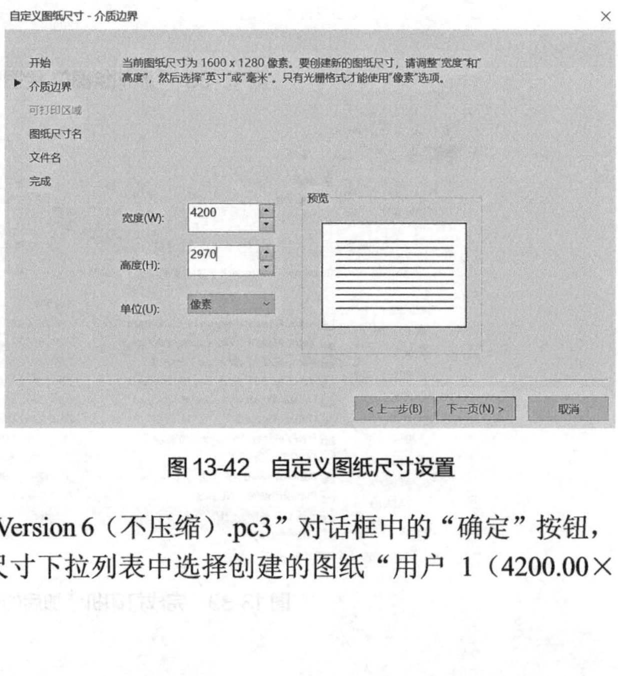

图 13-42 自定义图纸尺寸设置

④ 单击“绘图仪配置编辑器-TIFF Version 6（不压缩）.pc3”对话框中的“确定”按钮，返回到“打印-模型”对话框，在图纸尺寸下拉列表中选择创建的图纸“用户 1（4200.00×2970.00 像素）”（图 13-43）。

⑤ 在“打印区域”组合框的“打印范围（W）”下拉列表中选择合适的选项，一般可选择“窗口”选项。激活 CAD 图形窗口，通过鼠标框选定义一个矩形窗口后，返回到“打印-模型”对话框。

⑥ 在“打印比例”组合框中设定合适的比例。规划彩图常采用形象比例尺来标注，在打印时可不考虑打印比例问题，只需勾选“布满图纸”选项即可。

⑦ 如无特殊要求，可以点选居中打印，以有效地利用页面。

⑧ 单击“预览”按钮，以预览方式查看打印的效果，来判断打印设置是否合理。若有诸如打印方向、样式等方面的设置问题，则重新设置后再执行预览功能，直至满意为止。

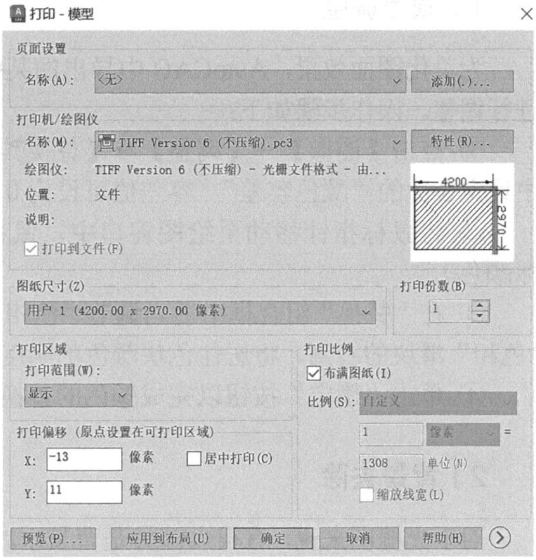

图 13-43　选择创建的图纸

⑨ 完成上述设置以后，打印页面设置基本完成。单击“页面设置”组合框中的“添加”按钮，在弹出的“添加页面设置”对话框中的“新页面设置名”输入框中输入“图要素光栅导出”，单击“确定”按钮；单击“应用到布局”按钮，以便后续的光栅打印任务能使用当前的打印设置。

图 13-44 为配置完成后的最终效果。

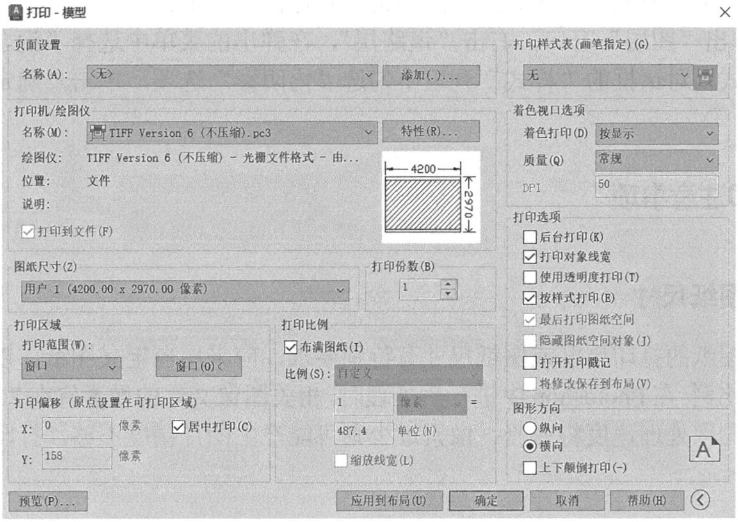

图 13-44 “打印-模型”的最终配置

⑩ 单击“确定”按钮，并对导出的 TIFF 文件进行文件名和导出路径的设置，单击“确定”按钮后，CAD 便启动光栅打印进程并将光栅文件保存到指定的路径下。

13.4.3　导入 Photoshop 并后处理

利用 Photoshop 软件将输出的光栅图进行后处理。以下列出几种常用的后处理操作。

1）颜色调整

为美化图面效果，AutoCAD 中导出的某些用地色块的颜色还需要进一步在 Photoshop 中进行调整。操作步骤如下：

① 点击【图像】→【调整】→【替换颜色】，在“替换颜色”对话框的“选区”组合框中设定合适的“颜色容差”，容差值可设为 0。

② 将鼠标指针移动至绘图窗口中，鼠标指针形状转换为，拾取欲替换的颜色（目标颜色）。

③ 在“替换”组合框中适当调节“色相”“饱和度”“明度”等滑块，替换颜色将显示在“色相”滑块的右侧。将居住色块颜色的明度值调整至 69，色相和饱和度不变。

④ 单击“确定”按钮以完成颜色的替换。

2）背景去除

对于光栅图来说，有很大部分是背景区域，一般建议删除这些区域以减小 PSD 文件的大小，提高运行速度。可使用下拉菜单【选择】→【色彩范围】，选择背景色并设定“颜色容差”为 0，单击“确定”按钮便可选择所有具有背景色的区域，再按 Delete 键即可删除背景区域。

3）图层效果添加

图层混合选项设置能进一步改善图面效果，使画面更显层次感。例如，道路层往往被添加一定的“内阴影”效果，从而突出路网结构。具体操作如下。

按 F7 键弹出“图层”窗口，右击“道路层”，在弹出的菜单中选择“混合”选项，在弹出的“图层样式”对话框的“样式”列表中勾选“内阴影”选项，单击“确定”按钮完成图层效果的设置。

13.4.4 打印注意事项

1）打印图纸尺寸

若对输出图纸的打印精度或图纸尺寸有特别要求，应采用自定义图纸，以保证合适的图纸大小和长宽比例。在 Photoshop 中进行后处理时，相关图像文件的像素宜在 2000～5000 内。像素过多时，图像处理速度将变慢；像素过少则可能产生图片精度不够，打印时出现马赛克的现象。

2）分层打印

一般采用分层打印的方式输出各图要素，得到相应的光栅图。分层是为了在 Photoshop 中的操作更加便捷，包括颜色配置、用地性质调整与修改。

3）打印区域

规划图要素分层导出时应保证打印输出范围相同，以便于在 Photoshop 中处理时各要素能准确叠加而不错位。要保证打印范围不更改，只要保证打印配置不更改就可以实现。但有时用户需要打印局部图形而更改打印配置，又或者由于定位坐标的更改而引起图形移动，使得打印范围出现变动，从而导致打印输出错误。建议保留好打印的范围框以避免上述错误的产生。

13.5 AutoCAD 在城市规划领域中的制图特点

城市总体规划是一个复杂的过程，需要分析大量的数据以及基础信息来辅助规划决策，最终的表现是对城市土地的空间利用情况进行系统的安排，规划后期还需要进行规划情况的实时查看、对比、匹配、修正、管理。AutoCAD 在城市规划领域得到了普及，承担了数据的输入、存储与输出，简单的分析计算以及重要的图像绘制，其在城市总体规划中的优势可以归结为如下两点。

（1）图层化管理有利于图面基础要素的添加、删除与修改

① 分层和编码标准化的 DLG 基础数据便于地物的编绘。

② 图层管理可锁定重要或不用修改的图层，防止错误地修改和删除。

③ 可根据图层的某一属性（如颜色、块名、线宽等）进行图层要素的统一编辑与修改，或通过图层管理器对图层进行批量新建、修改、删除等操作，提高工作效率。

④ 便于调整图层和要素的叠加顺序。叠加顺序基本按照点、线、面和小、大，从上到下依次叠加的方式。

（2）数据分层和编码是衍生地图制作的基础

① 各类地理要素的分层和编码管理便于地图的二次组合制作。如建筑用地可分为教育、公共设施、医疗、旅游、居民区等图层或编码，通过分别组合可编制出不同的专题地图，如：娱乐体育图、休闲旅游图、社区服务图等系列。

② 可作为各类矢量专题数据的作业底图，制作不同比例尺、不同行业用图，如公安警务专用图、地震台站分布图、供电营业区平面图、区域规划图等；规范化的点、线、面数据通过转换用于 GIS 平台，为电子地图的制作提供基础资料。

习题

绘制一幅城镇区域规划图。

第 14 章

CAD 数据在 GIS 软件中的转换使用

CAD 数据模型更注重描述地理实体的几何形状以及空间位置等信息，重视图面的表达，忽略属性的结构，且两者之间的关联性较弱；GIS 的数据模型主要是为了数据存储和分析而设计的，兼顾图面表达，具有强大的图形数据管理、分析功能，GIS 数据可以用文件的形式来存储，也可以依赖关系数据库存储。AutoCAD 在国土、城市规划、交通等行业得到了广泛应用，产生了大量 CAD 图纸数据文件。为满足数据的共享和行业应用需要，需将 CAD 数据转换为 GIS 平台通用的数据格式。

在 ArcGIS 软件中加载 DWG 文件，理解并完成 DWG 文件转换为 Shapefile，对转换后的数据进行提取并修正拓扑错误，具体操作本章以图 14-1 所列数据为例进行展示。

图 14-1 数据清单

14.1 DWG 文件转换为 Shapefile

操作步骤如下。

1）加载 DWG 文件

① 启动 ArcMap，在新建的文档中加载 bldg.dwg 文件，如图 14-2 所示。

图 14-2 bldg.dwg 文件加载

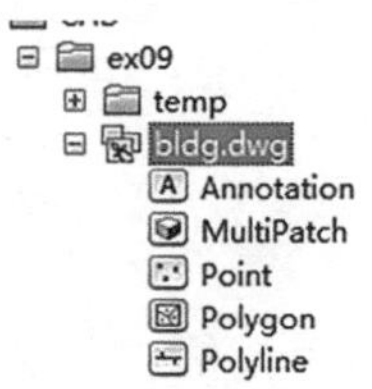

图 14-3 数据要素类型

② 双击展开 bldg.dwg，显示 5 种要素类型：Annotation、MultiPatch、Point、Polygon 和 Polyline，如图 14-3 所示。

③ 选择 Polygon，点击添加，忽略“数据源缺少空间参考”，按“确定”键，如图 14-4 所示。

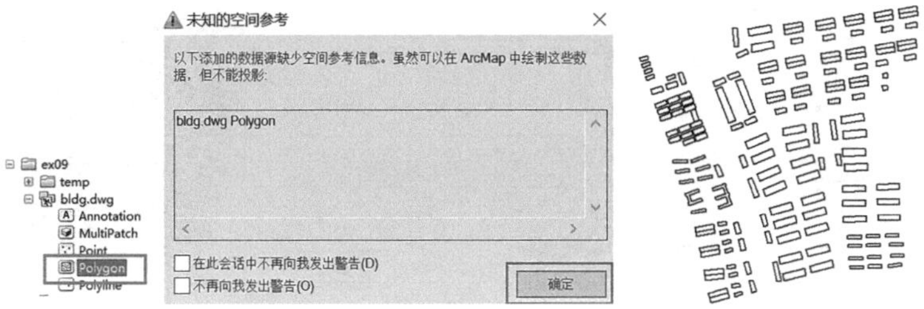

图 14-4 Polygon 要素添加

④ ArcMap 加载为 bldg.dwg Polygon 图层，选用快捷菜单“属性”，调出图层属性对话框，如图 14-5 所示。

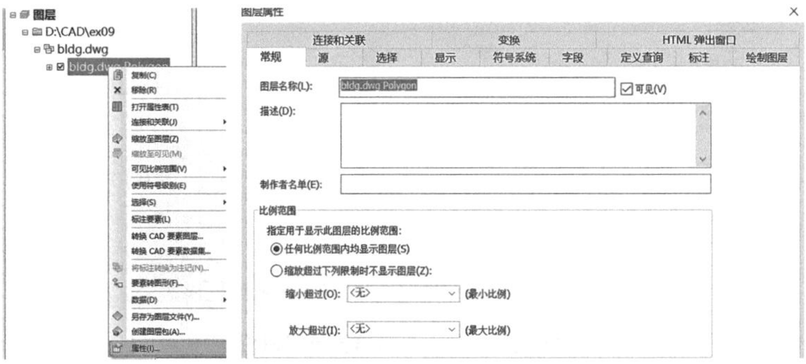

图 14-5 Polygon 要素属性

⑤ 进入字段对话框，在 30 多个字段中，设置勾选显示 Thickness（建筑高度）属性，并去除其他所有字段前的勾选，按“确定”键返回。查看 bldg.dwg Polygon 图层属性表，所显示的字段仅为 Thickness，即建筑高度，如图 14-6 所示。

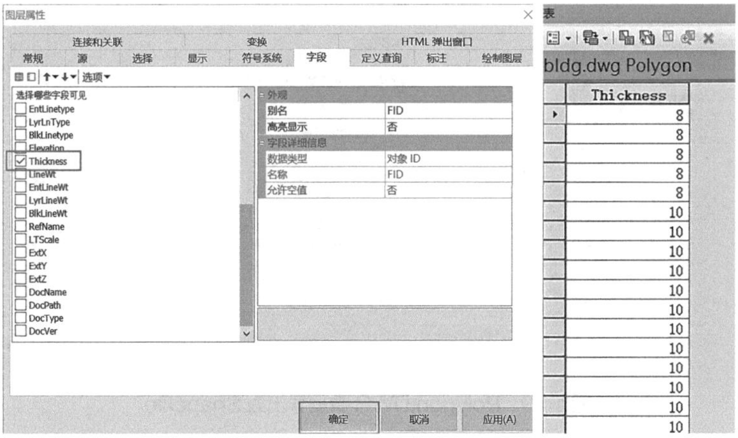

图 14-6 Polygon 图层属性字段设置

⑥ 添加数据 roadline.dwg 中的 Polyline 要素，忽略缺少空间参考的警告，roadline.dwg 中的线状实体被加载，图层自动取名为 roadline.dwg Polyline，如图 14-7 所示。

⑦ 在 roadline.dwg Polyline 的“图层属性”对话框中，按步骤⑤操作，保留 Layer 字段，如图 14-8 所示。

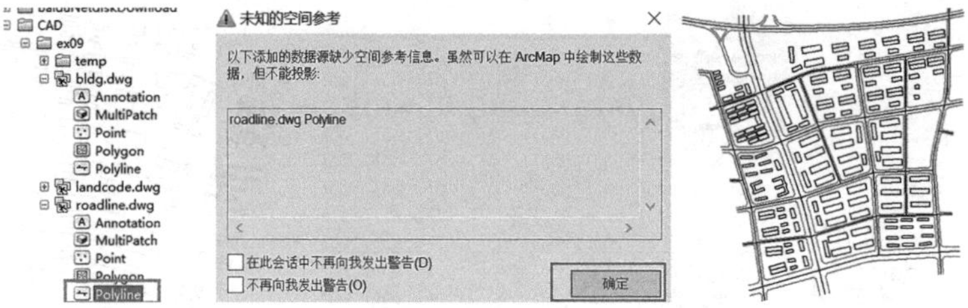

图 14-7　Polyline 要素

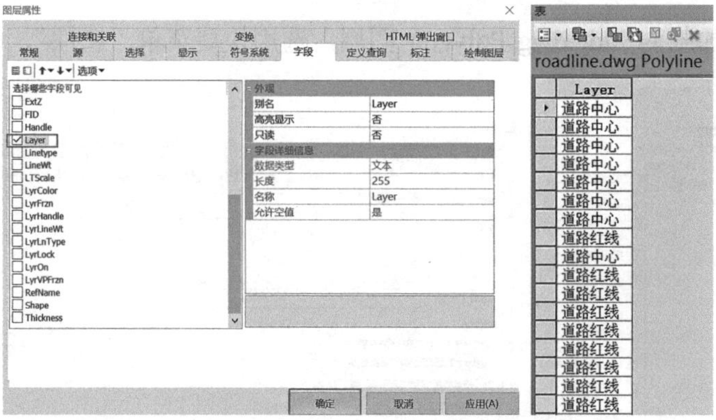

图 14-8　Polyline 要素字段设置

2）DWG 文件转换为 Shapefile

① 在内容列表中，鼠标右键点击图层名 bldg.dwg Polygon，在快捷菜单中选择“数据→导出数据”，进一步设置导出所有要素，点击选择导出数据的坐标系，最后导出的数据为 bldg.shp，如图 14-9 所示。

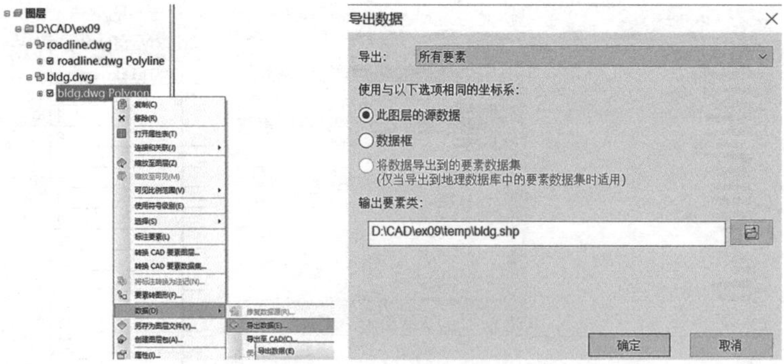

图 14-9　Polygon DWG 数据导出为 Shapefile

② 将 bldg.shp 加载到地图图层中，转换后的 Shapefile 保留了来自 DWG 文件的特征 Thickness，并完成按要素的属性字段 Thickness 的取值分类显示，如图 14-10 所示。

③ 打开并进入“roadline.dwg Polyline→属性→定义查询”选项，如图 14-11 所示。

再点击“查询构建器”按钮，在“查询构建器”文本框上方提示“SELECT * FROM Polyline WHERE:”，借助鼠标和“获取唯一值”按钮，输入“Layer” LIKE ‘道路红线’，按“确定”键返回，再按“确定”键关闭图层属性对话框，道路线图层中仅有道路红线，如图 14-12 所示。

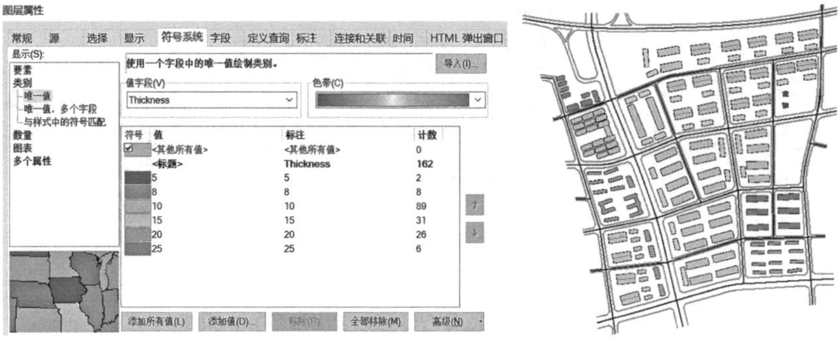

图 14-10 数据显示

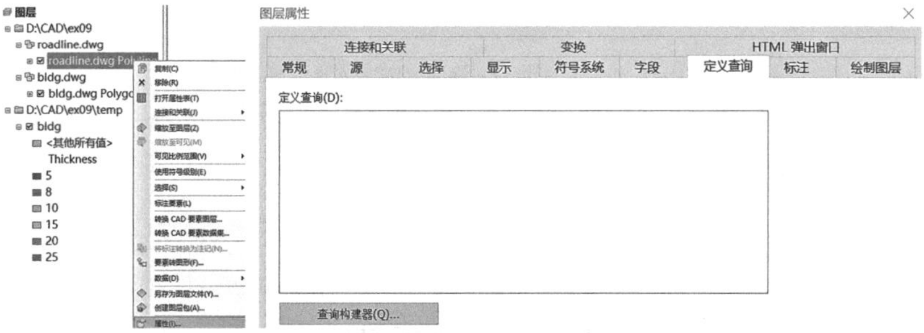

图 14-11 roadline.dwg Polyline 定义查询

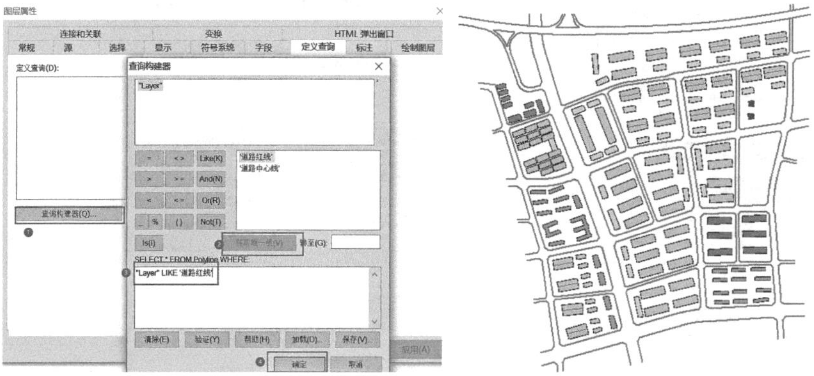

图 14-12 道路红线显示

用鼠标右键点击图层 roadline.dwg Polyline，在快捷菜单中选择“数据→导出数据”，进一步设置导出所有要素，使用与图层源数据相同的坐标系，输出要素类 roadside.shp，并在地图图层中加载，如图 14-13 所示。

④ 继续用“查询构建器”文本框内的查询语句“Layer” LIKE ‘道路中心线’，再将 roadline.dwg Polyline 中的道路中心线导出为 roadcnt.shp，如图 14-14 所示。

⑤ 现得到 3 个独立的 Shapefile 文件，在标准工具栏中调出目录窗口，展开文件夹用鼠标右键点击 bldg.shp，在弹出的快捷菜单中选择“属性→XY 坐标系→展开并选择投影坐标系→Gauss Kruger→Xian 1980→Xian 1980 3 Degree GK CM 120E”。同样完成 roadside、roadcnt 相同坐标系的设置，如图 14-15 所示。

⑥ 将数据框图层更名为 Data frame1，选用主菜单“文件→另存为”，将地图文档保存至 temp\ex09，再选用主菜单“文件→退出”，退出 ArcMap。

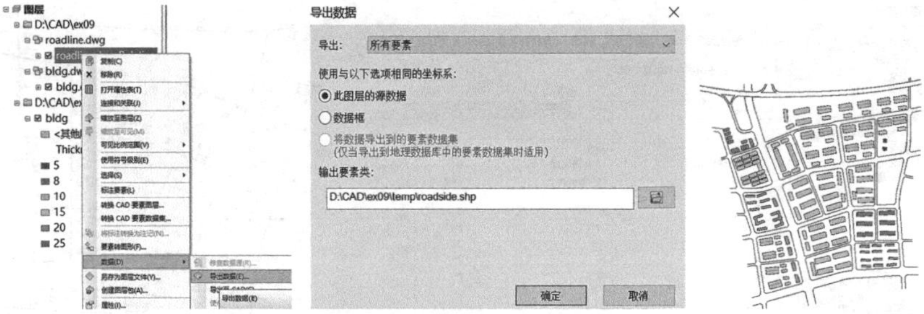

图 14-13　Polyline DWG 数据导出为 Shapefile

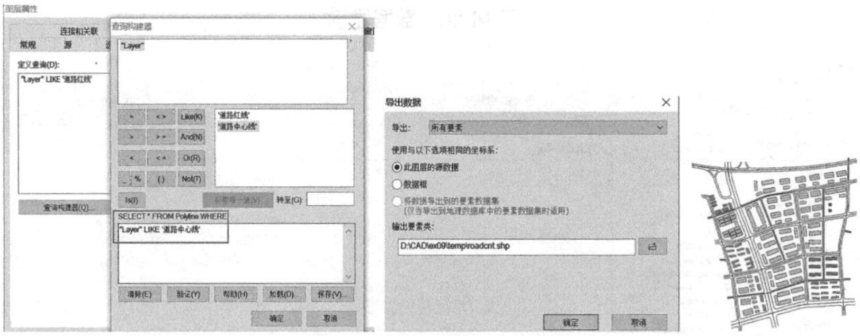

图 14-14　道路中心线显示

图 14-15　坐标系设置

3）新建地理数据库

① 通过 Windows 的开始菜单，启动 ArcCatalog，在左侧的目录树中展开“ex09”，展开 landcode.dwg，点击 Annotation，再到 ArcCatalog 右侧窗口中点击“预览”选项，可以看到 DWG 文件中的 Text 实体，如图 14-16 所示。

点击 Polyline，可以看到 Polyline 和 Line 实体，如图 14-17 所示。

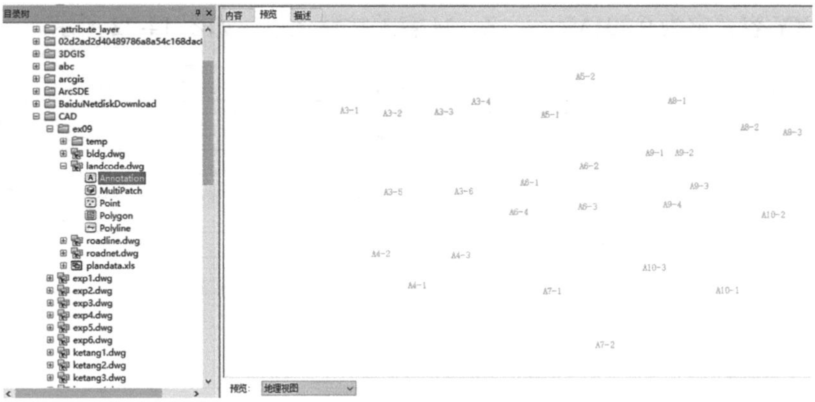

图 14-16 DWG 文件中的地块编号

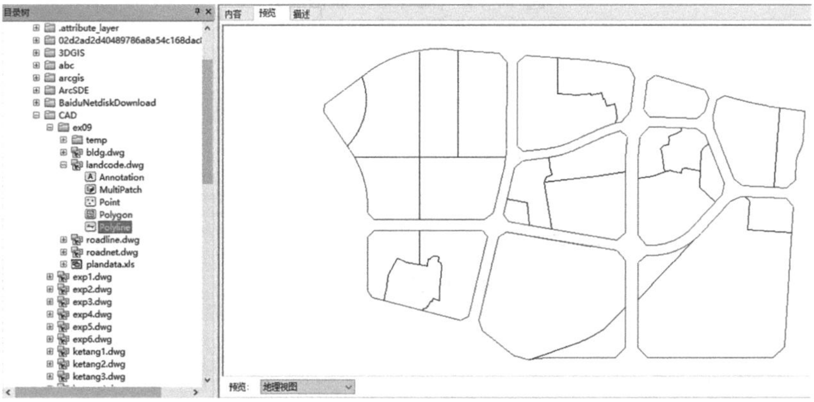

图 14-17 DWG 文件中的地块边界

展开 roadnet.dwg，点击 Polyline 可看到 Polyline 和 Line 实体，如图 14-18 所示。

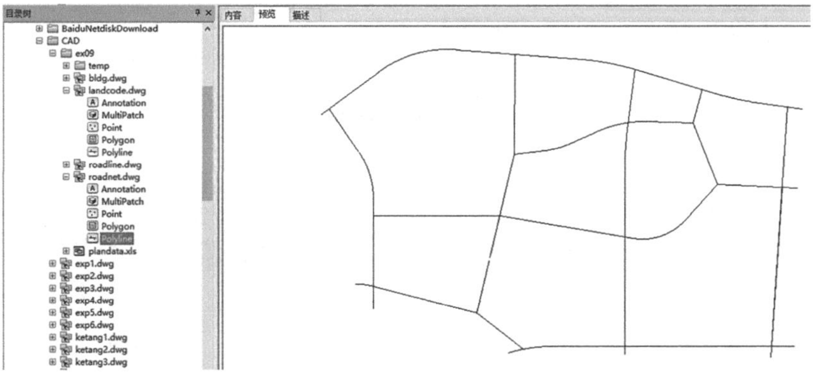

图 14-18 DWG 文件中的道路中心线

展开 plandata.xls，点击 plandata$可看到工作的内容，如图 14-19 所示。

② 用鼠标右键点击文件夹 temp，选用快捷菜单“新建→文件地理数据库”，命名为 GeoDB_cnv.gdb，如图 14-20 所示。

用鼠标右击该数据库，选用菜单“新建→要素数据集”，输入名称 Dataset_1，按“下一步”按钮继续，如图 14-21 所示。

确定“投影坐标系→Gauss Kruger→Xian 1980→Xian 1980 3 Degree GK CM 120E”，无垂

直坐标系，XY 容差定为 0.001Meter，Z、M 容差按默认值，如图 14-22 所示。

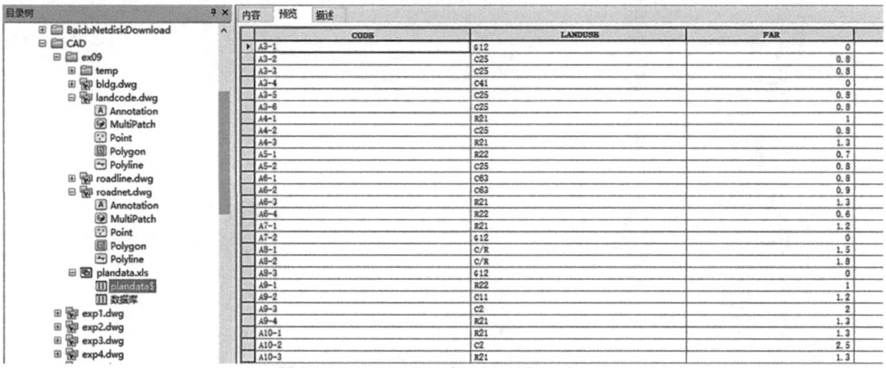

图 14-19　plandata 表格预览

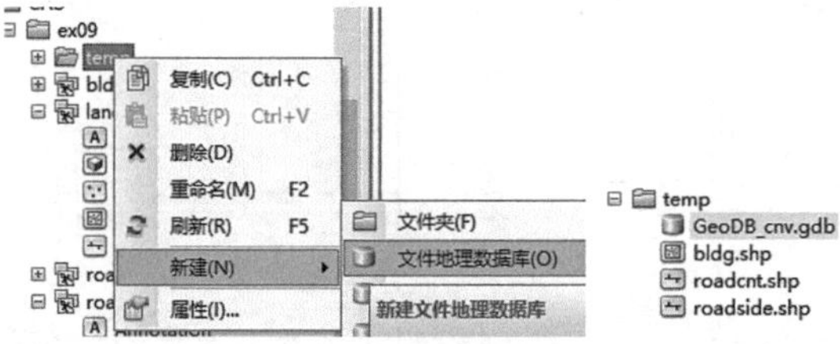

图 14-20　建立地理数据库

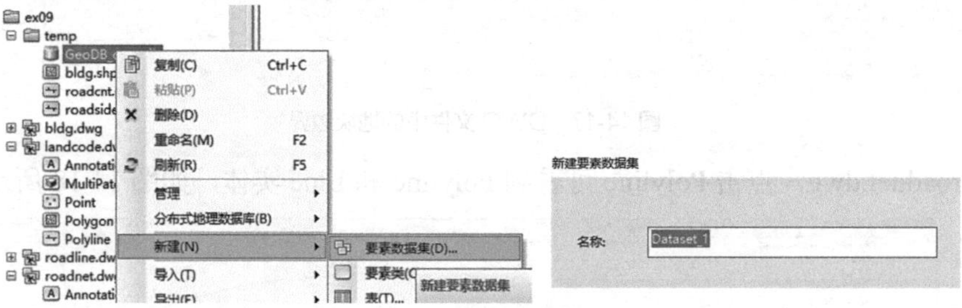

图 14-21　要素数据集命名

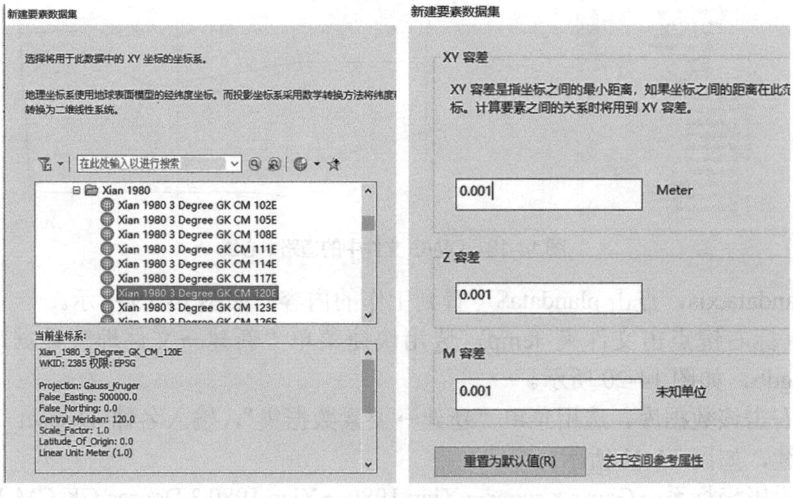

图 14-22　坐标系选定及容差设置

14.2 转换生成多边形要素类、修正拓扑错误

操作步骤如下。

① 在 ArcCatalog 中用鼠标右键点击 GeoDB_cnv.gdb\Dataset_1，选用菜单“导入→要素类（单个）”，在“要素类至要素类”对话框中：

- 输入要素：D: \CAD\ex09\landcode.dwg\Polyline；
- 输出要素类：Parcel_Polyline。

在“字段映射”框右侧，点击“×”键，删除所有字段，其他选项默认，按“确定”按钮执行。如图 14-23 所示。

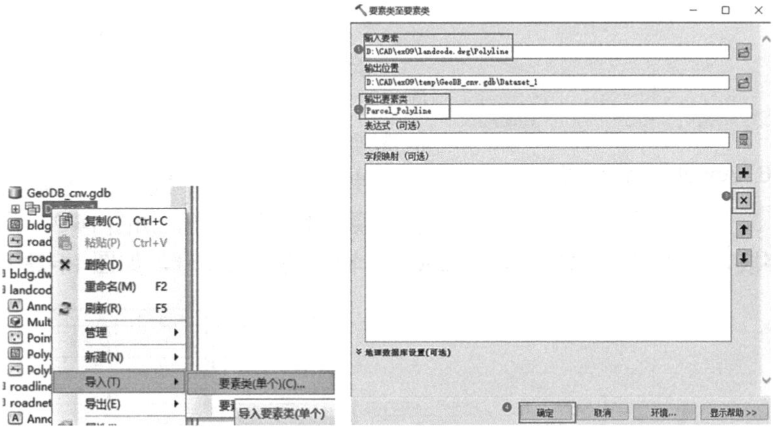

图 14-23 Polyline 要素导入

② 点击转换后的要素类 Parcel_Polyline，在 ArcCatalog 右侧窗口中点击“预览”选项，在下侧“预览”下拉列表中选择“地理视图”，预览转换后的线要素类 Parcel_Polyline，如图 14-24 所示。

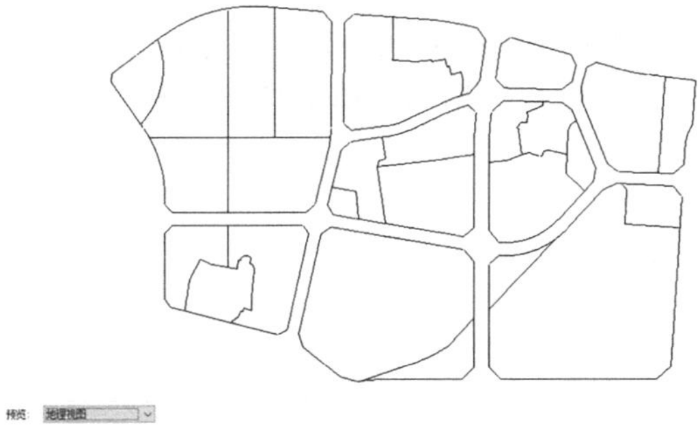

图 14-24 线要素预览

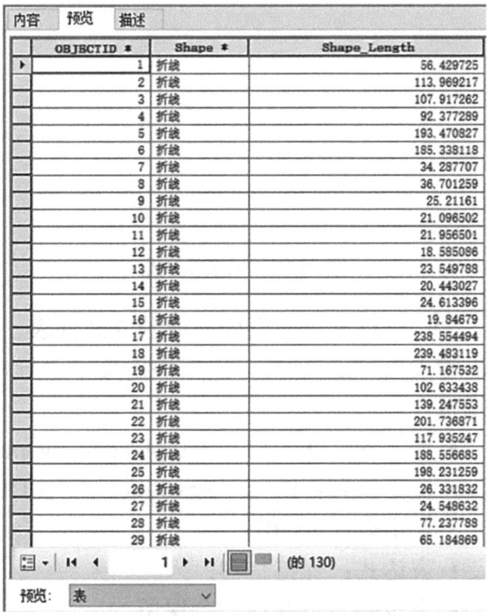

OBJECTID *	Shape *	Shape_Length
1	折线	56.429725
2	折线	113.969217
3	折线	107.917262
4	折线	92.377289
5	折线	193.470827
6	折线	185.338118
7	折线	34.287707
8	折线	36.701259
9	折线	25.21161
10	折线	21.096502
11	折线	21.956501
12	折线	18.585086
13	折线	23.549788
14	折线	20.443027
15	折线	24.613396
16	折线	19.84679
17	折线	238.554494
18	折线	239.483119
19	折线	71.167532
20	折线	102.633438
21	折线	139.247553
22	折线	201.736871
23	折线	117.935247
24	折线	188.556685
25	折线	198.231259
26	折线	26.331832
27	折线	24.548632
28	折线	77.237788
29	折线	65.184869

图 14-25 线要素属性表预览

在下侧“预览”下拉列表中选择“表”，可看到要素属性表中的三个字段，其中“OBJECTID*”为内容标识，Shape_Length 是自动产生的线要素几何长度，如图 14-25 所示。

③ 将 DWG 文字实体转换成点要素。在 ArcCatalog 左侧目录树中展开地理数据库 GeoDB_cnv.gdb，用鼠标右键点击 Dataset_1，再选用“导入→要素类（单个）”，出现“要素类至要素类”对话框：

- 输入要素：D:\CAD\ex09\landcode.dwg\Annotation；
- 输出要素类：Parcel_Label。

依次点击“字段映射”框内的字段名，点击右侧“×”按钮，删去各字段，特别保留“Text”，其他选项均默认。如图 14-26 所示。

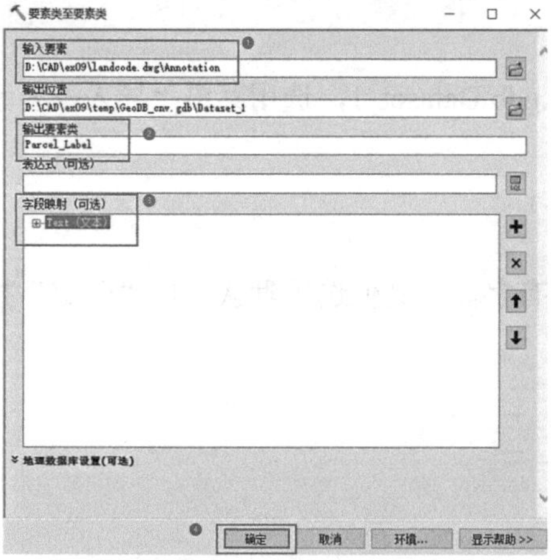

图 14-26　Annotation 要素导入

使用 ArcCatalog“预览”选项，可以看到转换后点要素的位置分布，如图 14-27 所示。点要素属性表有三个字段，其中 Text 属性值是 AutoCAD 输入的地块编号，如图 14-28 所示。

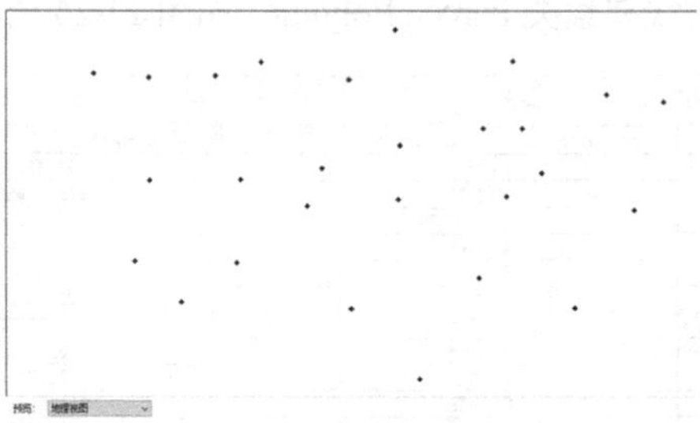

图 14-27　点要素预览

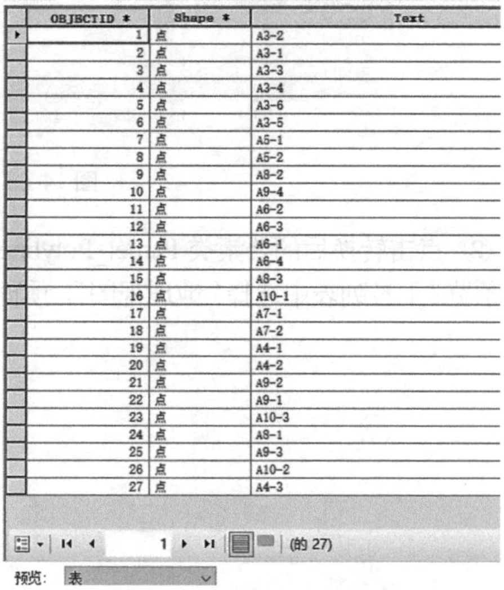

OBJECTID *	Shape *	Text
1	点	A3-2
2	点	A3-1
3	点	A3-3
4	点	A3-4
5	点	A3-6
6	点	A3-5
7	点	A5-1
8	点	A5-2
9	点	A8-2
10	点	A9-4
11	点	A6-2
12	点	A6-3
13	点	A6-1
14	点	A6-4
15	点	A8-3
16	点	A10-1
17	点	A7-1
18	点	A7-2
19	点	A4-1
20	点	A4-2
21	点	A9-2
22	点	A9-1
23	点	A10-3
24	点	A8-1
25	点	A9-3
26	点	A10-2
27	点	A4-3

(的 27)

预览：表

图 14-28　点要素属性表预览

④ 将 XLS 工作表转换成独立属性表。在目录树中展开 plandata.xls，有两个子项，用鼠标右键点击 plandata$，选用快捷菜单“导出→转出至地理数据库（单个）”，出现“表至表”对话框：

- 输入行：D:\CAD\ex09\plandata.xls\plandata$；
- 输出位置：D:\CAD\ex09\temp\GeoDB_cnv.gdb；
- 输出表：plan01；
- 表达式：保持空白；
- 字段映射：默认，全保留。

转换时，字段数据类型能自动识别，不需要设定，按“确定”按钮，Excel 的工作表被转换成独立属性表，在目录中预览。如图 14-29 所示。

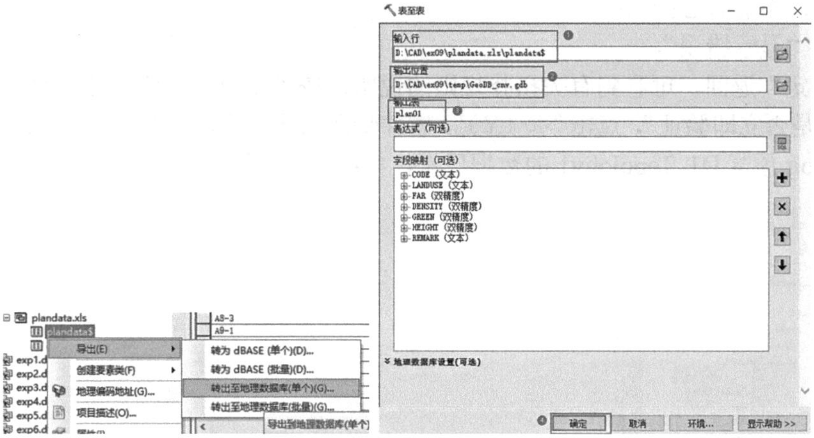

图 14-29　Excel 工作表转出至地理数据库

⑤ 使用拓扑关系检查数据质量。在目录树窗口中右键点击 temp\GeoDB_cnv.gdb\Dataset_1，选用“新建→拓扑”，按“下一步”，进入拓扑类设定，按图 14-30 进行设置：

- 输入拓扑名称：D1_Topology1；
- 输入拓扑容差：0.01。

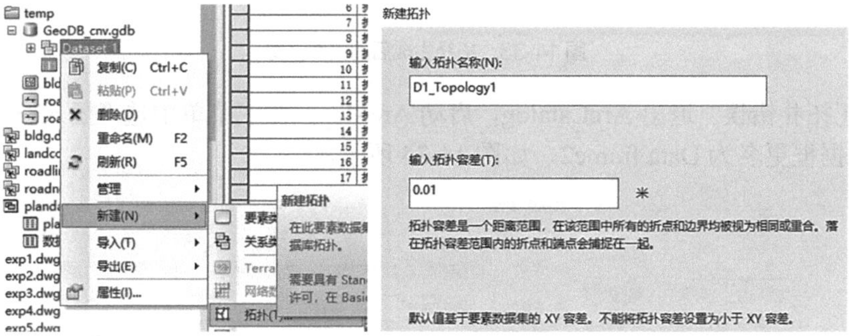

图 14-30　新建拓扑设置

按“下一步”继续，如图 14-31 所示：

- 勾选 Parcel_Polyline 要素类，参与拓扑关系。

按“下一步”，点击右侧“添加规则”按钮，进一步选择，如图 14-32 所示：

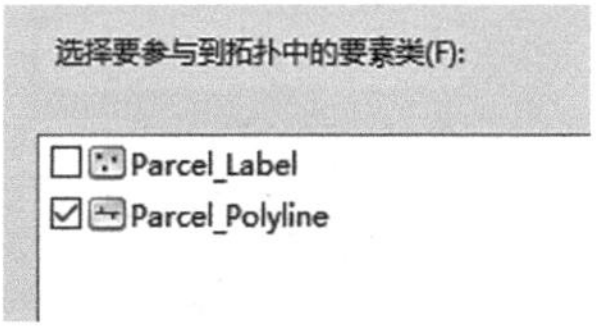

图 14-31　参与拓扑中的要素类选择

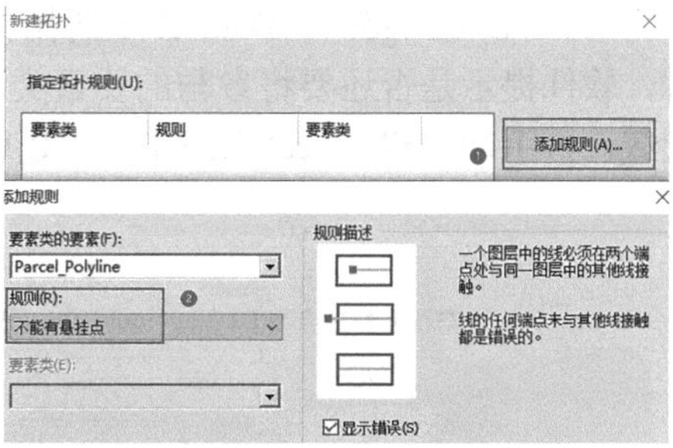

图 14-32　添加规则

- 要素类的要素：Parcel_Polyline；
- 规则：不能有悬挂点；
- 勾选“显示错误”。

按“确定”返回，可看到有关拓扑规则的说明，按“完成”生成拓扑关系，提示“新建拓扑关系，是否立即验证”，点击“是（Y）”，软件验证拓扑关系，生成拓扑类 D1_Topology1。用 ArcCatalog 预览 D1_Topology1 的数据质量，如图 14-33 所示。

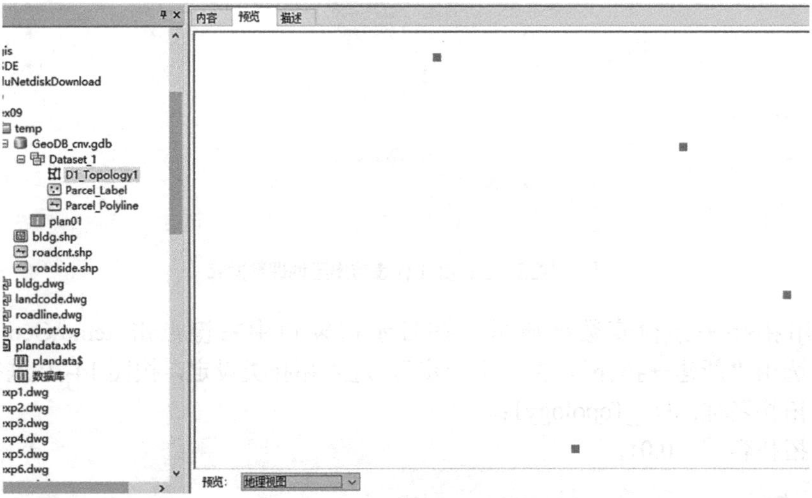

图 14-33　拓扑生成后的关系预览

⑥ 修正拓扑错误。退出 ArcCatalog，启动 ArcMap，在主菜单中选“插入→数据框”，再将新建的数据框更名为 Data frame2，如图 14-34 所示。

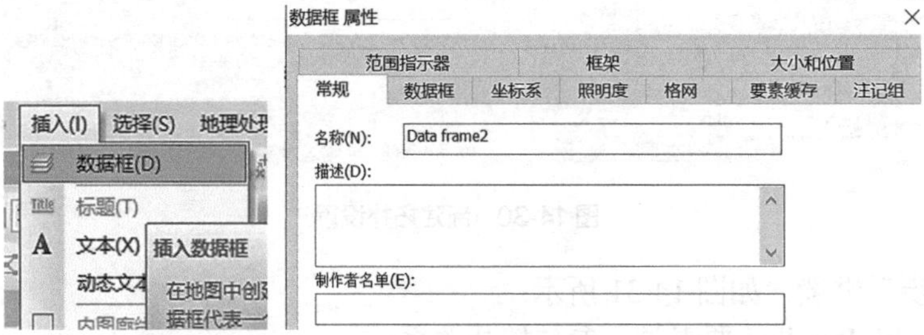

图 14-34　数据框插入

将 GeoDB_cnv.gdb 中 Dataset_1 的拓扑类 D1_Topology1，添加到 Data frame2，加载拓扑类时，软件提示是否还要将参与的要素类都添加到地图中，点击“是”，Parcel_Polyline 会自动加载，再手动加载 Parcel_Label，如图 14-35 所示。

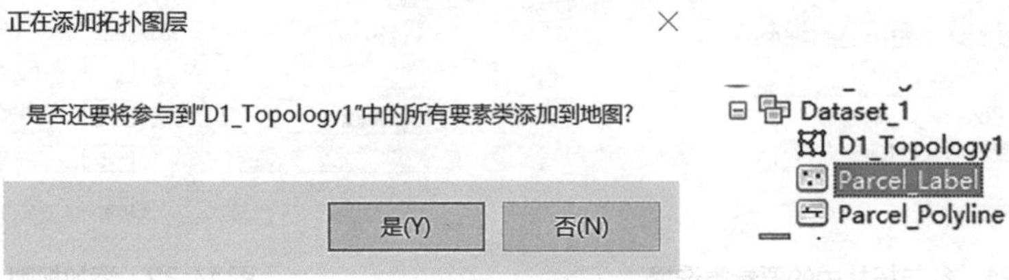

图 14-35　拓扑图层添加

使用 ArcMap 的编辑功能，修改要素类 Parcel_Polyline 的错误，如图 14-36 所示。

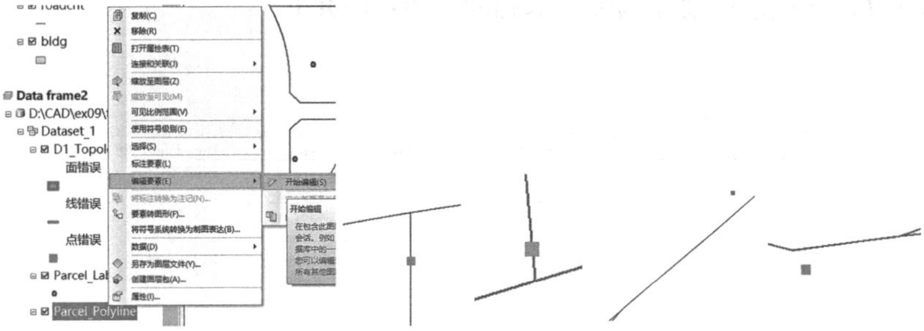

图 14-36　Polyline 错误修改

⑦ 线要素生成多边形。选用主菜单“地理处理→ArcToolbox”，出现 ArcToolbox，选用“ArcToolbox→数据管理工具→要素→要素转面”，按图 14-37 进行设置：

- 输入要素：Parcel_Polyline；
- 输出要素类：D: \CAD\ex09\temp\GeoDB_cnv.gdb\Dataset_1\Parcel_Polygon；
- 勾选 XY 容差：0.05 米；
- 勾选保留属性；
- 标注要素：Parcel_Label。

按“确定”执行，线要素类 Parcel_Polyline 转换成多边形要素类 Parcel_Polygon，自动加载，如图 14-38 所示。

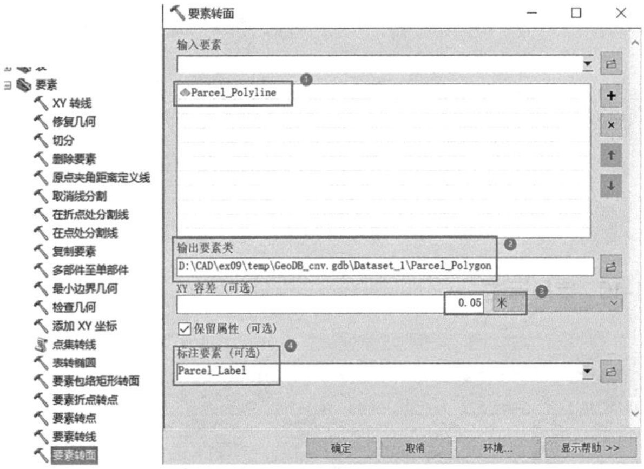

图 14-37　要素转面

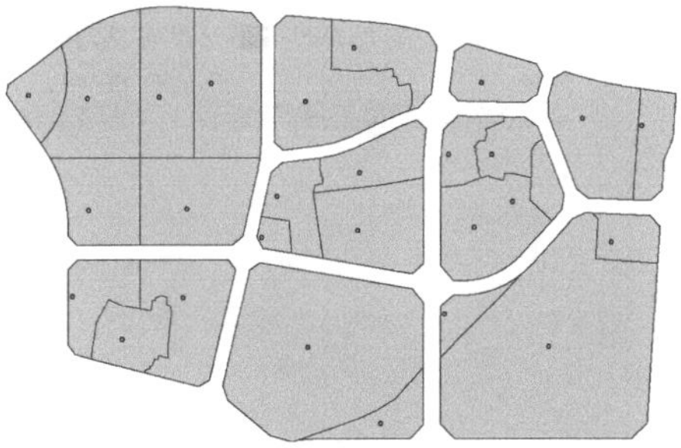

图 14-38　线要素类转换成多边形要素类

打开 Parcel_Polygon 的要素属性表，5 个字段中面积、周长均自动生成，Text 为多边形编号，来自点要素类 Parcel_Label 的字段 Text，如图 14-39 所示。

通过“图层属性→标注”使 Text 字段标注在图上，如图 14-40 所示。

⑧ 在 Parcel_Polygon 的要素属性表中，选用“编辑器→开始编辑”，使该表处于编辑状态，利用要素和属性的对应关系，找到有差错的记录，输入空缺的属性值，还可修改其他不正确的多边形编号。完成后停止编辑，保存。如图 14-41 所示。

⑨ 转换输入多边形其他属性。用鼠标右键点击图层名 Parcel_Polygon，选择快捷菜单“连接和关联→关联”，弹出关联对话框：

- 选择该图层中关联将基于的字段：Text；

- 选择要关联到此图层的表或图层，或者从磁盘加载：plan01；
- 选择关联表或图层中要作为关联基础的字段：CODE。

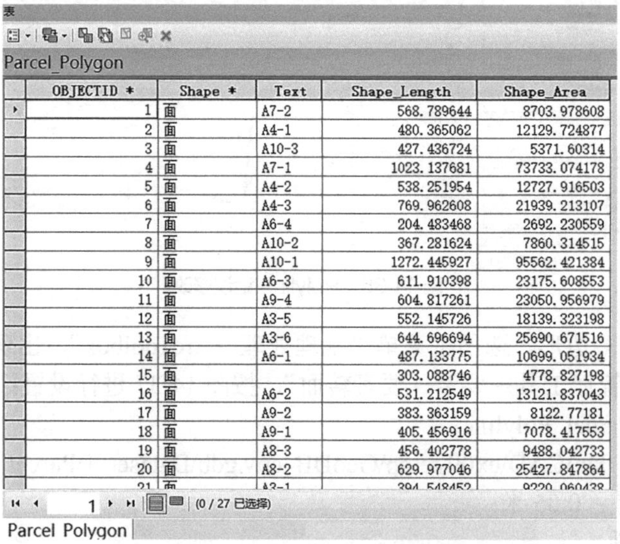

表

Parcel_Polygon

	OBJECTID *	Shape *	Text	Shape_Length	Shape_Area
▸	1	面	A7-2	568.789644	8703.978608
	2	面	A4-1	480.365062	12129.724877
	3	面	A10-3	427.436724	5371.60314
	4	面	A7-1	1023.137681	73733.074178
	5	面	A4-2	538.251954	12727.916503
	6	面	A4-3	769.962608	21939.213107
	7	面	A6-4	204.483468	2692.230559
	8	面	A10-2	367.281624	7860.314515
	9	面	A10-1	1272.445927	95562.421384
	10	面	A6-3	611.910398	23175.608553
	11	面	A9-4	604.817261	23050.956979
	12	面	A3-5	552.145726	18139.323198
	13	面	A3-6	644.696694	25690.671516
	14	面	A6-1	487.133775	10699.051934
	15	面		303.088746	4778.827198
	16	面	A6-2	531.212549	13121.837043
	17	面	A9-2	383.363159	8122.77181
	18	面	A9-1	405.456916	7078.417553
	19	面	A8-3	456.402778	9488.042733
	20	面	A8-2	629.977046	25427.847864
	21	面	A3-1	394.548452	9220.060438

(0 / 27 已选择)

Parcel_Polygon

图 14-39　Parcel_Polygon 要素属性表

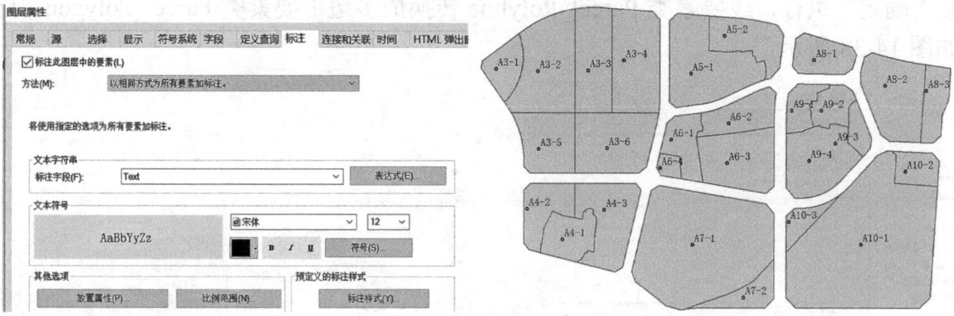

图 14-40　字段标注

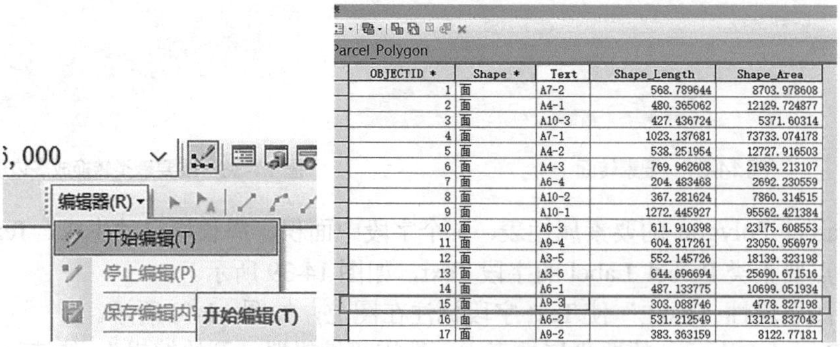

Parcel_Polygon

OBJECTID *	Shape *	Text	Shape_Length	Shape_Area
1	面	A7-2	568.789644	8703.978608
2	面	A4-1	480.365062	12129.724877
3	面	A10-3	427.436724	5371.60314
4	面	A7-1	1023.137681	73733.074178
5	面	A4-2	538.251954	12727.916503
6	面	A4-3	769.962608	21939.213107
7	面	A6-4	204.483468	2692.230559
8	面	A10-2	367.281624	7860.314515
9	面	A10-1	1272.445927	95562.421384
10	面	A6-3	611.910398	23175.608553
11	面	A9-4	604.817261	23050.956979
12	面	A3-5	552.145726	18139.323198
13	面	A3-6	644.696694	25690.671516
14	面	A6-1	487.133775	10699.051934
15	面	A9-3	303.088746	4778.827198
16	面	A6-2	531.212549	13121.837043
17	面	A9-2	383.363159	8122.77181

图 14-41　Parcel_Polygon 的要素属性修改

按“确定”，不加索引。如图 14-42 所示。

在内容列表中，用鼠标右键点击图层名 Parcel_Polygon，选用菜单“数据→导出数据”，出现“导出数据”对话框：

- 导出：所有要素；
- 名称：Parcel_end；
- 保存类型：文件和个人地理数据库要素类。

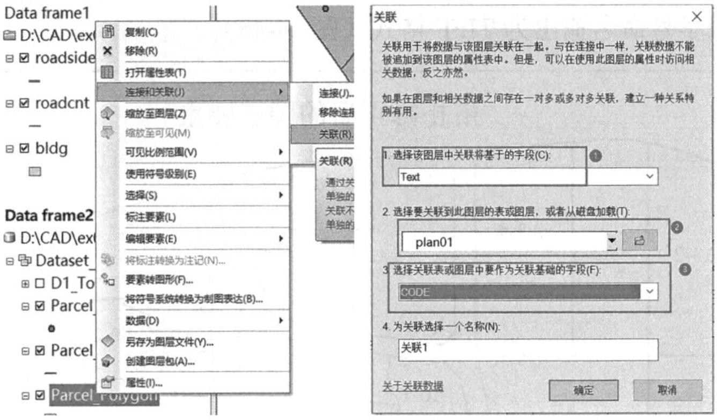

图 14-42 数据关联

按“保存”，点选将数据导出到要素数据集，按“确定”。如图 14-43 所示。

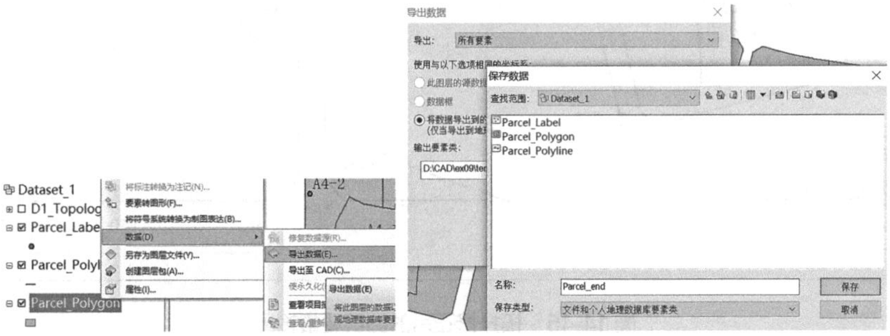

图 14-43 数据导出

打开 Parcel_end 的要素属性表，其中 LANDUSE、FAR 等字段已从独立属性表进入了要素属性表。保存，退出 ArcMap。如图 14-44 所示。

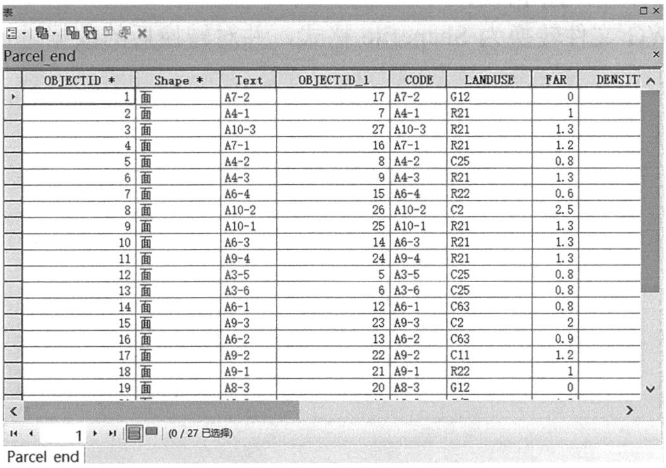
表
Parcel_end

OBJECTID *	Shape *	Text	OBJECTID_1	CODE	LANDUSE	FAR	DENSIT
1	面	A7-2	17	A7-2	G12	0	
2	面	A4-1	7	A4-1	R21	1	
3	面	A10-3	27	A10-3	R21	1.3	
4	面	A7-1	16	A7-1	R21	1.2	
5	面	A4-2	8	A4-2	C25	0.8	
6	面	A4-3	9	A4-3	R21	1.3	
7	面	A6-4	15	A6-4	R22	0.6	
8	面	A10-2	26	A10-2	C2	2.5	
9	面	A10-1	25	A10-1	R21	1.3	
10	面	A6-3	14	A6-3	R21	1.3	
11	面	A9-4	24	A9-4	R21	1.3	
12	面	A3-5	5	A3-5	C25	0.8	
13	面	A3-6	6	A3-6	C25	0.8	
14	面	A6-1	12	A6-1	C63	0.8	
15	面	A9-3	23	A9-3	C2	2	
16	面	A6-2	13	A6-2	C63	0.9	
17	面	A9-2	22	A9-2	C11	1.2	
18	面	A9-1	21	A9-1	R22	1	
19	面	A8-3	20	A8-3	G12	0	

1 (0 / 27 已选择)
Parcel_end

图 14-44 Parcel_end 的要素属性表

14.3 将拓扑修正后的要素制图输出

将拓扑修正后的数据在 ArcMap 软件中制图输出，要求有图例、比例尺、指北针、标题等制图元素，并以学号命名输出为 TIFF 格式（图 14-45）。

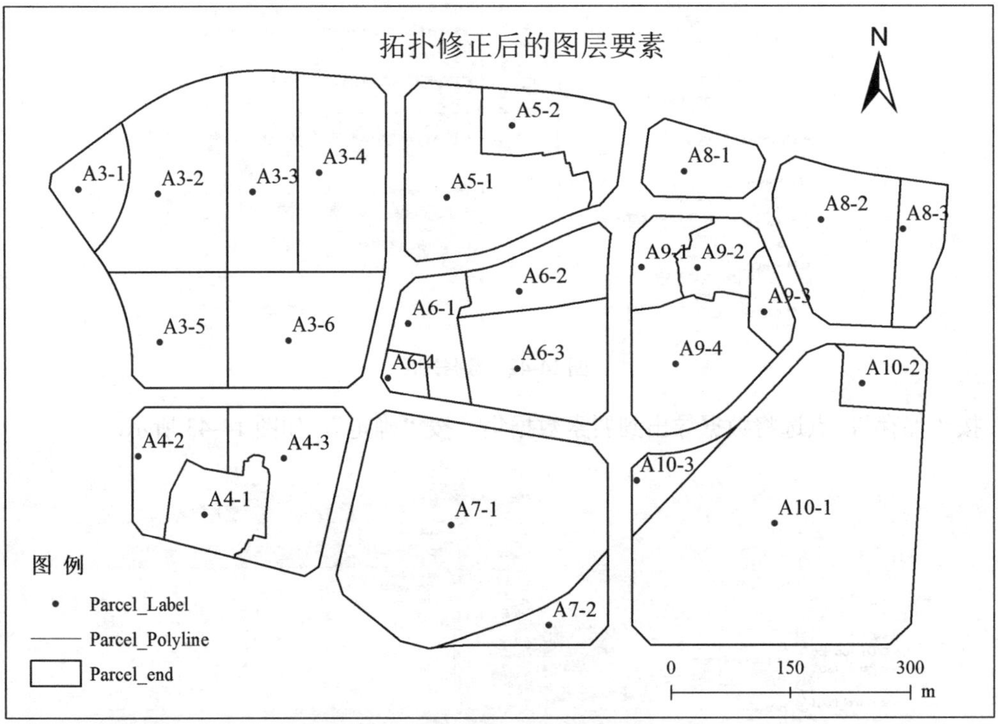

图 14-45　拓扑修正后的图层要素输出

习题

1. CAD 数据格式与 ArcGIS 数据格式之间有什么区别？

2. ArcGIS 如何修正拓扑错误？

3. 将一个 DWG 文件转换为 Shapefile 格式，并对转换后的数据进行提取和修正拓扑错误。

附 录

附表1 AutoCAD 常用命令名及别名

别名	命令名	别名	命令名	别名	命令名
3A	3DARRAY	CH	PROPERTIES	DOV	DIMOVERRIDE
3DO	3DORBIT	-CH	CHANGE	DR	DRAWORDER
3F	3DFACE	CHA	CHAMFER	DRA	DIMRADIUS
3P	3DPOLY	CHK	CHECKSTANDARDS	DRE	DIMREASSOCIATE
A	ARC	CO	COPY	DS	DSETTINGS
AA	AREA	COL	COLOR	DST	DIMSTYLE
ADC	ADCENTER	CP	COPY	DT	TEXT
AL	ALIGN	D	DIMSTYLE	DV	DVIEW
AP	APPLOAD	DAL	DIMALIGNED	E	ERASE
AR	ARRAY	DAN	DIMANGULAR	ED	TEXTEDIT
-AR	-ARRAY	DBA	DIMBASELINE	EL	ELLIPSE
ATE	ATTEDIT	DBC	DBCONNECT	EX	EXTEND
-ATE	-ATTEDIT	DC	ADCENTER	EXIT	QUIT
ATT	ATTDEF	DCE	DIMCENTER	EXP	EXPORT
-ATT	-ATTDEF	DCO	DIMCONTINUE	EXT	EXTRUDE
ATTE	-ATTEDIT	DDA	DIMDISASSOCIATE	F	FILLET
B	BLOCK	DDI	DIMDIAMETER	FI	FILTER
-B	-BLOCK	DED	DIMEDIT	G	GROUP
BH	BHATCH	DI	DIST	-G	-GROUP
BO	BOUNDARY	DIV	DIVIDE	GR	DDGRIPS
-BO	-BOUNDARY	DLI	DIMLINEAR	H	HATCH
BR	BREAK	DO	DONUT	-H	-HATCH
C	CIRCLE	DOR	DIMORDINATE	HE	HATCHEDIT

续表

别名	命令名	别名	命令名	别名	命令名
HI	HIDE	OS	OSNAP	SP	SPELL
I	INSERT	-OS	-OSNAP	SPE	SPLINEDIT
-I	-INSERT	P	PAN	SPL	SPLINE
IAD	IMAGEADJUST	-P	-PAN	ST	STYLE
IAT	IMAGEATTACH	PA	PASTESPEC	STA	STANDARDS
ICL	IMAGECLIP	PE	PEDIT	SU	SUBTRACT
IM	IMAGE	PL	PLINE	T	MTEXT
IMP	IMPORT	PO	POINT	TA	TEXTALIGN
IN	INTERSECT	POL	POLYGON	TH	THICKNESS
INF	INTERFERE	PR	PROPERTIES	TI	TILEMODE
IO	INSERTOBJ	PRE	PREVIEW	TO	TOOLBAR
L	LINE	PS	PSPACE	TOL	TOLERANCE
LA	LAYER	PU	PURGE	TOR	TORUS
-LA	-LAYER	R	REDRAW	TP	TOOLPALETTES
LE	QLEADER	RA	REDRAWALL	TR	TRIM
LEN	LENGTHEN	RE	REGEN	UC	UCSMAN
LI	LIST	REA	REGENALL	UN	UNITS
LO	-LAYOUT	REC	RECTANG	-UN	-UNITS
LS	LIST	REG	REGION	UNI	UNION
LT	LINETYPE	REN	RENAME	V	VIEW
-LT	-LINETYPE	REV	REVOLVE	VP	VPOINT
LTS	LTSCALE	RO	ROTATE	-VP	-VPOINT
LW	LWEIGHT	RPR	RPREF	W	WBLOCK
M	MOVE	RR	RENDER	-W	-WBLOCK
MA	MATCHPROP	S	STRETCH	WE	WEDGE
ME	MEASURE	SC	SCALE	X	EXPLODE
MI	MIRROR	SCR	SCRIPT	XA	XATTACH
ML	MLINE	SE	DSETTINGS	XB	XBIND
MO	PROPERTIES	SEC	SECTION	-XB	-XBIND
MS	MSPACE	SET	SETVAR	XC	XCLIP
MT	MTEXT	SHA	SHADEMODE	XL	XLINE
MV	MVIEW	SL	SLICE	XR	XREF
O	OFFSET	SN	SNAP	-XR	-XREF
OP	OPTIONS	SO	SOLID	Z	ZOOM

附表 2　AutoCAD 常用快捷键

快捷键	功能说明	快捷键	功能说明
Ctrl+A	选择图形中的全部对象	Ctrl+0（零）	全屏显示
Ctrl+B	切换捕捉	Ctrl+1	打开/关闭对象特性管理器
Ctrl+C	将对象复制到剪贴板	Ctrl+2	打开/关闭设计中心
Ctrl+D	切换坐标显示	Ctrl+3	打开/关闭工具选项板
Ctrl+E	在等轴测平面之间循环	Ctrl+4	“图纸集”选项板
Ctrl+F	切换执行对象捕捉	Ctrl+6	数据库连接管理器
Ctrl+G	切换栅格	Ctrl+7	“标记集管理器”选项板
Ctrl+H	切换拾取样式	Ctrl+8	快速计算器
Ctrl+I	切换坐标	Ctrl+9	命令行
Ctrl+J	执行上一个命令	F1	显示帮助
Ctrl+M	重复上一个命令	F2	切换展开的历史记录
Ctrl+N	创建新图形	F3	切换对象捕捉模式
Ctrl+O	打开现有图形	F4	切换三维对象捕捉
Ctrl+P	打印当前图形	F5	切换等轴测平面
Ctrl+S	保存当前图形	F6	切换动态 UCS
Ctrl+T	切换数字化仪模式	F7	切换栅格模式
Ctrl+V	粘贴剪贴板中的数据	F8	切换正交模式
Ctrl+X	剪切对象	F9	切换捕捉模式
Ctrl+Y	重做上一个操作	F10	切换极轴模式
Ctrl+Z	放弃上一个操作	F11	切换对象捕捉追踪
ESC	取消当前命令	F12	切换动态输入模式
Ctrl+Q	关闭 AutoCAD		

参考文献

[1] 何培英，韩素兰，牛红宾，等. AutoCAD 计算机绘图实用教程 [M]. 3 版. 北京：高等教育出版社，2023.
[2] 张云杰. AutoCAD 2022 中文版电气设计基础教程 [M]. 北京：清华大学出版社，2023.
[3] CAD/CAM/CAE 技术联盟. AutoCAD 2018 中文版机械设计从入门到精通 [M]. 北京：清华大学出版社，2018.
[4] 林泽鸿，张纪尧. AutoCAD 2018 中文版基础教程 [M]. 北京：清华大学出版社，2017.
[5] 满吉芳，张聚贤，李开丽. AutoCAD 基础教程 [M]. 成都：西南交通大学出版社，2021.
[6] 张爱梅，赵艳霞，刘万强，等. AutoCAD 2015 计算机绘图实用教程 [M]. 北京：高等教育出版社，2016.
[7] 陈秋晓，孙宁，陈伟峰，等. 城市规划 CAD [M]. 杭州：浙江大学出版社，2016.
[8] 管殿柱. 计算机绘图：AutoCAD 2022 版 [M]. 北京：机械工业出版社，2024.
[9] 薛章斌. 顾及图元与实体关系的 GIS 与 CAD 数据双向转换方法研究 [D]. 南京：南京师范大学，2014.
[10] 宋小冬，钮心毅. 地理信息系统实习教程 [M]. 4 版. 北京：科学出版社，2022.
[11] 刘金伟，吴勇，祝涛. 基于 AutoCAD 二次开发的房地一体数据处理平台设计与实现 [J]. 测绘，2024，47 (05)：253-256.